“十二五”国家重点图书出版规划项目

光电子技术与新型材料

王玥　李刚　李彩霞　主编

哈爾濱工業大學出版社

内容简介

全书共分10章,主要内容包括:光电子技术发展的历史、现状和趋势;光的本性和电磁理论;激光的产生原理,各种不同类型激光的产生;光在电光晶体中的调制特性;光的各种探测技术;多种产生激光的材料与器件;用于太阳能电池的光伏材料,基于表面等离子激元的新型光伏材料;各种光电显示技术中所用的材料;太赫兹波技术;左手介质在光电子技术研究中的作用、构成原理以及应用等。

本书是光电子技术,电子科学与技术,材料科学与工程等相关专业本科生教材、研究生教学参考书,也可供相关专业科技人员参考。

图书在版编目(CIP)数据

光电子技术与新型材料/王玥,李刚,李彩霞主编.
—哈尔滨:哈尔滨工业大学出版社,2013.8
ISBN 978-7-5603-4110-1

Ⅰ.①光… Ⅱ.①王…②李…③李… Ⅲ.①光电子技术-高等学校-教材②光电材料-高等学校-教材
Ⅳ.①TN2

中国版本图书馆CIP数据核字(2013)第122264号

材料科学与工程
图书工作室

责任编辑 张秀华
封面设计 卞秉利
出版发行 哈尔滨工业大学出版社
社　　址 哈尔滨市南岗区复华四道街10号 邮编150006
传　　真 0451-86414749
网　　址 http://hitpress.hit.edu.cn
印　　刷 哈尔滨工业大学印刷厂
开　　本 787mm×1092mm 1/16 印张18 字数416千字
版　　次 2013年8月第1版 2013年8月第1次印刷
书　　号 ISBN 978-7-5603-4110-1
定　　价 30.00元

前　言

光电子技术是电子科学与技术、光电信息科学与工程的重要组成部分，是21世纪的尖端科学技术，它对整个科学技术的发展起着巨大的推动作用，在国防建设、工农业生产、交通、信息、天文、医疗等国民经济的各个领域都有着重要的应用。光电子材料在光电子技术中起着基础和核心的作用，本书除了讲述光电子技术之外，还介绍了目前光电子技术方向的新型材料。

本书不仅是作者在多年来从事光电子教学和科研工作积累总结的基础上完成的，而且作者希望通过本书能够尽可能多地反映当今国内外该领域研究的最新成果，以注重基础性和实用性的同时体现前沿性为特色，将该领域的最新成果展现给读者。全书共分10章，第1章为绪论，介绍光电子技术发展历史、发展现状以及发展趋势；第2章为光的本性和电磁理论；第3章为激光的产生原理，介绍各种不同类型激光的产生；第4章重点阐述光在电光晶体中的调制特性；第5章为光的各种探测技术；第6章介绍各种产生激光材料与器件；第7章讲述用于太阳能电池的光伏材料，并介绍了基于表面等离子激元的新型光伏材料；第8章为各种光电显示技术中所用的材料；第9章为太赫兹波技术；第10章针对目前左手介质在光电子技术中的研究，对此材料的构成原理、实现以及应用作了介绍。

本书是光电子技术，电子科学与技术，材料科学与工程等相关专业本科生教材、研究生教学参考书，也可供相关专业科技人员参考。

本书由王玥、李刚和李彩霞主编。第1章，第2章，第4章，第7章的7.6、7.7节和第9章由王玥编写；第3章，第6章和第8章由李刚编写；第5章，第7章的7.1~7.5节和第10章由李彩霞编写。

本书编者感谢北京大学李龙威在绘图方面给予的帮助。

由于光电子技术涉及内容非常之多，而且相关的材料与技术发展迅速，加之作者的水平有限，难免存在不妥之处，敬请读者批评指正，我们会及时作出修订。

编　者

2013年3月

目　录

第1章 绪 论

光电子技术是光子技术与电子技术相结合形成的一门技术。电子技术研究电子的特性与行为及其在真空或物质中的运动与控制；而光子技术研究光子的特性及其与物质的相互作用，以及光子在自由空间或物质中的运动与控制。两者相结合的光电子技术主要研究光与物质中的电子相互作用，及其能量相互转换的相关技术，以光源激光化、传输光纤化、手段电子化及现代电子理论的光学化为特征，是一门新兴的综合性交叉学科。它将电子学使用的电磁波频率提高到光频波段，产生了电子学所不能实现的很多功能，成为继微电子技术之后兴起的又一门高新技术，并与微电子技术共同构成信息技术两大重要支柱。

1.1 光电子技术发展历史

光电子技术是继微电子技术之后近40年迅猛发展的综合性高新技术。20世纪60年代，光电子技术领域最典型的成就是各种激光器的相继问世。1960年，美国的梅曼研制成功世界上第一台激光器——红宝石激光器，我国于1961年8月在中国科学院(原长春光学精密机械研究所)也研制成功第一台红宝石激光器。这一突破在科技界引起了轰动，并形成了连锁反应，在短短的几年时间内，激光理论、激光器件和激光应用得到广泛研究，导致了氦氖激光器、半导体激光器、钕玻璃激光器、氩离子激光器、二氧化碳激光器、YAG激光器、化学激光器、染料激光器等固体、气体、液体、半导体激光器相继出现，这些激光器为光与物质相互作用的研究提供了一个崭新的、极其有效的工具。1962年半导体激光器的诞生是近代科学技术史上的一个重大事件。

20世纪70年代，光电子技术领域的标志性成果是低损耗光纤的实现，半导体激光器的成熟以及电荷耦合元件(CCD)的问世。其中，光纤通信和CCD这两项成果获得2009年诺贝尔物理学奖。经历十多年的初期探索，随着半导体光电子器件和硅基光导纤维两大基础元件在原理和制造工艺上的突破，光子技术与电子技术开始结合并形成了具有强大生命力的信息光电子技术和产业。80年代，出现了基于超晶格结构的量子阱阵列激光器。90年代，光电子技术在通信领域取得了极大成功，无论是器件还是系统，均有大量产品走出实验室，形成了光纤通信产业。另外，光电子技术在光储存方面也取得了很大进展，光盘已成为计算机储存的重要手段，CD、VCD已深入到千家万户，DVD也于90年代中期走进了家庭。

21世纪正在步入信息化社会，信息与信息交换量的爆炸性增长对信息的采集、传输、处理、存储与显示都提出了严峻的挑战，国家经济与社会的发展、国防实力的增强等都更加依赖于使用信息的广度、深度和速度，而这取决于获取、传输、处理、显示和存储信息的速度。此外，光显示逐渐呈现出等离子体显示(PDP)、液晶显示(LCD)、有机电致发光显示(OLED)、场致发射显示(EI) 等平板显示取代阴极射线管(CRT) 显示的趋势。近几年,纳米光电子技术获得了长足发展。它的迅速崛起会对未来的光电子材料、光通信、生命科学、计算机和新能源技术等产生革命性的影响,从而大大推动人类政治经济社会的发展进程和彻底改变战争的对抗形式。

总地来说,光电子技术是一个比较庞大的体系,它的发展包括很多方面,包括信息传输,如光纤通信、空间和海底光通信以及未来太赫兹波通信等;信息处理,如计算机光互连、光计算、光交换等;信息获取,如光学传感和遥感、光纤传感等;信息存储,如光盘、全息存储技术等;信息显示,如大屏幕平板显示、激光打印和印刷等。其中信息光电子技术是光电子学领域中最为活跃的分支。在信息技术发展过程中,电子作为信息的载体作出了巨大的贡献。但它也在速率、容量和空间相容性等方面受到严峻的挑战。采用光子作为信息的载体,其响应速度可达到飞秒量级、比电子快三个数量级以上,加之光子的高度并行处理能力,不存在电磁串扰和路径延迟等缺点,使其具有超出电子的信息容量与处理速度的潜力。

1.2　光电子技术发展现状

当今全球范围内已经公认光电子产业是本世纪的第一主导产业,是经济发展的制高点。进入 21 世纪,人类充分利用了 20 世纪的计算机技术和光电子技术,构造出前所未有的基于因特网的信息社会。光电子技术属于信息技术的关键“硬件设备”之一,提供把全世界的计算机联系起来的可能,甚至可以和卫星或外星球组成网络,目前成为组成覆盖范围巨大的因特网的支柱技术。单就提供和保障人类信息需求和信息发展的手段而言,光电子技术产生的战略地位是不言而喻的。

21 世纪的光电子技术正在快速地发展,结合众多工艺与技术如光电子学、力学、电子学、材料学、微纳电子学等,光电子技术已成为国防、航空宇宙、光学加工、电子、通信、显示、测试仪器等领域发展的基础。面对电子科学与技术的迅猛发展,许多发达国家如美国、德国、日本、英国、法国等,都将光电子技术纳入了国家发展计划,如美国的“星球大战计划”、欧洲的“尤里卡计划”、日本的“科技振兴基本对策” 等都把光电子技术列为重点支持领域。2004 年全球光电产业产值为 2 268 亿美元,到 2010 年,全球光电行业市场容量达到 4 500 亿美元。

近 20 多年来,中国的改革开放使中国的光电子产业和技术取得了长足发展和前所未有的进步。在多项国家级战略性科技计划中,光电子、激光、光显示等技术均受到相当大的重视。“863” 七大领域中就有光电子技术和激光技术。同时伴随着全球市场的转移,信息技术和制造在中国的发展为光电子行业的壮大铺平了道路。中国政府已把光电子产业作为十大优先发展产业之一,并给予重点扶持。根据中国科学技术协会的统计,中国光电子产业年增长率为 10% ~ 20% 。

国内武汉光谷的建设大大推进了国内乃至国际的光电产业发展。武汉光谷建成了国内最大的光纤光缆、光电器件生产基地,最大的光通信技术研发基地和最大的激光产业基地。到 2010 年,其光纤光缆的生产规模居全球第一,国内市场占有率达 60% ,国际市场占有率为12%；光电器件、激光产品的国内市场占有率为50%，在全球产业分工中占有一席之地。2011年，武汉光谷总收入达到3 810亿元，同比增长30.2%，规模以上工业总产值2 898亿元，其中最大产业光电子收入超过1 400亿元。2012年收入突破5 000亿元，达到5 006亿元，同比增长31.39%；其中工业总产值4 012亿元，高新技术产业产值3 783亿元。根据规划，到2015年，光谷力争实现企业总收入1万亿元，2020年实现企业总收入3万亿元。

在国家政策的大力支持下，最近几年，国内一些光电子企业迅速崛起，已经打破国际对光电市场的垄断局面。以平板显示和LED产业为代表的中国光电产业已经初步形成以环渤海、长三角、珠三角、中西部等四大区域集聚发展的总体产业规划。中国光电产业重点城市的分布，目前基本形成了“一东一中”两带的产业布局，即西起成都、东至合肥的光电产业“中部产业带”，以及北起大连，南至珠海的光电产业“东部产业带”。

1.3 光电子技术发展趋势

光电子材料和元器件是光电子产业的基础，对光电子产业的发展起着决定性的作用。光电子材料和元器件在整个光电子产业市场中占有30%的巨大份额，特别是微纳加工技术的不断进步，为研究新型光电子材料如光子晶体、人工超材料提供了有力保障，是目前纳米光子学领域发展迅速的前沿方向。

1. 光子学及光子学器件

光子学技术主要包括光子的产生、探测、控制和处理，因此必须有相应的光子学器件。光子学器件的时间响应和单信道超大容量要比电子学器件高得多，这对信息技术的发展有很大的推动作用。高密度、高相干性的激光光源始终对光信息工程起着重要作用，特别是半导体激光器。多量子阱器件、高密度垂直腔面发射器、量子级联器件、微腔辐射与微腔光子动力学器件的发展，不断地降低激光阈值、提高激光转换效率与输出功率，扩展波段、改善模式、压缩线宽、实现激光光源的阵列化和集成化，使计算机向着高速和智能化方向发展。由于光学信号处理具有高度并行化的优点，使光子能在信息处理中发挥大容量和高速度的特征，为此研制出高效低功耗的光子器件仍然是关键所在。

2. 光存储器件

20世纪末期兴起的光存储，特别是光盘存储技术对信息的存取产生了重大影响，已形成上百亿美元的产业。数字光盘存储技术正向更高存储密度和更高存储速度方向发展。研制和生产蓝光半导体激光器并用于光盘存储读写，利用近场光学扫描显微镜（NSOM）进行高密度信息存储，运用角度多功、波长多功、空间多功与移动多功等的全息存储代替聚焦光束逐点存储的方法等，可以实现和作为缓冲巨量信息存储。发展三维存储技术，如光子引发的电子俘获三维存储光盘和光盘烧孔存储等高密度存储等。

3. 光电传感器件

光电传感器件在光信号的电学处理方面，在通信、工业过程控制、光电信号处理以及光计算领域发挥着巨大作用，其蕴涵的市场份额是极为巨大的。近几年来光纤传感器的市场销售量直线上升，呈现出蓬勃发展的景象。

4. 光显示器件

信息的显示体现了真正的人机互动关系，光显示器件在光子与光电子材料与器件产业领域占有极为重要的地位。在该领域可发展液晶显示（LCD）、等离子体显示（PDP）、有机电致发光显示（OLED）、YAG 激光显示等产业化工程。

5. 光能量转换器件

研究并开发高效硅基太阳能电池、CIS 高效太阳能电池等的产业化是能量光电子产业的一个重要组成。该领域涉及环保和新型可再生性能源，因此应主动出击，加强与国际组织的合作以借力发展。此外，LED 照明领域的发展潜力巨大，它的技术进步达到了日新月异的程度。各国在 LED 照明发展领域纷纷推出相关政策及优惠措施，其中日本计划 2015 年 LED 占一般照明市场的 50%、韩国占 30%、中国大陆占 20%。

6. 新型光子功能材料和非线性光学材料与器件

在大力发展目前比较成熟的光子材料及器件的同时，投入大量的人力财力，研究开发那些具有广阔市场前景、有望形成新型经济增长点的光子材料和器件，这其中涉及光催化环保材料、稀土发光材料、红外焦平面阵列材料与器件、新型光电子信息处理与传感材料与器件，以及其他一大类非线性光学材料与器件等。此外，人工超材料包括光子晶体与左手介质成为未来一段时间内的主要研究和开发方向。

未来中国光电产业发展空间将呈现四大趋势：

(1) 持续承接国外先进地区的光电产业转移，产业转移也将向快速、纵深方向发展。

(2) 国内的产业布局将总体呈现“从沿海到内地梯度转移”的演变趋势，一些经济比较发达、产业配套环境较好的内地城市，将最先承接到光电产业的转移。

(3) 地方政府的意志一定程度上将成为产业汇集的主要推动之一，政府在光电产业发展过程中所承担的推动作用是由光电产业本身高技术、高投资的特征决定的。

(4) 不同区域的产业发展将逐步呈现一定的差异化，随着国家对产业统筹规划的重视，未来光电产业的布局也将更加科学、规范、合理。

1.4 光电子技术产业应用领域

光电子技术产业指的是应用光电子技术原理的元器件和利用这些光学元器件作为其主要部件的仪器、设备的生产制造业，以及为这些产品提供软件的产业。

1.4.1 激光技术

激光技术是光电前沿科学技术发展不可缺少的支柱之一。作为光电子主导产品的激光器的发展，经历了原理上的四次变革，体积日益变小，功率不断增大，可靠性和功率得到了很大提高。半导体二极管激光器和固体激光器技术发展十分迅速，其中最为突出的进展是固态化。现今，固体激光器的平均输出功率已从百瓦级提高到了千瓦级。半导体激光器的功率也有很大提高，其结构和性能也正在经历重大变化。与此同时，开发出的实用价值高的新波长和宽带可调谐激光器，包括对人眼无伤害的 1.54 μm 和 2 μm 的激光器、蓝光激光器和 X 光激光器。

激光是 20 世纪的重大发明之一，它具有高亮度、良好的单色性和相干性及方向性，所以激光作为光波段的相干辐射光源和信息载波，它的应用不仅遍及工业、军事、通信、医学和科学研究等诸多领域，而且创造了高新科学技术记录中的许多之最。例如：激光能产生最大的能量密度，激光输出脉冲功率达 1.3×10^{16} W，并可产生亿度以上高温，能焊接、加工和切割最难熔的材料；激光能产生最高的压强，光压强达 3×10^{11} 大气压，可以实现激光聚变点火；激光能产生最短的脉冲，780 nm 达 4 fs，用超短激光脉冲研究光合作用，能看到皮秒（$1\ \text{ps}=10^{-12}\ \text{s}$）或飞秒（$1\ \text{fs}=10^{-15}\ \text{s}$）内发生的变化；激光能做最精密的刻划，能制造最小的光机电一体化设备，加工的最小机械零件从几微米到几十微米，制作的大规模集成线路的线宽已达到 0.18 μm，纳米器件和量子光学器件最终可达 50 nm，测量精度更高；激光能产生最大的信息量，已接近 3 T 目标，即通信传输容量、运算速度、三维立体存储密度；激光能产生最保密的通信系统，光量子通信是目前理论证明的最安全的通信系统，已有几个国家建立了量子通信系统；激光能产生最低的温度，激光冷却可将原子冷却到 20 nK，接近绝对零度，量子冷却到基态，为量子光学和量子力学的实验研究准备了条件。此外，激光技术可用于精密制导、毁灭性武器、瞄准、跟踪、监测、频谱分析等。

1.4.2 信息传输与存储

光纤是随着光通信的发展而不断发展的，各种结构和类型的光纤支持着光通信产业的发展。目前，单根光纤传输的信息量已达到万亿位。光纤作为光通信信息传输的介质，它的色散和损耗将直接影响到通信系统的传输容量和中继距离，而常规的单模光纤已不能满足新一代通信技术的要求，因此光纤技术又有了新的发展。迄今，光纤已经经历了由短波长（0.85 μm）到长波长（1.3 ~ 1.55 μm），由多模到单模光纤以及特种光纤的发展过程，并开发出了色散移位光纤、非零色散光纤和色散补偿光纤。

现在大部分主干网用的都是光纤，信息的载体都是光。由于密集波分复用技术的发展，一根头发丝粗细的光纤就可以传输一亿门电话线路，这是电缆所无法比拟的。再如信息存储技术，光盘由 VCD 发展到 DVD，容量增大了好几倍。采用蓝光波段的光作为信息载体，可使同样大小的光盘的容量增大近十倍。而且光具有相干性，可以实现全息存储，在不到一个平方厘米的芯片上，可以把北京图书馆所有的书都存进去。一张蓝光 DVD 光盘容量已经达到了 400 GB 以上，大大满足了现在人们对高清影片存储的需求。

在计算机方面，未来的发展趋势是光要进入计算机中，发挥光子的优势实现开关的互联，利用光消除电子传输带来的瓶颈效应，用光纤代替金属导线传导信息，这将使计算机运行速率大大提高，并且光纤在恶劣环境中不会影响到信息的传输，所以未来会用到更加结实耐用而又处理速度极快的计算机。

1.4.3 平板显示

平板显示（FPD）技术包括液晶显示（LCD）、等离子体显示（PDP）、电致发光显示（EL）、有机电致发光显示（OLED）、真空荧光显示（VFD）和发光二极管显示（LED）等。除在民用领域广泛应用外，已在虚拟显示、高清晰度显示、语言和图形识别等军用领域得到应用。近年来，正在对液晶显示以及其他平板显示器件和技术进行大力改进，如为解决等离子体显示发光效率、亮度、寿命、光串扰和对比度等问题，正在进行诸如大面积精细图形制作和保护层等工艺方面的改进，取得了较快进展。从整体来说，平板显示技术将继续向着彩色化、高分辨率、高亮度、高可靠性、高成品率和廉价方向发展。

在LCD大力发展的同时,LED与OLED也在迅速崛起,LED作为一种低耗、高效、廉价的产品被广泛地应用于生活及工业建设中。2008 年北京奥运会鸟巢的照明设备就是采用了LED,亮度高而且节能。LED也被应用于笔记本电脑的背光源,这种背光的笔记本电脑屏幕有亮度高、寿命长的特点。OLED 作为一种新型平板显示其实早已问世,但由于LCD 的技术成熟,产量大,成本低,所以 OLED 的新技术发展受到了限制。但是 OLED 本身作为发光材料具有寿命短的缺点,如果这一难题得到攻克,这种显示器具有相当大的潜质,它将是未来平板显示发展的方向。

习　题

1. 简述光电子技术概念。
2. 说明光电子技术的主要应用领域。
3. 试说明光电子技术最新发展趋势与前沿方向。

参考文献

[1] 狄红卫,张永林. 光电专业本科课程体系构建探索[J]. 高等理科教育,2002(6):36-37.
[2] 何文瑶. 光电子技术发展态势分析[J]. 科技进步与对策,2008(9):194-196.
[3] 杨永才,何国兴,马军山. 光电信息技术[M]. 上海:东华大学出版社,2002.
[4] 王昕. 光电显示技术发展研究[J]. 光电技术应用,2006(3):9-13.
[5] 李强. 光电子技术及产业发展[J]. 中国新技术产品,2008(11):97-98.
[6] 王睿,司磊,梁永辉,等. 光电专业本科课程体系构建探索[J]. 高等教育研究学报,2007,30(3):38-40.
[7] 卫平. 中国光电子产业竞争力评价和分析[M]. 北京:中国标准出版社,2007.
[8] 李永泰. 台湾光电子产业的发展及做法[J]. 海峡科技与产业,2000(6):12-13.
[9] 季国平. 蓬勃发展的光电子产业[J]. 世界电子元器件,2001(6):16-17.
[10] 干福熹. 光电子技术和产业发展[J]. 中国科学院院刊,1996(5):366-367.
[11] 教育部高等教育司. 光电信息工程专业发展战略研究报告[M]. 北京:高等教育出版社,2006.

第2章　光的本性与光电磁理论

历史上,对光的认识大致经历了四个过程:几何光学、波动光学、光电磁理论以及量子光学。虽然这些理论是复杂的,但是在不断发展演变的过程中成功地解释了各种复杂的、精确的光实验现象。

当光通过物体而物体的尺度远远大于光波长时,光是不容易被观察到的,因此它的行为可以通过满足一定几何定则的射线来描述。这种描述光的方法称为射线光学(几何光学)。简单地说,几何光学是波动光学在波长无限小时的极限处理方法,它是研究光的最简单理论,在任何介质中,光的传播形式都是射线形式。虽然这种方法可以解释日常生活中大部分光现象,但是仍有许多现象几何光学不能解释。几何光学与光的位置和方向息息相关,因此,在研究光的传播、设计光学仪器和成像系统中有广泛应用。

光是一种电磁波,可以利用电磁辐射理论来描述。电磁波中包含两个相互耦合的矢量波:一个是电场波,另一个是磁场波。然而在实际中,许多光现象可以通过标量波动理论来描述,即通过单个标量波函数描述光波,这种光波的近似处理方法被称为波动光学。波动光学是光学中非常重要的组成部分,内容包括光的干涉、光的衍射、光的偏振等,无论理论还是应用都在物理学中占有重要地位。粒子在光场或其他交变电场的作用下,产生振动的偶极子,发出次波。用这样的模型来说明光的吸收、色散、散射、磁光、电光等现象,甚至光的发射也是波动光学的内容。

光的电磁理论包含波动光学,即包含几何光学,如图2.1所示。几何光学和波动光学都是近似描述光的特性,二者的有效性来源于能够成功复现光的严格电磁理论的近似结果。

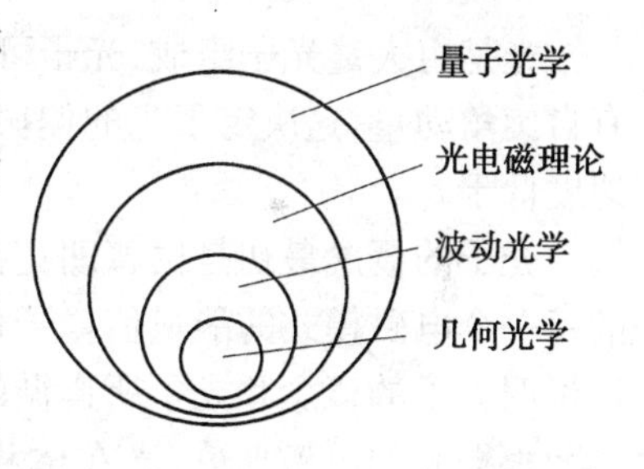

图2.1　四种不同光学范畴示意图

2.1　电磁波谱

电磁波是由同相振荡且相互垂直的电场波和磁场波在空间中传播形成的,它的传播方向垂直于电场与磁场构成的平面。它在真空中的传播速度约为3.0×10^{8} m/s。电磁波包括的范围很广,实践证明,从低频到高频的无线电波、微波、红外线、太赫兹波、可见光、紫外线、X射线、γ射线都是电磁波。不同波段的频率和波长见表2.1。为了对各种电磁波有全面的了解,人们按照波长或频率的顺序把这些电磁波排列起来,这就是电磁波谱。

在整个电磁波谱中,光波的波段非常短,包含三个部分:紫外区(10 ~ 390 nm)、可见光区(390 ~ 760 nm)和红外区(760 nm ~ 1 mm),相应的频率范围为:$3.0\times10^{11}\sim3.0\times10^{16}$ Hz。

表 2.1　电磁波谱

电磁波	频率范围 /Hz	空气中波长	作用类型
宇宙射线	$> 10^{20}$	$< 10^{-12}$ m	原子核
X 射线	$10^{20} \sim 10^{16}$	$10^{-3} \sim 10$ nm	内层电子跃迁
远紫外光	$10^{16} \sim 10^{15}$	10 ~ 200 nm	电子跃迁
紫外光	$10^{15} \sim 7.5\times10^{14}$	200 ~ 390 nm	电子跃迁
可见光	$7.5\times10^{14} \sim 4.0\times10^{14}$	390 ~ 760 nm	价电子跃迁
近红外光	$4.0\times10^{14} \sim 1.2\times10^{14}$	0.76 ~ 2.5 μm	振动跃迁
红外光	$1.2\times10^{14} \sim 10^{11}$	2.5 ~ 1 000 μm	振动或转动跃迁
微波	$10^{11} \sim 10^{8}$	0.1 ~ 100 cm	转动跃迁
无线电波	$10^{8} \sim 10^{5}$	1 ~ 1 000 m	原子核旋转跃迁
声波	20 000 ~ 30	$15 \sim 10^{6}$ km	分子运动

2.2　光子的基本概念

光是由大量光子组成,光子可以传播电磁能量,具有动量,其静止质量为零。光子具有自旋角动量,这决定了光的偏振特性。光子在真空中的传播速度是 c_0,在介质中的传播速度低于 c_0。

光子的概念最初是由普朗克在解决黑体辐射光谱的疑难问题中提出来的,他将腔内的每一个电磁模式的能量值量子化后解决了黑体辐射的光谱问题,通过引入光谱振腔,可以说明光子的概念和光子所遵循的规则。

根据光的电磁理论,光在体积为 V 的无损谐振腔中的特性完全可以通过电磁场表征。而这个电磁场是由不同频率、不同空间分布以及不同偏振的离散的正交模式叠加而成。电场矢量为 $\mathrm{Re}[\boldsymbol{E}(\boldsymbol{r},t)]$,其中 $\boldsymbol{E}(\boldsymbol{r},t)$ 为

$$\boldsymbol{E}(\boldsymbol{r},t)=\sum_q A_q U_q(\boldsymbol{r})\mathrm{e}^{\mathrm{j}\omega_q t}$$

这里,q 表示不同的模式,第 q 个模式的复振幅是 A_q,角频率是 ω_q,模式的空间分布特性由复函数 $U_q(r)$ 表示,且满足归一化条件 $\int |U_q(r)|^2\mathrm{d}r=1$。空间分布函数的选择并不是唯一的。在边长为 d 的立方谐振腔中,通常空间分布函数选择驻波形式

$$U_q(r)=\left(\frac{2}{d}\right)^{3/2}\sin\frac{q_x\pi x}{d}\sin\frac{q_y\pi y}{d}\sin\frac{q_z\pi z}{d} \tag{2.1}$$

这里 q_x、q_y、q_z 是整数,每一个模式中包含的能量为

$$E_q=\frac{1}{2}\varepsilon\int\boldsymbol{E}(\boldsymbol{r},t)\cdot\boldsymbol{E}^*(\boldsymbol{r},t)\mathrm{d}r=\frac{1}{2}\varepsilon|A_q|^2 \tag{2.2}$$

在经典电磁理论中，能量是任意非负值，与质量大小无关。总的能量是所有模式中能量的总和。

2.2.1 光子能量

在光子学中，电磁模式的能量是量子化的，离散在不同的光子能级中，如图 2.2 所示。在频率为 ν 的模式中，光子的能量为

$$E = h\nu = \hbar\omega \tag{2.3}$$

式中，$\hbar$ 是普朗克常数，$\hbar = 6.63 \times 10^{-34}\ \text{J}\cdot\text{s}$，$\hbar = h/2\pi$。

如果一个模式没有光子存在，它的能量为 $E_0 = \frac{1}{2}h\nu$，称该能量为零点能；如果一个模式内包含 n 个光子，则这个模式总能量为

$$E_n = \left(n + \frac{1}{2}\right) h\nu \quad (n = 0,1,2,3,\cdots) \tag{2.4}$$

在大部分实验中，零点能并不能直接被观察到，主要原因是实际中测试得到的是两个能级差。而零点能是通过物质在静场作用下以及其精确的方法证明存在的，在原子的自发辐射中有重要作用。

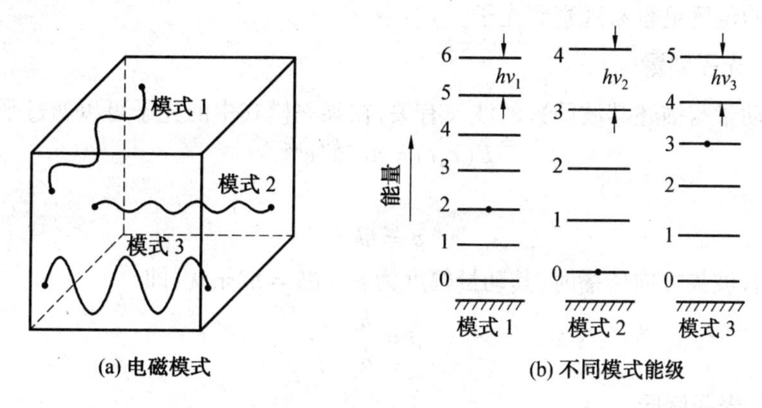

图 2.2 电磁模式的能级

光子能量的大小很容易计算，波长为 1 μm 的红外光子，由 $\lambda\nu = c_0$ 可得其频率是 3×10^{14} Hz，它的能量 $h\nu = 1.99 \times 10^{-19}\ \text{J} = 1.24\ \text{eV}$，相当于一个电子在 1.24 V 电压作用下加速运动获得的能量。波长与能量满足如下关系

$$\lambda(\mu\text{m}) = \frac{1.24}{E(\text{eV})} \tag{2.5}$$

波长的倒数常用来表示能量的单位，表示为 cm^{-1}，也称为波数（$1\ \text{cm}^{-1}$ 相当于1.24×10^{-4} eV 能量，并且 1 eV 相当于 8 068.1 cm^{-1}）。光子频率、波长、能量与波数的关系如图 2.3 所示。

光子的能量随着频率的增加而增大，因此随着频率的增加，光的粒子特性更加明显，而衍射和干涉等波动性在高频时很难观察到。特别是，短波长的 X 射线与 γ 射线总是表现出粒子性，而射频、微波波段总是表现出波动性。

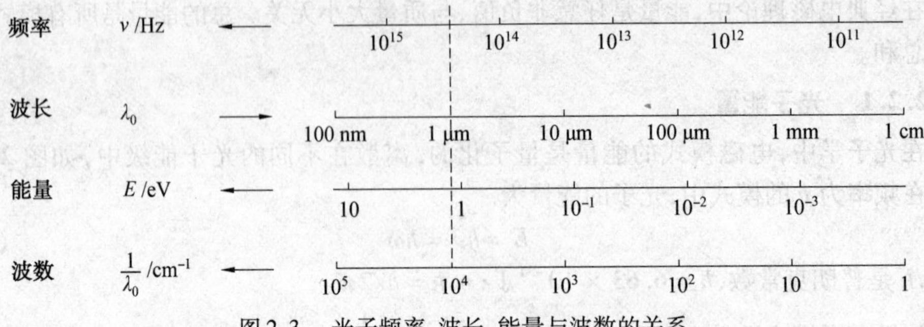

图 2.3　光子频率、波长、能量与波数的关系

2.2.2　光子位置

每一个光子都可以通过波函数 $AU(\boldsymbol{r})\mathrm{e}^{\mathrm{j}\omega t}$ 描述。然而，当一个光子入射到一个位于 $\boldsymbol{r}$ 的单位面元 $\mathrm{d}S$（$\mathrm{d}S$ 垂直于光子的传播方向）时，它的不可分辨性会引起它能被完全探测或根本不会被探测，因此，光子的位置不能精确确定，需通过光强来描述，即 $I(r) \propto |U(r)|^2$。在某点 r 给定的面元上能够观察到光子的几率与光强成正比，即

$$p(r)\,\mathrm{d}A \propto I(r)\,\mathrm{d}A$$

在光强较强的位置更容易观察到光子。

2.2.3　光子动量

光子的动量与描述其波函数的波矢有关，在某一模式中的光子可以通过平面波描述

$$\boldsymbol{E}(\boldsymbol{r},t) = A\mathrm{e}^{-\mathrm{j}\boldsymbol{k}\cdot\boldsymbol{r}}\mathrm{e}^{\mathrm{j}\omega t}$$

因此其动量为

$$\boldsymbol{p} = \hbar\boldsymbol{k} \tag{2.6}$$

光子沿着波矢方向传播时，其动量幅度为 $p = \hbar k = \hbar 2\pi/\lambda$，即

$$p = \frac{h}{\lambda}$$

2.2.4　光子偏振

早期研究表明，光是不同频率、不同方向以及不同偏振态的模式的叠加。模式的选择并不是唯一的，这个重要的概念是通过光的偏振特性来阐述的。

1. 线偏振光子

考虑光是由两个沿 z 方向传播的平面波叠加而成，一个偏振方向是 x 方向，另一个是 y 方向

$$\boldsymbol{E}(\boldsymbol{r},t) = (A_x + A_y)\mathrm{e}^{-\mathrm{j}kz}\mathrm{e}^{\mathrm{j}\omega t} \tag{2.7}$$

然而，即使相同的电磁场也可在不同坐标系（x'，y'；相对于原坐标系旋转 45°）中表示，此时光可以表示为 x'、y' 方向偏振模式的叠加

$$\boldsymbol{E}(\boldsymbol{r},t) = (\boldsymbol{A}_{x'} + \boldsymbol{A}_{y'})\mathrm{e}^{-\mathrm{j}kz}\mathrm{e}^{\mathrm{j}\omega t} \tag{2.8}$$

式中

$$A_{x'} = \frac{1}{\sqrt{2}}(A_x - A_y);\quad A_{y'} = \frac{1}{\sqrt{2}}(A_x + A_y)$$

如果知道 x 方向偏振模被一个光子占据，y 方向偏振模没有被光子占据，那么在 x' 方向偏振的光子几率是多大呢？这个问题通常用到概率统计方法，在每个偏振方向找到光子

的几率与强度$|A_x|^2$、$|A_y|^2$、$|A_{x'}|^2$以及$|A_{y'}|^2$成正比。在上面的例子中，$|A_x|^2=1$、$|A_y|^2=0$，因此，$|A_{x'}|^2=|A_{y'}|^2=\frac{1}{2}$。从而，假设在$x$偏振方向有一个光子，$y$偏振方向没有光子，则在$x'$、$y'$偏振方向找到一个光子的几率为50%，其结果如图2.4所示。

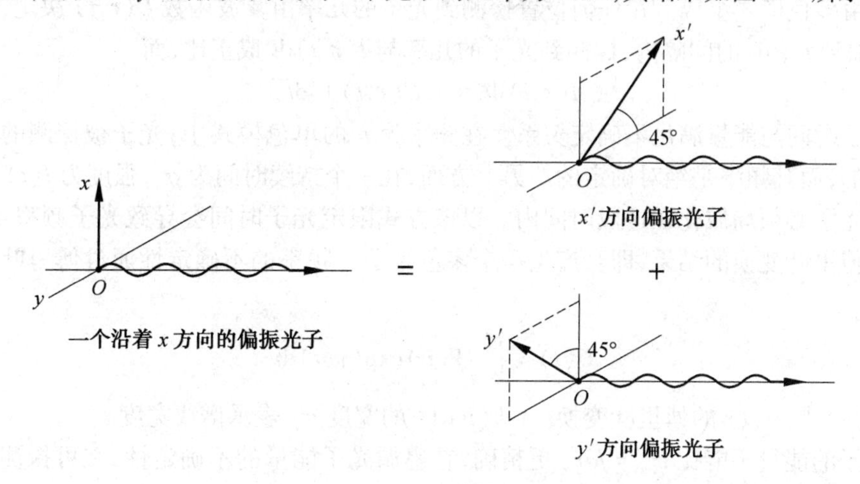

图2.4　一个线偏振光分解的两个可能偏振结果

2. 圆偏振

光也可以由两个圆偏振平面波模式叠加而成，其中一个是左偏振模，另一个是右偏振模，其形式为

$$\boldsymbol{E}(\boldsymbol{r},t)=(\boldsymbol{A}_{\mathrm{R}}+\boldsymbol{A}_{\mathrm{L}})\mathrm{e}^{-\mathrm{j}kz}\mathrm{e}^{\mathrm{j}\omega t} \tag{2.9}$$

在左偏和右偏模式中，找到一个光子的几率分别正比于$|\boldsymbol{A}_{\mathrm{R}}|^2$和$|\boldsymbol{A}_{\mathrm{L}}|^2$。而一个线偏振光子可以等效为一个左旋圆偏振光子和一个右旋圆偏振光子的叠加，而且每一个几率为50%，如图2.5所示。相反，当一个圆偏振光子通过一个线偏振片时，能被探测到的几率也是50%。

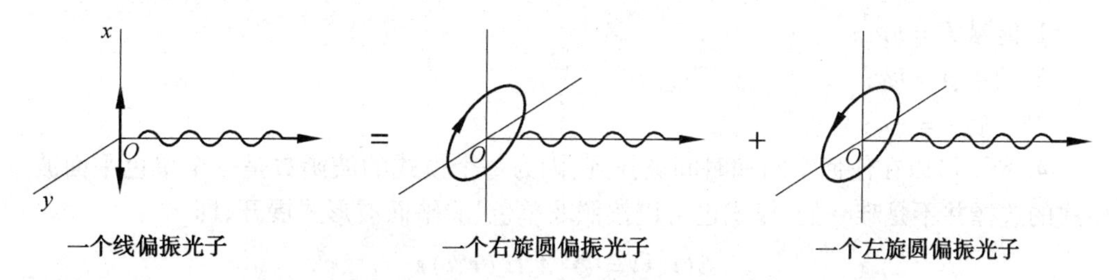

图2.5　线偏振光子等效为由两个圆偏振方向相反的光子叠加

2.2.5　光子自旋

光子具有两个不同的自旋角动量，其大小是量子化的，自旋量子数为

$$s=\pm h$$

右旋或左旋圆偏振光子的自旋矢量平行或反平行它们的动量方向。线偏振光子的平行和反平行自旋几率相等，各为50%。一个线偏振光子可以等效为两个自旋方向相反的偏振光子的叠加。

2.2.6 光子时间

方程(2.1)中的每个模式表示单一频率的时谐函数。一个单色模式中的光子可以在任何时间被探测到。然而,一个谐振腔的内、外的辐射模式并不是唯一的。更普遍的表达形式是由多色模式组成。在任何位置探测到光子的几率由复波函数 $U(\boldsymbol{r},t)$ 决定,在时间由 t 增加到 $t+\mathrm{d}t$ 的间隔内,探测到光子的几率与 $I(\boldsymbol{r},t)\mathrm{d}t$ 成正比,而

$$I(\boldsymbol{r},t)\mathrm{d}t \propto |U(\boldsymbol{r},t)|^2\mathrm{d}t$$

光子时间与能量满足不确定关系。在频率为 ν 的单色模式中,光子被探测的时间是不确定的,而其频率是绝对确定的。另一方面,在一个持续时间为 σ_t,强度为 $I(t)$ 波包模式中的光子必须局域化在这段时间内。以该方式限定光子时间会导致光子频率不确定,这也是傅里叶变换的结果,即会产生一个多色光子。频率的不确定性通过傅里叶变换得到,即

$$U(t)=\int_{-\infty}^{\infty}V(\nu)\exp(\mathrm{j}\omega t)\mathrm{d}\nu \tag{2.10}$$

这里 $V(\nu)$ 是 $U(t)$ 的傅里叶变换。$|V(\nu)|^2$ 的宽度 σ_ν 表示谱线宽度。

光子的能量不能比 $\sigma_E=h\sigma_\nu$ 更精确,它遵循光子能量的不确定性,在可探测的时间内,必须满足 $\sigma_E\sigma_t\geqslant\dfrac{\hbar}{2}$,此式就是时间－能量的不确定关系。这个关系类似于位置与动量的不确定性,也限定了光子的位置和动量不能同时被确定。

综上所述,有如下结论:电磁辐射可以看作由不同的模式叠加而成,也即由单色均匀平面波形成

$$\boldsymbol{E}(\boldsymbol{r},t)=\sum_q A_q\exp(-\mathrm{j}\boldsymbol{k}_q\cdot\boldsymbol{r})\exp(\mathrm{j}2\pi\nu_q t)\boldsymbol{e}_q \tag{2.11}$$

每一个平面波有两个正交的偏振态(垂直/水平线偏振态,左旋/右旋圆偏振态),每一个模式的能量是光子能量(量子化能量)的整数倍。相应于每一个模式 q 的光子具有下列特点:

① 能量 $E=h\nu_q$;

② 动量 $\boldsymbol{p}=\hbar\boldsymbol{k}$;

③ 自旋 $s=\pm h$;

④ 光子可以在任何空间和时间被找到,因为每个模式的波函数是一个单色平面波。模式的选择并不是唯一的,模式也可以按照非单色、非平面波形式展开,即

$$\boldsymbol{E}(\boldsymbol{r},t)=\sum_q A_q U_q(\boldsymbol{r},t)\boldsymbol{e}_q$$

⑤ 光子位置和时间由复波函数 $U_q(\boldsymbol{r},t)$ 决定,在位置为 $\boldsymbol{r}$,面积为 $\mathrm{d}A$,时间间隔为 $\mathrm{d}t$ 内能探测到一个光子的几率与 $|U_q(\boldsymbol{r},t)|^2\mathrm{d}A\mathrm{d}t$ 成正比。

⑥ 如果 $U_q(\boldsymbol{r},t)$ 在一个有限时间 σ_t 内,即光子局限在这个时间内,则光子能量 $h\nu_q$ 是不确定的,为

$$h\sigma_\nu\geqslant h/4\pi\sigma_t$$

上面讨论了单个光子的行为和特性,下面简单介绍大量光子(光子流)的集体行为,引入几个概念。

(1) 平均光子流密度 $\phi(\boldsymbol{r})$

$$\phi(\boldsymbol{r}) = \frac{I(r)}{h\bar{\nu}}$$

式中,$I(\boldsymbol{r})$ 为光强,单位为 W/cm^2。如果中心频率为准单色光 $\bar{\nu}$,所有光子具有近似相同的能量 $h\bar{\nu}$,其平均光子流密度为 $\phi(\boldsymbol{r}) = \dfrac{I(r)}{h\bar{\nu}}$。典型的普通光源平均光子流密度见表 2.2。

表 2.2　不同光源的平均光子流密度

光源	平均光子流密度(光子数 /s · cm^2)
星光	10^6
月光	10^8
黄昏 / 黎明光	10^{10}
室内光	10^{12}
阳光	10^{14}
激光(10 mW He - Ne 激光,波长 633 nm)	10^{22}

(2) 平均光子流 Φ

在给定面积上对平均光子流密度积分便得到平均光子流,即

$$\Phi = \int_A \phi(r)\,\mathrm{d}A = \frac{P}{h\bar{\nu}}$$

式中,$P = \int_A I(r)\,\mathrm{d}A$ 是光功率。例如,波长为 0.2 μm,光功率为 1 nW 的光照射到物体上,每秒钟产生的平均光子流为 10^9,也就是说,每一纳秒有一个光子打到物体上。

(3) 平均光子数 $\bar{n}$

在面积为 A,时间间隔 T 内探测到的平均光子数目为

$$\bar{n} = \Phi T = \frac{E}{h\bar{\nu}}$$

式中,$E = PT$ 是光能量(单位是 J)。

(4) 光子流的随机性

即使光强 $I(\boldsymbol{r})$ 是常数,单个光子到达时间和准确位置也是满足概率统计规则的。如果光源精确地提供一个光子,在时 - 空点(r,t) 能够探测到光子的几率密度与光强 $I(\boldsymbol{r})$ 成正比。可见,光强 $I(\boldsymbol{r})$ 既可用于单个光子,也可用于光子流,而对于光子流,光强 $I(\boldsymbol{r})$ 决定了平均光子流密度,光源的特性决定了平均光子流密度的起伏特性。

2.3　色散介质和各项异性介质中的电磁波

通常,在初次学习介质中的场与波现象时,往往将注意力放在诸如线性、非色散以及各向同性等简单介质中。在这些介质中,材料的本构参数都是标量而且与电磁波频率无关。严格来讲,除了真空之外,没有任何一种材料具有简单介质的属性,只有在特定条件下,大部分材料可以近似作为简单介质来对待。

近年来,随着微波、太赫兹波以及光波技术的不断发展,研究各种电磁波在色散介质与各向异性介质中的传播特性非常重要。特别是在设计利用这些特性实现特殊功能器件时,必须考虑介质的色散效应和各向异性特性。电磁波在物质中的传播是一个场与物质相互作用的宏观过程,但在原理上,研究这个过程必须借助量子力学与统计力学,而不是宏观的电动力学。对于理想气体、导体、电子束、等离子体以及铁氧体等特定材料,采用经典理论研究已经取得很大成功。在这部分内容中,主要介绍色散介质与各向异性介质的本构关系以及电磁波在这些介质中传播的简单特性。

2.3.1 在介质中电磁波的色散与损耗经典理论

电磁波与物质的相互作用导致介质中波出现色散与损耗。实际中,所有的介质都会表现出一定的色散。然而,在特定的频率范围内,部分介质的色散非常小,从而介质的电导率和磁导率以及波速保持不变,并且与频率没有关系。而当电磁波列是由某一频段的正弦波叠加而成,则色散不能被忽略。在射频与微波波段,绝大多数介质的色散与损耗是非常弱的,但在太赫兹、红外、可见光与紫外波段,色散与损耗特别强而且强烈依赖于频率。

在色散介质中,极化和磁化响应并不是同时出现的,对于依赖时间的正弦场,介电常数和磁导率变成复数,并且是频率的函数。

2.3.2 色散和损耗的理想气体模型

假设介质是由分子或原子等微粒构成,而且这些微粒在电场作用下能产生极化现象。考虑入射波的时谐电场作用到介质上,且入射波的波长大于微粒的几何尺寸。因此,作用到介质中微粒的电子云上的电场并不依赖于它相对于原子核或正离子的位置。为了简单处理,这里忽略外加电场与局域电场的差别,即由于极化而产生的作用到电子云上的电场不予考虑。因此,这个模型仅仅适用于密度低的物质或低压气体,即为通常所说的理想气体模型。

在色散的经典模型中,原子核外电子云质量中心在外加电场作用下产生位移 x,电子云偏离原子核的任何位移都会产生一个恢复力 $-m\omega_0^2 x$,这里 ω_0 是电子振荡的固有角频率,m 是电子质量。同时会产生一个阻尼力 $-m\gamma(\mathrm{d}x/\mathrm{d}t)$,$\gamma$ 为阻尼系数,这个力来源于其他电荷的辐射与相互作用。这两个力与运动电子云的惯性相互作用产生类似谐振子的共振现象。因此电子运动方程为

$$m\left[\frac{\mathrm{d}^2 x}{\mathrm{d}t^2}+\gamma\frac{\mathrm{d}x}{\mathrm{d}t}+\omega_0^2 x\right]=eE_0\mathrm{e}^{\mathrm{j}\omega t} \tag{2.12}$$

在这个方程中,忽略磁场效应,因为电子速率远远低于光速。

在稳态时,位移也是同频率下的时谐量,表示为 $x=x_0\mathrm{e}^{\mathrm{j}\omega t}$。求解上面方程,得到

$$x=\frac{e}{m}\frac{1}{\omega_0^2-\omega^2+\mathrm{j}\omega\gamma}\boldsymbol{E} \tag{2.13}$$

由电子位移引起的偶极矩为

$$p=ex=\frac{e^2}{m}\frac{1}{\omega_0^2-\omega^2+\mathrm{j}\omega\gamma}\boldsymbol{E} \tag{2.14}$$

假设介质由完全相同的分子组成,用 N 表示单位体积的分子数目,每个分子有 Z 个电子,并且每个分子中具有本征角频率 ω_i 和阻尼因子 γ_i 的电子数为 f_i,则每个分子的总偶

极矩为

$$p_m = \frac{e^2}{m}\sum_i \frac{f_i}{\omega_i^2 - \omega^2 + \mathrm{j}\omega\gamma_i}\boldsymbol{E} \tag{2.15}$$

这里f_i 表示第 i 个共振的强度,并且有 $\sum_i f_i = Z$。因此单位体积内总的极化强度为

$$P = Np_m = \frac{Ne^2}{m}\sum_i \frac{f_i}{\omega_i^2 - \omega^2 + \mathrm{j}\omega\gamma_i}\boldsymbol{E} \tag{2.16}$$

从电极化率定义 $P = \varepsilon_0\chi E$,可以得到复极化率为

$$\chi(\omega) = \frac{P}{\varepsilon_0 E} = \frac{Ne^2}{\varepsilon_0 m}\sum_i \frac{f_i}{\omega_i^2 - \omega^2 + \mathrm{j}\omega\gamma_i} = \chi'(\omega) - \mathrm{j}\chi''(\omega) \tag{2.17}$$

由上面结果可以得到介质的介电常数实部和虚部分别为

$$\varepsilon'(\omega) = \varepsilon_0[1 + \chi'(\omega)] = \varepsilon_0 + \frac{Ne^2}{m}\sum_i \frac{f_i(\omega_i^2 - \omega^2)}{(\omega_i^2 - \omega^2)^2 + \omega^2\gamma_i^2} \tag{2.18}$$

$$\varepsilon''(\omega) = \varepsilon_0\chi''(\omega) = \frac{Ne^2}{m}\sum_i \frac{f_i\omega\gamma_i}{(\omega_i^2 - \omega^2)^2 + \omega^2\gamma_i^2} \tag{2.19}$$

介电常数与电极化率的实部描述了介质的色散,而虚部描述了介质的损耗,二者都是频率的函数。而参数f_i、ω_i 和γ_i 由量子力学定义,上述表达式能准确地描述介质的极化特性。电极化率的归一化频率响应曲线如图2.6 所示,对于第 i 个共振项,取 $\omega_i = \omega_0$,从图中可以看出,这是典型的阻尼共振系统的响应特性。

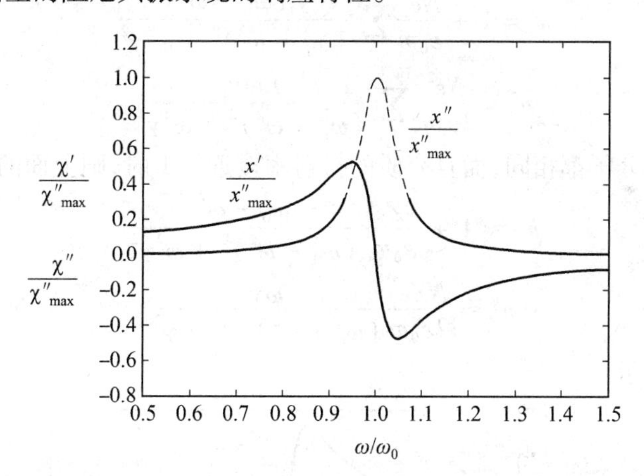

图 2.6　极化率与频率关系曲线

在实际中,介质中有不同的分子和电子,而且这些粒子具有不同的 ω_i 和 γ_i。这样在响应特性曲线中会出现一定数量的离散共振峰值,这与具有不同模式的共振器的响应特性相似。同样,离子之间的极化位移也会产生共振特性,但是相对于电子共振,离子因其质量非常大而共振比较弱。

如果介质中包含的所有电子具有相同的共振频率和阻尼因子,则介电常数实部和虚部可简化为

$$\varepsilon'(\omega) = \varepsilon_0 + \frac{NZe^2}{m}\frac{(\omega_0^2 - \omega^2)}{(\omega_0^2 - \omega^2)^2 + \omega^2\gamma^2} \tag{2.20}$$

$$\varepsilon''(\omega)=\frac{NZe^2}{m}\frac{\omega\gamma}{(\omega_0^2-\omega^2)^2+\omega^2\gamma^2} \tag{2.21}$$

2.3.3 复折射率

介质的折射率定义为$n=\sqrt{\mu_r\varepsilon_r}$,对于非磁性介质,$\mu_r=1$;对于色散介质,介电常数和折射率变为复数形式

$$\varepsilon_r=\varepsilon'_r-j\varepsilon''_r$$

$$n=\sqrt{\varepsilon_r}=\sqrt{\varepsilon'_r-j\varepsilon''_r}=n'-jn'' \tag{2.22}$$

这里n'代表介质的折射率,n''代表介质的消光系数,二者都是频率的函数。将介电常数代入式(2.22),可得

$$n=\sqrt{1+\frac{Ne^2}{\varepsilon_0 m}\sum_i\frac{f_i}{\omega_i^2-\omega^2+j\omega\gamma_i}} \tag{2.23}$$

通常来说,ε''远小于ε',因此复折射率的实部和虚部可简化为

$$\begin{cases}n'\approx\sqrt{\varepsilon'_r}\\ n''\approx\dfrac{\varepsilon''_r}{2\sqrt{\varepsilon'_r}}\end{cases} \tag{2.24}$$

对于理想气体或者绝大部分光学材料,折射率n'仅仅大于1,上面的表达式可以简化为

$$n'=1+\frac{Ne^2}{\varepsilon_0 m}\sum_i\frac{f_i(\omega_i^2-\omega^2)}{(\omega_i^2-\omega^2)^2+\omega^2\gamma_i^2} \tag{2.25}$$

$$n''=\frac{Ne^2}{2\varepsilon_0 m}\sum_i\frac{f_i\omega\gamma_i}{(\omega_i^2-\omega^2)^2+\omega^2\gamma_i^2} \tag{2.26}$$

如果介质中的所有分子都相同,而且介质的折射率接近于1时,则上面的表示式简写为

$$n'\approx1+\frac{NZe^2}{\varepsilon_0 m}\frac{\omega_0^2-\omega^2}{(\omega_0^2-\omega^2)^2+\omega^2\gamma^2} \tag{2.27}$$

$$n''\approx\frac{NZe^2}{2\varepsilon_0 m}\frac{\omega\gamma}{(\omega_0^2-\omega^2)^2+\omega^2\gamma^2} \tag{2.28}$$

其结果如图2.7所示。

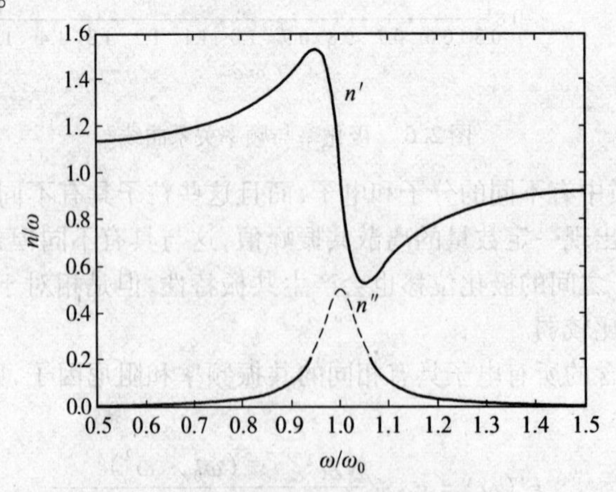

图2.7 折射率的频率响应特性曲线

2.3.4 正常和反常色散

复介电常数的实部和虚部与频率的关系曲线如图 2.8 所示。通常来说，阻尼因子 γ_i 略小于固有频率 ω_i，这意味 $|\omega_i^2-\omega^2|\gg\omega\gamma_i$，对于除 ω_i 附近的绝大部分频率范围，介电常数近似等于实部，而虚部近似为 0。对于 $\omega<\omega_i$，$(\omega_i^2-\omega^2)^{-1}$ 为正值，当在低频($\omega<\min(\omega_i)$)时，式(2.18)中所有项之和是正的，因此 χ' 必定为正，ε' 必定大于 ε_0。如果 $\min(\omega_i)<\omega<\omega_i$ 时，所有包含 $\min(\omega_i)$ 项的和为负值，而其余所有项之和为正值。当频率增加时，式(2.18)中越来越多的项变成负值，最终，在 $\omega>\max(\omega_i)$ 时，所有项之和为负值，此时 χ' 变为负值，ε' 必定小于 ε_0。

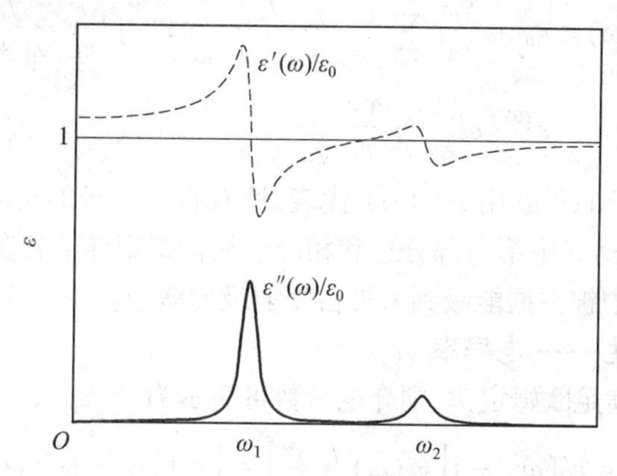

图 2.8 复介电常数的实部和虚部与频率的关系曲线

当频率接近 ω_i 时，ε' 和 ε'' 迅速增加。在 ω 接近但小于 ω_i 附近，ε' 达到最大值，而当 $\omega=\omega_i$ 时，ε' 迅速减小到 ε_0。之后，在 ω 接近但大于 ω_i 附近时，ε' 减小到最小值。而介电常数的虚部 ε'' 在 $\omega=\omega_i$ 时达到最大值，对应于介质的吸收线。在低压条件下，除了接近于吸收线频率附近，气体几乎都是透明的。

在 ε' 曲线中，斜率为正值时，意味着 ε' 随频率增加而增大，这种色散称为正常色散。在共振频率附近时，ε' 曲线的斜率为负值，这种色散被称为是反常色散。除了共振频率附近其他区域都是正常色散。只有在反常色散区域，介电常数的虚部 ε'' 才可测定。ε'' 为正值时代表了能量从电磁波到介质是损耗的。在 $\varepsilon''>0$ 的频率间隔称为共振吸收区域，此时，介质为无源介质。而当 $\varepsilon''<0$ 时，能量是从介质到电磁波的放大过程，即微波激射器或激光器，此时介质为有源介质。

在低频时，绝缘体的最低共振频率并不等于 0。此时，由式(2.17)决定的电极化率和介电常数分别趋向它们的极限值($\omega\to0$)，没有明显的增加。然而，对于导体而言，必须考虑自由电子行为的影响。

2.3.5 金属的复折射率

当物质中微粒大量堆积时，例如液体和固体情况，此时极化对局域场的影响不能被忽略，理想气体模型不再适用。从而，在液体和固体中，周围粒子对电子行为产生扰动，导致吸收区域加宽，不能利用理想气体模型预测。

对于导体材料,需要考虑自由电子或导带中电子的影响。这种情况下,存在两个合理的假设:

(1) 没有受到恢复力作用的电子的共振频率为0,即 $-m\omega_0^2 x = 0$;

(2) 在导带中被自由电子所包围的离子的影响可以略去局域场修正的必要性。

在这两个假设下,理想气体模型中的介电常数的表达式才有效,但是在 $\omega = 0$ 时有明显的增加。

假设每个分子中部分电子 f_0 是自由电子,并且与晶格离子相碰撞的自由电子的阻尼因子标记为 γ_0,则方程(2.18)有如下形式

$$\varepsilon(\omega) = \varepsilon_0 + \frac{Ne^2}{m}\sum_{i(i\neq 0)}\frac{f_i}{\omega_i^2 - \omega^2 + \mathrm{j}\omega\gamma_i} - \mathrm{j}\frac{Ne^2}{m}\frac{f_0}{\gamma_0 + \mathrm{j}\omega} =$$

$$\varepsilon^{(0)}(\omega) - \mathrm{j}\frac{Ne^2}{m}\frac{f_0}{\gamma_0 + \mathrm{j}\omega} \tag{2.29}$$

这里所有偶极子的贡献用 $\varepsilon^{(0)}(\omega)$ 代表,所有自由电子的贡献用最后一项代表。在能带理论中,上述表达式中第一部分总和相应于从价带到导带的激子,第二部分包含 f_0 和 γ_0 的项覆盖了导带中被占据能级到未被占据能级的激子。

1. 低频时的特性 —— 电导率

假设导体介质满足欧姆定律,则介电常数可表示为

$$\varepsilon(\omega) = \varepsilon'(\omega) - \mathrm{j}\left[\varepsilon''(\omega) + \frac{\sigma}{\omega}\right] = [\varepsilon'(\omega) - \mathrm{j}\varepsilon''(\omega)] - \mathrm{j}\frac{\sigma}{\omega} \tag{2.30}$$

上式与式(2.29)相比较,可以得到

$$\varepsilon'(\omega) - \mathrm{j}\varepsilon''(\omega) = \varepsilon^{(0)}(\omega), \quad \sigma = \frac{Ne^2}{m}\frac{f_0}{\gamma_0 + \mathrm{j}\omega} \tag{2.31}$$

这个结果与Drude模型中描述电导率的本质一样,这里的 Nf_0 是介质中单位体积内的自由电子数。阻尼常数 γ_0/f_0 可由低频导体电导率的实验数据获得,在 $\omega \ll \gamma_0$ 时

$$\sigma = \frac{Nf_0e^2}{m\gamma_0}, \quad \frac{\gamma_0}{f_0} = \frac{Ne^2}{m\sigma} \tag{2.32}$$

对于 Cu,$N = 8 \times 10^{28}$ 原子/m^3,在室温下,低频电导率为 $\sigma \approx 5.8 \times 10^7 \mathrm{S/m}$,因此,$\gamma_0/f_0 \approx 3 \times 10^{13} \mathrm{s}^{-1}$。假设 $f_0 = 1$,则 $\gamma_0 \approx 3 \times 10^{13}\ \mathrm{s}^{-1}$,这意味着上限频率高于微波波段,达到了 10^{11} Hz。金属的电导率基本上是实数,即电流密度与电场是同相,且与频率无关。

在高频(红外以上)段,金属的电导率是复数并依赖于频率。为了更好地理解固体介质在高频的电导率特性,需要用量子力学方法解释,特别是 Pauli 不相容原理起到非常重要的作用。

在低频时,即使介质包含可数的自由电子,也被作为导体;相反,包含大量自由电子的金属被作为绝缘体,此时介质的色散特性取决于复介电常数、折射率和消光系数。应该注意,这里的低频概念与电子工程中的概念有所不同,它包含了全部从 d-c 波段到亚毫米波的所有范围。低频与高频之间的界限类似于亚毫米波和红外波段之间的区别。这也正是电子学与光子学相区别的频段。

2. 高频时的特性 —— 等离子频率

在频率远高于最大共振频率，即 $\omega \gg \max(\omega_i)$，$\omega \gg \gamma_i$ 时，介电常数化简为

$$\varepsilon(\omega) = \varepsilon_0 - \frac{Ne^2}{\omega^2 m}\sum_i f_i = \varepsilon_0 - \frac{NZe^2}{\omega^2 m} \tag{2.33}$$

这里 NZ 表示单位体积内总的电子数。上面表达式也可表示为

$$\frac{\varepsilon(\omega)}{\varepsilon_0} = 1 - \frac{\omega_{\mathrm{p}}^2}{\omega^2}, \quad \omega_{\mathrm{p}}^2 = \frac{NZe^2}{\varepsilon_0 m} = \frac{\rho_0 e}{\varepsilon_0 m} \tag{2.34}$$

这里 $\rho_0 = NZe$ 为电子的体电荷密度，ω_{p} 是介质的等离子频率，从上式可以看出，等离子频率主要由体电荷密度决定。ω_{p} 的物理意义是等离子体中，当离子保持不动时电子的固有振荡频率。

金属的介电常数由式(2.29)决定，在高频时，$\omega \gg \gamma_0$，可近似如下

$$\frac{\varepsilon(\omega)}{\varepsilon_0} = \frac{\varepsilon^{(0)}(\omega)}{\varepsilon_0} - \frac{f_0 Ne^2}{\varepsilon_0 m^* \omega^2} = \frac{\varepsilon^{(0)}(\omega)}{\varepsilon_0} - \frac{\omega_{\mathrm{p}}^2}{\omega^2} \tag{2.35}$$

这里 $\omega_{\mathrm{p}}^2 = \dfrac{f_0 Ne^2}{\varepsilon_0 m^*}$ 是导带电子的等离子频率，有效质量 m^* 包括部分紧束缚效应。

很明显，在电磁波频率足够高时，电磁波与包括金属在内的物质相互作用的特性类似于与等离子体作用的行为。而且在 $\omega \gg \omega_{\mathrm{p}}$ 时，相对介电常数接近于 1。

对于 $\omega \ll \omega_{\mathrm{p}}$ 的情况，光波进入金属的距离非常短而几乎被全部反射，主要原因是消光系数太大。但是，当频率增加到 $\omega > \omega_{\mathrm{p}}$ 时，金属变成透明体，其表面反射率改变非常明显。这种现象主要发生在紫外区，在这个区域金属是透明的，这也是光学与高能物理或基本粒子物理之间区别的界限。

2.4 色散介质中的波速

通常，在导波系统中，除了 TEM 模式，其他所有的波都是色散模式。这种色散称为波导色散。这种色散的特性取决于导波系统的几何结构与传播模式。在多模波导中，不同模式的相速度是不同的，这导致了模间色散。

在这部分内容中，主要讨论由介质引起电磁波的色散，即为材料色散。对于平面波，在非色散介质中相速率等于群速率；在色散介质中相速率并不等于群速率。在弱色散区域，信号速率和能量速率近似等于群速率，但是，在强色散区域，群速率、能量速率和信号速率不再彼此相等。

2.4.1 相速率

在色散介质中，平面波的传播系数为复数，即

$$k = \omega\sqrt{\mu\varepsilon} = \frac{\omega}{c}n = \frac{\omega}{c}(n' - \mathrm{j}n'') = \beta - \mathrm{j}\alpha \tag{2.36}$$

这里 $\beta = \omega n'/c$，$\alpha = \omega n''/c$，分别表示相位常数和衰减常数。平面波在色散介质中的相速为

$$v_p = \frac{\omega}{\beta} = \frac{c}{n'(\omega)} \tag{2.37}$$

通常在色散介质中,相速率依赖于频率。

对于 $\varepsilon''_r \ll \varepsilon'_r$ 的介质,如果折射率比 1 大不多,则相速率为

$$v_p \approx \frac{c}{1 + \frac{NZe^2}{\varepsilon_0 m} \frac{\omega_0^2 - \omega^2}{(\omega_0^2 - \omega^2)^2 + \omega^2\gamma^2}} \tag{2.38}$$

很明显当 $\omega < \omega_0$ 时,相速度小于真空中的光速;而当 $\omega > \omega_0$ 时,相速度大于光速。在正常色散区域,$|\omega_0^2 - \omega^2| \gg \omega\gamma$,相速度简写为

$$v_p \approx \frac{c}{1 + \frac{NZe^2}{2\varepsilon_0 m} \frac{1}{\omega_0^2 - \omega^2}} \tag{2.39}$$

在高频段,相速度近似为光速 c。

实际中,在一定的适当周期过后,能观察到一个稳定的正弦波。一旦稳态条件满足了,相速用来描述一个恒定的相点在介质或系统中移动。然而,在稳态条件下,在系统中没有信息被传输。信号的真正含义是随时间的变化能够提供信息给观察者。这样任何波的跳变或者有限时间的波列就是一个信号,但是,一旦建立起稳态条件,将不会再有信息,因为观察者不能接收到任何更多的信息。这样,相速和任何物理实体(如信号)波前或能流不相关。因此在色散介质中,在某些频段内,相速大于光速并不违背爱因斯坦的狭义相对论。

2.4.2 群速度

实际中理想的单色波是不存在的,即使是最灵敏的可调射频发射器或单色光源,所产生的波都在一定频率范围内。而且,任何信号都包含有限宽度的波列,或者有限频谱的波。因为基本方程都是线性的,任何与时间有关的过程都可以看作不同频率和波数的正弦波的叠加。

在色散介质或导波系统中,电磁波中的每一个频率组分的相速度都不同,从而不同频率的波传播速度不同,在传播过程中彼此之间的相位要发生改变,结果引起波前的相位扰动。信号的速率也即波列的包络速度,与单色波的相速度不同。

分析波列的传播特性最好的工具是傅里叶积分,假设波矢随频率发生平稳变化,即 $k = k(\omega)$,则沿 z 方向传播的波的任一场组分满足如下的傅里叶积分

$$u(z,t) = \frac{1}{\sqrt{2\pi}} \int_{-\infty}^{\infty} A(\omega) e^{j(\omega t - kz)} d\omega$$

这里 $A(\omega)$ 是单色波的幅度,代表不同频率的波的线性叠加特性。它可通过傅里叶逆变换得到,在 $z = 0$ 时,有

$$A(\omega) = \frac{1}{\sqrt{2\pi}} \int_{-\infty}^{\infty} u(0,t) e^{j(\omega t)} dt \tag{2.40}$$

上述两个方程代表傅里叶正变换和逆变换,如图 2.9(a) 所示。同时,角频率也可表示为波矢 $\boldsymbol{k}$ 的函数 $\omega = \omega(k)$,此时,$u(z,t)$ 的傅里叶变换和逆变换分别为

$$\begin{cases} u(z,t) = \dfrac{1}{\sqrt{2\pi}}\displaystyle\int_{-\infty}^{\infty} A(k)\mathrm{e}^{\mathrm{j}(\omega t - kz)}\mathrm{d}k \\ A(k) = \dfrac{1}{\sqrt{2\pi}}\displaystyle\int_{-\infty}^{\infty} u(z,0)\mathrm{e}^{\mathrm{j}kz}\mathrm{d}z \quad (t=0) \end{cases} \tag{2.41}$$

这里 $A(k)$ 为波数为 k 的单色波的幅度,代表不同波数的波的线性叠加,其变换如图 2.9(b) 所示。

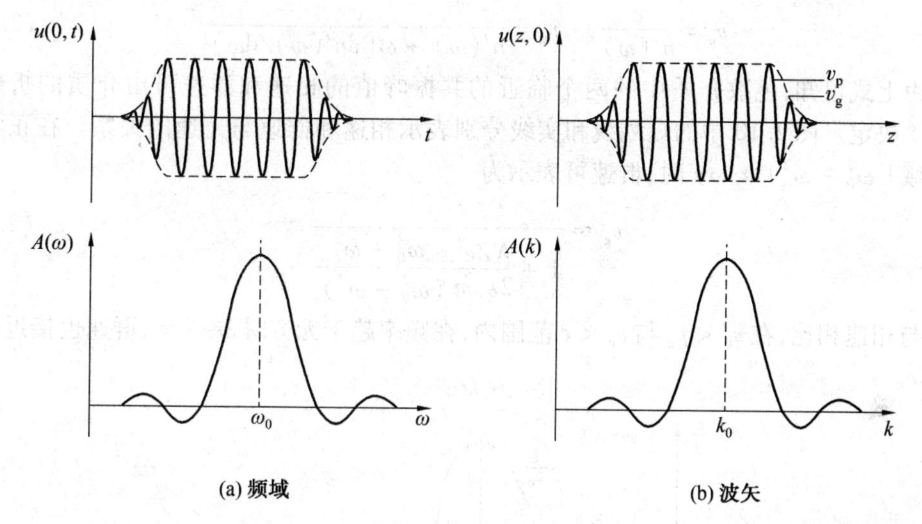

图 2.9　有限波列与其傅里叶变换关系

下面考虑波包络的运动,频率函数以 k_0 为中心展开为

$$\omega(k) = \omega_0 + \left.\frac{\mathrm{d}\omega}{\mathrm{d}k}\right|_{k_0}(k - k_0) + \cdots$$

这里,$\omega_0 = \omega(k_0)$,如果 $A(k)$ 的幅度分布仅仅在 k_0 附近有峰值($\Delta k \ll k_0$),上面的级数只考虑前两项,因此有

$$u(z,t) = \left\{\frac{1}{\sqrt{2\pi}}\int_{-\infty}^{\infty} A(k)\mathrm{e}^{-\mathrm{j}(k-k_0)\left(z - \left.\frac{\mathrm{d}\omega}{\mathrm{d}k}\right|_{k_0} t\right)}\mathrm{d}k\right\}\mathrm{e}^{\mathrm{j}(\omega_0 t - k_0 z)} \tag{2.42}$$

这里波包络可以解释为沿 z 正方向传播的已调制单色波,大括号中的积分表示波的边缘 $U(z,t)$,即

$$u(z,t) = U(z,t)\mathrm{e}^{\mathrm{j}(\omega_0 t - k_0 z)} \tag{2.43}$$

$$U(z,t) = \frac{1}{\sqrt{2\pi}}\int_{-\infty}^{\infty} A(k)\mathrm{e}^{\left[-\mathrm{j}(k-k_0)\left(z - \left.\frac{\mathrm{d}\omega}{\mathrm{d}k}\right|_{k_0} t\right)\right]}\mathrm{d}k \tag{2.44}$$

调制波的相因子为 $\mathrm{e}^{\mathrm{j}(\omega_0 t - k_0 z)}$,并且相速度为 $v_{\mathrm{p}} = \dfrac{\omega_0}{k_0}$。

保持连续包络线的条件是

$$z - \left.\frac{\mathrm{d}\omega}{\mathrm{d}k}\right|_{k_0} t = 常数 \tag{2.45}$$

波包以一定速度沿着 z 方向传播,则

$$v_g = \frac{d\omega}{dk}\bigg|_{k_0} = \frac{1}{dk/d\omega\,|_{k_0}} \tag{2.46}$$

式(2.46)为群速。当波数是复数时 $k=\beta - j\alpha$，群速变为 $v_g = \frac{d\omega}{d\beta}\Big|_{\beta_0} = \frac{1}{d\beta/d\omega\,|_{\beta_0}}$，由于 $\beta(\omega) = \frac{\omega n'(\omega)}{c}$，因此可得

$$v_p = \frac{c}{n'(\omega)}, \quad v_g = \frac{c}{n'(\omega) + \omega[dn'(\omega)/d\omega]} \tag{2.47}$$

由上式可知，色散介质中的两个临近的共振峰值的相速和群速可由介质的折射率 $n'(\omega)$ 决定。图2.10中的短划线和实线分别表示相速和群速与光速的关系。在正常色散区域 $|\omega_0^2 - \omega^2| \gg \omega\gamma$ 时，群速可表示为

$$v_g \approx \frac{c}{1 + \frac{NZe^2}{2\varepsilon_0 m}\frac{\omega_0^2 + \omega^2}{(\omega_0^2 - \omega^2)^2}} \tag{2.48}$$

与相速相比，在 $v_g < v_p$ 与 $v_g < c$ 范围内，在频率趋于无穷时 $\omega \to \infty$，群速也接近光速 $v_g \to c$。

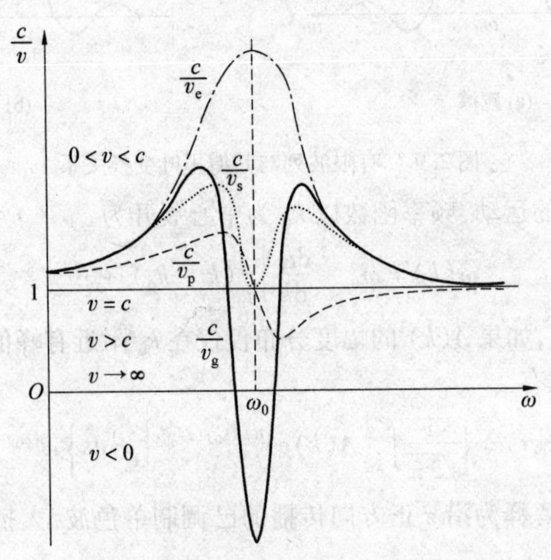

图2.10　共振频率附近相速和群速与光速的关系曲线

在正常色散区域，$\omega < \omega_1$ 和 $\omega > \omega_2$，有 $(dn'/d\omega) > 0$，$n' > 1$，群速小于相速，同时也小于光速。在这种情况下，群速代表信号传播的速率。在反常色散区域，$\omega_1 < \omega < \omega_2$，有 $(dn'/d\omega) < 0$，并且绝对值 $|dn'/d\omega|$ 逐渐增加，那么 $v_g > v_p$，此时群速与相速相差很大。当 $n' + (dn'/d\omega) < 1$ 甚至是负值时，群速比光速大甚至是负值。这个结果并不意味着有悖于狭义相对论，而是此时的群速并不代表介质中反常色散区域的信号传播速率，主要原因是 $|dn'/d\omega|$ 增加，表示函数 $\omega(k)$ 变化非常快，导致式(2.42)中的两个近似项无效。

2.4.3 能流速率

能流速率的定义为

$$v_e = \frac{P}{W}$$

P 代表平均功率流密度，W 代表存储在电磁场中平均能量密度，它们可以通过 Poynting 理论得到。对于在色散介质中沿 z 方向传播的平面波，有

$$\boldsymbol{P} = \frac{1}{2}R(\boldsymbol{E} \times \boldsymbol{H}^*) = \frac{1}{2}R\left(\frac{1}{\eta^*}\boldsymbol{E} \times \boldsymbol{E}^*\right) \tag{2.49}$$

式中 $\boldsymbol{E} = \boldsymbol{E}_0 \mathrm{e}^{-\alpha z}\mathrm{e}^{-\mathrm{j}\beta z}$，$\boldsymbol{E} \times \boldsymbol{E}^* = |\boldsymbol{E}|^2 = |\boldsymbol{E}_0|^2 \mathrm{e}^{-2\alpha z}$，$\dfrac{1}{\eta^*} = \sqrt{\dfrac{\varepsilon_0}{\mu_0}}\sqrt{\varepsilon_r}^*$

并且 $\sqrt{\varepsilon_r}^* = n = n' + \mathrm{j}n''$，因此有

$$\boldsymbol{P} = \frac{1}{2}\sqrt{\frac{\varepsilon_0}{\mu_0}}n' |E_0|^2 \mathrm{e}^{-2\alpha z} \tag{2.50}$$

平均能流密度为

$$W = \frac{1}{4}\varepsilon_0 |\boldsymbol{E}|^2 + \frac{1}{4}\mu_0 |\boldsymbol{H}|^2 + \frac{1}{4}Nm\omega_0^2 |x|^2 + \frac{1}{4}Nm\omega^2 |x|^2 \tag{2.51}$$

式(2.51)中，第一、二项表示真空中电磁场的平均能量密度；第三项表示分子共振的势能体密度；第四项表示分子共振的动能体密度。电场与磁场的比值为波阻抗。

在正常色散区域，$|\omega_0^2 - \omega^2| \gg \omega\gamma$ 并且 $|\omega_0^2 - \omega^2| \gg NZe^2/\varepsilon_0 m$，由此可得能流速率

$$v_e \approx n' \frac{c}{1 + \dfrac{NZe^2}{2\varepsilon_0 m}\dfrac{\omega_0^2 + \omega^2}{(\omega_0^2 - \omega^2)^2}} = n' v_g \tag{2.52}$$

在高频区域，$n' < 1$，$v_e < v_g$，能流速率和群速接近光速（在 $\omega \to \infty$）。在低频区域，$n' > 1$，$v_e > v_g$，在 $\omega \ll \omega_0$ 时，$v_e \approx v_g \approx v_p$。在反常色散区域，能流速率与群速相差很大，并且小于光速。

2.4.4 信号速率

在正常色散区，群速代表信号传输速率。但在反常色散区，群速会大于光在真空中的速率，这在相对论中是不可能的。上面定义的群速在反常色散中失去了信号速率的含义。

这里给出关于信号速率的结论性概念，具体可以参考相关文献。信号就是在某一瞬时一列波的振荡形式，如图 2.11(a) 所示。在色散介质中传播时，信号会被整形，如图 2.11(b) 所示。在介质中会发现信号会渗透入介质中一定厚度，信号的主体由波前以光速引导。第一个波前以小周期零幅度传输，然后周期和幅度缓慢增加，而当周期达到电子的固有周期时，幅度减小。第二个波前以 $c(\omega\sqrt{\omega_0^2 + (NZe^2/m)^2}) < c$ 传输，其周期首先增大然后减小，而幅度上升然后与第一个波前相似的方式减小。这两个波前有小部分重叠，它们的幅度很小，但是当它们的周期达到信号的周期时，幅度会迅速增加。波动信号的主要部分在幅度上瞬间增加，并以速率 v_s 传输，这个速率定义为信号速率。信号传输一定距离后随时间变化关系如图 2.11(c) 所示。对于信号速率的清晰简单的解释并不能给

出,但在物理上,它的意义十分清晰。对于一个正常灵敏度的探测器,测试表示的传播速率近似等于信号速率。然而,随着探测器的灵敏度增加,测量的速率也增加,一直到灵敏度极限为止,测试记录的都是波前速率,这个速率是光速。

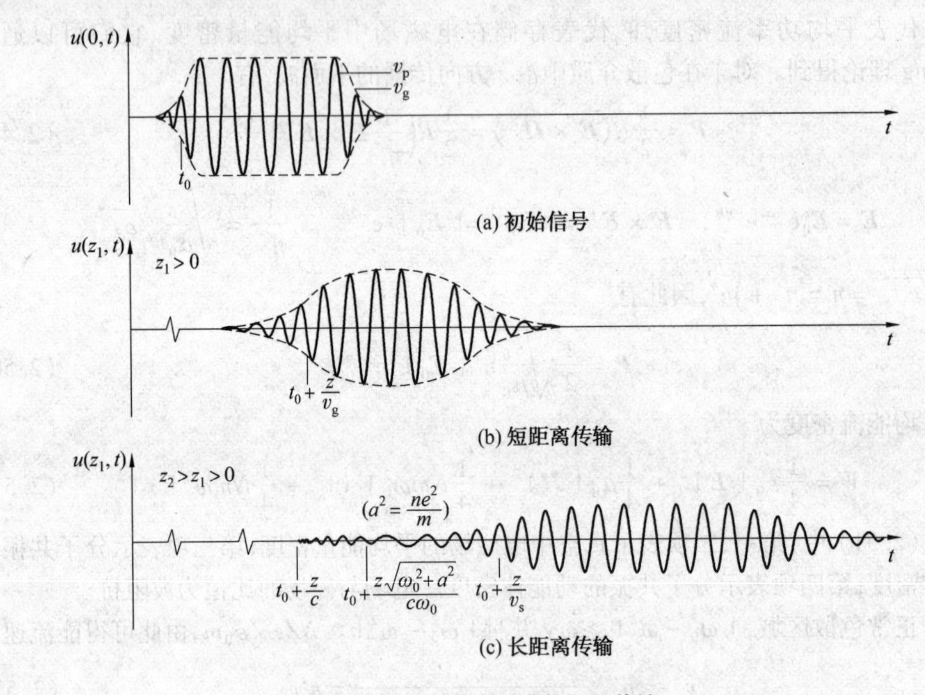

图 2.11　色散介质中信号的传输

2.5　各向异性介质与本构关系

如果一种介质的宏观光学特性与方向有关,那么这种介质为各向异性介质。当然,物质的宏观特性取决于微观特性,即物质内部分子的形状和位置以及组织结构。图 2.12 为各种不同类型光学材料的分子取向、分布以及取向示意图。如果材料内部分子是无规则排列,或者它们本身是各向同性的,或者它们取向是杂乱无章的,那么这种材料为各向同性介质,如气体、液体和非晶固体;如果分子在空间中是周期性的有序排列而且取向一致,

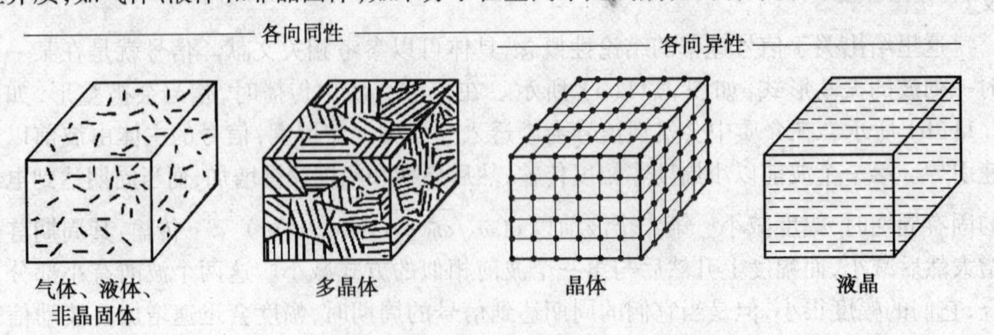

图 2.12　不同材料内部分子位置和取向示意图

这种类型的材料为晶体，通常大多数晶体是各向异性介质；如果分子本身是各向异性的，它们的取向不是随机的，这种特殊材料是液晶，也是各向异性介质。此外，多晶材料内部结构是不连续的晶粒，晶粒的排列没有规律，但晶粒本身是各向异性的，而多晶材料宏观表现出的是各向同性特性。

在各向同性介质中，极化与磁化方向与外加场方向一致，而且介质对场的响应在不同方向上是相同的，介质的介电常数和磁导率是标量，也可以是复数，或者依赖于频率。

在某些材料中，不同方向上极化和磁化是不同的，而且与外加场的方向也不同，这样的材料称为各向异性介质。在这些材料中，介电常数与磁导率是张量或者是矩阵形式。

对于各向异性介质，其本构关系为

$$\boldsymbol{D}=\boldsymbol{\varepsilon}\cdot\boldsymbol{E},\quad \boldsymbol{B}=\boldsymbol{\mu}\cdot\boldsymbol{H} \tag{2.53}$$

这里 $\boldsymbol{\varepsilon}$ 和 $\boldsymbol{\mu}$ 分别是介电常数张量和磁导率张量。对于稳态的随时间正弦变化的场，本构张量是复张量，即矩阵中的元素是复数而且与频率有关。实际中，大部分各向异性介质要么是电各向异性介质，要么是磁各向异性介质。

对于电各向异性介质，其介电常数是张量，磁导率是标量，即

$$\boldsymbol{D}=\boldsymbol{\varepsilon}\cdot\boldsymbol{E},\quad B=\mu H \tag{2.54}$$

式中

$$\boldsymbol{\varepsilon}=\begin{bmatrix}\varepsilon_{11} & \varepsilon_{12} & \varepsilon_{13}\\ \varepsilon_{21} & \varepsilon_{22} & \varepsilon_{23}\\ \varepsilon_{31} & \varepsilon_{32} & \varepsilon_{33}\end{bmatrix} \tag{2.55}$$

2.5.1 各向异性介质中波的特性

在各向异性介质中，不同方向上的折射率和波传播系数是不同的。此外，电位移矢量 $\boldsymbol{D}$ 与电场矢量 $\boldsymbol{E}$ 方向以及磁感应强度矢量 $\boldsymbol{B}$ 与磁场强度矢量 $\boldsymbol{H}$ 方向也不同，结果导致波矢方向与 Poynting 矢量方向不同。

2.5.2 各向异性介质中 Maxwell 方程和波方程

这里以电各向异性介质为例，简单介绍其 Maxwell 方程形式，同理也可得到磁各向异性介质的 Maxwell 方程形式，此处不再列出。

$$\nabla\times\boldsymbol{E}=-\frac{\partial\boldsymbol{B}}{\partial t}=-\mathrm{j}\omega\mu\boldsymbol{H} \tag{2.56}$$

$$\nabla\times\boldsymbol{H}=\boldsymbol{J}+\frac{\partial\boldsymbol{D}}{\partial t}=\boldsymbol{J}-\mathrm{j}\omega\boldsymbol{\varepsilon}\cdot\boldsymbol{E} \tag{2.57}$$

$$\nabla\cdot(\boldsymbol{\varepsilon}\cdot\boldsymbol{E})=\rho \tag{2.58}$$

$$\nabla\cdot(\mu\boldsymbol{H})=0 \tag{2.59}$$

对于无源非导体介质，上述方程变为

$$\nabla\times\boldsymbol{E}=-\mathrm{j}\omega\mu\boldsymbol{H} \tag{2.60}$$

$$\nabla\times\boldsymbol{H}=-\mathrm{j}\omega\boldsymbol{\varepsilon}\cdot\boldsymbol{E} \tag{2.61}$$

$$\nabla\cdot(\boldsymbol{\varepsilon}\cdot\boldsymbol{E})=0 \tag{2.62}$$

$$\nabla\cdot(\mu\boldsymbol{H})=0 \tag{2.63}$$

对方程(2.60) 取旋度代入式(2.61) 可得

$$\nabla\times(\nabla\times\boldsymbol{E})=\nabla(\nabla\cdot\boldsymbol{E})-\nabla^2\boldsymbol{E}=-\mathrm{j}\omega\mu\,\nabla\times\boldsymbol{H}=\omega^2\mu\varepsilon\cdot\boldsymbol{E} \tag{2.64}$$

整理后得

$$\nabla^2\boldsymbol{E}-\nabla(\nabla\cdot\boldsymbol{E})+\omega^2\mu\varepsilon\cdot\boldsymbol{E}=0 \tag{2.65}$$

对于平面波,含有空间因子 $\mathrm{e}^{-\mathrm{j}\boldsymbol{k}\cdot\boldsymbol{x}}$,从而有$\nabla=-\mathrm{j}\boldsymbol{k}$,Maxwell 方程为

$$-\mathrm{j}\boldsymbol{k}\times\boldsymbol{E}=-\mathrm{j}\omega\mu\boldsymbol{H}\quad -\mathrm{j}\boldsymbol{k}\times\boldsymbol{H}=\mathrm{j}\omega\varepsilon\cdot\boldsymbol{E} \tag{2.66}$$

方程$\nabla^2\boldsymbol{E}-\nabla(\nabla\cdot\boldsymbol{E})+\omega^2\mu\varepsilon\cdot\boldsymbol{E}=0$变为

$$k^2\boldsymbol{E}-\boldsymbol{k}(\boldsymbol{k}\cdot\boldsymbol{E})-\omega^2\mu\varepsilon\cdot\boldsymbol{E}=0 \tag{2.67}$$

同样,对于磁各向异性介质,波方程为

$$\nabla^2\boldsymbol{H}-\nabla(\nabla\cdot\boldsymbol{H})+\omega^2\mu\varepsilon\cdot\boldsymbol{H}=0 \tag{2.68}$$

$$k^2\boldsymbol{H}-\boldsymbol{k}(\boldsymbol{k}\cdot\boldsymbol{H})-\omega^2\mu\varepsilon\cdot\boldsymbol{H}=0 \tag{2.69}$$

2.5.3 各向异性介质中波矢和 Poynting 矢量

对于平面波,Maxwell 方程的形式为

$$\boldsymbol{k}\times\boldsymbol{E}=\omega\boldsymbol{B} \tag{2.70}$$

$$\boldsymbol{k}\times\boldsymbol{H}=-\omega\boldsymbol{D} \tag{2.71}$$

$$\boldsymbol{k}\cdot\boldsymbol{D}=0 \tag{2.72}$$

$$\boldsymbol{k}\cdot\boldsymbol{B}=0 \tag{2.73}$$

很明显,上述方程中波矢 $\boldsymbol{k}$ 垂直于电位移 $\boldsymbol{D}$ 和磁感应强度 $\boldsymbol{B}$ 矢量构成的平面。介质中,波传播的功率流方向定义为 Poynting 矢量,即

$$\boldsymbol{P}=\frac{1}{2}\boldsymbol{E}\times\boldsymbol{H}^* \tag{2.74}$$

因此,能流方向垂直于 $\boldsymbol{E}$ 和 $\boldsymbol{H}$ 所决定的平面。在光学中,在 $\boldsymbol{P}$ 方向上的单位矢量称为光矢。由 $\boldsymbol{D}$ 和 $\boldsymbol{B}$ 确定的且垂直于 $\boldsymbol{k}$ 的平面称为恒相位面也称为相前,而由 $\boldsymbol{E}$ 和 $\boldsymbol{H}$ 确定且垂直于 $\boldsymbol{P}$ 的平面称为恒功率面或等强度面。

在 $\boldsymbol{D}$ 与 $\boldsymbol{E}$、$\boldsymbol{B}$ 与 $\boldsymbol{H}$ 平行的情况下,光矢和波矢具有相同的方向,这与各向同性介质中波传播的特性相同。而在各向异性介质中,$\boldsymbol{D}$ 与 $\boldsymbol{E}$、$\boldsymbol{B}$ 与 $\boldsymbol{H}$ 方向并不平行,因而光矢和波矢方向不平行。

在电各向异性介质中,$\boldsymbol{D}$ 与 $\boldsymbol{E}$ 不平行,$\boldsymbol{P}$ 与 $\boldsymbol{k}$ 也不平行,此时,$\boldsymbol{P}$ 与 $\boldsymbol{k}$ 之间的夹角和 $\boldsymbol{D}$ 与 $\boldsymbol{E}$ 间的夹角相同。这种情况下,$\boldsymbol{B}$ 与 $\boldsymbol{H}$ 平行,因此,$\boldsymbol{D}$、$\boldsymbol{E}$、$\boldsymbol{k}$、$\boldsymbol{P}$ 四个矢量共面并与 $\boldsymbol{B}$ 和 $\boldsymbol{H}$ 垂直。同样,在磁各向异性介质中,$\boldsymbol{B}$、$\boldsymbol{H}$、$\boldsymbol{k}$、$\boldsymbol{P}$ 四个矢量共面且垂直于 $\boldsymbol{D}$ 与 $\boldsymbol{E}$,上述关系如图 2.13 所示。

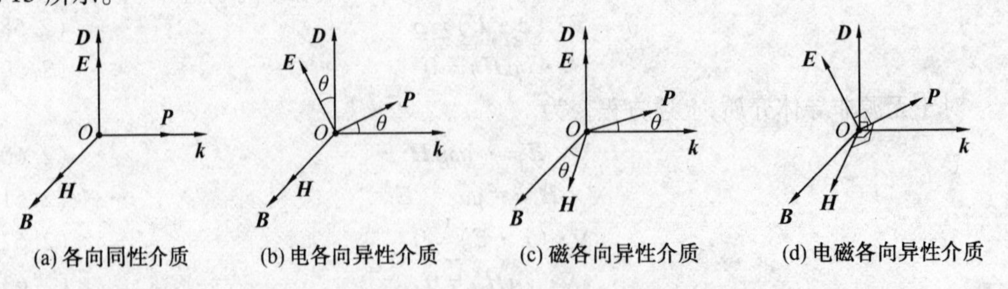

图 2.13 波矢、能流密度矢量与场矢量之间的关系

习　　题

1. 说明光波在电磁波谱中的位置及其相应的波长范围。
2. 详细说明光子的基本特性。
3. 描述 Maxwell 微分方程中所包含的物理意义。
4. 说明不同频率的光波通过介质时,介质的损耗和色散特性如何描述,并画图解释。
5. 试讨论真空中和介质中 Maxwell 方程的差别。
6. 光波通过介质时其相速、群速和光速有何区别?

参考文献

[1] BAHAA E A, MALVIN C T. Fundamentals of Photonics[M]. Hoboken: New Jersey John Wiley & Sons, Inc., 1991.
[2] STRATTON J A. Electromagnetic Theory[M]. Piscataway: Wiley-IEEE Press, 2007.

第 3 章　激光产生原理

激光辐射具有一系列与普通光不同的特点,直观地观察,激光具有高定向性、高单色性和高相干性特点。用辐射光度学的术语描述,激光具有高亮度特点;用统计物理学的术语描述,激光则具有高光子简并度特点。从电磁波谱的角度来描述,激光是极强的紫外、可见和红外相干光的辐射,且具有波长可调谐(连续变频) 等特点。

3.1　光的受激辐射放大

3.1.1　受激辐射的基本概念

受激辐射概念是爱因斯坦首先提出的(1917 年)。在普朗克于 1900 年用辐射量子化假设成功地解释了黑体辐射分布规律,以及玻耳在 1913 年提出原子中电子运动状态量子化假设的基础上,爱因斯坦从光量子概念出发,重新推导了黑体辐射的普朗克公式,并在推导中提出了两个极为重要的概念:受激辐射和自发辐射。40 年后,受激辐射概念在激光技术中得到了广泛应用。

1. 黑体辐射的普朗克公式

我们知道,处于某一温度 T 的物体能够发出和吸收电磁辐射,如果某一物质能够完全吸收任何波长的电磁辐射,则称此物体为绝对黑体,简称黑体。如图 3.1 所示的空腔辐射体就是一个比较理想的绝对黑体,因为从外界射入小孔的任何波长的电磁辐射都将在腔内来回反射而不再逸出腔外。物体除吸收电磁辐射外,还会发出电磁辐射,这种电磁辐射称为热辐射或温度辐射。

如果图 3.1 中的黑体处于某一温度 T 的热平衡情况下,则它所吸收的辐射能量应等于发出的辐射能量,即黑体与图 3.1 中的辐射场之间应处于能量(热) 平衡状态。显然,这种平衡必然导致空腔内存在完全确定的辐射场,这种辐射场称为黑体辐射或平衡辐射。

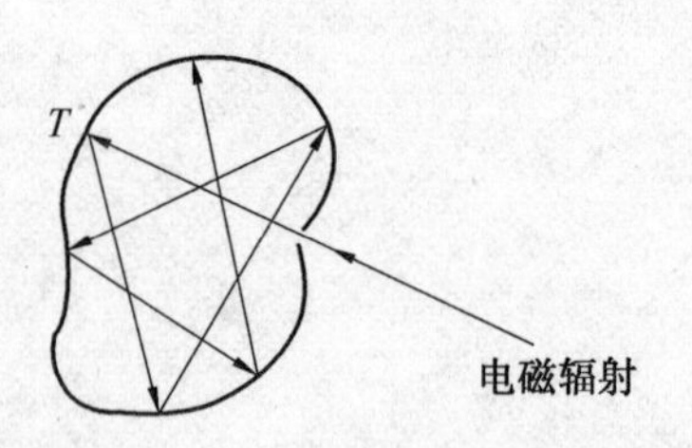

图 3.1　绝对黑体示意图

黑体辐射是黑体温度 T 和辐射场频率 ν 的函数,并用单色能量密度 ρ_ν 描述。ρ_ν 定义为:在单位体积内,频率处于 ν 附近的单位频率间隔中的电磁辐射能量,其单位为 $\mathrm{J \cdot m^{-3} \cdot s}$。

人们用经典物理学理论解释实验测得的黑体辐射单色能量密度 ρ_ν 随(T,ν) 的分布规律,都归于失败。后来,普朗克提出了与经典概念完全不相容的辐射能量量子化假设,并在此基础上成功地得到了与实验相符的黑体辐射普朗克公式。该公式可表述为,在温度 T 的热平衡情况下,黑体辐射分配到腔内每个模式上的平均能量为

$$E = \frac{h\nu}{\mathrm{e}^{\frac{h\nu}{k_B T}} - 1} \tag{3.1}$$

显然,腔内单位体积中频率处于 ν 附近单位频率间隔内的光波模式数 n_ν 为

$$n_\nu = \frac{N_\nu}{\nu \mathrm{d}\nu} = \frac{8\pi\nu^2}{c^3} \tag{3.2}$$

于是,黑体辐射普朗克公式为

$$\rho_\nu = \frac{8\pi h\nu^3}{c^3} \frac{1}{\mathrm{e}^{\frac{h\nu}{k_B T}} - 1} \tag{3.3}$$

式中,k_B 为玻耳兹曼常数,其数值为

$$k_B = 1.380\ 62 \times 10^{-23}\ \mathrm{J/K} \tag{3.4}$$

2. 受激辐射和自发辐射概念

黑体辐射实质上是辐射场 ρ_ν 和构成黑体的物质原子(或分子、离子)相互作用的结果。为简化问题,只考虑原子的两个能级 E_2 和 E_1,并有

$$E_2 - E_1 = h\nu \tag{3.5}$$

单位体积内处于两能级的原子数分别用 n_2 和 n_1 表示,如图 3.2 所示。

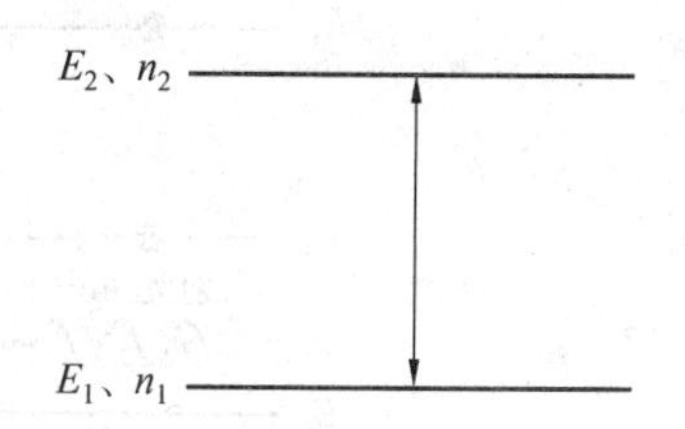

图 3.2　二能级原子能级图

爱因斯坦从辐射与原子相互作用的量子论观点出发提出,上述相互作用应包含原子的自发辐射跃迁、受激吸收跃迁和受激辐射跃迁三种过程。

(1) 自发辐射跃迁

如图 3.3(a) 所示,即使没有外界作用的处于高能级 E_2 的一个原子也可以自发地向 E_1 跃迁,并发射一个能量为 $h\nu$ 的光子,这种过程称为自发跃迁。由原子自发跃迁发出的光波称为自发辐射。自发跃迁过程用自发跃迁概率 A_{21} 描述。A_{21} 定义为单位时间内 n_2 个高能态原子中发生自发跃迁的原子数与 n_2 的比值,即

$$A_{21} = \left(\frac{\mathrm{d}n_{21}}{\mathrm{d}t}\right)_{\mathrm{sp}} \frac{1}{n_2} \tag{3.6}$$

式中,$\mathrm{d}n_{21}$ 表示在 $\mathrm{d}t$ 时间内由自发跃迁引起的由 E_2 向 E_1 跃迁的原子数。

应该指出,自发跃迁是一种只与原子本身性质有关而与辐射场 ρ_ν 无关的自发过程。因此,A_{21} 只决定于原子本身的性质。由式(3.6) 容易证明,A_{21} 是原子在能级 E_2 的由自发辐射决定的平均寿命 τ_{s2} 的倒数。在单位时间内单位体积中能级 E_2 所减少的粒子数为

$$\frac{\mathrm{d}n_2}{\mathrm{d}t} = -\left(\frac{\mathrm{d}n_{21}}{\mathrm{d}t}\right)_{\mathrm{sp}} \tag{3.7}$$

将式(3.6) 代入,则得

$$\frac{\mathrm{d}n_2}{\mathrm{d}t} = -A_{21} n_2 \tag{3.8}$$

由此式可得

$$n_2(t) = n_{20}\mathrm{e}^{-A_{21}t} = n_{20}\mathrm{e}^{-(t/\tau_{s2})} \tag{3.9}$$

式中,n_{20} 为 $t = 0$ 时刻单位体积中 E_2 能级的原子数。

$$A_{21} = \frac{1}{\tau_{s2}} \tag{3.10}$$

也称为自发跃迁爱因斯坦系数。

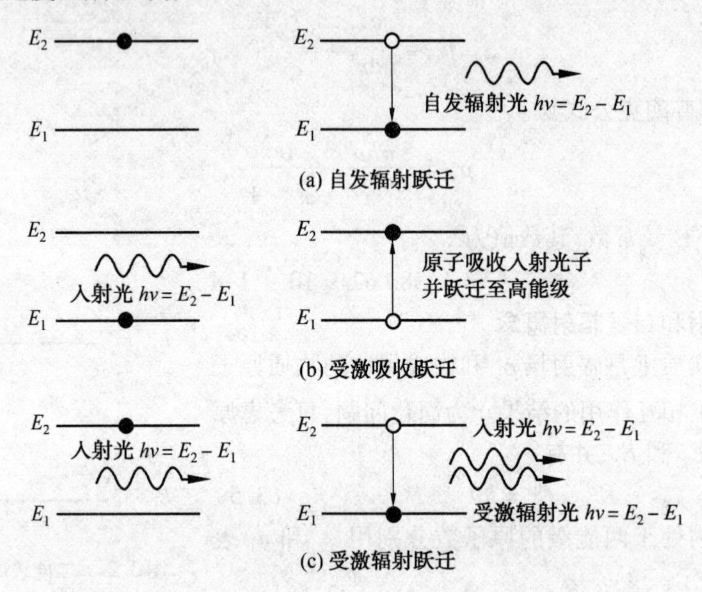

图 3.3　原子的自发辐射、受激吸收和受激辐射跃迁示意图

（2）受激吸收跃迁

如图 3.3(b) 所示,如果黑体物质原子和辐射场相互作用只包含上述自发跃迁过程,是不能维持由式(3.3) 所表示的腔内辐射场的稳定值的。因此,爱因斯坦认为,必然还存在一种原子在辐射场作用下的受激跃迁过程,从而第一次从理论上预言了受激辐射的存在。

处于低能态 E_1 的一个原子,在频率为 ν 的辐射场作用(激励)下,吸收一个能量为 $h\nu$ 的光子并向 E_2 能态跃迁,该过程称为受激吸收跃迁。用受激吸收跃迁概率 W_{12} 描述这一过程,即

$$W_{12} = \left(\frac{\mathrm{d}n_{12}}{\mathrm{d}t}\right)_{\mathrm{st}} \frac{1}{n_1} \tag{3.11}$$

式中,$\mathrm{d}n_{12}$ 表示在 $\mathrm{d}t$ 时间内由于受激跃迁引起的由 E_1 向 E_2 跃迁的原子数。

应该强调,受激跃迁和自发跃迁是本质不同的物理过程,反映在跃迁概率上就是 A_{21} 只与原子本身性质有关;而 W_{12} 不仅与原子性质有关,还与辐射场的 ρ_ν 成正比,把这种关系抽象地表示为

$$W_{12} = B_{12}\rho_\nu \tag{3.12}$$

式中,B_{12} 为受激吸收跃迁爱因斯坦系数,它只与原子性质有关。

（3）受激辐射跃迁

如图 3.3(c) 所示,受激吸收跃迁的反过程就是受激辐射跃迁。处于上能级 E_2 的原子在频率为 ν 的辐射场作用下,跃迁至低能态 E_1 并辐射一个能量为 $h\nu$ 的光子。受激辐射跃迁发出的光波称为受激辐射。受激辐射跃迁概率为

$$W_{21} = \left(\frac{\mathrm{d}n_{21}}{\mathrm{d}t}\right)_{\mathrm{st}} \frac{1}{n_2} \tag{3.13}$$

$$W_{21} = B_{21}\rho_\nu \tag{3.14}$$

式中,B_{21} 为受激辐射跃迁爱因斯坦系数。

3. A_{21}、B_{21}、B_{12} 的相互关系

根据上述相互作用物理模型分析空腔黑体的热平衡过程,从而导出爱因斯坦三系数之间的关系。如前所述,腔内黑体辐射场与物质原子相互作用的结果应该维持黑体处于温度为 T 的热平衡状态。这种热平衡状态的标志是:

① 腔内存在由式(3.3) 表示的热平衡黑体辐射。

② 腔内物质原子数按能级分布应服从热平衡状态下的玻耳兹曼分布,即

$$\frac{n_2}{n_1} = \frac{f_2}{f_1}e^{-\frac{(E_2-E_1)}{k_BT}} \tag{3.15}$$

式中,f_2 和 f_1 分别为能级 E_2 和 E_1 的统计权重。

③ 在热平衡状态下,n_2(或 n_1) 应保持不变,于是有

$$\left(\frac{dn_{21}}{dt}\right)_{sp} + \left(\frac{dn_{21}}{dt}\right)_{st} = \left(\frac{dn_{12}}{dt}\right)_{st} \tag{3.16}$$

或

$$n_2A_{21} + n_2B_{21}\rho_\nu = n_1B_{12}\rho_\nu \tag{3.17}$$

联立式(3.3)、(3.15) 和式(3.17) 可得

$$\frac{c^3}{8\pi h\nu^3}(e^{\frac{h\nu}{k_BT}} - 1) = \frac{B_{21}}{A_{21}}\left(\frac{B_{12}f_1}{B_{21}f_2}e^{\frac{h\nu}{k_BT}} - 1\right) \tag{3.18}$$

当 $T \to \infty$ 时上式也应成立,所以有

$$B_{12}f_1 = B_{21}f_2 \tag{3.19}$$

将式(3.19) 代入式(3.18) 可得

$$\frac{A_{21}}{B_{21}} = \frac{8\pi h\nu^3}{c^3} = n_\nu h\nu \tag{3.20}$$

式(3.19) 和式(3.20) 就是爱因斯坦系数的基本关系。当统计权重 $f_2 = f_1$ 时有

$$B_{12} = B_{21}$$

或

$$W_{12} = W_{21} \tag{3.21}$$

上述爱因斯坦系数关系式虽然是在热平衡情况下推导的,但用量子电动力学可以证明其普适性。

4. 受激辐射的相干性

关于受激辐射与自发辐射的极为重要的区别 —— 相干性,自发辐射是原子在不受外界辐射场控制情况下的自发过程。因此,大量原子的自发辐射场的相位呈无规则分布,因而是不相干的。此外,自发辐射场的传播方向和偏振方向也是无规则分布的,或者如式(3.1) 和式(3.3) 所表述的那样,自发辐射平均地分配到腔内所有模式上。

受激辐射是在外界辐射场的控制下的发光过程,因而各原子的受激辐射的相位不再是无规则分布,而应具有和外界辐射场相同的相位。在量子电动力学的基础上可以证明:受激辐射光子与入射(激励) 光子属于同一光子态;或者说,受激辐射场与入射辐射场具

有相同的频率、相位、波矢(传播方向)和偏振,因而受激辐射场与入射辐射场属于同一模式,如图3.4所示。特别是大量原子在同一辐射场激发下产生的受激辐射处于同一光波模式或同一光子态,因而是相干的。受激辐射的这一重要特性就是现代量子电子学(包括激光与微波激射)的出发点。

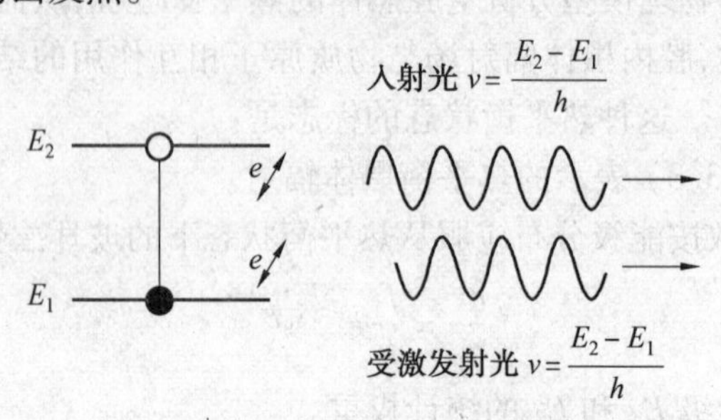

图3.4 受激辐射示意图

受激辐射的这一特性在上述爱因斯坦理论中是得不到证明的,因为那里使用的是唯象方法,没有涉及原子发光的具体物理过程。严格的证明只有依靠量子电动力学。但是,原子发光的经典电子论模型可以帮助我们得到一个定性的粗略理解。按经典电子论模型,原子的自发辐射源自原子中电子的自发阻尼振荡,没有任何外加光电场来同步各个原子的自发阻尼振荡,电子振荡发出的自发辐射是相位无关的。而受激辐射对应于电子在光电场作用下做强迫振荡时的辐射,电子强迫振荡的频率、相位、振动方向显然应与外加光电场一致。因而强迫振动电子发出的受激辐射应与外加光辐射场具有相同的频率、相位、传播方向和偏振状态。

3.1.2 受激辐射放大过程

1. 光放大概念的产生

在激光出现之前,科学技术的发展对强相干光源提出了迫切的要求,例如,光全息技术和相干光学计量技术要求在尽可能大的相干体积或相干长度内有尽量强的相干光。又如,相干电磁波源(各种无线电振荡器、微波电子管等)曾大大推动了无线电技术的发展,而无线电技术的发展又要求进一步缩短相干电磁波的波长,即要求强相干光源。但是,普通热光源的自发辐射光实质上是一种光频“噪声”,所以在激光出现以前,无线电技术很难向光频波段发展。

由黑体辐射源的光子简并度$\bar{n}$,分析普通光源的相干性限制,黑体辐射源的光子简并度公式为

$$\bar{n}=\frac{E}{h\nu}=\frac{1}{e^{\frac{h\nu}{k_B T}}-1} \tag{3.22}$$

由此可知,$\bar{n}$与波长及温度的关系。例如,在室温$T=300\ \text{K}$的情况下,对$\lambda=30\ \text{cm}$的微波辐射,$\bar{n}\approx 10^3$,这时可以认为黑体基本上是相干光源;对$\lambda=60\ \mu\text{m}$的远红外辐射,$\bar{n}\approx 1$,而对$\lambda=0.6\ \mu\text{m}$的可见光,$\bar{n}\approx 10^{-35}$,即在一个光波模内的光子数是10^{-35}个,这时的黑体就是完全非相干光源。即使提高黑体温度,也不可能对其相干性有根本的改善。例如,为在$\lambda=1\ \mu\text{m}$处得到$\bar{n}=1$,要求黑体温度高达50 000 K。可见,普通光源在红外和可见光

波段实际上是非相干光源。

将式(3.1)代入式(3.22),可得

$$\bar{n}=\frac{\rho_\nu}{8\pi h\nu^3}=\frac{B_{21}\rho_\nu}{A_{21}}=\frac{W_{21}}{A_{21}} \tag{3.23}$$

此式表明,受激辐射产生相干光子,而自发辐射产生非相干光子,这个关系对腔内每一特定光子态或光波模均成立。

由式(3.23)可知,如果腔内某一特定模式(或少数几个模式)的ρ_ν大大增加,而其他所有模式的ρ_ν很小,就能在这一特定(或少数几个)模式内形成很高的光子简并度$\bar{n}$。也就是说,使相干的受激辐射光子集中在某一特定(或几个)模式内,而不是均匀分配在所有模式内。这种情况可用下述方法实现:如图3.5所示,将一个充满物质原子的长方体空腔(黑体)去掉侧壁,只保留两个端面壁。如果端面腔壁对光有很高的反射系数,则沿垂直端面的腔轴方向传播的光(相当于少数几个模式)在腔内多次反射不逸出腔外,而所有其他方向的光则很容易逸出腔外。此外,如果沿腔轴传播的光在每次通过腔内物质时不是被原子吸收(受激吸收),而是由于原子的受激辐射而得到放大,那么腔内轴向模式的ρ_ν就能不断增强,从而在轴向模内获得极高的光子简并度。这就是构成激光器的基本思想。

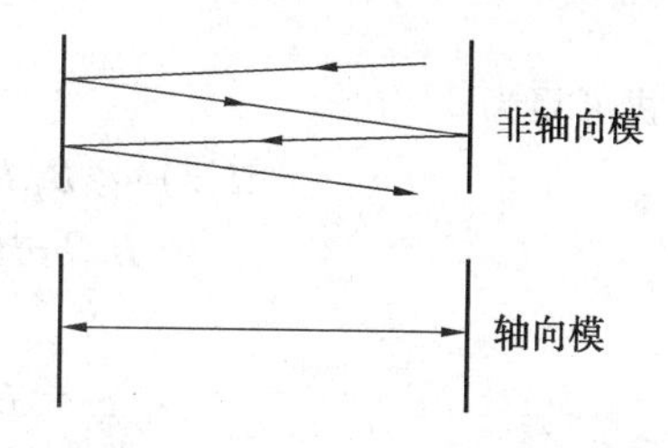

图3.5　光谐振腔的选模作用

2. 实现光放大的条件 —— 集居数反转

下面讨论实现光的受激辐射放大的条件。在物质处于热平衡状态时,各能级上的原子数(或称集居数)服从玻耳兹曼统计分布,即

$$\frac{n_2}{n_1}=\mathrm{e}^{-\frac{(E_2-E_1)}{k_BT}} \tag{3.24}$$

为简化起见,式中已令$f_2=f_1$。因$E_2>E_1$,所以$n_2<n_1$,即在热平衡状态下,高能级集居数恒小于低能级集居数,如图3.6所示。当频率$\nu=(E_2-E_1)/h$的光通过物质时,受激吸收光子数n_1W_{12}恒大于受激辐射光子数n_2W_{21},因此,处于热平衡状态下的物质只能吸收光子。但是,在一定的条件下物质的光吸收可以转化为自己的对立面 —— 光放大。显然,这个条件是$n_2>n_1$,称为集居数反转(也可称为粒子数反转)。一般来说,当物质处于热平衡状态(即它与外界处于能量平衡状态)时,集居数反转是不可能的,只有当外界向物质供给能量(称为激励或泵浦过程),从而使物质处于非热平衡状态时,集居数反转才可能实现。激励(或泵浦)过程是光放大的必要条件。

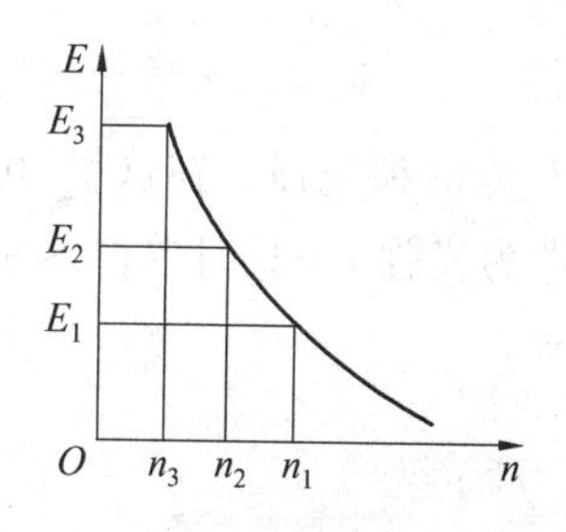

图3.6　集居数按能级的玻耳兹曼分布

3. 光放大物质的增益系数与增益曲线

处于集居数反转状态的物质称为激活物质(或激光介质)。一段激活物质就是一个光放大器。放大作用的大小通常用放大(或增益)系数g来描述。如图3.7所示,设在光

传播方向上 z 处的光强为 $I(z)$（光强 I 正比于光的单色能量密度 ρ），则增益系数为

$$g=\frac{\mathrm{d}I(z)}{\mathrm{d}z}\frac{I}{I(z)} \tag{3.25}$$

所以 g 表示光通过单位长度激活物质后光强增大的百分数。显然 $\mathrm{d}I(z)$ 正比于单位体积激活物质的净受激发射光子数

$$\mathrm{d}I(z)\propto[W_{21}n_2(z)-W_{21}n_1(z)]h\nu\mathrm{d}z \tag{3.26}$$

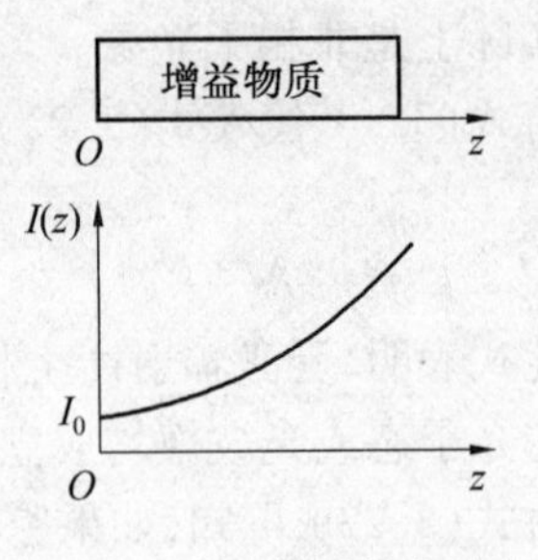

图 3.7　增益物质的光放大

假设

$$f_1=f_2 \tag{3.27}$$

由上式可写为

$$\mathrm{d}I(z)\propto B_{21}h\nu\rho(z)[n_2(z)-n_1(z)]\mathrm{d}z\propto B_{21}h\nu I(z)[n_2(z)-n_1(z)]\mathrm{d}z \tag{3.28}$$

所以

$$g\propto B_{21}h\nu[n_2(z)-n_1(z)] \tag{3.29}$$

如果 (n_1-n_2) 不随 z 而变化，则增益系数 g 为一常数 g^0，由积分式(3.25)得

$$I(z)=I_0\mathrm{e}^{g^0z} \tag{3.30}$$

式中，I_0 为 $z=0$ 处的初始光强，图 3.7 为线性增益或小信号增益情况。

但是，实际上光强的增加正是由于高能级原子向低能级受激跃迁的结果，或者说光放大正是以单位体积内集居数差值 $n_2(z)-n_1(z)$ 的减小为代价的。并且，光强 I 越大，$n_2(z)-n_1(z)$ 减少得越多，所以实际上 $n_2(z)-n_1(z)$ 随 z 的增加而减少，增益系数 g 也随 z 的增加而减小，这一现象称为增益饱和效应。与此相应，可将单位体积内集居数差值表示为光强 I 的函数，即

$$n_2-n_1=\frac{n_2^0-n_1^0}{1+\dfrac{I}{I_s}} \tag{3.31}$$

式中，I_s 为饱和光强。在这里，可暂时将 I_s 理解为描述增益饱和效应而唯象引入的参量。$n_2^0-n_1^0$ 为光强 $I=0$ 时单位体积内的初始集居数差值。从式(3.31)出发，可将式(3.29)改写为

$$g(I)\propto B_{21}h\nu\frac{n_2^0-n_1^0}{1+\dfrac{I}{I_s}} \tag{3.32}$$

或

$$g(I)\propto\frac{g^0}{1+\dfrac{I}{I_s}} \tag{3.33}$$

式中，$g^0=g(I=0)$ 即为小信号增益系数。如果在放大器中光强始终满足条件 $I\ll I_s$，则增益系数 $g(I)=g^0$ 为常数，且不随 z 变化，这就是式(3.30)表示的小信号情况。反之，在条件 $I\ll I_s$ 不能满足时，式(3.33)表示的 $g(I)$ 称为大信号增益系数（或饱和增益系数）。

最后指出，增益系数也是光波频率的函数，表示为 $g(\nu, I)$。这是因为能级 E_2 和 E_1 由于各种原因总有一定的宽度，所以在中心频率 $\nu_0 = \frac{(E_2 - E_1)}{h}$ 附近一个小范围$\left(\pm \frac{1}{2}\Delta\nu\right)$ 内都有受激跃迁发生。$g(\nu, I)$ 随频率 ν 的变化曲线称为增益曲线，$\Delta\nu$ 称为增益曲线宽度，如图 3.8 所示。

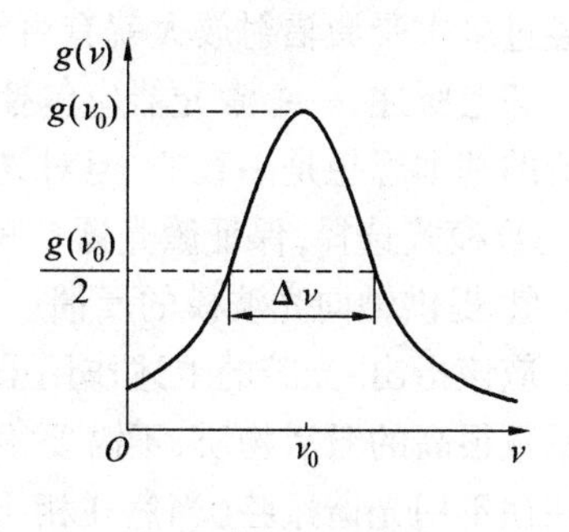

图 3.8　增益曲线

3.1.3　光的自激振荡

上节所述的激光放大器在许多大功率装置中广泛地用来把弱的激光束逐级放大。但是在更多的场合下需要使用激光自激振荡器，通常所说的激光器都是指激光自激振荡器。

1. 自激振荡概念

在光放大的同时，通常还存在着光的损耗，损耗系数 α 为光通过单位距离后，光强衰减的百分数，表示为

$$\alpha = -\frac{\mathrm{d}I(z)}{\mathrm{d}z}\frac{1}{I(z)} \times 100\% \tag{3.34}$$

同时考虑增益和损耗，则有

$$\mathrm{d}I(z) = [g(I) - \alpha]I(z)\mathrm{d}z \tag{3.35}$$

假设有微弱光（光强为 I_0）进入一无限长放大器，起初光强 $I(z)$ 将按小信号放大规律 $I(z) = I_0 \mathrm{e}^{(g^0 - \alpha)z}$ 增长，但随 $I(z)$ 的增加，$g(I)$ 将由于饱和效应而按式(3.35)减小，因而 $I(z)$ 的增长将逐渐变缓。最后，当 $g(I) = \alpha$ 时，$I(z)$ 不再增加并达到一个稳定的极限值 I_m，如图 3.9 所示。

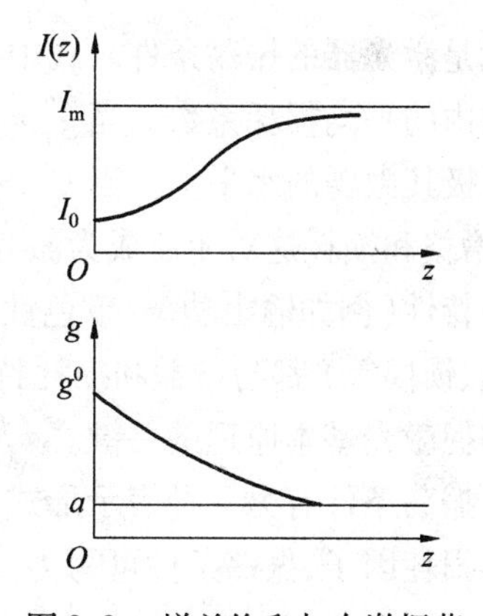

图 3.9　增益饱和与自激振荡

根据条件 $g(I) = \alpha$ 可求得

$$\frac{g^0}{1 + \frac{I_m}{I_s}} = \alpha \tag{3.36}$$

即

$$I_m = (g^0 - \alpha)\frac{I_s}{\alpha} \tag{3.37}$$

可见 I_m 只与放大器本身的参数有关，而与初始光强 I_0 无关。特别是，不管初始值 I_0 多么微弱，只要放大器足够长，就总是形成确定大小的光强 I_m，这就是自激振荡的概念。当激光放大器的长度足够大时，它可能成为一个自激振荡器。实际上，并不需要真正把激活物质的长度无限增加，只要将具有一定长度的光放大器放置在光谐振腔中，这样轴向光波模就能在反射镜间往返传播，等效于增加放大器长度。光谐振腔的这种作用也称为光的反馈。由于在腔内总是存在频率在 ν_0 附近的微弱的自发辐射光（相当于初始光强 I_0），

它经过多次受激辐射放大就有可能在轴向光波模上产生光的自激振荡,这就是激光器。

综上所述,一个激光器应包括光放大器和光谐振腔两部分,这和3.1.2节所述构成激光器的基本思想是一致的,但对光腔的作用则应归结为两点:

① 模式选择,保证激光器单模(或少数轴向模)振荡,从而提高激光器的相干性。

② 提供轴向光波模的反馈。

应该指出,光腔的上述作用虽然是重要的,但并不是原则上不可缺少的。对于某些增益系数很高的激活物质,不需要很长的放大器就可以达到式(3.37)的稳定饱和状态,因而往往不用光谐振腔(当然在相干性上有所损失)。

2. 振荡条件

一个激光器能够产生自激振荡的条件,即任意小的初始光强 I_0 都能形成确定大小的腔内光强 I_m 的条件,由式(3.37)求得

$$I_m = (g^0 - \alpha)\frac{I_s}{\alpha} \geqslant 0$$

即

$$g^0 \geqslant \alpha \tag{3.38}$$

这就是激光器的振荡条件。式中 g^0 为小信号增益系数;α 为包括放大器损耗和谐振腔损耗在内的平均损耗系数。当 $g^0 = \alpha$ 时,称为阈值振荡情况,这时腔内光强维持在初始光强 I_0 的极其微弱的水平上。当 $g^0 > \alpha$ 时,腔内光强 I_m 就增加,并且 I_m 正比于$(g^0 - \alpha)$。可见,增益和损耗这对矛盾成为激光器是否振荡的决定因素。特别应该指出,激光器的几乎一切特性(例如输出功率、单色性、方向性等)以及对激光器采取的技术措施(例如稳频、选模、锁模等)都与增益和损耗特性有关。因此,工作物质的增益特性和光腔的损耗特性是掌握激光基本原理的关键。

振荡条件有另一种表示形式,设工作物质长度为 l,光腔长度为 L,令 $\alpha L = \delta$ 为光腔的单程损耗因子,振荡条件可写为

$$g^0 l \geqslant \delta \tag{3.39}$$

式中,$g^0 l$ 为单程小信号增益因子。

3.2 激光放大的阈值条件

3.2.1 阈值增益系数和粒子数

3.1.2节讨论激光振荡的充分条件时曾指出,粒子数反转仅仅是实现激光振荡的必要条件,它对激光放大是充分的,而为了实现激光振荡,光强需能被放大到饱和。但是,那里没有考虑激光谐振腔内存在的各种损耗,这些损耗包括输出反射镜的透过率 T(设构成谐振腔的另一反射镜反射率为100%);反射镜及腔内光学元件的吸收和散射损耗以及衍射损耗等。用 a 表示除 T 外的往返净损耗,则谐振腔的总损耗率为

$$\delta = \frac{T + a}{2} \tag{3.40}$$

设光强为 I_0 的光在腔内往返一周后变为 I,由于阈值附近腔内光强很弱,可视为小信号,因而有

$$I = I_0 e^{2[G^0(\nu)l-\delta]} \tag{3.41}$$

式中,l 为工作物质的长度;$G^0(\nu)$ 为小信号增益系数。

由此可得,计及谐振腔的各种损耗时,激光在腔内得以放大的阈值增益条件为

$$G^0(\nu) \geqslant G_{th} = \frac{\delta}{l} \tag{3.42}$$

式中,G_{th} 为阈值增益系数。

不同纵模腔内损耗近似相同,因而具有近似相等的 G_{th},而不同横模的衍射损耗存在较大差距,因而 δ 及 G_{th} 也不同。一般高阶横模比低阶横模有较大的 G_{th}。

将式(3.42)与均匀加宽和 Doppler 加宽下的增益系数联立,给出阈值反转粒子数密度

$$\Delta N_{th} = \frac{8\pi\tau_2\delta}{\lambda_0^2 g(\nu,\nu_0)l} \tag{3.43}$$

式(3.43)对稳态工作和脉冲工作均成立。

E_2 能级的阈值粒子数密度可由

$$\Delta N_{th} = N_{2th} - N_{1th} = N_{2th} - N$$

求出,为

$$N_{2th} = \frac{N + \Delta N_{th}}{2} \tag{3.44}$$

一般来说,$\Delta N_{th} \ll N$,所以有

$$N_{2th} \approx \frac{N}{2} \tag{3.45}$$

下面分别讨论连续/长脉冲和短脉冲工作的光泵功率和能量阈值。

3.2.2 连续/长脉冲光泵阈值功率

对连续或长脉冲工作状态,有 $t_0 \gg \tau_2$,这样,当 $t_0 \gg \tau_2$ 时 N_2 达到稳态值并由式(3.45)给出。同时,N_1 也达到稳定值

$$N_1 \approx N - N_2 \approx \frac{N\tau_2^{-1}}{\tau_2^{-1} + \eta W_0} \tag{3.46}$$

注意到 $N_3 \approx 0$,则由式(3.45)可知

$$N_{1th} \approx \frac{N}{2} \approx N_{2th} \tag{3.47}$$

将其与速率方程的解 $N_2(t) = \dfrac{\eta W_0 N}{\tau_2^{-1} + \eta W_0}[1 - e^{-(\tau_2^{-1}+\eta W_0)t}]$ 联立给出阈值条件如下

$$\eta W_{0th} = \tau_2^{-1} \tag{3.48}$$

式(3.48)的左边表示光泵浦系统将粒子由 E_1 能级抽运到能级 E_3 的速率(W_{0th})乘以粒子由能级 E_3 弛豫到 E_2 的效率;而右边为粒子由能级 E_2 也跃迁到 E_1 的速率,稳态时二者相

等,这正是所预期的。

稳态时的光泵浦功率则为

$$P_{\text{pth}} = h\nu_{13} W_0 (N_1 - N_3) V \approx h\nu_{13} W_0 N_{1\text{th}} V \approx \frac{h\nu_{13} NV}{2\eta\tau_2^{-1}} \tag{3.49}$$

式中,V为工作物质的体积。

3.2.3 短脉冲工作

短脉冲条件下 $t_0 \ll \tau_2$,通常有 $\tau_2^{-1} \ll \eta W_0$,于是,由速率方程的解 $N_2(t) = \frac{\eta W_0 N}{\tau_2^{-1} + \eta W_0}[1 - \mathrm{e}^{-(\tau_2^{-1}+\eta W_0)t}]$ 可得

$$N_2(t) = N(1 - \mathrm{e}^{-\eta W_0 t}) \tag{3.50}$$

而

$$N_1(t) \approx N\mathrm{e}^{-\eta W_0 t} \tag{3.51}$$

在短脉冲激光器中,由于脉冲工作时间很短,系统处于非稳态,各能级的粒子数始终随时间变化:工作物质在每个脉冲内吸收光泵浦能量为

$$E_p = \int_0^{t_0} V h\nu_{13} W_0 (N_1 - N_3)\,\mathrm{d}t \approx V h\nu_{13} W_0 N \int_0^{t_0} \mathrm{e}^{-\eta W_0 t}\,\mathrm{d}t = \frac{V h\nu_{13} N}{\eta}(1 - \mathrm{e}^{-\eta W_0 t_0}) \approx \frac{V h\nu_{13} N_2(t_0)}{\eta} \tag{3.52}$$

于是,光泵浦阈值能量为

$$E_{\text{pth}} = \frac{h\nu_{13} NV}{2\eta} \tag{3.53}$$

3.3 激光器的泵浦技术

已知激光产生的必要条件是在工作物质的相应能级间可实现粒子数反转分布 ΔN_{ul},而产生激光的充分条件则要求不仅实现反转分布,而且反转粒子数 ΔN_{ul} 要足够大,这反过来又要求激光上能级的粒子数 ΔN_{u} 足够大。为此,就需要有最佳泵浦技术。

依据将粒子由基态泵浦到激光能级是一步实现还是多步实现,泵浦技术可分为直接泵浦和间接泵浦两大类。就泵浦源而言,常见的有光泵浦和粒子泵浦。此外还有化学反应泵浦及核泵浦,本节仅介绍直接泵浦和间接泵浦。

3.3.1 直接泵浦

图3.10为直接泵浦过程,其中泵浦速率的表达式与泵浦源有关。对光泵浦情况有

$$W_{13} = \frac{I}{c\Delta\nu} B_{13} = \frac{\rho}{\Delta\nu} B_{13} \tag{3.54}$$

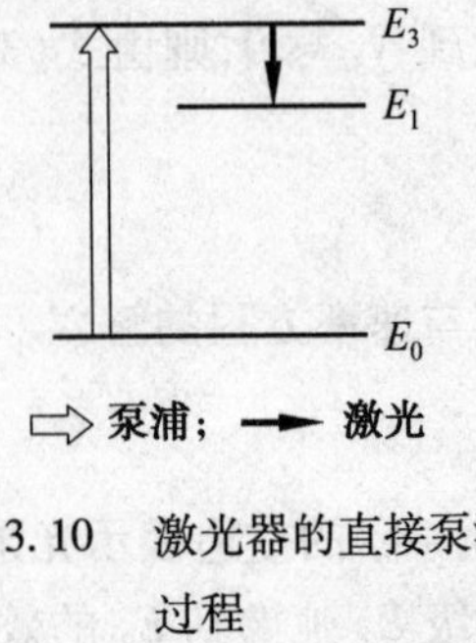

这里I是处于工作物质吸收带$\Delta\nu$内的光强,而ρ是同一频率间隔内的泵浦能量。受激发射系数

E_3 E_1 E_0

⇨泵浦; ➞激光

图3.10 激光器的直接泵浦过程

$$B_{13} = \frac{g_3}{g_1}B_{31} = \frac{c^3}{8\pi h\nu^3}A_{31} \tag{3.55}$$

对粒子泵浦,有

$$W_{13} = N_p K_{13} \tag{3.56}$$

式中,N_p 为泵浦粒子密度,而 K_{13} 是泵浦粒子与工作物质中处于能级 E_1 的粒子碰撞,并导致后者跃迁到能级 E_3 的几率,它等于两类粒子的平均相对速度 $\bar{v}_{p1}$ 与 $E_1 \rightarrow E_3$ 能量转移截面 σ_{13} 的乘积,即

$$K_{13} = \bar{v}_{p1}\sigma_{13} \tag{3.57}$$

代入式(3.56)得到

$$W_{13} = N_p K_{13}\bar{v}_{p1}\sigma_{13} \tag{3.58}$$

特别是,如果粒子碰撞是通过气体放电实现的,则有

$$W_{13} = N_e v_e \sigma_{13}^e \tag{3.59}$$

式中,N_e 为电子密度;v_e 为放电电子平均速度;σ_{13}^e 为相应的电子激发截面。

直接泵浦看上去是种简单的技术,但它存在不少缺点,首先从基态 E_1 到激光上能级 E_3 往往缺乏有效途径,即 B_{13}(对光泵浦)或 σ_{13}(对粒子泵浦)太小,难以产生足够的增益;其次,即使存在 $E_1 \rightarrow E_3$ 的有效途径,同一过程很可能存在由 E_1 到激光下能级 E_2 的有效途径,结果是 W_{12}/W_{13} 太大,难以形成粒子数反转分布。这些缺点使直接泵浦方式对很多激光器来说是不适用的。

3.3.2 间接泵浦

对间接泵浦,粒子从基态能级到激光上能级的转换通常是分两步完成的。基态粒子由泵浦系统激发到某一中间态能级 E_i,然后转移到激光上能级 E_u,因而又常称为泵浦转移过程。E_i 可以低于 E_u 或高于 E_u,也可与 E_u 相等,相应的转移过程分别为自下而上,自上而下和横向发生。此外 E_i 和 E_u 还可以分属于不同工作物质。

与直接泵浦相比,间接泵浦有很多优点,首先,中间能级具有远大于激光上能级的寿命,且可以是很多能级形成的能带,因而,E_i 上容易积累大量的粒子;其次,在有些情况下,将粒子从基态激发到 E_i 的几率要比激发到 E_u 的几率大得多,这就降低了对泵浦的要求;最后,依据选择定则,可以使 E_i 向 E_u 的弛豫过程比 E_i 向激光下能级 E_l 的弛豫过程快得多。下面以常见激光器为例简要介绍不同方向的转移,

1. 自上而下转移

这是应用最广的一种激励过程,其中 $N_l > N_u$,基态能级的粒子首先由泵浦系统激发到 N_p,然后通过非辐射跃迁等方式转移到 N_u,使得 $N_l > N_u$,实现粒子数反转。

具有这种泵浦过程的典型激光器如红宝石激光器和 Nd:YAC 激光器,图 3.11 是它们的能级转移图。两种激光器的中间能级都具有一定宽度的能带。在光泵浦情况下,这意味着增益介质可以吸收更宽波长范围的光,将更多的粒子由基态激发到中间态。由于中间态高于激光能级,因而,其上粒子通常可以不需要任何激励而以较高的速率自发地向激光能级弛豫。这类弛豫在能量间隔较小的能级间更容易发生,所以 $K_{iu} \gg K_{il}$,从而使粒子

数反转变得容易实现。

属于这种转移方式的另一类重要的激光器是半导体激光器，半导体激光器由 p-n 结构成，n 型掺杂材料的能带位于 p 型掺杂材料能带之上，如图 3.12 所示。当结上有适当外加电场对，就会发生由 n 区向 p 区的能量转移。

此外，在一些可调谐激光器及准分子激光器中也存在向下转移过程，这里就不再逐一介绍。

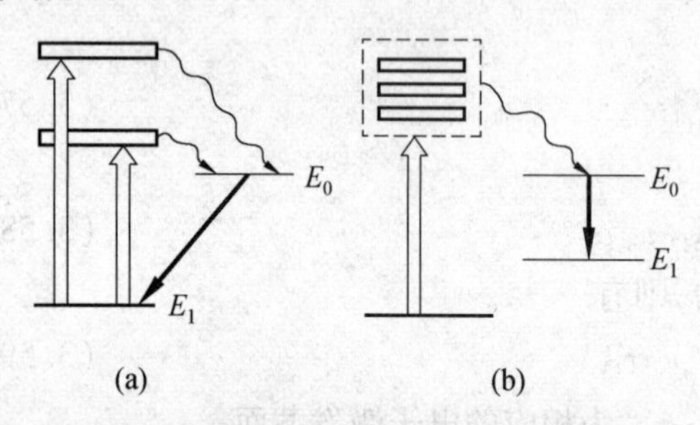

图 3.11　红宝石和 Nd:YAG 激光器的泵浦：下转移过程

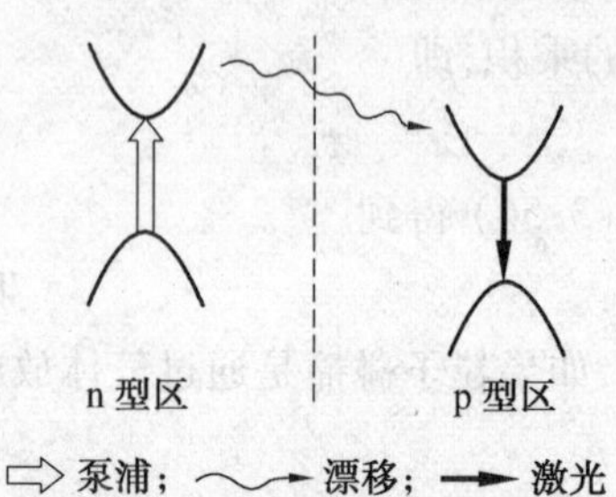

图 3.12　半导体激光器的泵浦：下转移过程

2. 自下而上转移

典型例子是 Ar^+ 激光器，泵浦转移过程如 3.13 所示，这里中间能级是氩离于的基态。泵浦的第一阶段是粒子由氩原于基态被激发到氩离子基态；第二阶段则是由 Ar^+ 基态转移到激光上能级。其中 Ar^+ 基态能级具有较长的寿命，因而容易聚集大量粒子。两步过程均主要通过电子碰撞实现。

属于这类转移方式的还有其他惰性气体离子（如 Kr^+、Xe^+）激光器及 He－Ne 激光器等，有兴趣的读者可参阅相关文献。

E_0

E_1

Ar^+ 基态

Ar 基态

图 3.13　Ar^+ 激光器的泵浦：上转移过程

3. 横向转移方式

具有此类转移方式的激光器多由不同工作物质组成，典型的例子包括最常用的气体激光器，如 He－Ne 激光器及 CO_2 激光器。

He－Ne 激光器的工作物质为 He 和 Ne 的混合物，其跃迁转移过程如图 3.14 所示。泵浦开始时，首先将基态 He 原子激发到某中间亚稳态能级 E_i，该能级具有和 Ne 原子中的激发能级大致相同的能量，因此很容易通过碰撞转移将能量传给基态 Ne 原子，并使后者跃迁到 E_u 能级，而失去能量的 He 原子重返基态，完成泵浦过程。

图 3.15 表示发生在 CO_2 激光器中的类似的转移过程。组成激光工作物质的 N_2 分子和 CO_2 分子的基态能级在能级图中基本处于相同高度，而 N_2 分子的某一中间亚稳态 E_i 又恰好与 CO_2 的激光上能级 E_u 大致等高。泵浦作用首先将 N_2 分子由基态激发到该亚稳态 E_i，而后通过碰撞转移将 CO_2 分子由基态激发到 E_u 能级。

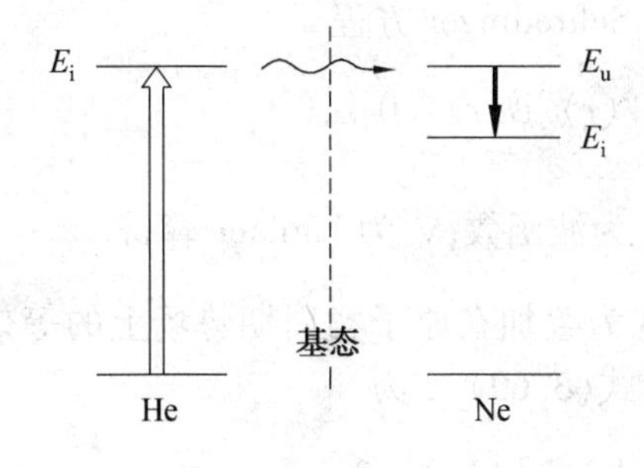

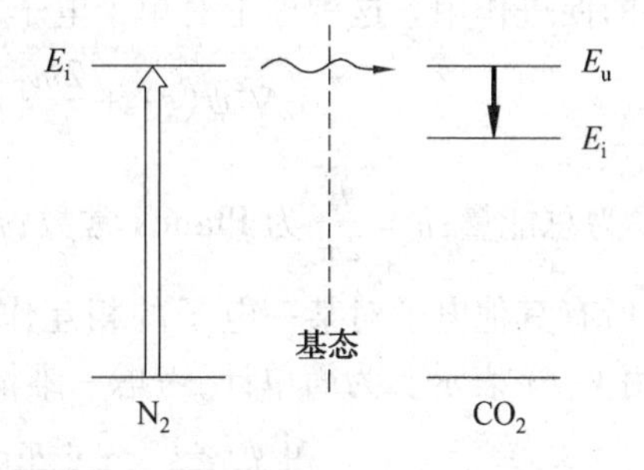

图 3.14　He - Ne 激光器的泵浦转移　　　　图 3.15　CO_2 激光器的碰撞转移过程

3.4　半导体激光器工作原理

半导体激光由于具有一系列独特优点而得到广泛应用。随着器件性能的改善,波段的扩展,其应用领域还在不断扩大。半导体激光器的工作原理与一般固体激光器有较大差异,因而单独予以介绍。本节将首先引入晶体中的能带概念;随后描述半导体中的电子状态;最后阐述半导体激光器的工作原理。

3.4.1　半导体的能带结构和电子状态

1. 能带概念的引入

量子力学阐明,在孤立原子中电子只能取某些分离的能量值,对某些简单原子可精确地求出其能级和电子波函数。考虑 N 个全同粒子组成的系统,如果这些原子彼此相距甚远,以致它们之间的相互作用可以忽略,则每个原子都可以看作孤立的,且有完全相同的能级结构,即每一个电子能级都是 N 重简并的,当这些原子逐渐靠近并形成凝聚态物质时,相应于孤立原子的每个能级(主要是与外层电子相应的能级)分裂成 N 条。由于 N 值通常很大(如$10^{23}\ cm^{-3}$ 左右),分裂出的能级十分密集,形成一个能量上准连续的能带,称为允许能带。而由原子不同能级分裂成的允许能带之间则是禁戒能带,简称禁带。

如上所述,由 N 个原子形成固体,每个能带包含 N 个能级。根据 Pauli 不相容原理(每个电子能级最多只能容纳自旋相反的两个电子),该能带只能容纳 $2N$ 个电子,然而,由于存在“轨道杂化”(波函数组合),实际情况并非如此简单。以两种重要的半导体材料 Si 和 Ge 为例,每个原子有 4 个价电子,在原子状态中 s 态和 p 态各 2 个。在晶体状态中似应产生两个能带,一个与 s 态对应,包含 N 个状态,另一个与三重 p 态对应,含 $3N$ 个态。但由轨道杂化重新组合的两个能带中各含 $2N$ 个状态,较低的一个正好容纳 $4N$ 个价电子,称为价带,上面一个则是空带,称为导带。只有当能带被电子部分填充时,外电场才能使电子的运动状态发生改变而产生导电性。这些材料低温下不导电,在温度较高时,部分电子从价带激发到导带,表现出导电性。

2. 半导体中的电子状态

用量子力学确定孤立原子的电子能量和运动状态是通过求解 Schrodinger 方程实现的。然而,由于固体中所含原子数量极大,对每个电子求解 Schrodinger 方程是根本不可能的,只能采取某种近似的方法,建立在单电子基础上的能带论,对半导体物理的发展起

了重要的促进作用。这种理论对单个电子求解 Schrodinger 方程

$$\nabla^2\psi(r) + \frac{2m}{\hbar^2}[E - V(r)]\psi(r) = 0 \tag{3.60}$$

式中,E 为总能量;$\hbar = \frac{h}{2\pi}$ 为 Planck 常数;$\psi(r)$ 为波函数;∇^2为 Laplace 算符。

将所有其他电子对某一电子的相互作用视为叠加在原子实周期势场上的等效平均场,并用 $V(r)$ 表示。为简单计,考虑一维情形,式(3.60) 变为

$$\frac{d^2\psi(x)}{dx^2} + \frac{2\pi^2 m}{\hbar^2}[E - V(x)]\psi(x) = 0 \tag{3.61}$$

设势场的周期为晶格常数 a,即

$$V(x) = V(x + na) \tag{3.62}$$

其中,n 为整数,则对满足式(3.61) 的波函数 $\psi(x)$,$\psi(x + a)$ 必为与 $\psi(x)$ 属于同一能量本征值的波函数,即二者只能相差一个模为 1 的相因子。若将 $\psi(x)$ 写成

$$\psi(x) = u_k(x)e^{ikx} \tag{3.63}$$

这里,k 为波数,则容易证明 $u_k(x)$ 亦为以 a 为周期的函数,即

$$u_k(x + a) = u_k(x) \tag{3.64}$$

式(3.63) 右边常称为 Bloch 函数,其中 e^{ikx} 表示平面波,与其相应的能量本征值为

$$E = \frac{\hbar^2 k^2}{2m_e} + V$$

而

$$E = \frac{\hbar^2 k^2}{2m_e} \tag{3.65}$$

则为动能部分,其中 m_e 为电子质量。

对于本节所讨论的问题,在 k 足够小的范围内,可将 E_k 展开为 Maclaurin 级数,且只保留前两项,得到

$$E(k) = E(0) + \frac{\hbar^2 k^2}{2m_{eff}} \tag{3.66}$$

式中,m_{eff} 为电子的有效质量,与 m_e 不同,m_{eff} 既可以取正值,也可以取负值。式(3.66) 表明,在 $k = 0$ 附近,$E(k)$ 仍按抛物线规律随 k 变化,抛物线的开口方向由 m_{eff} 的符号决定。当 $m_{eff} > 0$ 时,开口向上,相应的能带称为导带,式(3.66) 变为

$$E_c(k) = E_c(0) + \frac{\hbar^2 k^2}{2m_{eff}^c} > 0 \tag{3.67}$$

式中,E_c 为导带能量。

当 $m_{eff} < 0$ 时,开口向下,相应的能带称为价带,$E - k$ 关系为

$$E_v(k) = E_v(0) + \frac{\hbar^2 k^2}{2m_{eff}^v} < 0 \tag{3.68}$$

式中,E_v 为价带能量。

比较式(3.67) 和(3.68) 可知,导带底和价带顶对应着相同 k 值,即 $k = 0$ 点,导带底和价带顶的能量间距称为禁带宽度。这种导带和价带的极值位于 k 空间同一点(但一般不

要求是 $k=0$ 点）的半导体称为直接禁带半导体，其 $E-k$ 关系如图 3.16(a) 所示，其中禁带宽度用 E_g 表示；另有一类在电子学中非常重要的半导体材料，如 Si 和 Ge 等，导带底和价带顶不在 k 空间同一点，称为间接禁带半导体，$E-k$ 关系如图 3.16(b) 所示。

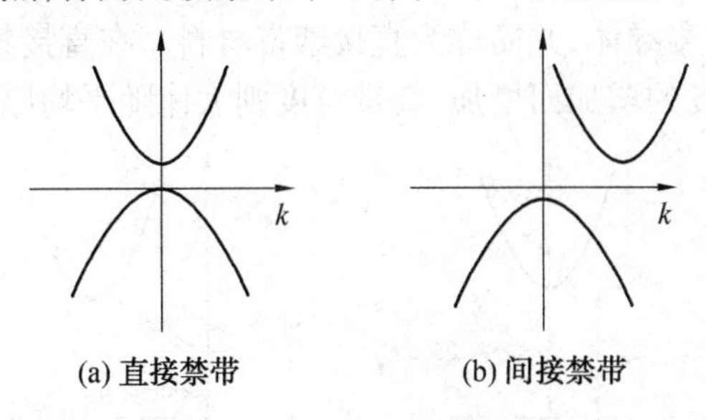

图 3.16　半导体能带图

需要指出的是，以上所给出的是大大简化了的结果，事实上，由于有效数不是常数，以及能带形成过程中自旋轨道耦合作用等的影响，实际能带结构要复杂得多。但是，与半导体激光有关的问题多数只涉及带底和带顶的状态。例如，导带宽度一般具有若干电子伏特的量级，而电子则主要分布在其中相当于平均动能 kT 的范围，这里 Boltzmann 常数 $k=1.38\times10^{-23}/1.6\times10^{-19}=0.86\times10^{-4}$ eV · K，室温下 $kT=0.026$ eV，即电子分布范围只有带宽的百分之一量级。

3.4.2　激发与复合辐射

1. 直接跃迁和半导体激光材料

半导体中的电子可以在不同状态之间跃迁并引起光的吸收或发射。如果是纯净半导体，则自由载流子和杂质原子都很少，与之相应的吸收过程很微弱。主要的吸收由价带向导带的跃迁引起，并称为基态吸收或本征吸收。本征吸收在阈值附近的吸收谱称为吸收边。

与吸收过程对应的是发射，在发射过程中，电子从导带跃迁到价带，并与那里的空穴进行复合，同时发射一个光子，因而称之为复合辐射。

电子在跃迁过程中必须满足动量守恒，在光跃迁中

$$\hbar k' - \hbar k = \hbar k_{pt} \tag{3.69}$$

式中，k 和 k' 分别为电子初态和末态波矢；k_{pt} 为光子波矢。

通常 k_{pt} 比 k 小 4 个量级左右，因此可以认为纯光跃迁过程满足选择定则

$$\hbar k' = \hbar k \tag{3.70}$$

电子的跃迁发生在 k 空间同一点，并称之为竖直跃迁或直接跃迁，如图 3.17(a) 所示。在直接跃迁中，辐射光子满足

$$E_g = h\nu \text{ 或 } \lambda = \frac{hc}{E_g} \tag{3.71}$$

如果跃迁发生在波矢相差较大的两态之间，则表明有声子参加过程，如图3.17(b)，这时由动量守恒有

$$\hbar k' - \hbar k \approx \pm \hbar k_{pm} \tag{3.72}$$

式中，k_{pm} 为声子波矢，一般比 k 小一个量级左右。初态与末态相应于 k 空间不同点的电子

跃迁称为非竖直跃迁或间接跃迁。在这种跃迁中,发射或吸收一个光子的同时,必须伴随发射或吸收一个适当波数的声子,以满足动量守恒,因而属于二级过程,其几率比属于一级过程的纯光跃迁小得多,故不适合用于激光发射。所以,本书中如无特别说明只讨论具有直接禁带能带结构的半导体,并简称为直接禁带材料。在直接禁带半导体中,电子有效质量较小,并随禁带宽度的增加而增加,禁带宽度则大体随平均原子序数的减小而增加。

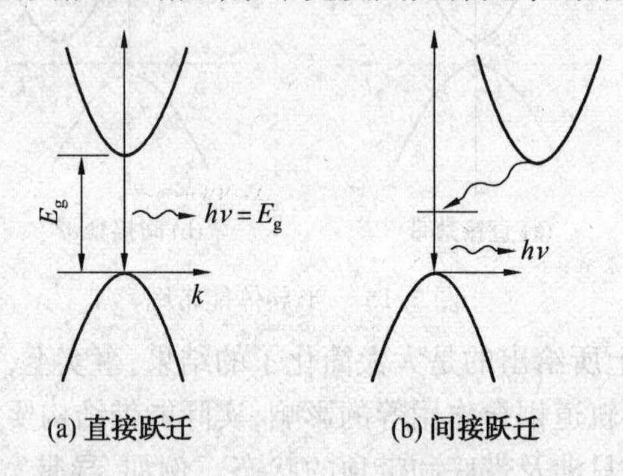

图 3.17　直接跃迁和间接跃迁

当然,适合用于激光器的半导体材料还应具备其他一些特性。此处不作详细讨论,只想指出,目前最常用的有两类体系,一类以 GaAs 和 $Al_xGa_{1-x}As$(x 表示 GaAs 中被 Al 原子取代的 Ga 原子的百分数)为基础,发射波长取决于 x 值及掺杂情况,在 0.85 μm 左右,主要用于短距离光纤通信和固体激光泵浦;另一类以 InP 和 $In_xGa_{1-x}P_yAs_{1-y}$ 为基础,由 x 和 y 决定的波长范围一般为 0.92 ~ 1.65 μm。最常见的有 1.3 μm、1.48 μm 和 1.55 μm,其中 1.55 μm 的辐射在光纤中传输时损耗可小至 0.15 dB · km^{-1},这使长距离光纤通信成为可能。

以上两类材料均属于 Ⅲ – Ⅴ 族半导体,为了扩宽半导体激光波长范围,近年来发展了一些 Ⅱ – Ⅵ 价化合物,典型的如 ZnSe,低温工作可得到 0.46 ~ 0.53 μm 辐射,室温输出 0.50 ~ 0.51 μm;GaN 可望制作蓝光和紫外半导体激光器。在长波段,以 GaSb 和 GaInAsSb/AlGaAsSb 为工作物质的激光器可在 30 ℃ 下连续工作输出 2.2 μm 的辐射。而基于价带内不同能量位置的跃迁,可望获得 50 ~ 250 μm 连续可调的输出。

2. 态密度和电子的激发

电子自旋角动量为 $\pm\hbar/2$,属于 Fermi 子,遵循 Fermi-Dirac 统计。即能量为 E 的态被电子占据的几率为

$$\rho_e(E) = \frac{1}{1 + e^{\frac{E-E_F}{kT}}} \tag{3.73}$$

被空穴占据的几率为

$$\rho_h(E) = 1 - \rho_e(E) = \frac{1}{1 + e^{\frac{E_F-E}{kT}}} \tag{3.74}$$

其中,E_F 称为 Fermi 能级。由式(3.73)和式(3.74)可见,在 Fermi 能级之上,离 Fermi 能级越远,被电子占据的几率越小,被空穴占据的几率越大;在 Fermi 能级之下,情况恰好相反,离 Fermi 能级越远,被电子占据的几率越大,被空穴占据的几率越小。在未掺杂的本

征半导体中,Fermi 能级处于价带之上,导带之下的禁带内,即有

$$E_c > E_F > E_v \tag{3.75}$$

于是,导带能级被点子占据的几率为

$$\rho_{ce}(E) = \frac{1}{1 + e^{\frac{E_c - E_F}{kT}}} \tag{3.76}$$

被空穴占据的几率为

$$\rho_{ch}(E) = \frac{1}{1 + e^{\frac{-(E_c - E_F)}{kT}}} \tag{3.77}$$

价带能级被电子占据的几率为

$$\rho_{ve}(E) = \frac{1}{1 + e^{-\frac{E_F - E_v}{kT}}} \tag{3.78}$$

被空穴占据的几率为

$$\rho_{vh}(E) = \frac{1}{1 + e^{\frac{E_F - E_v}{kT}}} \tag{3.79}$$

当 $T = 0$ K 时,由式(3.73)得

$$\rho_{ce}(E) = 0, \quad \rho_{ch}(E) = 1 \tag{3.80}$$

而式(3.74)则给出

$$\rho_{ve}(E) = 1, \quad \rho_{vh}(E) = 0 \tag{3.81}$$

这就是说,在热力学温度为 0 K 时,本征半导体中的电子全部集中在价带,而导带中几乎没有电子,电子分布函数如图 3.18 所示。

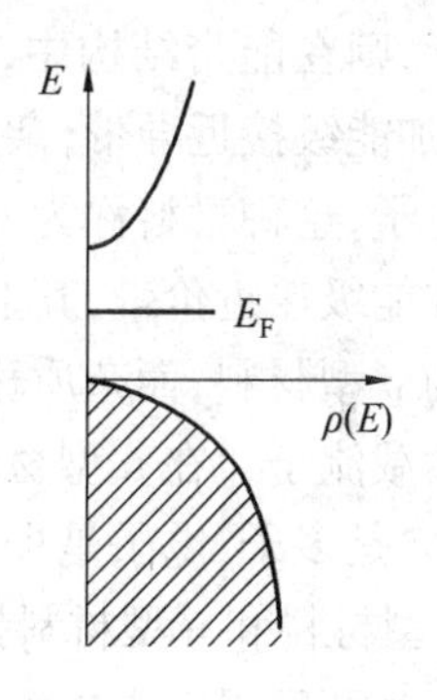

图 3.18　0 K 时本征半导体中电子分布函数

当 $T > 0$ K 时,由于 k 只有10^{-4} eV · K^{-1} 的量级,即使 T 达到 300 K,kT 也只有10^{-2}eV 量级,因而一般仍可假定

$$E_c - E_F \gg kT, \quad E_F - E_v \gg kT$$

于是,由式(3.73)得

$$\begin{aligned} &\rho_{ch}(E) = 1 \\ &\rho_{ce}(E) = e^{-\frac{E_c - E_F}{kT}} \ll 1 \end{aligned} \tag{3.82}$$

即导带中只有很少量电子,且服从 Boltzmann 分布定律,集中在相对靠近 E_F 的导带底部。而由式(3.74)得

$$\begin{aligned} &\rho_{ve}(E) = 1 \\ &\rho_{vh}(E) = e^{-\frac{E_F - E_v}{kT}} \ll 1 \end{aligned} \tag{3.83}$$

即价带基本被电子占满,只有少量空穴,且按照 Boltzmann 分布律集中在相对靠近 E_F 的价带顶部。

当材料受到激发时,将有一部分电子从价带跃迁到导带,如图 3.19 所示。图3.19(b)具有与图 3.19(a)不同的形状,是由于部分动能较高的电子从价带中较低的部位跃迁到导带形成的。

由以上讨论可知,在平衡状态下,本征半导体材料中的电子基本处于价带,导带中只有很少电子,且主要集中在导带底部。当材料受到某种激发时,价带中的部分电子跃迁到导带,并在价带中形成与激发电子等量的空穴,导带中的电子可以自发地,或受激地向下跃迁回到价带,与那里的空穴复合,导致复合发光。易见,半导体材料中的导带和价带分别相应于二能级原子系统中的激光上、下能级。

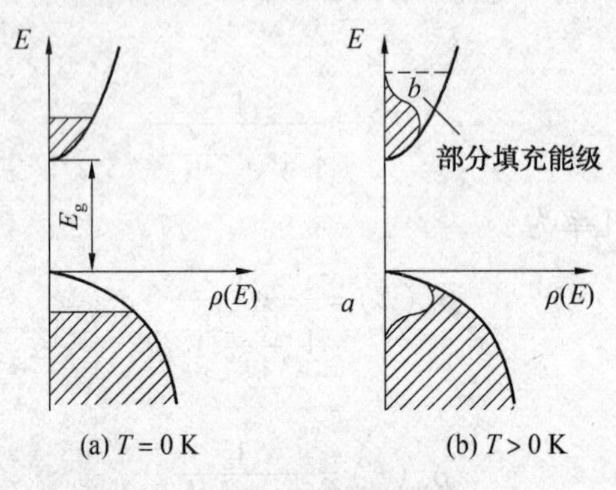

图 3.19　半导体的激发

3. 非本征半导体材料:p-n 结

在纯净的半导体(本征型半导体)中,导带为空带,而价带被电子充满,因而不具备导电性。在其中掺入适当杂质(形成非本征型半导体),可提供附加的自由电子或空穴,从而大大提高电导率,使电流更容易形成。如果所掺杂杂质原子比材料原子多一个或少一个电子,则在能带结构中,通常使带隙中接近带边处产生附加能级。在多个电子的情况下,附加能级接近导带,杂质能级上的电子在室温下很容易进入导带,使导带中产生大量过剩电子,这种材料称为 n 型材料,而杂质称为施主;若掺杂原子比材料原子少一个电子,则附加能级接近价带,其上的空穴很容易进入价带,使价带中出现大量过剩空穴,这种材料称为 p 型材料,而杂质称为受主。由此可见,掺杂的净效果是在导带和价带中形成过剩的自由载流子。在 n 型材料中,电子是多数载流子,或简称多子,空穴是少子;在 p 型材料中,空穴是多子,电子是少子。

p 型材料和 n 型材料接触时形成 p-n 结,下面简要说明 p-n 结形成过程中载流子分布情况。当两种材料未接触时,如上所述,n 型材料导带中有过剩电子,相当于 E_F 上移;p 型材料价带中有过剩空穴,相当于 E_F 下移,这时不同区域有各自的费米能级,如图 3.20(a)所示。图中 E_c 表示导带底能量,而 E_v 表示价带顶能量。如果两种材料实际为同一种基质中分别掺以施主或受主杂质,则形成的 p-n 结称为同质结;如果两种材料的基质不同,则得到异质结。

当两种材料接触时,过剩电子和空穴分别由 n 区和 p 区向对方扩散。在结区边缘建立空间电荷,两区的 E_F 逐渐接近,直到平衡时两者相等,此时空间电荷形成电压 V_0,从 n 型区指向 p 型区,相当于一个高势垒,从而阻止扩散继续进行,如图 3.20(b) 所示。

在没有外电场的情况下,上述过程很快结束,扩散电流停止。然而,若在结上加正向偏压(正极接 p 型材料,如图 3.20(c) 所示),则能量势垒明显降低,电流得以维持。

在后一种情况下,大量多数载流子向相邻区域运动,即 n 型材料中的电子流入 p 型区，使 p 型区中的电子增加；p 型区中的空穴流入 n 型区，使那里的空穴增加。电子在向 p 区扩散过程中逐渐减少，而这种减少正是与那里的空穴发生复合较好的结果，即在这过程中辐射光子数增加。因而称这一区域为有源区，其厚度与载流子的扩散长度具有相同数量级，对早期同质结半导体激光材料，其波长为 2 ~ 4 μm。

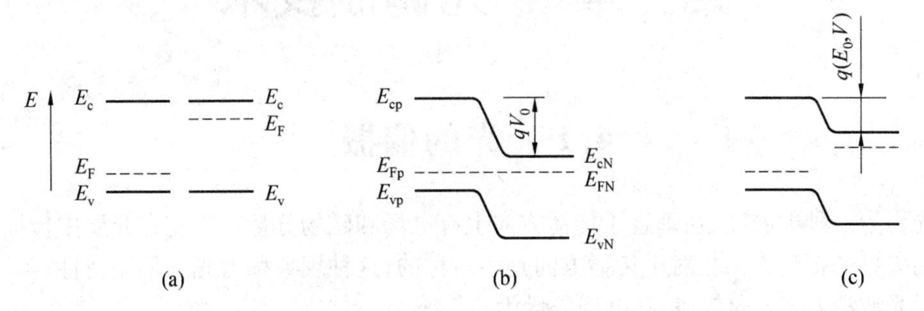

图 3.20　p-n 结的价带、导带及 Fermi 能级

习　题

1. 简述能级的概念，并解释基态和激发态的含义。

2. 在固体激光器中，常用的材料包括基质及在其中生长或掺杂的离子，请简要说明常见的基质材料以及典型的掺杂离子有哪些。

3. 试解释自发辐射、受激辐射和受激吸收概念，并比较三者之间的不同之处。

4. 试写出爱因斯坦自发辐射系数与受激辐射系数之间的关系。

5. 说明激光产生的必要和充分条件。

参考文献

[1] 阎吉祥. 激光原理技术及应用[M]. 北京：北京理工大学出版社，2006.

[2] 周炳琨. 激光原理[M]. 北京：国防工业出版社，2000.

[3] 陈钰清. 激光原理[M]. 杭州：浙江大学出版社，1992.

第 4 章　光调制技术

4.1　光的偏振

光作为一种电磁波，在垂直于传播方向上有电场和磁场分量。当光在介质中传播时，其电场矢量的振动方向相对于传播方向是不对称的，这种现象称为光的偏振特性。

设光波沿着 z 方向传播，其电场矢量为

$$\boldsymbol{E} = \boldsymbol{E}_0 \cos(\omega t - kz) \tag{4.1}$$

在垂直于传播方向的平面内，电场 E 可以分解为沿 x、y 方向振动的两个独立分量 E_x 和 E_y，且二者具有相同的角频率 ω 和波数 k，同时两个分量间具有固定的相位差 ϕ，即

$$E_x = E_{x0} \cos(\omega t - kz) \tag{4.2a}$$

$$E_y = E_{y0} \cos(\omega t - kz + \phi) \tag{4.2b}$$

上述方程可简化为椭圆参量方程

$$\left(\frac{E_x}{E_{x0}}\right)^2 + \left(\frac{E_y}{E_{y0}}\right)^2 - 2\cos\phi \frac{E_x E_y}{E_{x0} E_{y0}} = \sin^2\phi \tag{4.3}$$

由式(4.3)可知，对于给定位置 z，电场矢量端点在 $x-y$ 平面内周期性旋转，其轨迹为椭圆；对于固定时间 t，电场矢量端点在椭圆形柱体表面形成螺旋式轨迹，在波传播过程中，电场以波长为周期做重复运动，其结果如图 4.1 所示。

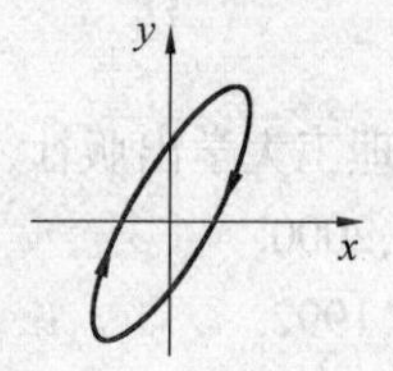

(a) 电场矢量端点在 x-y 平面内旋转（z 固定）

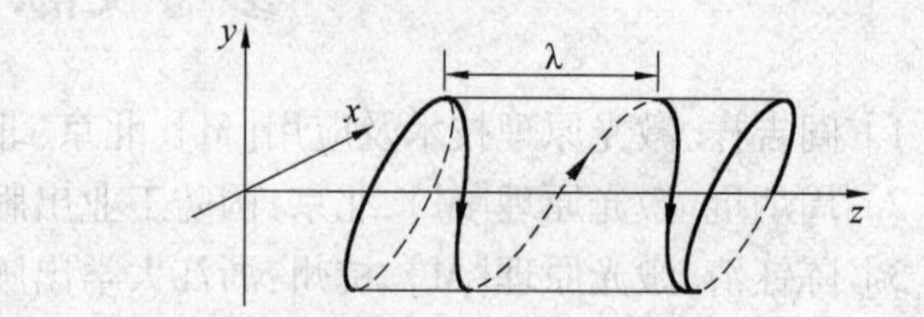

(b) 固定时间时电场矢量端点轨迹

图 4.1　电场矢量轨迹

根据传播过程中电场矢量所描绘的轨迹，可将光波的偏振态分为：

1. 线偏振光

电场矢量的方向不变，其大小随相位变化而变化，这时在垂直于传播方向的平面上，电场矢量端点的轨迹是一直线，而且电场矢量都在同一平面内，因此线偏振光又称为平面偏振光，此时有 $\phi = \pm m\pi (m = 0, 1, 2, \cdots)$，$E_x = \pm \dfrac{E_{x0}}{E_{y0}} E_y$。如果 $E_{x0} = E_{y0}$，偏振面与 x 轴夹角为 45°。此时，图 4.1(b) 中的椭圆形柱体变为图 4.2 中所示结果。

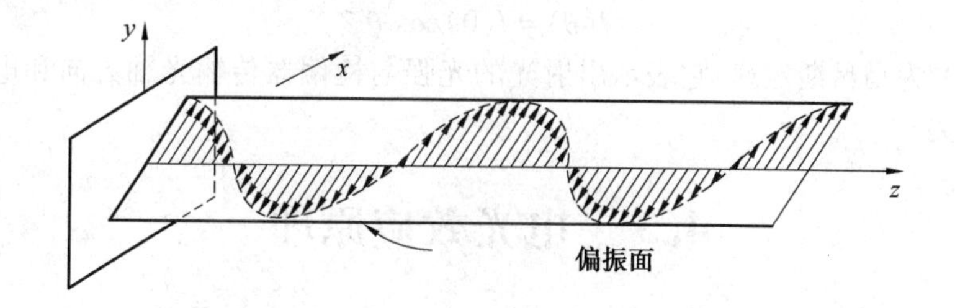

图 4.2　平面偏振光矢量振动方向

2. 圆偏振光

电场矢量的大小不变，方向规则变化，电场矢量端点的轨迹是一个圆。此时有 $\phi = \pm m\pi/2(m = 0,1,2,\cdots)$，$E_x^2 + E_y^2 = E_{x0}^2 = E_{y0}^2$。相对于观察者，$\phi = + m\pi/2$，电场矢量顺时针方向偏转时，称为右旋圆偏振光，反之为左旋圆偏振光，$\phi = - m\pi/2$，如图 4.3 所示。

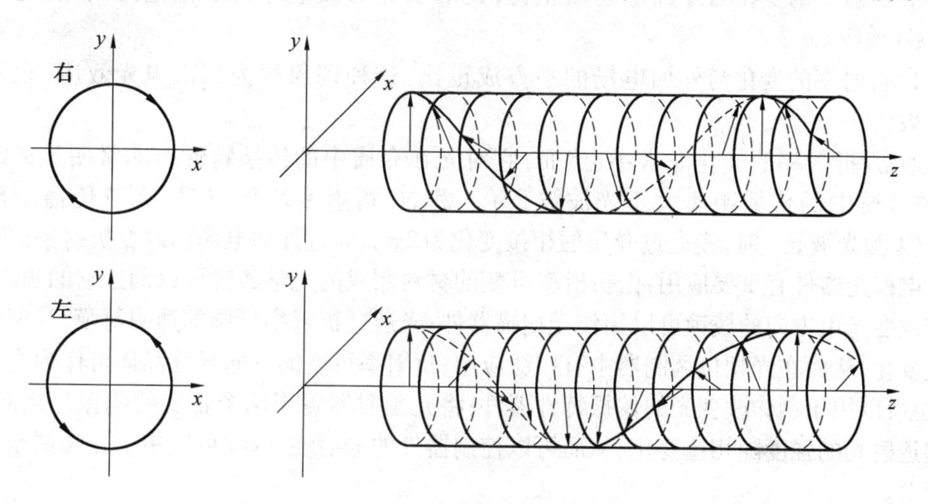

图 4.3　右旋与左旋圆偏振光

3. 椭圆偏振光

电场矢量大小和方向都发生变化，其端点沿椭圆轨迹转动，此时有

$$\phi = \pm m\pi/4 \quad (m = 1,3,5,\cdots)$$

$$\left(\frac{E_x}{E_{x0}}\right)^2 + \left(\frac{E_y}{E_{y0}}\right)^2 = 1 \quad (E_{x0} \neq E_{y0})$$

4.2　马吕斯定律

有许多光学器件是在光的偏振态下工作，像线偏振片只允许沿特定方向振动的电场通过，这个方向称为传输轴。假设从起偏器输出的线偏振光垂直入射到检偏器，其电场为 E，通过旋转检偏器的传输轴，可以分析入射光的偏振状态。如果检偏器的传输轴与起偏器的传输轴夹角为 θ，则通过检偏器光的电场为 $E\cos\theta$，其出射光的光强与电场的平方成正比，当 $\theta = 0$ 时，得到最大光强。因此，从检偏器输出光的光强 $I(\theta)$ 满足下面的关系

$$I(\theta)=I(0)\cos^2\theta \tag{4.4}$$

式(4.4)为马吕斯定律,它表示出射光的光强与检偏器传输光轴方向和电场矢量方向的夹角有关。

4.3 电光效应原理

当电场作用在某些材料上时,它们的光学特性会发生变化。这种变化主要是由电场力导致材料内部分子的位置、振动方向和形状发生变化而引起的。这种现象也会导致材料的折射率发生变化,进而改变材料的电光效应。当这种现象出现在各向异性电光材料时,折射率的变化还会引起光偏振状态的变化。

折射率的变化与外加电场有下面两种效应:

① 折射率的变化与外加电场成正比,此时引起的效应称为线性电光效应,也称为Pockels效应。

② 折射率的变化与外加电场的平方成正比,这种现象称为二次电光效应,也称为Kerr效应。

通常,折射率的变化非常小,然而,它对光在介质中的传播特性有非常明显的改变(光在介质中的传播距离大于光波波长)。例如,折射率增加10^{-5},光波传播距离为$10^5\lambda$(λ为光波长)时,光通过介质的相位变化为2π。通过外加电场而改变折射率的现象对于电控光器件有重要应用:由折射率可变的材料制成的光学透镜可以调控它的焦距;能调控改变光束方向的棱镜可以用作光扫描器件;光通过折射率可调的透明薄膜,其相位会相应变化,从而在光相位调制器中有广泛应用;折射率可变的各向异性晶体可作为光延时器,也可以用于制作改变光的偏振特性器件;将光延时器置于两个正交的偏振片之间,会引起透射光的强度随相位变化,从而可以控制器件的透射性,因此可应用于光强调制器或光开关。

4.3.1 Pockels和Kerr效应

电光晶体的折射率是外加电场的函数$n(E)$,并随E发生微小变化,将$n(E)$在$E=0$时以泰勒级数展开,可得

$$n(E)=n+a_1E+\frac{1}{2}a_2E^2+\cdots \tag{4.5}$$

式中,$n=n(0)$,$a_1=(\mathrm{d}n/\mathrm{d}E)|_{E=0}$和$a_2=(\mathrm{d}^2n/\mathrm{d}E^2)|_{E=0}$。

在式(4.5)中,二阶和高阶项的幅度远比第一项小,因此三阶以后的项可以忽略不计。通常,a_1和a_2用两个新的系数表示$r=-2a_1/n^3$和$\xi=-a_2/n^3$(r和ξ称为电光系数),此时有

$$n(E)=n-\frac{1}{2}rn^3E-\frac{1}{2}\xi n^3E^2+\cdots \tag{4.6}$$

1. Pockers效应

对于大多数材料,式(4.6)中的第三项可以忽略不计,有

$$n(E)=n-\frac{1}{2}r\,n^3E \tag{4.7}$$

式(4.7) 为具有 Pockels 效应的介质的折射率,r 为 Pockels 系数或线性电光系数,如图 4.4(a) 所示。电光系数典型值为 $10^{-12} \sim 10^{-10}$ m/V。在厚度为 1 cm 的介质上施加 10 kV 的电压($E = 10^6$ V/m) 时,式(4.7) 中的第二项的数量级为 $10^{-6} \sim 10^{-4}$,因此,由电场引起的折射率的变化的确很小。目前应用 Pockels 介质的最普通晶体有 $NH_4H_2PO_4$(ADP)、KH_2PO_4(KDP)、$LiNbO_3$、$LiTaO_3$ 以及 CdTe。

2. Kerr 效应

如果晶体结构有对称中心,则 $n(E)$ 必须是偶对称函数,因为对于反向电场,它必须保持不变。因此式(4.6) 中的第二项系数 $r = 0$,于是有

$$n(E) = n - \frac{1}{2}\xi n^3 E^2 \tag{4.8}$$

具有式(4.8) 性质的材料称为 Kerr 介质材料,ξ 为 Kerr 系数或二次电光系数,如图 4.4(b) 所示。在晶体中的典型值为 $10^{-18} \sim 10^{-14}$ m²/V²,在液体中的典型值为 $10^{-22} \sim 10^{-19}$ m²/V²。在外加电场为 $E = 10^6$ V/m 时,式(4.8) 第二项的值为 $10^{-6} \sim 10^{-2}$ m²/V²(晶体中),$10^{-10} \sim 10^{-7}$ m²/V²(液体中)。

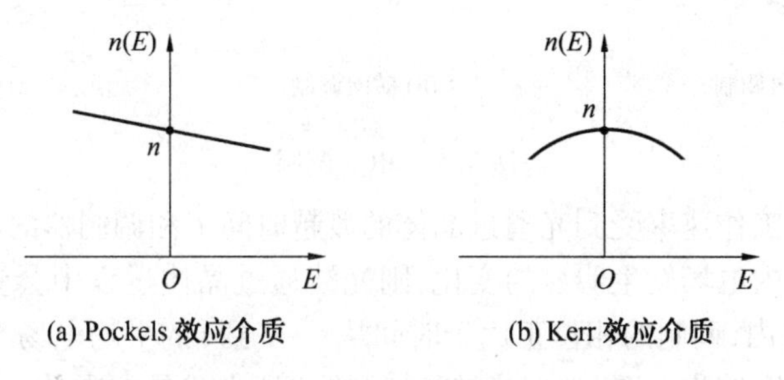

(a) Pockels 效应介质　　(b) Kerr 效应介质

图 4.4　折射率与电场的关系

4.3.2　相位调制器

当一束光通过加有电场的 Pockels 晶体时,会产生一个相移

$$\varphi = n(E)k_0L = 2\pi n(E)L/\lambda_0$$

这里 λ_0 是自由空间波长。应用式(4.7) 有

$$\varphi = \varphi_0 - \pi\frac{rn^3EL}{\lambda_0} \tag{4.9}$$

这里,$\varphi_0 = 2\pi nL/\lambda_0$,如果电场是由加在厚度为 d 的晶体两侧的电压产生的,即 $E = V/d$,则由式(4.9) 可得

$$\varphi = \varphi_0 - \pi\frac{V}{V_\pi} \tag{4.10}$$

这里

$$V_\pi = \frac{d}{L}\frac{\lambda_0}{rn^3}$$

参数 V_π 称为半波电压,是指晶体加上这个电压后,光波通过晶体后产生的相位差为 π。方程(4.10) 中的相位变化与外加电压呈线性关系,因此,通过改变加在电光晶体上的电压,可以调制光波的相位。半波电压是调制器的一个重要参数,它是由晶体的几何尺寸

(d/L)、材料属性(n 与 r) 以及波长决定的。

根据所加电场的方向不同,调制器可分为横向调制器(电场方向与光传播方向垂直)和纵向调制器(电场方向与光传播方向平行),如图4.5所示。在各向异性晶体中,电光系数与外加电场和光传播方向有关。对于纵向调制器,半波电压为1伏到几千伏,而在横向调制器中为几百伏。

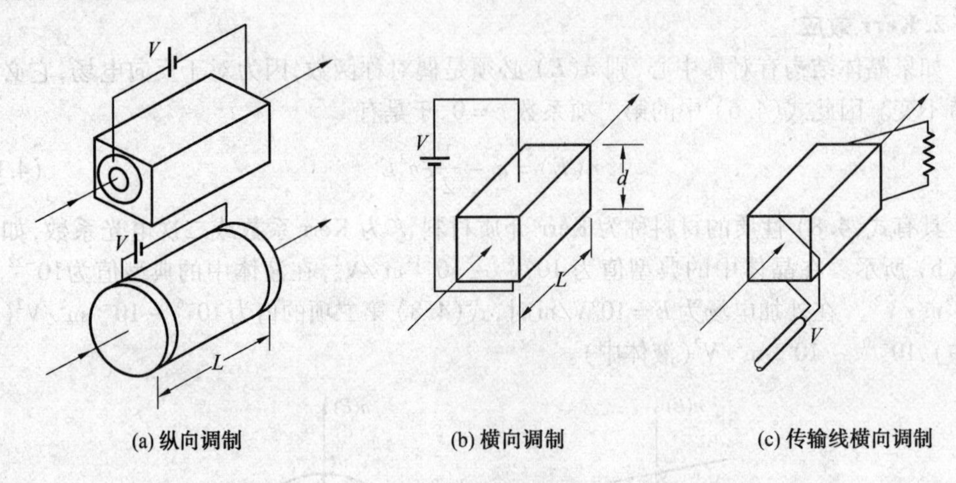

图4.5　电光调制

电光调制器的工作速率受到光通过晶体的渡越时间 T 和调制器的电容效应的限制。如果在光渡越时间内电场发生明显的变化,则光波通过晶体过程中会受到不同电场的作用,在给定的时间 t 内,调制的相位正比于时间从 $t-T$ 到 t 的平均电场 $E(t)$,结果,由渡越时间限制的调制带宽约为 $1/T$。减小渡越时间的一种方式是在晶体一端加一段传输线,如图4.5(c) 所示。如果电波的速率与光波速率匹配,渡越时间在原理上可以消除。商业化的调制器通常工作在几百 MHz,但是调制速率达到几个 GHz。

电光调制器也可以作为集成光器件,这些器件工作在高速和低压条件下。例如,在电光衬底材料($LiNbO_3$) 上通过内扩散钛以增加折射率形成光波导。通过电极把电场加到波导上,如图4.6所示,因为结构是横向的,波导宽度远小于长度,因此半波电压非常小,只有几伏的量级。这样的调制器工作速率超过100 GHz,通过光纤,光可以耦合进入调制器。

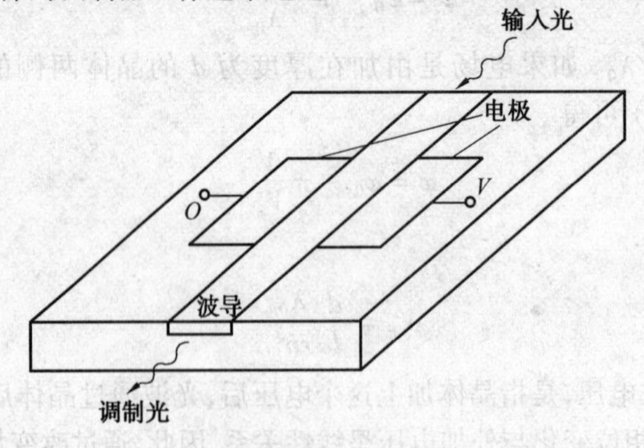

图4.6　集成光相位调制器结构

1. 动态波延迟器

光波通过各向异性介质时,会产生两个线性偏振模,其速率分别为 c_0/n_1 和 c_0/n_2。如果介质能够表现出 Pockels 效应,则在稳恒场的作用下,其折射率变化为

$$n_1(E) \approx n_1 - \frac{1}{2}r_1n_1^3E \tag{4.11}$$

$$n_2(E) \approx n_2 - \frac{1}{2}r_2n_2^3E \tag{4.12}$$

这里,r_1 和 r_2 是电光系数,当光波通过长为 L 的波导时,两个模式之间产生的相移为

$$\varphi = k_0[n_1(E) - n_2(E)]L = k_0(n_1 - n_2)L = \frac{1}{2}k_0(r_1n_1^3 - r_2n_2^3)EL \tag{4.13}$$

如果电场是由加在晶体两边的电压产生的,则上式可表示为

$$\varphi = \varphi_0 - \pi\frac{V}{V_\pi},\quad \varphi_0 = k_0(n_1 - n_2)L \tag{4.14}$$

其半波电压为

$$V_\pi = \frac{d}{L}\frac{\lambda_0}{r_1n_1^3 - r_2n_2^3} \tag{4.15}$$

方程(4.14)表明,相位的延迟与外加电压大小成正比,此时晶体可以作为一个电控的动态波延迟器。

2. 强度调制器 – 相位调制器在干涉仪中的应用

相位的延迟并不影响光束的强度。然而,当把相位调制器置于干涉仪的一个支路中,此时可以作为一个强度调制器。例如,对于图 4.7(a) 所示的马赫干涉仪,分束器将光功率等分,则输出光强 I_o 与入射光强 I_i 的关系为

$$I_o = \frac{1}{2}I_i + \frac{1}{2}I_i\cos\varphi = I_i\cos^2\frac{\varphi}{2}$$

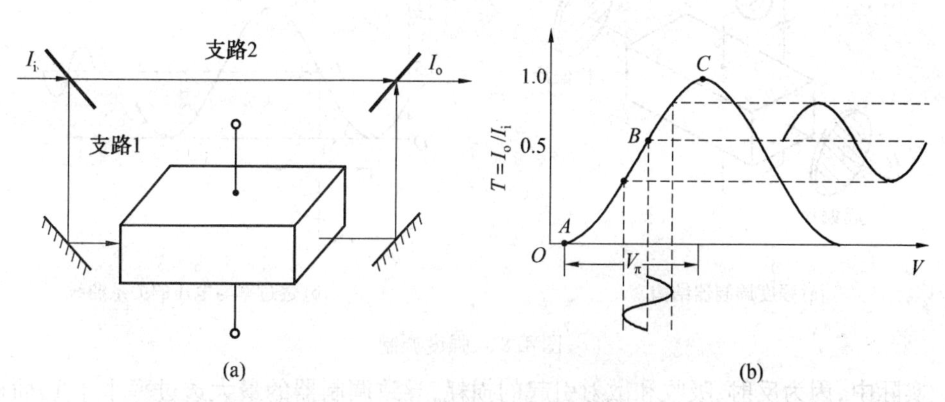

图 4.7　马赫干涉仪和透过率特性曲线

相位调制器置于马赫干涉仪一条支路中,其透过率随外加电压周期性变化,在线性区点 B 附近,器件可以作为一个线性强度调制器。

这里 $\varphi = \varphi_1 - \varphi_2$ 是光通过两条支路产生的相位差。干涉仪光强的透射比为

$$T = I_o/I_i = \cos^2(\varphi/2)$$

因为相位调制器在支路 1 中,由式(4.10)可得 $\varphi_1 = \varphi_{10} - \pi V/V_\pi$,因此,$\varphi = \varphi_1 - \varphi_2 = \varphi_0 - \pi V/V_\pi$ 受外加电压的控制,而 $\varphi_0 = \varphi_{10} - \varphi_2$ 依赖于光程差。透射率表示为

$$T(V)=\cos^2\left(\frac{\varphi_0}{2}-\frac{\varphi}{2}\frac{V}{V_\pi}\right) \tag{4.16}$$

根据上式关系可以画出透过率的特性曲线，如图 4.7(b) 所示。通过调整光程差，器件可以作为线性强度调制器，当 $\varphi_0=\pi/2$，可以工作在 $T(V)=0.5$ 附近的线性区。此外，当光程差是 2π 的整数倍时，$T(0)=1$，$T(V_\pi)=0$，因此，当 V 在 0 和 V_π 之间开关时，调制器可以实现光的开与关。

马赫干涉仪可以作为集成光器件，整个波导置于衬底之上。应用 Y 形波导实现光的分离，从而构成分束器，光的输入和输出通过光纤完成。商业化的集成光调制器的工作速率在几个 GHz，而实际的调制速率能超过 25 GHz。

3. 强度调制器 – 两正交偏振片之间的延迟器

如图 4.8(a) 所示，在两个正交偏振片之间放置一个波延迟器(旋转 45°)，构成一个三明治结构，光强透过率为 $T=\sin^2(\varphi/2)$。如果延迟器是 Pockels 介质，则相移依赖于外加电压，此时，器件的透过率是外加电压的周期函数

$$T(V)=\sin^2\left(\frac{\varphi_0}{2}-\frac{\varphi}{2}\frac{V}{V_\pi}\right) \tag{4.17}$$

如图 4.8(b) 所示，改变外加电压时，透过率在 0 到 1 之间变化，实现开关特性。如果器件工作在 $T(V)=0.5$ 的区域附近，也可以作为线性调制器。在 $\varphi_0=\pi/2$ 并且 $V\ll V_\pi$ 时，有

$$T(V)=\sin^2\left(\frac{\varphi_0}{2}-\frac{\varphi}{2}\frac{V}{V_\pi}\right)\approx T(0)+\left.\frac{\mathrm{d}T}{\mathrm{d}V}\right|_{V=0}V=\frac{1}{2}-\frac{\pi}{2}\frac{V}{V_\pi} \tag{4.18}$$

因此，$T(V)$ 是斜率为 $\pi/2V_\pi$ 的线性函数，此斜率也是调制器的灵敏度。固定的相位延迟也可通过在调制器上外加偏压和 1/4 波片获得。

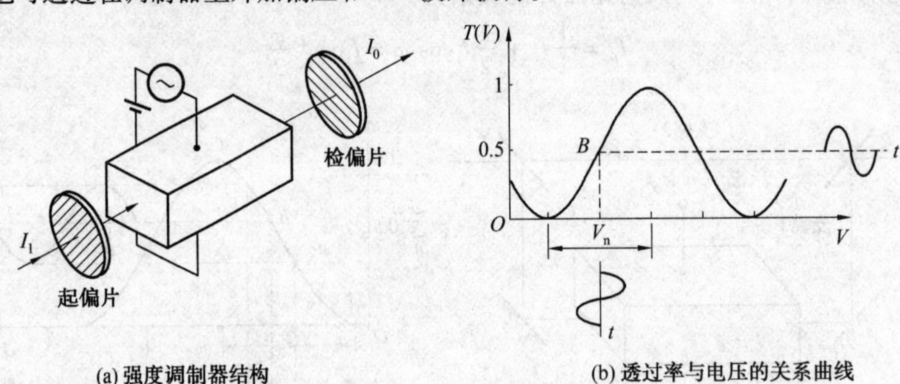

(a) 强度调制器结构　　(b) 透过率与电压的关系曲线

图 4.8　强度调制

实际中，因为反射、吸收和散射引起的损耗，导致调制器的最大透过率小于 1，而最小的透过率也大于 0，主要原因是光的传播方向与偏振片的偏振方向没有严格校准引起的。最大透过率与最小透过率之比定义为消光率，一般消光率高于 1 000∶1。

4.4　各向异性介质的电光调制

晶体的重要特点是它们的光学特性与晶体的方向有关，这类晶体通常都是各向异性晶体。在晶体中，光的速率依赖于传播方向和电场的偏振状态。对于大部分非晶材料，如

玻璃、液体以及所有的立方晶体，都是各向同性材料，其折射率在各个方向都是相同的。在各向异性介质中，除了某个特定的方向，任何非偏振光进入晶体后被分成两束偏振和相速不同的光波。

实验和理论证明，绝大部分各向异性晶体，可以利用三个折射率描述光的传播特性，这三个折射率称为主折射率 n_1、n_2 和 n_3，沿着三个正交的方向，即 x、y 和 z，在这三个主轴方向上，电位移和电场强度方向平行。如果晶体有三个不同的主折射率（$n_1 \neq n_2 \neq n_3$）也即有两个光轴，这样的晶体称为双轴晶体。如果只有一个光轴，也即有两个主折射率是相同（$n_1 = n_2 \neq n_3$）的晶体称为单轴晶体。在单轴晶体中，例如石英，$n_3 > n_1$，称为正晶体，反之称为负晶体。表 4.1 给出常见的几种光学晶体材料。在三个主轴方向上，介电常数分别为 ε_1、ε_2 和 ε_3，其对应的折射率分别为

$$n_1 = \sqrt{\frac{\varepsilon_1}{\varepsilon_0}}, \quad n_2 = \sqrt{\frac{\varepsilon_2}{\varepsilon_0}}, \quad n_3 = \sqrt{\frac{\varepsilon_3}{\varepsilon_0}}$$

表 4.1　光学各向同性和各向异性晶体的主折射率（波长为 589 nm）

晶　　体	晶体材料	主折射率		
光学各向同性晶体		$n = n_o$		
	玻璃	1.510		
	金刚石	2.417		
	氟化钙	1.434		
正单轴晶体		n_o	n_e	
	冰	1.309	1.310 5	
	石英	1.544 2	1.553 3	
	氧化钛	2.616	2.903	
负单轴晶体		n_o	n_e	
	碳化钙	1.658	1.486	
	电气石	1.669	1.638	
	铌酸锂	2.29	2.20	
双轴晶体		n_1	n_2	n_3
	白云母	1.560 1	1.593 6	1.597 7

如图 4.9 所示，在用主轴作为坐标系时，其晶体折射率的分布可用折射率椭球表示，其方程为

$$\frac{x^2}{n_1^2} + \frac{y^2}{n_2^2} + \frac{z^2}{n_3^2} = 1 \tag{4.19}$$

当在晶体上施加电场后，其折射率椭球方程发生变化，其方程变为

$$\frac{x^2}{(n^2)_1} + \frac{y^2}{(n^2)_2} + \frac{z^2}{(n^2)_3} + \frac{2xy}{(n^2)_4} + \frac{2yz}{(n^2)_5} + \frac{2zx}{(n^2)_6} = 1 \tag{4.20}$$

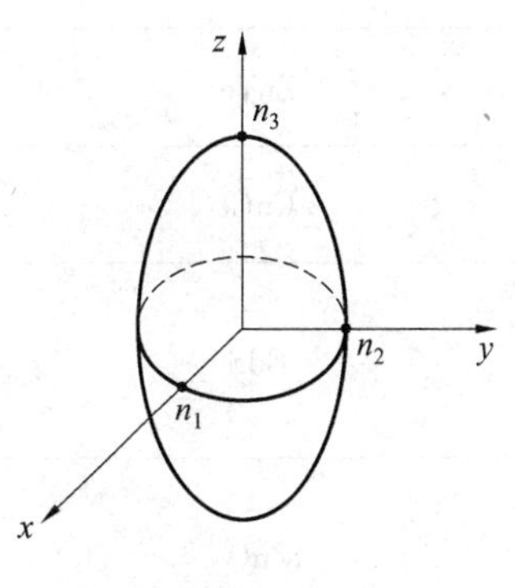

图 4.9　折射率椭球分布

由上面两式可知，电场的作用使得折射率椭球系数发

生变化，其变化量表示为

$$\Delta\left(\frac{1}{n^2}\right)_i = \sum_{ij} r_{ij} E_j \tag{4.21}$$

式中，r_{ij} 为线性电光系数，由各向异性晶体决定。

具有反演对称性的晶体，其 $r_{ij}=0$；$j=1,2,3$，E_j 为电场在三个主轴方向的电场分量，各种不同晶体的电光系数见表 4.2。

表 4.2　不同晶体点群的电光系数

晶体名称	点群	电光系数
KDP(KH_2PO_4) ADP($NH_4H_2PO_4$) KD_2PO_4	$\bar{4}2m$	$\begin{bmatrix} 0 & 0 & 0 \\ 0 & 0 & 0 \\ 0 & 0 & 0 \\ r_{41} & 0 & 0 \\ 0 & r_{41} & 0 \\ 0 & 0 & r_{63} \end{bmatrix}$
$LiNbO_3$ $LiTaO_3$	$3m$	$\begin{bmatrix} 0 & -r_{22} & r_{13} \\ 0 & r_{22} & r_{13} \\ 0 & 0 & r_{33} \\ 0 & r_{51} & 0 \\ r_{51} & 0 & 0 \\ -r_{22} & 0 & 0 \end{bmatrix}$
SiO_2 HgS	32	$\begin{bmatrix} r_{11} & 0 & 0 \\ -r_{11} & 0 & 0 \\ 0 & 0 & 0 \\ r_{41} & 0 & 0 \\ 0 & -r_{41} & 0 \\ 0 & -r_{11} & 0 \end{bmatrix}$
CdTe ZnTe CuCl	$\bar{4}3m$	$\begin{bmatrix} 0 & 0 & 0 \\ 0 & 0 & 0 \\ 0 & 0 & 0 \\ r_{41} & 0 & 0 \\ 0 & r_{41} & 0 \\ 0 & 0 & r_{41} \end{bmatrix}$
CdS ZnO	$6mm$	$\begin{bmatrix} 0 & 0 & r_{13} \\ 0 & 0 & r_{13} \\ 0 & 0 & r_{33} \\ 0 & r_{51} & 0 \\ r_{51} & 0 & 0 \\ 0 & 0 & 0 \end{bmatrix}$

4.4.1 光波在 KDP 晶体中传播

下面介绍磷酸二氢钾,又称为 KDP 晶体,它是负单轴晶体,因此有 $n_1 = n_2 = n_o, n_3 = n_e$ 且 $n_o > n_e$。KDP 属于四方晶系,具有四重对称轴,一般取为 z 轴,还具有两个互相垂直的二重对称轴,它们位于与 z 轴垂直的平面中,该平面的两个轴为 x 和 y 轴。该晶体的点群是 $\bar{4}2m$,其电光系数张量为

$$r_{ij} = \begin{bmatrix} r_{11} & r_{12} & r_{13} \\ r_{21} & r_{22} & r_{23} \\ r_{31} & r_{32} & r_{33} \\ r_{41} & r_{42} & r_{43} \\ r_{51} & r_{52} & r_{53} \\ r_{61} & r_{62} & r_{63} \end{bmatrix} = \begin{bmatrix} 0 & 0 & 0 \\ 0 & 0 & 0 \\ 0 & 0 & 0 \\ r_{41} & 0 & 0 \\ 0 & r_{52} & 0 \\ 0 & 0 & r_{63} \end{bmatrix} \tag{4.22}$$

其中,非零元素为 $r_{41} = r_{52}$ 和 r_{63}。

由式(4.20)、(4.21) 和(4.22) 得到 KDP 晶体加电场后的折射率方程为

$$\frac{x^2}{n_o^2} + \frac{y^2}{n_o^2} + \frac{z^2}{n_e^2} + 2r_{41}yzE_x + 2r_{52}xzE_y + 2r_{63}xyE_z = 1 \tag{4.23}$$

从上式可以看出,由于 KDP 晶体电光系数决定了前三项的系数没有发生变化。在加电场后,折射率椭球中出现了 xy、yz 和 zx 交叉项,这说明加电场后折射率主轴不再与原 x、y 和 z 轴平行。因此,有必要确定在外加电场条件下折射率椭球新的主轴方向和大小,以便理解电场对光在 KDP 晶体中传播特性的影响。对比式(4.23)和式(4.19) 可以看出,为了获得新的折射率主轴,令外加电场方向沿着 z 轴,从而使 $E_x = E_y = 0$,式(4.23) 变为

$$\frac{x^2}{n_o^2} + \frac{y^2}{n_o^2} + \frac{z^2}{n_e^2} + 2r_{63}xyE_z = 1 \tag{4.24}$$

为了消除上式中的交叉项,寻求建立一个新的坐标系 x'、y' 和 z',使得在外加电场存在时椭球的方程为

$$\frac{x'^2}{n_{x'}^2} + \frac{y'^2}{n_{y'}^2} + \frac{z'^2}{n_{z'}^2} = 1 \tag{4.25}$$

从式(4.24) 可以看出,以 z 轴为旋转轴,新坐标系相对原坐标系旋转 $\theta = 45°$ 时,可以消除交叉项,坐标旋转如图 4.10 所示,此时有

$$\begin{cases} x = \dfrac{\sqrt{2}}{2}(x' - y') \\ y = \dfrac{\sqrt{2}}{2}(x' + y') \end{cases} \tag{4.26}$$

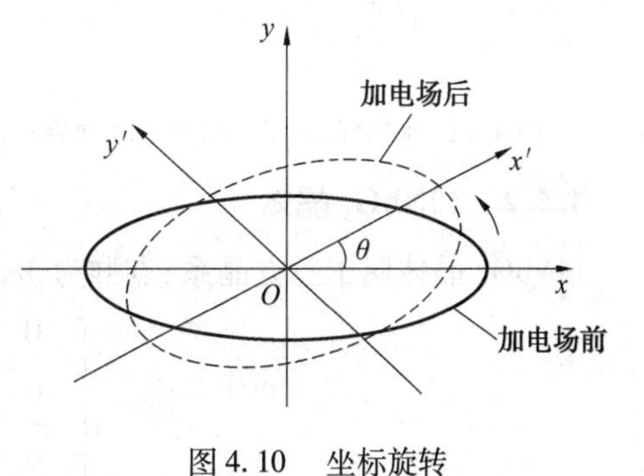

图 4.10　坐标旋转

将式(4.26) 代入式(4.24) 则有

$$\left(\frac{1}{n_o^2} + r_{63}E_z\right)x'^2 + \left(\frac{1}{n_o^2} - r_{63}E_z\right)y'^2 + \frac{z'^2}{n_e^2} = 1 \tag{4.27}$$

式(4.27)表明x'、y'和z'的确是在z方向加电场时的折射率椭球方程的主轴,从而有

$$\begin{cases}\dfrac{1}{n_{x'}^2}=\dfrac{1}{n_o^2}+r_{63}E_z\\ \dfrac{1}{n_{y'}^2}=\dfrac{1}{n_o^2}-r_{63}E_z\\ \dfrac{1}{n_{z'}^2}=\dfrac{1}{n_e^2}\end{cases}\tag{4.28}$$

由于电光系数r_{63}非常小,有$r_{63}E_z \ll \dfrac{1}{n_o^2}$,利用$(1+\Delta)^{-1/2}\approx 1-\dfrac{1}{2}\Delta$,并有$\mathrm{d}\left(\dfrac{1}{n^2}\right)=-\dfrac{2}{n^3}\mathrm{d}n$,从而可得

$$\begin{cases}n_{x'}=n_o-\dfrac{1}{2}n_o^3r_{63}E_z\\ n_{y'}=n_o+\dfrac{1}{2}n_o^3r_{63}E_z\\ n_{z'}=n_e\end{cases}\tag{4.29}$$

由上面的分析可知,KDP 晶体沿z轴加电场时,单轴晶体变成了双轴晶体,折射率椭球的主轴绕z轴旋转了45°,此转角与外加电场大小无关,新主轴折射率与外加电场成正比。KDP 晶体($\bar{4}2m$点群)折射率变化情况如图4.11所示。

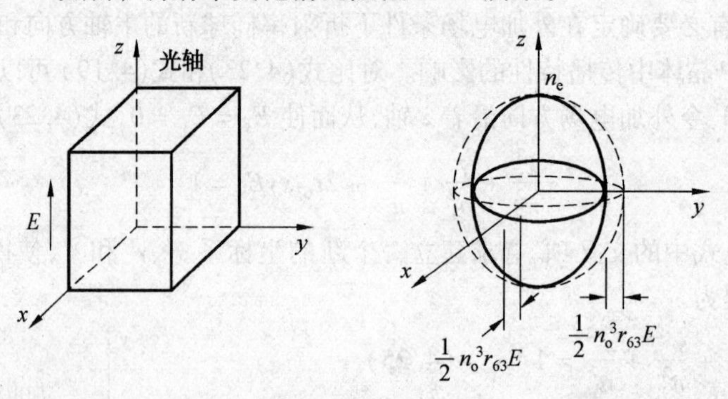

图4.11 KDP 晶体沿z轴加电场前后折射率的变化特性,虚线代表加电场后的折射率

4.4.2 $LiNbO_3$ 晶体

$LiNbO_3$晶体属于三方晶系,点群为$3m$,是单轴负晶体。其电光系数张量为

$$r_{ij}=\begin{bmatrix}0 & -r_{22} & r_{13}\\ 0 & r_{22} & r_{13}\\ 0 & 0 & r_{33}\\ 0 & r_{51} & 0\\ r_{51} & 0 & 0\\ -r_{22} & 0 & 0\end{bmatrix}\tag{4.30}$$

在未加电场前,折射率椭球方程为

$$\frac{x^2}{n_o^2}+\frac{y^2}{n_o^2}+\frac{z^2}{n_e^2}=1 \tag{4.31}$$

采用和 KDP 晶体同样的处理思路,如果沿着 y 方向加电场 E_y,光传播方向为 z 方向,此时折射率主轴不发生变化,其折射率椭球方程变为

$$\left(\frac{1}{n_o^2}-r_{22}E_y\right)x^2+\left(\frac{1}{n_o^2}+r_{22}E_y\right)y^2+\frac{z^2}{n_e^2}+2r_{51}yzE_y=1 \tag{4.32}$$

很明显,由于交叉项 yz 的出现,原来的主轴坐标不再适用,采用与 KDP 晶体同样的处理方法,必须对 yz 平面进行旋转,而仍保持 x 方向主轴不变。以 x 轴为旋转轴,将 yz 平面旋转 θ 角到新的坐标平面 $y'z'$,因此,新旧坐标关系为

$$\begin{cases}x=x'\\y=y'\cos\theta-z'\sin\theta\\z=z'\cos\theta+y'\sin\theta\end{cases} \tag{4.33}$$

将式(4.33)代入式(4.31)后,在新主轴坐标系中要消除交叉项,必须有

$$\left(\frac{1}{n_e^2}-\frac{1}{n_o^2}-r_{22}E_y\right)\sin\theta\cos\theta+r_{51}E_y(2\cos^2\theta-1)=0 \tag{4.34}$$

假设电光系数足够小,θ 角也非常小,有 $\sin\theta\approx\theta,\cos\theta\approx 1$,由式(4.34)可得

$$\theta=\frac{-r_{51}E_y}{\left(\frac{1}{n_e^2}-\frac{1}{n_o^2}-r_{22}E_y\right)} \tag{4.35}$$

对于 $LiNbO_3$ 晶体,$r_{51}=28\times10^{-12}$ m/V,$r_{22}=3.4\times10^{-12}$ m/V,$n_e=2.21$,$n_o=2.3$,当 1 kV 的电压加到厚度为 1 mm 的晶体上时,$\theta=0.1°$。这个角很小,$LiNbO_3$ 是负晶体,因此旋转角 θ 是逆时针方向。新主轴折射率方程为

$$\left(\frac{1}{n_o^2}-r_{22}E_y\right)x'^2+\left[\left(\frac{1}{n_o^2}+r_{22}E_y\right)\cos^2\theta+\frac{\sin^2\theta}{n_e^2}+r_{51}E_y\sin 2\theta\right]y'^2+$$
$$\left[\left(\frac{1}{n_o^2}+r_{22}E_y\right)\sin^2\theta+\frac{\cos^2\theta}{n_e^2}-r_{51}E_y\sin 2\theta\right]z'^2=1 \tag{4.36}$$

在近似条件下,新主轴折射率满足下面关系

$$\begin{cases}\frac{1}{n_{x'}^2}=\frac{1}{n_o^2}-r_{22}E_y\\\frac{1}{n_{y'}^2}=\frac{1}{n_o^2}+r_{22}E_y+\frac{\theta^2}{n_e^2}+2r_{51}E_y\theta\\\frac{1}{n_{z'}^2}=(\frac{1}{n_o^2}+r_{22}E_y)\theta^2+\frac{1}{n_e^2}-2r_{51}E_y\theta\end{cases} \tag{4.37}$$

这样入射光波在 x' 和 y' 轴的两个偏振模式经历不同的折射率 $n_{x'}$ 和 $n_{y'}$(这里仍用 $n_{x'}$ 和 $n_{y'}$ 表示加电场后主轴的折射率),从而电致折射率变为

$$\begin{cases}n_{x'}=n_o+\frac{1}{2}n_o^3r_{22}E_y\\n_{y'}=n_o-\frac{1}{2}n_o^3r_{22}E_y\\n_{z'}=n_e\end{cases} \tag{4.38}$$

如果沿着光轴 z 方向加电场，则折射率变为

$$\begin{cases} n_{x'} = n_o - \dfrac{1}{2}n_o^3 r_{13} E_z \\ n_{y'} = n_o - \dfrac{1}{2}n_o^3 r_{13} E_z \\ n_{z'} = n_e - \dfrac{1}{2}n_e^3 r_{33} E_z \end{cases} \tag{4.39}$$

如果沿着光轴 x 方向加电场，则折射率变为

$$\begin{cases} n_{x'} = n_o + \dfrac{1}{2}n_o^3 r_{22} E_x \\ n_{y'} = n_o - \dfrac{1}{2}n_o^3 r_{22} E_x \\ n_{z'} = n_e \end{cases} \tag{4.40}$$

图 4.12 为 $LiNbO_3$ 晶体沿着 z 轴加电场后折射率椭球的变化情况。

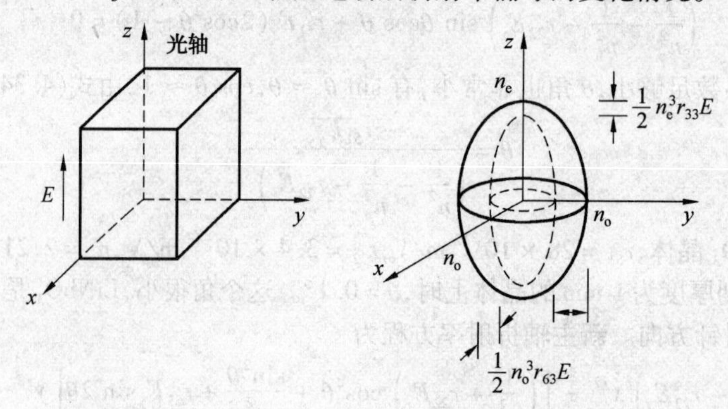

图 4.12　点群为 $3m$ 晶体（$LiNbO_3$ 和 $LiTaO_3$）沿着光轴 z 方向加电场后折射率的变化

虚线为变化后折射率

4.4.3　GaAs、ZnTe、InAs、CdTe 等 $\bar{4}3m$ 点群晶体

这类晶体都是各向同性晶体，三个主轴折射率都相同，采用同样的处理方法，沿 z 轴加电场后，折射率椭球方程变为

$$\frac{x^2}{n_o^2} + \frac{y^2}{n_o^2} + \frac{z^2}{n_o^2} + 2r_{41}xyE_z = 1 \tag{4.41}$$

进行坐标变换后，得到新主轴坐标系下的折射率为

$$\begin{cases} n_{x'} = n_o - \dfrac{1}{2}n^3 r_{41} E_z \\ n_{y'} = n_o + \dfrac{1}{2}n^3 r_{41} E_z \\ n_{z'} = n_o \end{cases} \tag{4.42}$$

可见，$\bar{4}3m$ 点群晶体在加电场后由各向同性晶体变成了双轴晶体，其折射率变化如图 4.13 所示。

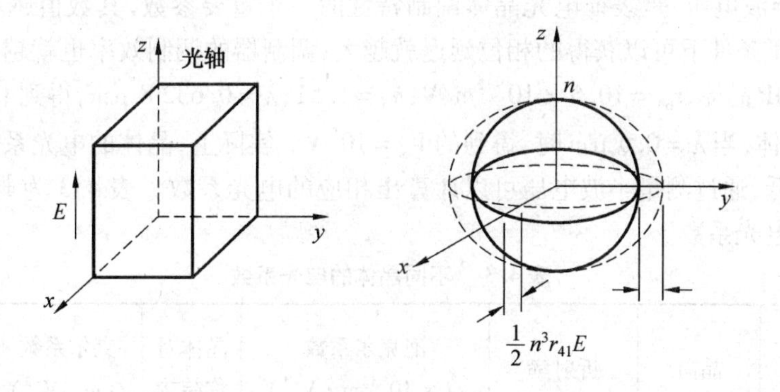

图 4.13　$\bar{4}3m$ 点群晶体在加电场前后折射率变化

4.4.4　电光延迟效应

对于各项异性晶体，根据外加电场方向与光传播方向的不同，可分为两种情况：一种是电场方向与光波在晶体中传播方向一致，称为纵向电光效应；另一种是电场方向与光波传播方向垂直，称为横向电光效应。

1. KDP 纵向应用

KDP 纵向应用时，电场方向沿着 z 轴，如果光波沿着 z 方向传播，则其双折射特性取决于椭球与垂直于 z 轴的平面相交的椭圆，令光波在 $z=0$ 时入射，则有

$$\left(\frac{1}{n_o^2}+r_{63}E_z\right)x'^2+\left(\frac{1}{n_o^2}-r_{63}E_z\right)y'^2=1 \tag{4.43}$$

这个椭圆的长短轴分别与 x' 和 y' 重合，其相应的折射率为 $n_{x'}$ 和 $n_{y'}$ 由式(4.29)决定。现在考虑一束光波垂直 $x'y'$ 平面沿着 z 方向入射，其电场矢量沿 x 方向。假设光波在 $z=0$ 处入射，进入晶体后电场分解为沿 x' 和 y' 方向偏振的两个正交的分量。如果入射的光波电场为 $E_x=E=E_0e^{j(\omega t-k_0n_oz)}$，则在 x' 和 y' 方向电场分量为

$$E_{x'}=\frac{\sqrt{2}}{2}E_0e^{j(\omega t-k_0n_{x'}z)}=\frac{\sqrt{2}}{2}E_0e^{j\left[\omega t-k_0\left(n_o-\frac{1}{2}n_o^3\gamma_{63}E_z\right)z\right]} \tag{4.44}$$

$$E_{y'}=\frac{\sqrt{2}}{2}E_0e^{j(\omega t-k_0n_{y'}z)}=\frac{\sqrt{2}}{2}E_0e^{j\left[\omega t-k_0\left(n_o+\frac{1}{2}n_o^3\gamma_{63}E_z\right)z\right]} \tag{4.45}$$

在光波经过长度为 L 的距离后，在 x' 和 y' 方向的偏振光会产生一个相位差

$$\Delta\varphi=\varphi_{y'}-\varphi_{x'}=\frac{2\pi}{\lambda}n_{y'}L-\frac{2\pi}{\lambda}n_{x'}L=\frac{2\pi}{\lambda}n_o{}^3\gamma_{63}E_zL=\frac{2\pi}{\lambda}n_o{}^3\gamma_{63}V \tag{4.46}$$

式中，$V=E_zl$ 为沿 z 方向的电位降。可见，沿快轴与慢轴的折射率差导致的相速度差造成了二者之间的相位延迟，由于这一相位差完全是由电光效应造成的，因而称电光延迟。电光相位延迟正比于外加电压，而与晶片长度无关。当相位延迟 $\Delta\varphi=0$ 时，光场为沿 x 方向偏振的线偏振光，当 $\Delta\varphi=\pi/2$ 时，光场为圆偏振光，当 $\Delta\varphi=\pi$ 时，光场又变成沿 y 方向偏振的线偏振光。与 $\Delta\varphi=\pi$ 对应的偏振光相对入射光旋转了 90°，其相应的电压

$$V_\pi=\frac{\lambda}{2n_o{}^3\gamma_{63}},\Delta\varphi=\pi\frac{V}{V_\pi} \tag{4.47}$$

式中，V_π 为半波电压，是表征电光晶体调制特性的一个重要参数，其数值越小，表明在相同的外加电压条件下可以获得的相位延迟就越大，调制器的调制效率也就越高。

对于 KDP 晶体，$r_{63}=10.5\times10^{-12}\ \mathrm{m/V}$，$n_o=1.51$，$\lambda=0.6328\ \mu\mathrm{m}$，得到 $V_\pi=8\ 752\ \mathrm{V}$；对于 ADP 晶体，当 $\lambda=0.5\ \mu\mathrm{m}$ 时，得到的 $V_\pi=10^5\ \mathrm{V}$。实际上，晶体的电光系数越大，相应半波电压越低，通过测量半波电压可以计算出相应的电光系数。表 4.3 为典型晶体在不同波长下的电光系数。

表 4.3　不同晶体的电光系数

材料	晶向	折射率	泡克尔系数 $/(\times10^{-12}\mathrm{m}\cdot\mathrm{V}^{-1})$	晶体对称结构	克尔系数 $/(\mathrm{m}\cdot\mathrm{V}^{-2})$	备注 测试波长
$LiNbO_3$	单轴	$n_o=2.272$ $n_e=2.187$	$r_{13}=8.6$；$r_{33}=30.8$ $r_{22}=3.4$；$r_{51}=28$	$3m$	—	$\lambda=500$ nm
$LiTaO_3$	单轴	$n_o=2.176$ $n_e=2.180$	$r_{13}=7.0$；$r_{33}=27$ $r_{22}=1.0$；$r_{51}=20$	$3m$	—	$\lambda\approx630$ nm
KDP	单轴	$n_o=1.512$ $n_e=1.470$	$r_{41}=8.8$；$r_{63}=10.5$	$\bar{4}2m$	—	$\lambda\approx546$ nm
ADP	单轴	$n_o=1.52$ $n_e=1.48$	$r_{41}=23.1$；$r_{63}=8.5$	$\bar{4}2m$	—	$\lambda\approx630$ nm
SiO_2	单轴	$n_o=1.546$ $n_e=1.555$	$r_{11}=0.29$；$r_{41}=0.2$	32	—	$\lambda\approx630$ nm
HgS		$n_o=2.286$ $n_e=3.232$	$r_{11}=3.1$；$r_{41}=1.4$	32	—	$\lambda\approx630$ nm
GaAs	各向同性	$n_o=3.6$	$r_{41}=1.5$	$\bar{4}3m$	—	$\lambda\approx546$ nm
CdTe	各向同性	$n_o=2.82$	$r_{41}=6.8$	$\bar{4}3m$	—	$\lambda\approx3.4\ \mu$m
ZnTe	各向同性	$n_o=3.1$	$r_{41}=4.2$	$\bar{4}3m$	—	$\lambda\approx590$ nm
玻璃	各向同性	$n_o\approx1.5$	0	—	3×10^{-15}	$\lambda\approx546$ nm
$C_6H_5NO_3$	各向同性	$n_o\approx1.5$	0	—	2.44×10^{-12}	$\lambda\approx590$ nm
H_2O	各向同性	$n_o\approx1.33$	0	—	5.1×10^{-14}	$\lambda\approx590$ nm
CS_2	各向同性	1.619	0	—	3.18×10^{-14}	$\lambda\approx630$ nm
C_6H_6	各向同性	1.496	0	—	4.14×10^{-15}	$\lambda\approx630$ nm
CCl_4	各向同性	1.456	0	—	7.4×10^{-16}	$\lambda\approx630$ nm

对于 KDP 晶体的横向应用，读者可以自行分析，主要存在自然双折射现象产生的固有相位延迟，和外加电场无关，这对光调制器不利，应该设法消除。对于横向应用，这里以 $LiNbO_3$ 为例简单说明。

2. $LiNbO_3$ 横向应用

对于 $LiNbO_3$ 晶体,在沿 y 方向加电场时,折射率主轴几乎不发生旋转,外加电场为 $E_y=V/d$,光波沿着 z 方向入射,如图 4.14 所示。假设入射光是线偏振光,偏振方向与 y 轴夹角为45°,光进入晶体后,分解为沿 x 和 y 方向偏振的两个正交分量,通过距离 L 后,两偏振光产生的相位差为

$$\Delta\varphi=\varphi_x-\varphi_y=\frac{2\pi}{\lambda}n_{x'}L-\frac{2\pi}{\lambda}n_{y'}L=\frac{2\pi}{\lambda}n_o^3\gamma_{22}E_yL=\frac{2\pi}{\lambda}n_o^3\gamma_{22}\frac{L}{d}V \tag{4.48}$$

$$V_\pi=\frac{\lambda d}{2Ln_o^3\gamma_{22}} \tag{4.49}$$

式(4.48)中的折射率 $n_{x'}$ 和 $n_{y'}$ 取式(4.38)中的值。晶体上所加电压可以调控光波输出的相位变化,因而也实现了对输出光波偏振态的控制。从式(4.48)中可以看出,与纵向应用不同的是,横向输出的相位变化与 L/d 成正比,特别是通过调节晶体的厚度 d,可显示不同的相位输出。如果二者相同,$LiNbO_3$ 晶体典型的半波电压值在千伏量级,d/L 远小于 1 时,半波电压可以降到适合的范围。

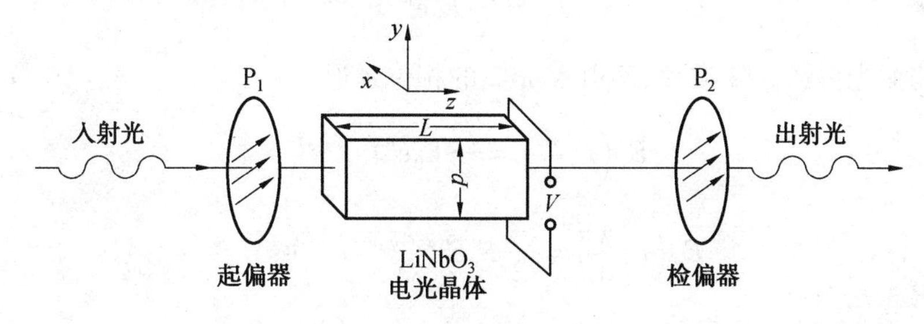

图 4.14 $LiNbO_3$ 晶体调制器的横向应用结构

4.5 电光调制

4.5.1 KDP 纵向电光强度调制

在分析 KDP 晶体电光效应中,令光沿 z 轴传播,外加电场也为 z 方向,这是纵向电光调制器的构成原理。纵向电光调制器的结构如图 4.15 所示。这里先简述其工作原理再进行详细推导。

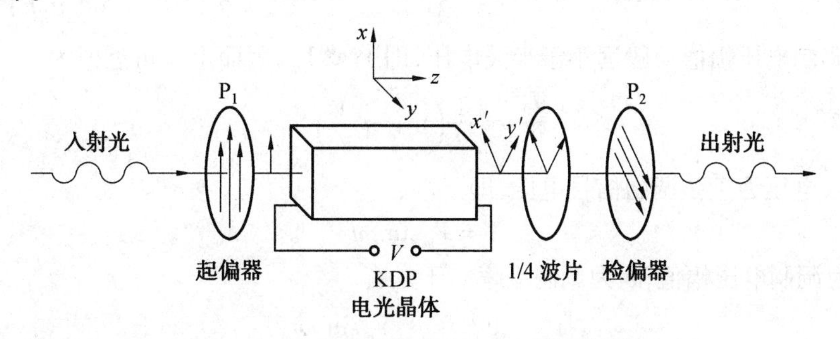

图 4.15 KDP 晶体的纵向电光调制器结构图

入射光先经过一个平行于电光晶体 x 轴的起偏器,使光束沿 x 方向起振,这样射到晶体表面的光就是沿 x 方向偏振的线偏振光。晶体电光效应折射率主轴为 x' 和 y',它们与 x、y 轴成45°角,光经过长为 L 的晶体后有相位延迟 $\Delta\varphi$,又经过一个 $\lambda/4$ 波片(它可产生固定的 $\pi/2$ 相位延迟),于是总的相位延迟为 $\Delta\varphi+\pi/2$,再放置一个与起偏器正交的检偏器(即偏振方向平行于电光晶体 y 轴),于是出射光束的强度便成为纵向电压 V 的函数。

设入射光经起偏器后强度为 $I_i=E_0^2$,即

$$E_x(0)=E_0,\quad E_y(0)=0 \tag{4.50}$$

当入射光进入晶体后,分解为 x' 和 y' 两个方向的偏振光,振幅为

$$E_{x'}(0)=E_{y'}(0)=\frac{\sqrt{2}}{2}E_0 \tag{4.51}$$

经过长为 L 的晶体后,x'、y' 两偏振分量间有相位延迟 $\Delta\varphi$,其电场表示为

$$E_{x'}(L)=\frac{\sqrt{2}}{2}E_0\mathrm{e}^{-\mathrm{j}k_0n_{x'}L}=\frac{\sqrt{2}}{2}E_0\mathrm{e}^{\mathrm{j}\varphi_{x'}} \tag{4.52}$$

$$E_{y'}(L)=\frac{\sqrt{2}}{2}E_0\mathrm{e}^{\mathrm{j}\varphi_{x'}}\mathrm{e}^{-\mathrm{j}\Delta\varphi} \tag{4.53}$$

两束偏振光再经 $\lambda/4$ 波片,又引入 $\pi/2$ 的相位延迟

$$E_{x'}\left(L,\frac{\lambda}{4}\right)=\frac{\sqrt{2}}{2}E_0\mathrm{e}^{\mathrm{j}(\varphi_{x'}+\varphi_{\lambda/4})} \tag{4.54}$$

$$E_{y'}\left(L,\frac{\lambda}{4}\right)=\frac{\sqrt{2}}{2}E_0\mathrm{e}^{\mathrm{j}(\varphi_{x'}+\varphi_{\lambda/4})}\mathrm{e}^{-\mathrm{j}(\Delta\varphi+\frac{\pi}{2})} \tag{4.55}$$

通过检偏器出射光总场强为 $E_{x'}\left(L,\frac{\lambda}{4}\right)$ 与 $E_{y'}\left(L,\frac{\lambda}{4}\right)$ 沿 y 分量的投影总和,即

$$E_y(L)=\frac{\sqrt{2}}{2}E_{y'}\left(L,\frac{\lambda}{4}\right)-\frac{\sqrt{2}}{2}E_{x'}\left(L,\frac{\lambda}{4}\right)=\frac{1}{2}E_0\mathrm{e}^{\mathrm{j}(\varphi_{x'}+\varphi_{\lambda/4})}(\mathrm{e}^{-\mathrm{j}\Delta\varphi}-1) \tag{4.56}$$

最终出射光强为

$$I_0=E_yE_y=E_0{}^2\sin^2\frac{\Delta\varphi+\pi/2}{2}=\frac{1}{2}E_0{}^2[1-\cos(\Delta\varphi+\pi/2)] \tag{4.57}$$

出射光强 I_0 与入射光强 I_i 之比为

$$\frac{I_0}{I_i}=\frac{1}{2}[1-\cos(\Delta\varphi+\pi/2)]=\frac{1}{2}(1+\sin\Delta\varphi)=\frac{1}{2}\left[1+\sin\left(\pi\frac{V}{V_\pi}\right)\right] \tag{4.58}$$

由于调制电压幅值一般远小于半波电压,即 $V\ll V_\pi$,因而上式可近似为

$$\frac{I_0}{I_i}\approx\frac{1}{2}\left(1+\pi\frac{V}{V_\pi}\right) \tag{4.59}$$

设输入电压为正弦调制信号电压,即

$$V=V_m\sin\omega t \tag{4.60}$$

式中,V_m 为调制电压幅值;ω 为调制频率。于是有

$$\frac{I_0}{I_i}\approx\frac{1}{2}\left(1+\pi\frac{V_m\sin\omega t}{V_\pi}\right) \tag{4.61}$$

根据上述关系画出光强调制特性 $T = I_0/I_i$ 与 V 的关系曲线，如图 4.16 所示。

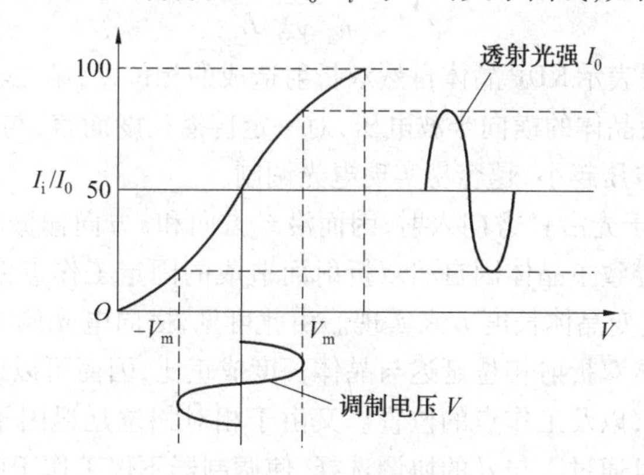

图 4.16　纵向电光调制器调制特性曲线

由图 4.16 可见，加入 $\lambda/4$ 波片相当于给调制器增加了一个直流偏压，从而使调制器的工作点移到 $I_0/I_i = 1/2$ 这一中心点，在此工作点附近，输出光强随外加电压的变化近似线性，于是很小的正弦调制信号能引起不畸变的正弦输出调制光强。因而，光强的调制是调制信号电压 $V_m \sin \omega t$ 的线性复制。如果 $V \ll V_\pi$ 不成立，则由图 4.16 或式(4.61)可知，光强的变化会产生变形，于是按照傅里叶分析方法可推知，它将会有高阶谐振项。

纵向电光调制中，光沿 z 轴传播，而外加电压也施加在 z 方向，因而电极结构必然引起晶体的不均匀性，从而引入干扰，虽然可通过加圆环形电极而得到部分改善，但并没有根本的改变。

4.5.2　KDP 横向电光强度调制

图 4.17 为横向电光强度调制器的结构，在长 L 厚 d 的 $45° - z$ 切割晶体上沿 z 方向加电压 V，则外加电场 $E = V/d$。沿 y' 轴传播的入射光先经过一个平行于 $45° - z$ 方向的起偏器，这样光进入晶体后，分解为沿 x' 和 z 方向的两个偏振模，这两个初始等幅的本征偏振模经过长 L 的晶体后有相位延迟

$$\Delta\varphi = \varphi_{x'} - \varphi_{z'} = \frac{2\pi}{\lambda}\left[\left(n_o - \frac{n_o^3}{2}\gamma_{63}E_3\right) - n_e\right]L =$$

$$\frac{2\pi}{\lambda}\left[(n_o - n_e)L - \frac{L}{2d}n_o^3\gamma_{63}V\right] =$$

$$\frac{2\pi}{\lambda}(n_o - n_e)L - \pi\frac{V}{V_\pi} \tag{4.62a}$$

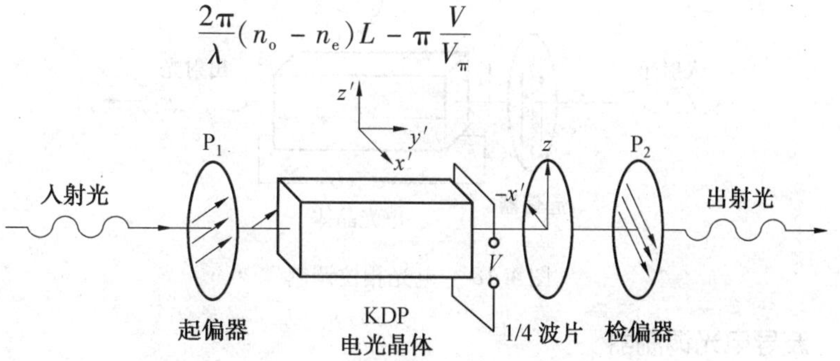

z'　y'　x'　P_1　z　P_2　入射光　$-x'$　出射光　V　起偏器　KDP 电光晶体　1/4 波片　检偏器

图 4.17　KDP 横向电光强度调制器的结构

$$V_{\pi}=\frac{\lambda}{n_{o}^{3}\gamma_{63}}\frac{d}{L} \tag{4.62b}$$

式(4.62a)中,第一项表示KDP晶体自然双折射造成的相位差,第二项表示由电光效应引起的电光延迟。V_{π}为晶体的横向半波电压,对一定传播长度而言,与晶体的厚度成正比,晶体越薄,横向半波电压越小,越容易实现电光调制。

式(4.62)中,由于光沿y'方向入射,因而沿x'方向和z方向偏振的分别为o光和e光,这样,由于方向选择导致了晶体因自然双折射而造成的固定工作点偏移。要使工作点在1/2左右,只需恰当改变晶体长度L来实现。由此可见,横向电光调制器不仅克服了电极影响问题,还由于自然双折射相位延迟与晶体长度成正比,因而可以通过晶体长度的选择来调节相位延迟大小,以及工作点的位置。又由于相对相位延迟因子中第二项还与晶体厚度d成反比,因而可通过L与d的协调选择,使调制器不仅工作于中点而且具有合适的相对相位延迟:由第一项确定工作点位置后,根据第二项正比于L/d,恰当选择长宽比,以实现有效的电光调制。

横向电光调制器中存在的天然双折射容易受环境温度影响。实验表明,KDP晶体的折射率温度系数$\Delta(n_{o}-n_{e})/\Delta T=-1.1\times10^{-5}/℃$对相位差影响很大,如当一束氦氖激光射入3 cm长的KDP晶体时,温度每变化1 ℃,就会产生近π的相位差,这相当于数千伏电压产生的效果,因而根本无法正常工作。所以在横向电光调制中必须进行温度补偿或设法消除天然双折射的影响,后者实现可能性更大。

4.5.3 相位调制

如图4.18所示,长L的z切割KDP晶体上沿z方向加电压V,沿z轴传播的入射光先经过一个x'方向的起偏器,这样射到晶体上的光只有x'本征偏振,于是轴x'、y'上具有相等分量,此时外加电场不是改变入射光的偏振状态,而是用以改变输出相位。

假设入射光为简谐波$E_{i}=E_{0}\mathrm{e}^{\mathrm{j}\omega t}$,则经过KDP晶体后,出射光为

$$E_{i}=E_{0}\mathrm{e}^{\mathrm{j}\omega t}\mathrm{e}^{-\mathrm{j}k_{0}n_{x'}L}=E_{0}\mathrm{e}^{\mathrm{j}\omega t}\mathrm{e}^{-\mathrm{j}k_{0}n_{o}L}\mathrm{e}^{\mathrm{j}k_{0}\frac{n_{o}^{3}}{2}\gamma_{63}V} \tag{4.63}$$

可见加上电场会使输出相位变化$\Delta\varphi=k_{0}\dfrac{n_{o}^{3}}{2}\gamma_{63}V$,$V$为调制电压。也就是说,通过外加调制电压可以实现相位调制。

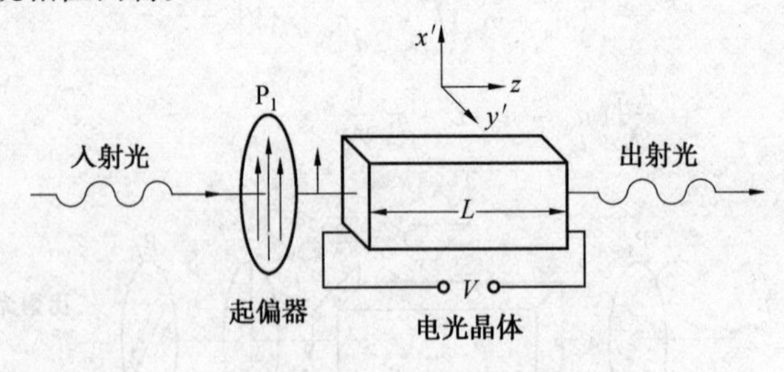

图4.18 电光相位调制

4.5.4 波导电光调制器

前面所述都是晶体电光调制器,即由具有电光特性的单一晶体材料所制成,调制电场

加在整个晶体上,改变了材料的折射率,从而使通过的激光束产生相位延迟,引起光调制,这类调制器本质上都是相位调制器。

波导调制器是将具有电光特性的材料做成光波导,调制电场加在通光波导区,由于$E=V/d$,因而可以在很低的外加电压下获得所需的调制场强。用单位带宽驱动功率,即给定调制下单位调制带宽所需的功率$P/\Delta f_{\mathrm{m}}$来表征调制器性能。对于纵向调制器,有

$$P/\Delta f_{\mathrm{m}}=\frac{(\pi V_{\mathrm{m}}/V_{\pi})^{2}\pi\varepsilon}{(k_{0}n_{\mathrm{o}}^{3}\gamma_{63})^{2}}\frac{A}{L} \tag{4.64}$$

式中,A为调制区横截面积。由此可见,$P/\Delta f_{\mathrm{m}}$与A/L成正比,由于波导器件为薄膜器件,因而其横截面积A远小于体调制器件的面积,由此可知,波导调制器的单位带宽驱动功率比体调制器的功率低得多,而调制效率要高得多。

波导调制器除了通过感应折射率变化来改变光波相位实现调制外,还可以通过波导特性,如模式转换、模式耦合、定向耦合等特性来实现光的直接强度调制与开关等。由于波导调制器具有效率高、体积小、集成度高、易于与光纤耦合等优点,所以受到广泛关注。

4.6 声光调制和磁光调制

4.6.1 声光调制

不仅电场能引起晶体的折射率变化,声波的应变场也能改变某些类型晶体的折射率,由于声波的周期性,会引起折射率的周期性变化,产生类似于光栅的光学结构,从而对入射的光波产生调制,这种调制称为声光调制。声光调制的物理基础是超声波引起晶体的应变场,使射入晶体中的光波产生衍射,该物理现象称为弹光效应。

声光衍射的定性描述可概括为:在晶体中传播的超声波,会造成晶体的局部压缩或伸长,这种由于机械应力引起的弹光效应使晶体的介电常量发生变化,因而折射率也发生变化,于是,在介质中形成了周期性的有不同折射率的间隔层,这些层以声速运动,层间保持声波波长一半$\lambda/2$的距离,当光通过这种分层结构时,就发生衍射,引起光强度、频率和方向随超声场的变化,声光调制器与偏转器正是利用声致光衍射的这些性质来实现的。

声光体调制器是由声光介质、电-声换能器、吸声(或反射)装置和驱动电源等组成。声光介质是声光相互作用的场所,当一束光通过变化的超声场时,由于光和超声场的相互作用,其出射光变成随时间而变化的各级衍射光,利用衍射光的强度随超声波的强度变化而变化的性质就可以制成光强度调制器。

电-声换能器是利用某些压电晶体或压电半导体的反压电效应,在外加电场作用下产生机械振动而形成超声波,将调制的电功率转换成声功率。

吸声(或反射)装置设置在超生源的对面,用以吸收已通过介质的声波,以免返回介质产生干扰。但若要使超声场工作在驻波状态,则需要将吸声装置换成声反射装置。

驱动电源用以产生调制电信号,施加于电-声换能器的两端电极上,驱动声光调制器工作。

4.6.2 磁光调制

磁场也能影响某些物质的光学性能,根据这种特性制造的调制器称为磁光调制器,由

于一般情况下电场比磁场容易获得,因而电光器件比磁光器件应用更为普遍。

磁光效应与磁场作用下物质的折射率变化有关,法拉第在1845年发现:当一束平面偏振光通过磁场作用下的某些物质时,其偏振面受到外加磁场平行于传播方向分量的作用而发生偏转,这种现象称为法拉第效应。除了法拉第效应外,还有磁光克尔效应和磁致双折射效应,其中最主要的是法拉第效应。

要特别注意天然旋光效应与磁光效应的区别。

当线偏振光沿光轴方向通过某些天然介质时,偏振面旋转的现象称为天然旋光,简称旋光现象。旋光作用起因于某些介质对左旋与右旋圆偏振光的折射率 n_L 和 n_R 大小不同。该现象在1811年首先由阿拉果在石英晶体中观察到,后来比奥在一些各向同性气体和液体中也观察到同样的现象。

磁光效应是在磁场作用下本来不具有旋光效应的晶体发生的一种人为的旋光效应,其偏振面的旋转与光的传播方向无关。

天然旋光效应与磁光效应的本质区别在于:光束返回通过天然旋光介质时,旋转角度与正向入射时相反,因而往返通过介质的总效果是偏转角为零;而由于磁致旋光方向与磁场方向有关,而与光的传播方向无关,因而光往返通过法拉第旋光物质时,偏转角度增加一倍。绝大多数磁致旋光方向都是右旋的,这种介质称为正旋体,反之为负旋体。

目前最长用的磁光材料主要是钇铁石榴石(YIG)晶体,它在波长1.2～4.5 μm的吸收系数很低,而且有较大的法拉第旋转角。这个波长范围包含了光纤通信的最佳波段和某些固体激光器的频段范围,所以又可能制成调制器、隔离器、开关、环行器等磁光器件。

磁光调制器是将电信号转换成与之相应的交变磁场,由磁光效应改变光波在介质中传输的偏振态,从而达到改变光强等参量的目的。磁光调制器由磁光晶体、起偏器、检偏器和高频螺旋线圈等组成。工作时,在垂直于光传播方向上加一恒定磁场以保证晶体磁化饱和,高频电流信号通过螺旋线圈就会感生出平行于光传播方向的磁场,入射光通过晶体时,由于法拉第效应,其偏振面发生偏转,偏转角与磁场强度成正比。因此,只要用调制信号控制磁场强度的变化,就会使光的偏振面发生相应变化。再通过检偏器,就可以获得强度变化的调制光。

4.7 半导体光调制器

4.7.1 Si基光调制器

Si基光调制器是通过Si晶体的电光效应实现的。对于Si材料来说,由于晶体呈现对称性,在没有应变的纯净Si中会产生非线性电光效应。在波长为1.0～2.0 μm范围内,Si材料折射率的变化与外加电场的关系如下

$$\Delta n = -3e^2(n^2-1)\frac{E^2}{2nM^2\omega_0^4 x} \tag{4.65}$$

式中,e 为电子电量;n 为折射率;M 为等效质量;x 为平均振荡位移。

在 $n=3.5$,$\lambda=1.3\ \mu m$,$\omega_0=2\pi\times10^{15}$ rad/s,$x=10^{-9}$ m,M 为电子质量时,折射率变化与外加电场的关系如图4.19所示。在外加电场为 10^6 V/cm时,Kerr效应引起Si折射率的

变化为10^{-4}。通常在半导体材料中,采用热光效应和载流子注入两种方式来改变折射率和光吸收系数,并有以下关系

$$\Delta n = -\frac{e^2\lambda^2}{8\pi^2c^2\varepsilon_0 n}\left(\frac{\Delta N_e}{m_e}+\frac{\Delta N_h}{m_h}\right) \quad (4.66)$$

$$\Delta \alpha = -\frac{e^3\lambda^2}{4\pi^2c^3\varepsilon_0 n}\left(\frac{\Delta N_e}{m_e^2\mu_e}+\frac{\Delta N_h}{m_h^2\mu_h}\right) \quad (4.67)$$

式中,m_e 和 m_h 为导带中电子和空穴的有效质量;ΔN_e 和 ΔN_h 为电子和空穴浓度的变化;μ_e 和 μ_h 为电子和空穴的迁移率。

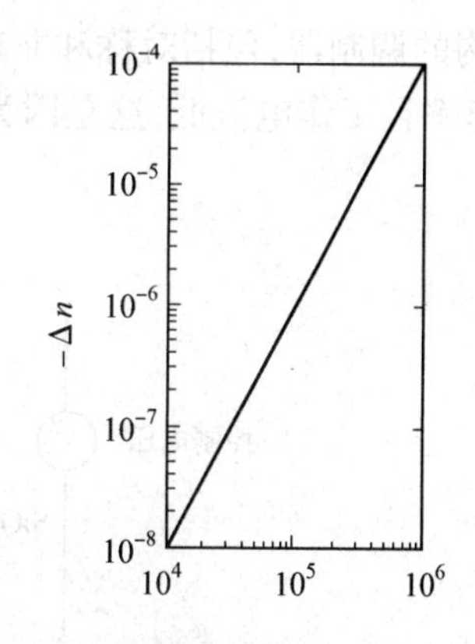

图 4.19　Si 材料折射率变化与外加电场的关系

Si 的热光效应为,温度变化引起折射率的变化。在常压下,折射率变化与温度变化之比($\partial n/\partial T$)定义为热光系数。在波长为 1.55 μm 时,测得 Si 的热光系数为1.86×10^{-4}/K,Si 的典型热光系数是普通热光材料系数的 3 倍,是相同波长下 $LiNbO_3$ 晶体热光系数的 2 倍。

1. 基于热光效应的 Si 基光调制器

目前利用热光效应可以实现 Si 基光调制器,是通过在 Mach-Zehnder 干涉仪的一个臂上淀积 NiCr 薄膜加热器实现光波导折射率的变化,用这种方法制成的调制器已达到数十千赫兹的调制带宽,但是由于Si的热膨胀限制了调制速率。一种改进型的热光调制器如图 4.20 所示,将 Si-on-Si 和 Si-on-Insulator(SOI) 相结合在一起,采用 SOI 可以减小器件的插入损耗,但同时也带来一个问题,中间 SiO_2 层的热导率低于 Si 的热导率。在 $A = B = 3$ μm,$C = 1.5$ μm,有源层长度为 1 mm 时,入射光功率为 2 W,测得温度增加 10 ℃,最大工作频率可以达到 2.3 MHz,调制深度可以达到 55%。需要注意的是,热光效应非常慢,因此决定了它一般应用于低于 10 MHz 的调制频率范围。

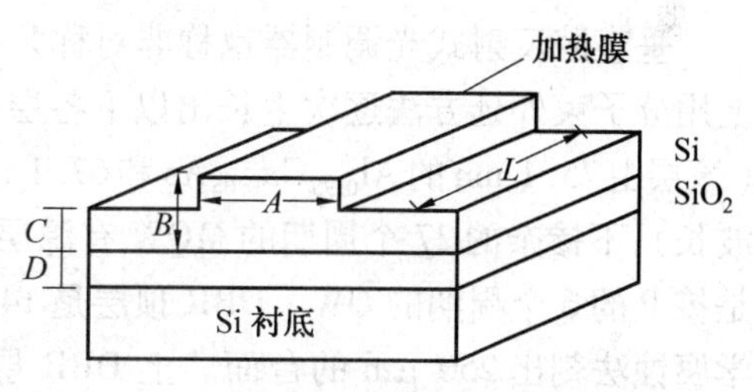

图 4.20　改进型热光调制器

2. 基于载流子吸收调制器

第一个 Si 载流子吸收调制器结构如图 4.21 所示,它是一个单模脊型波导结构,由 p^+-n-n^+ 结组成,可以实现相位调制。这个器件对偏振不敏感,在器件长度低于 1 mm 时可以获得 180° 的相位变化,在工作波长为 1.3 μm 时损耗低于 1 dB。SiO_2 掩埋层保证了器件工作在低损耗状态。

利用载流子吸收也可以制成 Si 基强度调制器,工作于 1.3 ~ 1.55 μm 内的强度调制器结构,如图4.21 所示。它是集成在 Si 脊形波导上的垂直 p-i-n 结,本征区是掺杂浓度为 $5\times10^{15}\,cm^{-3}$ p 型层,厚度为7.7 μm;p^+ 层掺杂浓度为$5\times10^{19}\,cm^{-3}$,厚度为0.5 μm。当加上正偏电压后,载流子注入到 p 型 Si 区域。在电流密度为$3.4\times10^3\,Acm^{-2}$时,获得最大的调制深度为 76%,响应时间低于 50 nm。

除了垂直结构的 Si 基光调制器外,为了减小器件的插入损耗,人们又提出了水平

p-i-n 结构的调制器,包括对称和非对称结构。进一步研究发现,三端器件比二端器件具有更快速率且工作电流低,这是因为三端器件提供更多的载流子注入。

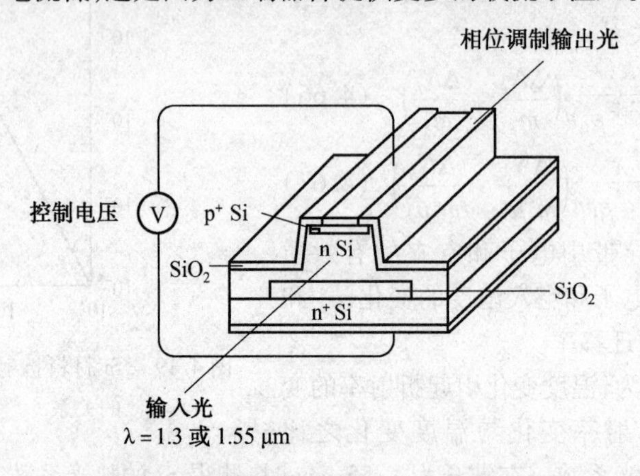

图 4.21　基于载流子吸收 *Si* 调制器结构

4.7.2　化合物半导体光调制器

垂直腔反射式光调制器也称非对称 F－P 腔光调制器。器件的结构是在 n-GaAs 衬底上用分子束外延方法逐次生长出以下各层:500 nm 厚的 GaAs 缓冲层,20 个周期 DBR 层(该层由 75.1 nm 的 $Al_{0.95}Ga_{0.05}As$ 和 67.1 nm 的 $Al_{0.33}Ga_{0.67}As$ 交替组成,总厚度为 14 个光波长);不掺杂的 27 个周期的 MQW 有源层,势阱和势垒的厚度均为 10.25 nm;上 DBR 层是掺 P 的 6 个周期的 QW。DBR 顶层是 14 个波长的 p-GaAs,厚 60.942 nm。生长后用化学腐蚀法刻出 250 μm 的台面。上 DBR 层的反射率为 83%,下 DBR 的反射率为 97%,F－P 腔的谐振波长稍低于激子吸收边。当偏压增大时,激子峰红移且吸收增加,最终达到临界值,这时反射最小。测试结果表明,对于波长为 863 nm 的光,当偏压从 0 V 变化到 －12 V 时,反射率从 0.1 降到 0.001。调制度达到 20 dB/V,插入损耗 10 dB。由于该器件的工作电压很低,适宜于 Si 基电路集成。

此外,利用化合物半导体材料可以制成电子耗尽控制吸收的光调制器,这种调制器的工作机理是建立在载流子耗尽引起的光吸收的变化基础上的。

当外加电场变化时,吸收区的耗尽区的耗尽宽度随之变化,引起光吸收的变化。而引起光吸收变化的主要原因在于:导带或价带内电子或空穴数减少使得带与带之间或带与杂质能级之间的跃迁概率增加;离化杂质屏蔽效应的减弱导致杂质能级移动;耗尽层内电场引起 F－K 效应。吸收区是 n-GaAs 层,随着所加电场的变化,可得到耗尽层范围较大的变化,从而获得较宽的调制带宽。

习　　题

1. 说明什么是电光效应?

2. 以 ADP($NH_4H_2PO_4$) 晶体为例,外加电场沿着光轴方向,说明电致折射率变化过程,分析加电场前后晶体折射率的变化特性。

3. 讨论 KDP 晶体横向应用时，独立于电场延迟项$\frac{2\pi L}{\lambda}(n_o - n_e)$对振幅调制的影响。

4. 以点群 $3m$ 晶体 $LiTaO_3$ 为例，假设电场为 z 方向且沿着晶体光轴，试分析加电场后的晶体折射率椭球方程。

5. InAs 是各向同性晶体，假设沿 z 轴方向加电场，试分析加电场后折射率的变化。

6. 试求 $LiNbO_3$ 晶体在纵向应用和横向应用时的半波电压。设 $\lambda = 630$ nm，$d = L$。

7. 说明什么是声光效应和磁光效应。

参考文献

[1] LIBERTINO S, SCIUTO A. Electro-Optical Modulators in Silicon[J]. Optical Science Volume, 2006(119): 53-95.

[2] BAHAA E A, SALEH, MALVIN C T. Fundamentals of Photonics[M]. Hoboken, New Jersey John Wiley&Sons Inc., 1991.

[3] 安毓芳，刘继芳，李庆辉，等. 光电子技术[M]. 北京：电子工业出版社，2007.

[4] KASAP S O. Optoelectronics and Photonics: Principals and Practices[M]. 北京：电子工业出版社，2003.

第5章　光电探测技术

光电探测技术是以激光、红外、光纤等现代光电探测器件为基础，接收载有被检测物体信号的光辐射(发射、反射、散射、衍射、折射、透射等)并转换为电信号，综合利用信息传送和处理技术，完成在线自动测量。光电探测包括紫外(0.2 ~ 0.4 μm)，可见光(0.4 ~0.7 μm)，红外光(1 ~ 3 μm,3 ~ 5 μm,8 ~ 12 μm)等多种波段的光信号探测。光电探测具有高精度、高速度、远距离、大量程、寿命长、数字化和智能化及非接触式检测等特点，是信息时代的关键技术，随着激光技术、光波导技术、光电子技术、光纤技术、计算机技术的发展，以及傅里叶光学、现代光学、二元光学和微光学的出现和发展，光电探测技术无论是探测方法、原理、精度和效率，还是其适用领域或范围都获得了巨大的发展。

光电探测器是光电探测技术中实现光 - 电转换的关键元件，也是现代光学仪器的重要组成部分，大部分光电探测器由半导体材料制成，本章首先简述光电探测器的基本理论，即半导体的基础知识和半导体的光电效应，光电探测器的基本原理、类型和主要特性参数，以及光电探测技术的实际应用和发展趋势。

5.1　辐射度学与光度学的基础知识

光电技术最基本的理论是光的波粒二象性，即光是以电磁波方式传播的粒子。几何光学依据光的波动性研究了光的折射与反射规律，得出了光的传播、光学成像、光学成像系统和成像系统像差等理论。物理光学依据光的波动性成功解释了光的干涉、衍射等现象，为光谱分析仪器、全息摄像技术奠定了理论基础。然而光的本质是物质，它具有粒子性，又称为光量子或光子。光的量子性成功地解释了光与物质作用时所引起的光电效应，而光电效应又证明了光的量子性。

1860 年，麦克斯韦尔电磁理论建立以后，人们认识到光是一种电磁现象，光是一种电磁波，广义上指光辐射，按波长可分为 X 射线、紫外辐射、可见光和红外辐射。狭义上讲，光指的是可见光，即波长从 0.38 ~ 0.78 μm 范围内的电磁波，能够引起人眼感光细胞的直接感觉。图 5.1 为紫外、可见和红外光部分的波长图。

辐射是一种形式，它具有电磁本质，同时又具有量子性质。在光的发射、吸收、发生辐射和物质即量子和电子相互作用的光电效应现象中，能表现出辐射的量子性；在光的衍射、干涉和偏振现象中表现出辐射的波动性。为定量分析光与物质之间的相互作用所产生的光电效应，分析光电敏感器件的光电特性，以及用光电敏感器件进行光谱、光度的度量计算，常需要对光辐射给出相应的计量参数和量纲。

辐射度学是研究电磁辐射能测量的一门科学，包括可见光区域。在光辐射能的定量描述中，采用了各种辐射度量。辐射度量是用能量单位描述光辐射能的客观物理量。而光度学是研究光度测量的一门科学。光度量是光辐射能为平均人眼接受所引起的视觉刺激大小的量度。辐射度量和光度量都是用来定量描述辐射能强度的。其研究方法和概念大体一致，各物理量的定义及其物理意义也都是一致的。在讨论光电检测技术知识之前，先介绍有关辐射度学和光度学的基本概念，为了便于区分，辐射度学和光度学各物理量分别加脚标“e”和“v”表示。

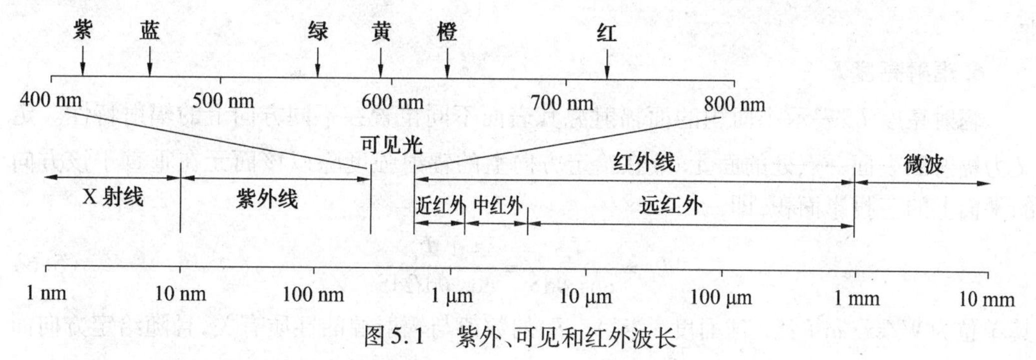

图 5.1　紫外、可见和红外波长

5.1.1　辐射度学的基本物理量

1. 辐射能 Q_e

一种以电磁波的形式发射、传播或接收的能量，其单位为 J(焦耳)。

2. 辐射通量(辐射功率)Φ_e

在单位时间内通过某一定面积的辐射能称为通过该面积的辐射通量 Φ_e，其单位为 W(瓦特)，即辐射能随时间的变化率。光源的辐射通量等于光源在单位时间内向所有方向发射的总能量，即

$$\Phi_e = \frac{\mathrm{d}Q_e}{\mathrm{d}t} \tag{5.1}$$

3. 辐射强度 I_e

若在某一特定方向上，一个立体角 $\mathrm{d}\Omega$ 内的辐射通量 $\mathrm{d}\Phi_e$，则点光源在该方向的辐射强度 I_e 定义为

$$I_e = \frac{\mathrm{d}\Phi_e}{\mathrm{d}\Omega} \tag{5.2}$$

其单位为 W/sr(瓦／球面度)。若点辐射源是各向同性的，即其辐射强度在所有方向上均匀分布，若其辐射通量为 Φ_e，则其辐射强度为

$$I_e = \frac{\Phi_e}{4\pi} \tag{5.3}$$

4. 辐射出射度 M_e

面辐射源单位面积所辐射的辐射通量或功率(辐射本领)，可用来度量物体辐射能力，其单位为 W/m^2(瓦／米^2)，表达式为

$$M_e = \frac{\mathrm{d}\Phi_e}{\mathrm{d}S} \tag{5.4}$$

5. 辐射照度 E_e

辐射照度为接受面上每单位面积所接受的辐射通量，即

$$E_e = \frac{\mathrm{d}\Phi_e}{\mathrm{d}S} \tag{5.5}$$

其单位为 W/m²(瓦/米²)。辐射出射度 M_e 与辐射照度 E_e 的单位和表达式完全相同,区别在于 M_e 描述面辐射源向外发射的辐射特性,而 E_e 描述辐射接受面所接受的辐射特性。

6. 辐射亮度 L_e

辐射亮度 L_e 表示小面积的面辐射源其表面不同位置在不同方向上的辐射特性。定义为辐射源表面一点处的面元 dS 在给定方向上的辐射强度除以该面元在垂直于该方向的平面上的正投影面积,即

$$L_e = \frac{I_e}{\cos\theta \mathrm{d}S} = \frac{\mathrm{d}^2\Phi_e}{\cos\theta \mathrm{d}\Omega \mathrm{d}S} \tag{5.6}$$

其单位为 W/sr·m²(瓦/球面度·米²)。L_e 的数值与辐射源的性质有关,且随给定方向而改变。

表 5.1 为辐射度量的一些基本参量、符号及其定义方程,可用来描述辐射源的辐射特性。

表 5.1 基本辐射度量的名称、符号和定义方程

辐射度量	符号	定义方程	单　位
辐射能	Q_e		J(焦耳)
辐射能密度	w_e	$w_e = \mathrm{d}Q/\mathrm{d}v$	J/m³(焦耳/立方米)
辐射通量 辐射功率	Φ_e P_e	$\Phi_e = \mathrm{d}Q/\mathrm{d}t$	W(瓦特)
辐射强度	I_e	$I_e = \mathrm{d}\Phi/\mathrm{d}\Omega$	W/sr(瓦特/球面度)
辐射亮度	L_e	$L_e = \mathrm{d}^2\Phi_e/\mathrm{d}\Omega \mathrm{d}S\cos\theta = \mathrm{d}I_e/\mathrm{d}S\cos\theta$	W/m²·sr(瓦特/球面度·平方米)
辐射出射度	M_e	$M_e = \mathrm{d}\Phi_e/\mathrm{d}S$	W/m²(瓦特/平方米)
辐射照度	E_e	$E_e = \mathrm{d}\Phi_e/\mathrm{d}S$	W/m²(瓦特/平方米)

7. 光谱辐射通量(辐射通量的光谱密度)$\Phi_e(\lambda)$

实际上,辐射源所发射的能量往往是由很多波长的单色辐射所组成的,为了表征辐射,除了要知道辐射的总通量和强度,还应知道其光谱组分,需要对单一波长的光辐射作相应的规定,即需要引入光谱辐射度量的概念。光谱辐射度量又称为辐射通量的光谱密度,即辐射源所发出的光在波长 λ 处的单位波长间隔内的辐射通量。光谱辐射度量和单位见表 5.2。

光谱辐射通量 Φ_λ:辐射源发出的光在波长 λ 处的单位波长间隔内的辐射通量(或称为辐射通量的光谱密度或单色辐射通量),公式为

$$\Phi_\lambda = \frac{\mathrm{d}\Phi_e(\lambda)}{\mathrm{d}\lambda} \tag{5.7}$$

其单位为 W/μm(瓦/微米)或 W/nm(瓦/纳米)。

表 5.2　光谱辐射度量和单位

光谱辐射度量	符号	定义式	单　位
光谱辐射通量	Φ_λ	$d\Phi_\lambda/d\lambda$	W/μm(瓦/微米)
光谱辐射出射度	M_λ	$dM_e/d\lambda$	$W/m^2\cdot\mu m$(瓦/米^2·微米)
光谱辐射度	E_λ	$dE_e/d\lambda$	$W/m^2\cdot\mu m$(瓦/米^2·微米)
光谱辐射强度	I_λ	$dI_e/d\lambda$	$W/sr\cdot\mu m$(瓦/球面度·微米)
光谱辐射亮度	L_λ	$dL_e/d\lambda$	$W/m^2\cdot sr\cdot\mu m$(瓦/米^2·球面度·微米)

光谱辐射出射度 M_λ:光源发出的光在每单位波长间隔内的辐射出射度。

$$M_\lambda=\frac{dM_e(\lambda)}{d\lambda}\tag{5.8}$$

光谱辐射强度 I_λ:光源发出的光在每单位波长间隔内的辐射强度。

$$I_\lambda=\frac{dI_e(\lambda)}{d\lambda}\tag{5.9}$$

光谱辐射亮度 L_λ:光源发出的光在每单位波长间隔内的辐射亮度。

$$L_\lambda=\frac{dL_e(\lambda)}{d\lambda}\tag{5.10}$$

光谱辐射照度 E_λ:光源发出的光在每单位波长间隔内的辐射照度。

$$E_\lambda=\frac{dE_e(\lambda)}{d\lambda}\tag{5.11}$$

则对这些量进行积分,可得到相应量的总辐射度量为

$$X_e=\int_0^\infty X_e(\lambda)\,d\lambda\tag{5.12}$$

5.1.2　光度学的基本物理量

大部分辐射光源作为照明用,且照明光源的特性必须用基于人眼视觉的光学线参量即光度量来描述。光度量是人眼对相应辐射度量的视觉强度值。人眼是最常用也是最重要的可见光接收器,但人眼对不同波长的电磁辐射的感光灵敏度不一样,能量相同而波长不同的光,在人眼中引起的视觉强度也不相同。为能定量地描述人眼对各种波长辐射能的相对敏感度,国际照明委员会(CIE)根据对许多人的大量观察结果,确定了人眼对各种波长光的平均相对灵敏度,称为光谱光视效率或视见函数 $V(\lambda)$,如图 5.2 所示。实线是明视觉视见函数,虚线是暗视觉视见函数,$V(\lambda)$ 的最大值在555 nm处,此时 $V(\lambda)=1$,说明人眼对于波长为 555 nm 的绿光最敏感,其他波长处

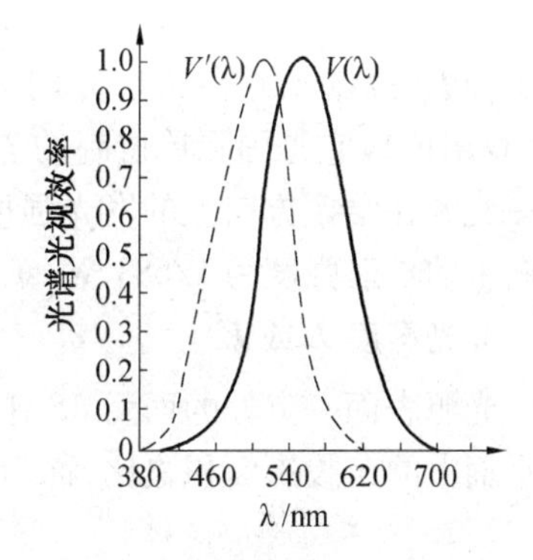

图 5.2　光谱光视效率曲线

$V(\lambda) < 1$,而在可见光谱以外的波段 $V(\lambda) = 0$。

光度量和辐射度量的定义以及定义方程的意义是对应的,表 5.3 给出了基本光度量的参量、定义、单位和符号。下面对常用的光度量作简要的介绍。

表 5.3　光度量和单位

光度量	符号	定义式	单　位
光通量	Φ_v	$K_m\int_\lambda \Phi_{e,\lambda}V(\lambda)\mathrm{d}\lambda$	lm(流明)
光出射度	M_v	$\mathrm{d}\Phi_v/\mathrm{d}S$	lm/m^2(流明/米²)
光照度	E_v	$\mathrm{d}\Phi_v/\mathrm{d}S$	lx(lm/m^2)(勒克斯(流明/米²))
发光强度	I_v	$\mathrm{d}\Phi_v/\mathrm{d}\omega$	cd(lm/sr)(坎德拉(流明/球面度))
光亮度	L_v	$\dfrac{\mathrm{d}I_v}{\mathrm{d}S\cdot\cos\theta}$	cd/m^2(坎德拉/米²)
光量	Q_v	$\int\Phi_v\mathrm{d}t$	lm·s(流明·秒)

1. 光通量(光功率)Φ 或 Φ_v

光通量是光谱辐射通量对人眼所引起的视觉强度值,定义为

$$\Phi_v(\lambda) = K_m V_\lambda \Phi_e(\lambda) \tag{5.13}$$

式中,K_m 称为明视觉最大光谱光视效能,表示人眼对波长为 555 nm 的光辐射产生光感觉的效能,$K_m = 683$ lm/W。对含有不同光辐射通量的一个辐射量,它所产生的光通量为

$$\Phi_v(\lambda) = K_m\int_{380}^{780} V(\lambda)\Phi_e(\lambda)\mathrm{d}\lambda \tag{5.14}$$

2. 发光强度 I 或 I_v

点光源的发光强度定义为点光源在给定方向上单位立体角内所发出的光通量,即

$$I_v = \frac{\mathrm{d}\Phi_v}{\mathrm{d}\Omega} \tag{5.15}$$

式中,$\mathrm{d}\Phi_v$ 为点光源在给定方向上的立体角 $\mathrm{d}\Omega$ 内发出的光通量。发光强度的单位为 cd(坎德拉),它是国际单位制的 7 个基本单位之一。GB3100 ~ 3102—1986 规定,坎德拉是一光源在给定方向上的发光强度,该光源发出频率为 540×10^{12} Hz 的单色辐射,且在此方向上的辐射强度为 1/683 W/sr。

3. 光亮度 L 或 L_v

光源表面一点处的面元 $\mathrm{d}S$ 在给定方向上的发光强度 $\mathrm{d}I$ 与该面元在垂直于给定方向的平面上的正投影面积之比,称为光源在该方向上的光亮度

$$L_v = \frac{\mathrm{d}I_v}{\mathrm{d}S\cos\theta} = \frac{\mathrm{d}^2\Phi_V}{\mathrm{d}\Omega\mathrm{d}S\cos\theta} \tag{5.16}$$

L 的单位为 cd/m^2(坎德拉/米²)。过去常用的非法定计量单位有尼特、郎伯、英尺郎伯等,它们之间的换算关系可参阅有关手册。

4. 光出射度 M 或 M_v

光出射度定义为面光源从单位面积上辐射的光通量，即

$$M_v = \frac{d\Phi_v}{dS} = \int_{\Omega} L_v d\Omega \tag{5.17}$$

M_v 的单位为 lm/m^2(流明/米^2)。

5. 光照度 E 或 E_v

入射到单位面积上的光通量称为光照度，即

$$E_v = \frac{d\Phi_v}{dS} \tag{5.18}$$

E_v 的单位为 lx(勒克斯)。1 lm 的光通量在 1 m^2 的平面上所产生的照度为 1 lx。

辐射度量和光度量的概念不同，但是其定义及定义式意义对应，根据人眼的视觉函数。可以从辐射度学单位表示的量值换算为光度学单位表示的相应值。表 5.4 给出了辐射度量和光度量之间的对应关系。

表 5.4 辐射度量和光度量的对照表

辐射度量	符号	单位	光度量	符号	单位
辐(射)能	Q_e	J	光量	Q_v	lm·s
辐(射)通量或辐(射)功率	Φ_e	W	光通量	Φ_v	lm
辐(射)照度	E_e	W/m^2	(光)照度	E_v	$lx = lm/m^2$
辐(射)出度	M_e	W/m^2	(光)出射度	M_v	lm/m^2
辐(射)强度	I_e	W/sr^2	发光强度	I_v	$cd = lm/sr$
辐(射)亮度	L_e	$W/m^2 \cdot sr$	(光)亮度 光谱光视效率	L_v $V(\lambda)$	cd/m^2

5.2 半导体的光电效应

当光照射到物体上使物体发射电子，或导电率发生变化，或产生光电动势等，这种因光照而引起物体电学特性的改变统称为光电效应。光电效应大体上分为两大类，即内光电效应和外光电效应。当光照射到半导体表面时，由于半导体中的电子吸收了光子的能量，使电子从半导体表面逸出至周围空间的现象叫外光电效应，如光电子发射效应。利用这种现象可以制成阴极射线管、光电管、光电倍增管和摄像管的光阴极等。外光电效应多发生于金属和金属氧化物。内光电效应主要指物质受到光量子作用后产生的光电子只在物质内部运动，引起物质电化学性质改变(如电阻率改变)而不会逸出物质外部的现象。内光电效应又可分为光电导效应和光生伏特效应。

5.2.1 光电导效应

光电导效应是指半导体受光照射后,由于对光子的吸收其内部产生光生载流子,使半导体中载流子数显著增加导致其电阻率减小的现象,如光敏电阻。光电导效应是一种内光电效应,是光电导探测器光电转换的基础。在大多数半导体和绝缘体中都存在光电导效应。金属在光照下电阻不改变,不发生该效应。大多数硫化物、氧化物、卤化物都可发生光电导效应。

材料对光的吸收分为本征型和非本征型,光电导效应也有本征型和非本征型之分。当入射光子的能量大于材料的禁带宽度时,价带中的电子被激发到导带,在价带中留下自由空穴,在导带中出现自由电子,从而引起材料电阻率的降低,即本征型光电导效应。若光子激发杂质半导体,使电子从施主能级跃迁到导带或者从价带跃迁到受主能级,产生光生自由电子或自由空穴,从而降低材料的电导率,即非本征型光电导效应。能够产生光电导效应的材料称为光电导体。

利用光电导效应可制成光敏电阻,不同波长的光子具有不同的能量,因此,一定的材料只对应于一定的光谱才具有这种效应。对紫外光较灵敏的光敏电阻称紫外光敏电阻,如硫化镉和硒化镉光敏电阻,用于探测紫外线。对可见光灵敏的光敏电阻称为可见光光敏电阻,如硒化铊、硫化铊,硫化铋及锗、硅光敏电阻,用于各种自动控制系统,如光电自动开关门窗、光电计算器、光电控制照明、自动安全保护等。对红外线敏感的光敏电阻称为红外光敏电阻,如硫化铅、碲化铅、硒化铅等,用于夜间或淡雾中探测能够辐射红外线的目标,红外通信和导弹制导等。

1. 光电导体的光电流

如图5.3所示,沿x方向加一弱电场,在y方向有均匀光照,当入射光通量Φ_e为常数,得到稳态光电流。半导体无光照时为暗态,此时材料具有暗电导;有光照时为亮态,此时具有亮电导。如果给半导体材料外加电压,通过的电流有暗电流与亮电流之分。亮电导与暗电导之差称为光电导,亮电流与暗电流之差称为光电流;无光照时,常温下样品具有一定的热激发载流子浓度,样品具有一定的暗电导率

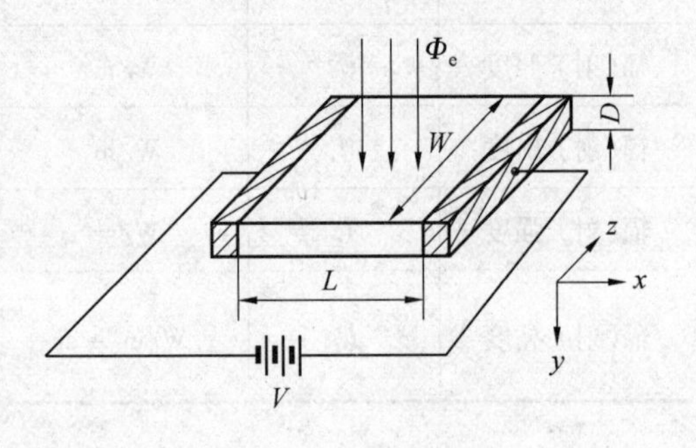

图5.3 光电导效应

$$\sigma_0 = q(n_0\mu_n + p_0\mu_p) \tag{5.19}$$

样品在受光照射时,即亮态下,因吸收光子产生的光生载流子浓度用Δn和Δp表示,则亮态下的电导率为

$$\sigma = q[(n_0 + \Delta n)\mu_n + (p_0 + \Delta p)\mu_p] \tag{5.20}$$

则可以得到光电导率为

$$\Delta\sigma = \sigma - \sigma_0 = q(\Delta n\mu_n + \Delta p\mu_p) = q\mu_p(b\Delta n + \Delta p) \tag{5.21}$$

式中,$b = \mu_n/\mu_p$称为迁移比。

在恒定光照下载流子不断产生,同时也不断复合,当产生率等于复合率的时候,光子载流子浓度稳定,此时光生载流子的浓度为

$$\Delta p_0 = g\tau \tag{5.22}$$

其中,g 为载流子的产生率,若入射光功率为 Φ_s,载流子产生率 G 与入射光功率 Φ_s 的关系为

$$G = \frac{\eta \Phi_s}{h\nu(LWD)} \tag{5.23}$$

式中,η 为量子效率,LWD 为材料的体积,如图 5.3 所示,则光生载流子的浓度为

$$\Delta p_0 = \frac{\eta \Phi_s}{h\nu(LWD)}\tau \tag{5.24}$$

当在 x 方向上加上均匀电场 $E_x = U/L$,则短路光电流密度为

$$\Delta J_0 = E_x \cdot \Delta\sigma = q\Delta\mu_p(b+1)E_x \frac{\eta \Phi_s}{h\nu(LWD)}\tau \tag{5.25}$$

2. 光电导的弛豫

光电导是非平衡载流子效应,光电导材料从接受光照开始到获得稳定的光电流需要一定的时间,同样,光照停止后光电流也是在一段时间内逐渐消失的。以上过程如图5.4所示,这种弛豫现象表现了光电导对光强变化反应的快慢。光电导上升或下降的时间称为弛豫时间,或称为响应时间(惰性)。显然,弛豫时间长表示光电导反应慢,这时惯性大;弛豫时间短,即光电导反应快,此时惯性小。从实际应用讲,光电导的弛豫决定了光强迅速变化时,一个光电器件能否有效工作。

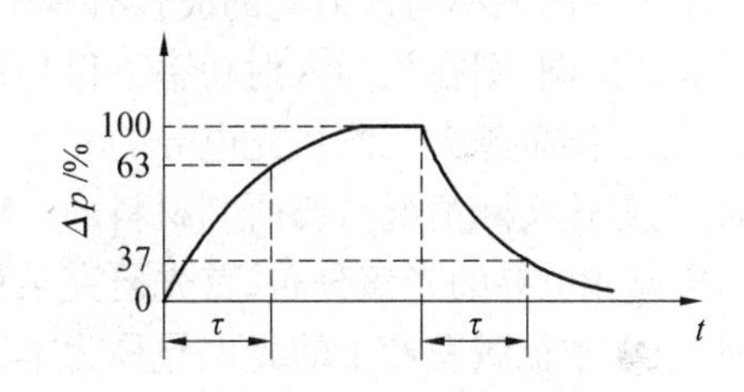

图 5.4　光电导弛豫过程

对光电导体受矩形脉冲光照时,常用上升时间常数 τ_r 和下降时间常数 τ_f 来描述弛豫过程的长短。定义光生载流子浓度上升到稳态值的 63% 所需的时间为光电探测器的上升响应时间。下降响应时间 τ_f 表示从停光前稳态值衰减到稳态值的 37% 时所需的时间。响应时间等于载流子寿命 τ。

当输入光功率按正弦规律变化时,光生载流子浓度(对应于输出光电流)与光功率频率变化的关系为

$$\Delta p = \Delta \frac{g\tau}{\sqrt{1+\omega^2\tau^2}} = \frac{\Delta p_0}{\sqrt{1+\omega^2\tau^2}} \tag{5.26}$$

式中,Δp_0 为稳态光生载流子浓度。可见输出光电流与频率变化是一个低通特性,说明光电导的弛豫特性限制了器件对调制频率高的光功率的响应。

在分析定态光电导和光强之间的关系时,实际情况比较复杂,通常讨论下面两种情况,即许多光电器件在弱光照时表现为直线型光电导,在较强光强下属于抛物线型光电导。直线型光电导指光电导与入射光功率成正比,其时间响应和频率响应规律如图5.5所示,直线型光电导的驰豫中光电流都按指数规律上升和下降,上升和下降是对称的,显然直线型光电导的弛豫时间与光强无关。如 Si、Ge、PbO 等许多材料至少在较低的光强下都具有这种性质。抛物线型光电导,指的是光电导与入射光功率的平方根成正比,抛物线型光电导的弛豫时间与光强有关;光强越高,弛豫时间越短,如图 5.6 所示。定义抛物线型光电

导的上升和下降时间仍是 $t = \tau$，它们相当于上升到稳态值的76%，下降到稳态值的50%。

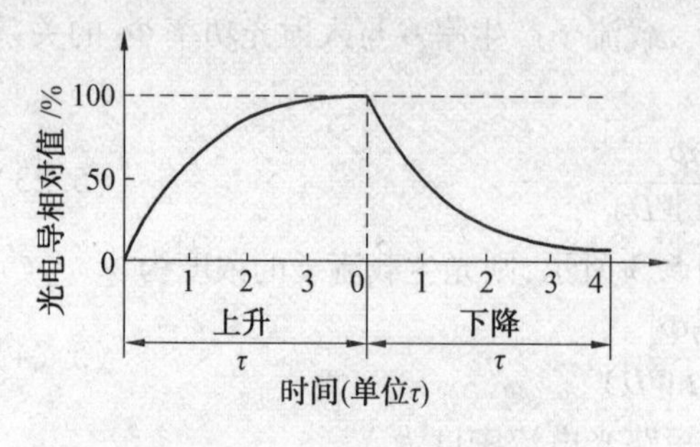

图 5.5　直线型光电导

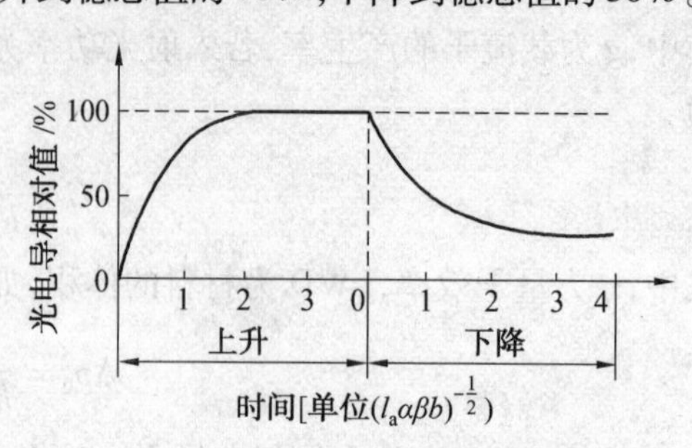

图 5.6　抛物线型光电导

3. 光电导的光谱响应

光电导的大小与入射光的波长有着密切的关系。若光电导材料对各种波长的入射光量子效率相同，则在相同入射功率下得到理想的光谱响应是与波长呈线性关系的。波长越短，光子能量越大。测量光电导的光谱分布是确定半导体材料光电导特性的一个重要方面，也是按实际情况需要研制材料的一项重要的依据。

研究光电导的光谱分布，首先研究某种波长的光能否激发出非平衡载流子以及效率如何，由于本征激发产生的光电导称为本征光电导，由杂质激发所产生的光电导称为杂质光电导。

本征光电导的光谱分布：典型的本征光电导的光谱分布曲线如图 5.7 所示，可见，对于具有不同禁带宽度的半导体材料而言，其光谱响应曲线也不相同，每条曲线具有一个峰值，峰值的长波方面曲线迅速下降，这是因为只有光子能量大于材料的禁带宽度，才能激发产生电子－空穴对，引起本征光电导。在长波区域，若光子能量小于材料的禁带宽度，就不足以将电子从价带激发到导带，此时，材料的光电导就迅速下降。光谱存在着一定的长波限，可以从各条曲线的长波限来确定半导体材料的禁带宽度。

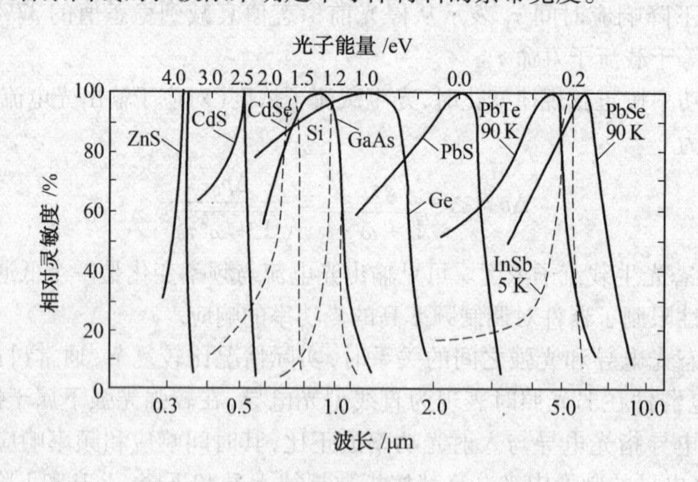

图 5.7　本征光电导的光谱分布曲线

杂质光电导的光谱分布：当光子的能量大于等于杂质的电离能时，半导体杂质吸收光子将束缚在杂质能级上的电子或空穴激发形成自由的光生载流子。因为杂质的电离能小于材料的禁带宽度,所以杂质光电导的光谱响应的波长比本征光电导的长。且杂质的原子数目比半导体材料本身的原子数目要小得多,因此杂质的光电导效应比本征光电导微弱许多。因此,为了观察或应用杂质光电导,一般须降低工作温度,以保证未受光激发时杂质上的电子与空穴基本上处于束缚状态,自由载流子数目很少。

5.2.2 光生伏特效应

光生伏特效应是一种内光电效应,达到内部动态平衡的半导体 p-n 结,在光照的作用下,在 p-n 结的两端产生电动势,称为光生电动势,这就是光生伏特效应,也称为光伏效应。不均匀半导体中,因两种材料相接触形成内建势垒,光子激发的光生载流子被内建势垒扫向势垒的两边并累积而产生光生电动势。光生伏特效应主要分为四大类:因所用材料不同、由于同质的半导体不同掺杂形成的 p-n 结、不同质的半导体组成的异质结或金属与半导体接触形成的肖特基势垒都存在内建电场,这是由势垒效应产生的光生伏特效应;均匀半导体中不存在内建电场。但当光照射到这种半导体上的一部分时,由于光生载流子浓度梯度的不同而引起载流子的扩散运动。由于电子和空穴的迁移率不同,使得光照不均匀时,由于两种载流子扩散速度的不同而导致两种电荷的分开,从而产生光生电动势,这种现象称为丹倍效应,即由载流子浓度梯度引起的光生伏特效应;若存在外加磁场,可使得扩散中的两种载流子向反方向偏转,从而产生光生电动势,即光磁电效应;还存在另外一类非势垒型光生伏特效应,即光子牵引效应。

1. 不均匀半导体(由势垒效应引起的光生伏特效应)

这种效应产生的机理主要是由于两种材料相接触形成内建势垒,这种势垒可以是p-n结、异质结或肖特基势垒。以 p-n 结为例,说明由势垒效应引起的光生伏特效应的原理。

如图 5.8 所示,在基片(假设为 n 区)表面形成一层薄薄的 p 型区域,则 p 型半导体和 n 型半导体形成p-n结,p 区和 n 区的多数载流子就会向对方扩散,平衡时有共同的费米能级,在结区形成了由正负离子组成的空间电荷区或耗尽层,在耗尽层中形成了一个由 n 区指向 p 区的内建电场,其势垒高度为 qV_D,p-n 结内建电场使得载流子(电子和空穴)的扩散和漂移运动达到了动态平衡,光照下,当入射光子的能量大于半导体材料的禁带宽度时,在结区,p 区和 n 区都会引起本征激发的电子空穴对,打破原有平衡,靠近结区电子和空穴分别向 n 区和 p 区移动,形成光电流,同时形成载流子的积累,内建电场减小,原来势垒降低,相当于在 p-n 结加了一个正向电压,即光生电动势。

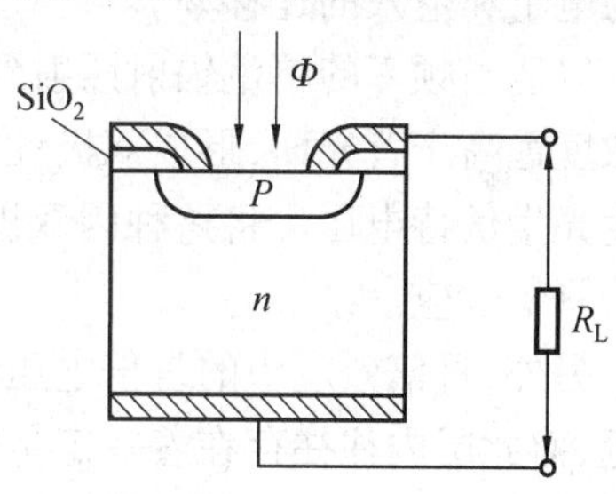

图 5.8 p-n 结光伏器件结构图

当设定内建电场方向为电压与电流的正方向时,将 p-n 结两端接入适当的负载电阻 R_L,若入射辐射通量为 Φ_e 的辐射作用于 p-n 结上,则有电流 I 流过负载电阻,并在负载电阻 R_L 的两端产生压降 U,流过负载的电流为

$$I = I_\Phi - I_D(e^{\frac{qU}{k_B T}} - 1) \tag{5.27}$$

式中,I_Φ 为光生电流;$I_\Phi = \frac{\eta q}{h\nu}(1 - e^{-\alpha d})\Phi_e$;$I_D$ 为暗电流;α 为吸收系数。

当 $U=0$ 时，p-n 结被短路，此时的输出电流 $I=I_{sc}$ 为短路电流，且有

$$I_{sc}=I_{\Phi}=\frac{\eta q}{h\nu}(1-e^{-\alpha d})\Phi_{e} \tag{5.28}$$

开路时，即当 $I=0$ 时，p-n 结两端的开路电压为

$$U_{sc}=\frac{k_{B}T}{q}\ln\left(\frac{I_{\Phi}}{I_{D}}+1\right) \tag{5.29}$$

2. 均匀半导体的丹倍效应（由载流子浓度梯度引起的光生伏特效应）

如图 5.9 所示，当入射光子能量足够大时，照射到均匀半导体的表面，由于半导体对光的吸收而在半导体的近表面层中产生高浓度的光生非平衡电子空穴对。由于载流子浓度梯度差，两种载流子都向半导体内部扩散。因为电子的迁移率和扩散系数比空穴的大，因此电子比空穴扩散得较快且扩散到较深的半导体内部。这种扩散差异，导致电荷的分开积聚，从而使半导体表面带正电而内部带负电，这种由于光生载流子的扩散在光的传播方向产生的电位差的现象称为光电扩散效应或丹倍效应，所产生的光电压称为光电扩散电压或丹倍电压，丹倍电压可由下式计算

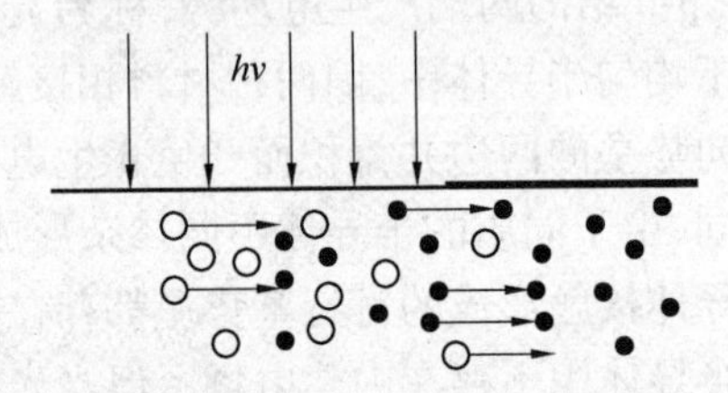

图 5.9　光生载流子的扩散运动

$$U_{D}=\frac{kT}{q}\left(\frac{\mu_{n}-\mu_{p}}{\mu_{n}+\mu_{p}}\right)\ln\left[1+\frac{(\mu_{n}+\mu_{p})\Delta n_{0}}{n_{0}\mu_{n}+p_{0}\mu_{p}}\right] \tag{5.30}$$

式中，n_0 和 p_0 为热平衡载流子的浓度；Δn_0 为半导体表面处的光生载流子浓度；μ_n 和 μ_p 分别为电子和空穴的迁移率。

以适当频率的单色辐射照射到厚度为 d 的半导体材料上时，迎光面产生的电子与空穴浓度远高于背光面，形成双极性扩散运动，导致半导体的迎光面带正电，背光面带负电，产生光生伏特电压。将这种因双极性载流子扩散运动速率不同而产生的光生伏特现象也称为丹倍效应。

另外，丹倍效应中的丹倍电压很难准确测量，因为电子空穴对只激发产生在光照表面附近，而此层内往往存在着一定量的空间电荷，而表面存在着的边界势垒也能产生光生电动势，这些对丹倍电压的测量都会产生严重的干扰。

3. 光磁电效应（由外加磁场引起的光生伏特效应）

如图 5.10 所示，将均匀的半导体放在与光的传播方向垂直的磁场中，当光照射到半导体表面后生成非平衡载流子的浓度梯度，使载流子产生定向扩散速度，由于电子和空穴在磁场中受到洛仑兹力的作用，使其运动轨迹发生偏转，空穴向半导体的上方偏转，电子向下方偏转。在垂直于光照方向与磁场方向的半导体上下表面形成端面电荷累积的电位差和横向电场，当作用在载流子上的洛仑兹力与横向电场的电场力平衡时，两端面的电位差保持不变，称为光磁电场。这种在垂直

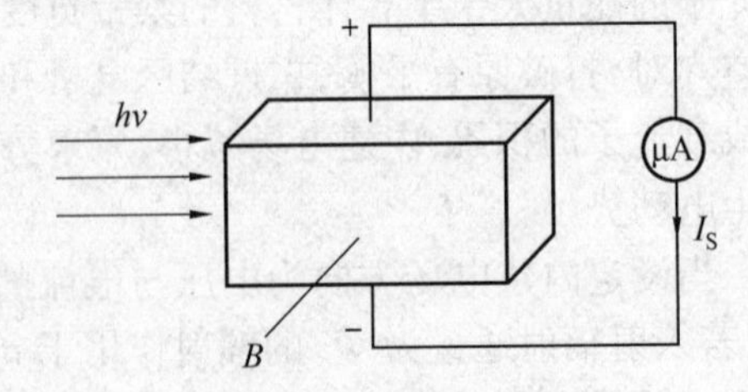

图 5.10　光磁电效应

于光束照射方向施加外磁场使半导体两侧面间产生电位差的现象称为半导体的光磁电效应,利用光磁电效应可制成半导体红外探测器。虽然,光磁电效应与霍尔效应相似,但是它们是不同的效应。霍尔效应中载流子的定向运动是由外电场引起的,而光磁电效应是由外磁场引起的,且两类效应的载流子运动方向相反,但形成的电流方向却相同。

光磁电场可由下式确定

$$E_Z = \frac{-qBD(\mu_n + \mu_p)(\Delta p_0 - \Delta p_d)}{n_0\mu_n + p_0\mu_p} \tag{5.31}$$

式中,Δp_0 和 Δp_d 分别为 $x=0$、$x=d$ 处 n 型半导体在光照作用下激发出的少数载流子(空穴)的浓度;D 为双极性载流子的扩散系数。

在图 5.10 所示的电路中,用低阻微安表测得的短路电流为 I_s。在测量半导体材料电导效应时,设外加电压为 U,流过样品的电流为 I,则少数载流子的平均寿命为

$$\tau = \frac{B^2 D\,(I/I_s)^2}{U^2} \tag{5.32}$$

光磁电效应可用于测量半导体材料的一些参数,也可用于制造红外探测器,但是需要庞大的磁铁,这极大地限制了其实际应用。与其他光生伏特效应探测器相比,其优点在于,在相当大的光强范围内,开路电压和光强度成正比。

4. 光子牵引效应

光子牵引效应是一种非势垒光生伏特效应。对于能量很小的光子,即在经典电磁波频率范围(即光子能量 $h\nu \ll kT$)内,当能带中的自由载流子吸收了光子时,这些载流子也就相应地从光子那里获得了一定的、微小动量,于是这些载流子便会往背光面运动,这就是光子牵引效应;由于此光子牵引的作用,即将在半导体的迎光面与背光面之间出现内建电场和相应的电压称为光子牵引电压,它反映了入射光功率的大小。光子牵引效应与丹倍效应虽然很相似,但它们的产生机理不同:前者是由于光子动量的驱动,而后者是由于扩散快慢的不同。

利用光子牵引效应即可制造出用以探测长波长光的所谓光子牵引探测器。最常用的半导体材料是均匀掺杂 10 $\Omega\cdot cm^{-1}$ 的 p 型 Ge;另外有 Si、InSb、GaP、GaAs、Te 和 CdTe。对 CO_2 激光来说,p 型 Ge 是最好的光子牵引材料。p 型 Ge 探测器由条状的半导体块构成,两端带有环形的欧姆接触电极;光子入射到一端的表面上。典型的长度 $L=1\sim5$ cm,横截面积为 0.2 ~ 1 cm^2。

在室温下,p 型 Ge 光子牵引探测器的光电灵敏度为

$$S_V = \frac{\rho\mu_p(1-r)}{Ac}\left[\frac{1-e^{-\alpha l}}{1+re^{-\alpha l}}\left(\frac{p/p_0}{1+p/p_0}\right)\right] \tag{5.33}$$

式中,ρ 为锗窗的电阻率;μ_p 为空穴迁移率;A 为探测器的面积;c 为光速;α 为材料的吸收系数;r 为探测器的表面的反射系数;l 为探测器沿光方向的长度;p 为空穴的密度。

光子牵引效应不产生过剩载流子,不存在载流子复合寿命的问题,其响应只受渡越时间的影响,因此光子牵引器件的优点是响应速度快(约 10^{-10} s),使用方便,成本低廉,结构牢固,无需偏压,能在室温下工作,具有长波长探测能力。此外,光子牵引探测器具有高功率容量,通常可用来校正高功率 CO_2 脉冲激光器,具有极大的实用价值。

5.2.3 光电发射效应(外光电效应)

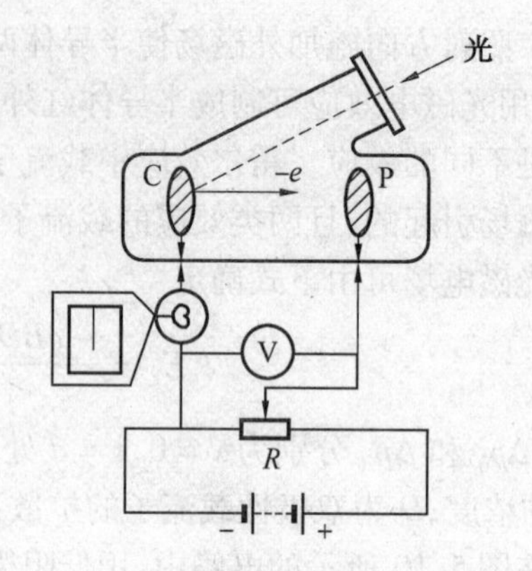

图 5.11 光电发射定律解释图

具有能量 $h\nu$ 的光子,被物质(金属或半导体)吸收后激发出自由电子,当自由电子的能量足以克服物质表面势垒并逸出物质的表面时,就会产生光电子发射,逸出电子在外电场作用下形成光电流,这种现象称为外光电效应,也称为光电发射效应。向外发射的电子叫光电子。光电发射效应是真空光电器件光电阴极的物理基础。如图 5.11 所示,阴极 C 和阳极 P 被密封在真空光电管中,入射光透过石英玻璃窗照射到阴极 C 上,阴极上发射出来的光电子在外界电压的作用下,朝阳极作加速或减速运动,被阳极所接收在回路中的电流计测得阳极光电流。

1. 光电发射效应的两条基本定律

光电发射定律的依据:爱因斯坦的光量子理论,光辐射具有粒子性,每个光子的能量 $h\nu$。只要光子能量足够大,一个光子可以激发一个电子从发射体逸出。光辐射的强度越大,光子数越多,激发的电子数也越多。因此光电流与入射光强成正比。入射光频率越高,光子能量越大,电子吸收光子能量后,除了付出为逸出表面所需要的逸出功外,留下的动能越大,由此得出光电发射的基本定律。

(1) 光电发射第一定律(斯托列托夫定律)

当入射辐射的光谱分布不变时,入射辐射通量 Φ_e 越大(携带的光子数越多),激发电子逸出光电发射体表面的数量也越多,发射的饱和光电流 I_s 就越大,因此,饱和光电流 I_s 与入射辐射通量 Φ_e 成正比,即

$$I_s = S_k \Phi_e \tag{5.34}$$

式中,S_k 为表征光电发射灵敏度的系数,即光电阴极的灵敏度,它是用光电探测器件进行光度测量、光电转换的一个最重要的根据。

(2) 光电发射第二定律(爱因斯坦定律)

电子吸收入射光子的能量,当吸取的能量大于逸出功 A_0 时,电子就逸出物体表面,产生光电子发射。光子能量超过逸出功 A_0 的部分表现为逸出电子的动能。根据能量守恒定律

$$h\nu = \frac{1}{2} m v_0{}^2 + A_0 \tag{5.35}$$

式中,m 为光电子质量;v_0 为出射光电子的初始速度;A_0 为发射体材料的逸出功;h 为普朗克常数($h = 6.626\ 075\ 5 + 0.000\ 004\ 0 \times 10^{-34}$ J·s)。该方程称为爱因斯坦光电效应方程。电子逸出表面必须获得的最小能量,即为逸出功 A_0。爱因斯坦光电效应定律:光电发射体发射的光电子的最大动能随入射光频率的增大而线性增加,与入射光强无关。

光电子发射过程可以归纳为以下三个步骤:

① 物体吸收光子后体内的电子被激发到高能态;

② 被激发电子向表面运动,在运动过程中因碰撞而损失部分能量;

③ 克服表面势垒逸出金属表面。

优质的光电发射材料应该是:

① 对光的吸收系数大,以便体内有较多的电子受到激发;

② 受激电子最好是发生在表面附近,这样向表面运动过程中损失的能量少;

③ 材料的逸出功要小,使到达真空界面的电子能够比较容易地逸出;

④ 作为光电阴极,其材料还要有一定的电导率,以便能够通过外电源来补充因光电发射所失去的电子。

2. 物质的逸出功和红限频率

金属的逸出功 A_0:金属中存在大量自由电子,在常温下,可能会有一部分电子克服原子核的库仑引力逸出金属表面。但由于这些逸出表面的电子对金属有感应作用,使金属中的电荷重新分布,在表面出现与电子等量的正电荷。逸出电子受到这种正电荷的静电作用,动能减小,不能远离金属,只能出现在靠近金属表面的地方,于是在金属表面上下形成偶电层,阻碍电子向外逸出,即表面势垒。所以电子欲逸出金属表面必须克服原子核的静电引力和偶电层的势垒作用力所作的功。电子所需要做的这种功,称为逸出功或功函数 A_0,又称为光电发射阈值。在半导体中,表面势垒是由于半导体缺陷和表面晶格不连续产生的,与电子亲和力有关。

光电发射阈值是建立在材料的能带结构基础上的,对于金属材料,它的能级结构导带和价带连在一起,即

$$A_0 = E_{th} = E_0 - E_f \tag{5.36}$$

式中,E_0 为体外自由电子的最小能量,即真空中一个静止电子的能量,即真空能级;E_{th} 为半导体材料光电发射的能量阈值,$E_{th} = E_g + E_A$;E_f 为费米能级,绝对零度时金属中自由电子在费米能级以下,如图 5.12 所示。

半导体可分为本征半导体和杂质半导体,杂质半导体又分为 n 型半导体和 p 型半导体,其能级结构不同,光电发射的逸出功即光电发射阈值的定义也不同。图 5.13 为半导体的能带结构图,对本征半导体来说,热电子发射的逸出功为

$$A_{热} = E_0 - E_f = \frac{1}{2}E_g + E_A \tag{5.37}$$

式中,E_g 为半导体的禁带宽度,$E_A = E_0 - E_c$,E_c 为半导体的导带底能级;E_A 称为电子亲和势。而光电子发射逸出功为

$$A_{光} = E_g + E_A \tag{5.38}$$

电子由价带逸出物质表面所需要的最低能量为光电发射阈值 E_{th}。

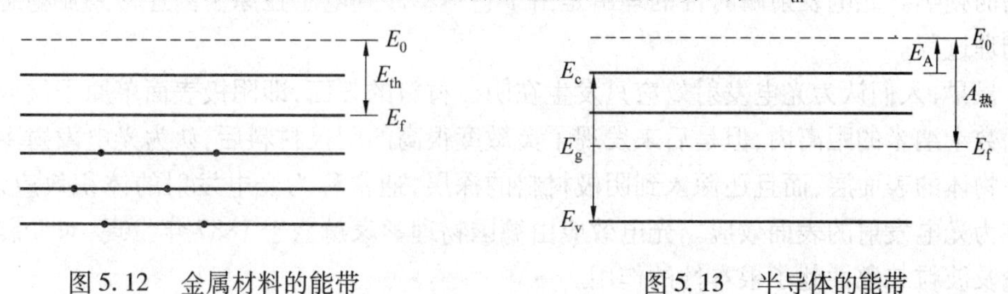

图 5.12　金属材料的能带　　图 5.13　半导体的能带

当光电子的速度等于零,即光电子的动能$\frac{1}{2}mv_0{}^2=0$时,$h\nu=A_0$,则

$$\nu \geqslant \frac{A_0}{h} \tag{5.39}$$

光电子能否产生,取决于光子的能量是否大于该物体的电子逸出功A_0。这说明每一个物体都有一个对应的光频阈值,称为红限频率或长波限。光线频率低于红限频率,其能量就不足以使物体内的电子逸出,因而小于红限频率的入射光,光强再大也不会产生光电子发射;入射光频率如果高于红限频率,即使光线微弱,也会有光电子射出。

3. 半导体材料的阈值波长

在入射光线频谱范围内,光电阴极存在临界波长,当光波波长等于这个临界波长时,电子刚刚能从阴极逸出。这个波长通常称为光电发射的“红限”,或称为光电发射的阈值波长(光电阴极的长波限λ_0)

$$\lambda_{\max}=\frac{hc}{E_{\text{th}}} \text{或} \lambda_{\max}=\frac{hc}{A_0} \tag{5.40}$$

式中,$h=4.13\times10^{15}$ eV·s,是普朗克常数;$c=3\times10^{14}$ m/s,是光速。

半导体材料的阈值波长为

$$\lambda_{\max}=1.24/E_{\text{th}}\lambda_{\max}=1.24/A_0(\mu\text{m}) \tag{5.41}$$

利用具有光电发射效应的材料可以制成各种光电探测器件,这些器件统称为光电发射器件。光电发射器件具有许多不同于内光电效应器件的特点:

(1) 光电发射器件中的导带电子可以在真空中运动,因此可以通过电场加速电子运动的动能,或通过电子的内倍增系统提高光电探测灵敏度,使它能快速地探测极其微弱的光信号,成为像增强器与变像器的基本元件。

(2) 很容易制造出均匀的大面积光电发射器件,这在光电成像器件方面非常有利。一般真空光电成像器件的空间分辨率高于半导体光电图形传感器。

(3) 光电发射器件需要高稳定的高压直流电源设备,使得整个探测器体积庞大,功率损耗大,不适于野外操作,造价也高。

(4) 光电发射器件的光谱响应范围一般不如半导体光电器件宽。

4. 光电发射的瞬时性

光电发射的瞬时性是光电发射的一个重要特性。只要入射光的频率高于金属的红限频率,光的亮度无论强弱,电子的产生都几乎是瞬时的,光电发射的延迟时间不超过3×10^{-13} s的数量级。实际上可认为光电发射是无惯性的,这就决定了外光电效应器件具有很高的频响。光电发射瞬时性的理由是由于它不牵涉到电子在原子内迁移到亚稳态能级的物理过程。

最早,人们认为光电发射效应只发生在阴极材料的表面,即阴极表面单原子层或者离表面数十纳米的距离内,但是后来发现了灵敏度很高的阴极材料后,认为光电发射不仅发生在物体的表面层,而且还深入到阴极材料的深层,通常称为光电发射的体积效应,而前者称为光电发射的表面效应。光电效应由德国物理学家赫兹于1887年发现,对发展量子理论及波粒二象性起了根本性的作用。

5.3 光电探测器件的基本特性参数

光电探测器件是利用物质的光电效应把光信号转换成电信号的器件。光电探测器件的性能对光电系统的性能影响很大,如缩小系统的体积、减轻系统的重量、增大系统的作用距离等。根据光电探测器件对辐射作用方式的不同或工作机理的不同,可将光电检测器件分为两大类:光子(光电子)探测器件和热电探测器件;按工作波段分可分为紫外光探测器、可见光探测器和红外光探测器;按工作原理和结构将常用的光电探测器分类如图 5.14 所示。

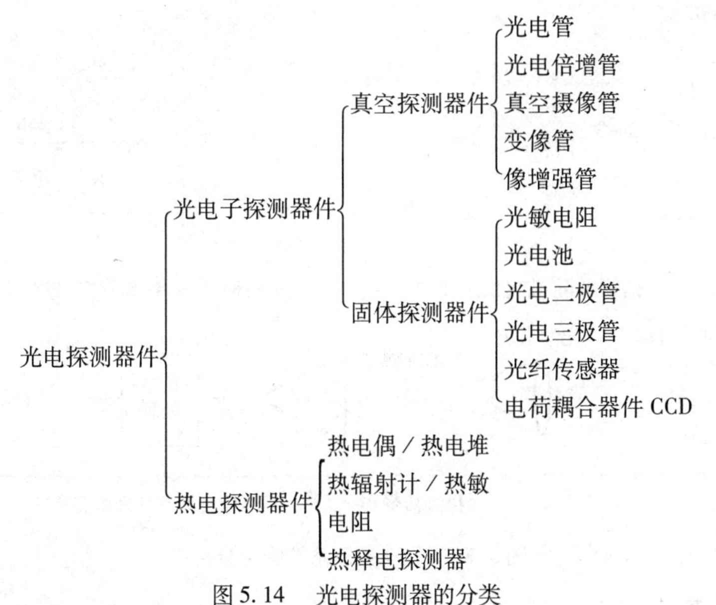

图 5.14　光电探测器的分类

光电子探测器件的特点是:响应波长有选择性,一般有截止波长,超过该波长,器件无响应;响应快,吸收辐射产生信号需要的时间短,一般为纳秒到几百微秒。热电探测器件的特点是:响应波长无选择性,对可见光到远红外的各种波长的辐射同样敏感;响应慢,一般为几毫秒。本节简要介绍光电探测器件的基本特性参数。

5.3.1 光电探测器件的噪声

光电探测器在一定功率的光照下能输出一定的光电流或光电压信号,光电流或光电压实际上是在一定时间间隔中的平均值。在示波器上显示,当入射辐射功率很低时,可以看到探测器输出的光信号是杂乱无章的变化信号,而无法肯定是否有辐射入射到探测器上,这是探测器固有的"噪声"引起的。示波器上显示的光电信号在平均值上下随机的、瞬间的幅度不能预先知道的起伏,称为噪声。图 5.15 中的直流信号值

$$I = \bar{i} = \frac{1}{t}\int_0^t i(t)\,\mathrm{d}t \tag{5.42}$$

一般用均方噪声电流来表示噪声值的大小

$$\overline{i_n^{\ 2}} = \overline{\Delta i\,(t)^2} = \frac{1}{t}\int_0^t \left[\,i(t) - i_{平均}\right]^2 \mathrm{d}t \tag{5.43}$$

噪声电流的均方值 $\overline{i_n^2}$ 代表了单位电阻上所产生的功率，它是确定的可测量的正值。把噪声这个随机时间函数进行频谱分析，就得到噪声功率随频率变化关系，即噪声功率谱 $S(f)$。$S(f)$ 数值定义为频率 f 的噪声在电阻上所产生的功率，即

$$S(f) = \overline{i_n^2}(f) \tag{5.44}$$

如图 5.16 所示，根据功率谱与频率的关系，常见噪声分为两种：功率谱大小与频率无关的称为白噪声；功率谱与 f 近似成反比的称为 $1/f$ 噪声。一般光电检测系统的噪声可分为三类，如图 5.17 所示。① 光子噪声，包括信号辐射产生的噪声和背景辐射产生的噪声；② 测器噪声，包括热噪声、散粒噪声、产生 - 复合噪声、$1/f$ 噪声和温度噪声；③ 信号放大及处理电路噪声。

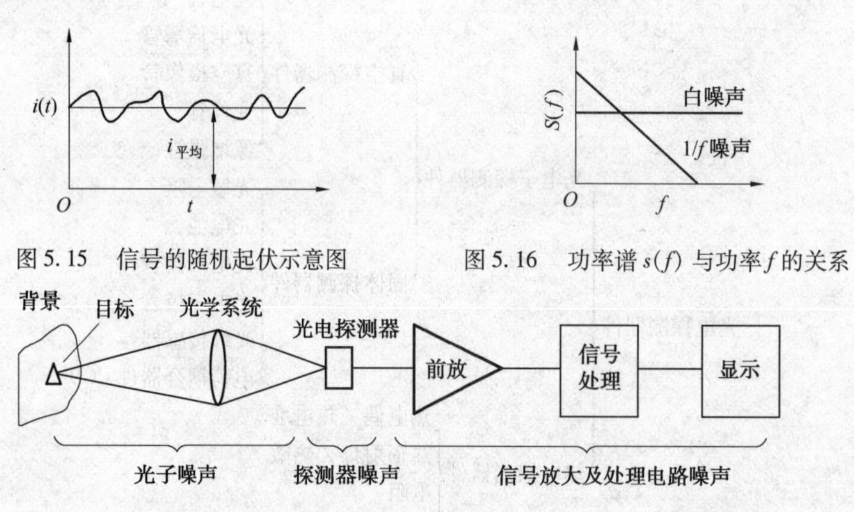

图 5.15　信号的随机起伏示意图

图 5.16　功率谱 $s(f)$ 与功率 f 的关系

图 5.17　光电探测系统噪声分类

1. 噪声分类

下面主要介绍光电探测器件的内部噪声，即基本物理过程所决定的噪声，主要分为以下几种：

（1）热噪声

导体和半导体中的载流子在一定温度下均做无规则热运动，因而频繁地与原子发生碰撞，载流子在两次碰撞之间的自由运动过程中表现出电流，但其自由程长短不一定，碰撞后的方向也是任意的。无外加电压时，在导体的某一截面处从两个方向穿过截面的载流子数目有差别，相对于长时间平均值上下有起伏。这种因载流子无规则热运动引起的电流起伏或电压起伏称为热噪声。热噪声均方电流和热噪声均方电压分别由下式决定

$$\overline{i_n^2} = \frac{4kT\Delta f}{R} \tag{5.45}$$

$$\overline{V_n^2} = 4kT\Delta fR \tag{5.46}$$

式中，k 为玻尔兹曼常数；T 为导体的热力学温度；R 为器件电阻值；Δf 为测量系统的噪声宽度（频率范围）。热噪声存在于任何电阻中，载流子热运动速度取决于温度，热噪声是温度 T 的函数，与频率无关，但并不是温度变化引起的温度噪声。热噪声可称为白噪声。

(2) 散粒噪声

穿越势垒的载流子的随机起伏所形成的噪声称为散粒噪声。入射到光辐射探测器表面的光子是随机起伏的;光电子从光电阴极表面的逸出的是随机的;p-n 结中通过结区的载流子也是随机的;它们都是一种散粒噪声源。散粒噪声电流的表达式为

$$\overline{i_n^{\ 2}} = 2qI\Delta f \tag{5.47}$$

式中,q 为电子电荷;I 为器件输出平均电流;Δf 为所取的带宽。散粒噪声也是与频率无关、与带宽有关的白噪声。

(3) 产生 - 复合噪声

在半导体中,在一定温度下,或在一定光照下,载流子不断产生和复合,平衡状态时,载流子的产生率和复合率相等,载流子产生和复合的平均数是一定的,但是其瞬间载流子的产生数和复合数是有起伏的,引起样品的电导率起伏,在外加电压的作用下,电导率的起伏使输出电流中带有产生 - 复合噪声,产生 - 复合噪声电流的均方值为

$$\overline{i_n^{\ 2}} = \frac{4I^2\tau\Delta f}{N_0[1 + (2\pi f\tau)^2]} \tag{5.48}$$

式中,I 为器件输出总的平均电流;N_0 为总的自由载流子数;τ 为载流子寿命;f 为测量噪声的频率。

(4)1/f 噪声

1/f 噪声也称为闪烁噪声或低频噪声,这种噪声是由于光敏层的微粒不均匀或不必要的微量杂质的存在。当电流流过时在微粒间发生微火花放电而引起的微电爆脉冲。当这种噪声的功率谱近似与频率成反比,故称 1/f 噪声。其噪声电流的均方值近似为

$$\overline{i_n^{\ 2}} = \frac{cI^\alpha}{f^\beta}\Delta f \tag{5.49}$$

式中,α 近似为 2;β 为 0.8 ~ 1.5;c 为比例常数;α、β、c 值由实验测得。在半导体器件中 1/f 噪声与器件表面状态有关。多数器件的 1/f噪声在300 Hz以上时已衰减到很低水平,所以频率再高时可忽略不计。

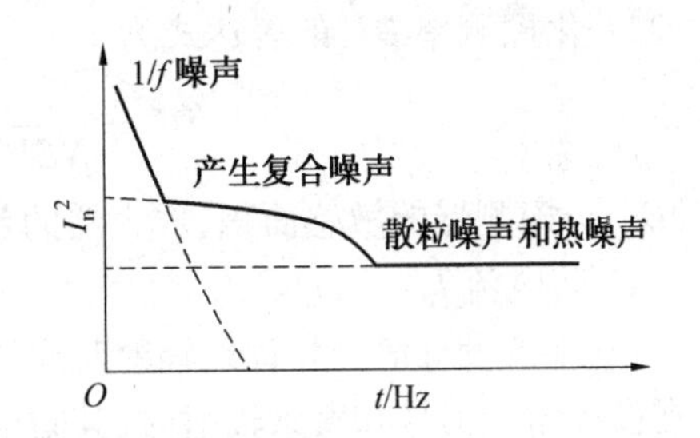

图 5.18 光电探测器噪声功率谱综合示意图

上述各种噪声声源的功率谱分布可用图 5.18 表示,在低频区域,1/f噪声起主要作用,在中间频率范围内,产生 - 复合噪声比较显著,当频率较高时,只有白噪声占据主导地位,其他噪声影响很小。

2. 衡量噪声的特性参数

(1) 信噪比(S/N)

信噪比是判定噪声大小常用的参数,即在负载电阻 R_L 上产生的信号功率与噪声功率之比

$$\frac{S}{N} = \frac{P_S}{P_N} = \frac{I_S^2 R_L}{I_N^2 R_L} = \frac{I_S^2}{I_N^2} \tag{5.50}$$

利用信噪比评价两种光电器件的性能时,必须在信号辐射功率相同的情况下比较,但

是对于单个的光电器件而言,其$\frac{S}{N}$的大小与入射信号辐射功率及接收面积有关。如果入射辐射强,接收面积大,$\frac{S}{N}$就大,但性能不一定好,因此用$\frac{S}{N}$评价器件有一定的局限性。

(2) 等效噪声功率

如果投射到探测器敏感元件上的辐射功率所产生的输出电压(或电流)正好等于探测器本身的噪声电压(或电流),则这个辐射功率就叫做“噪声等效功率”。也就是说,它对探测器所产生的效果与噪声相同,通常用符号“NEP”表示;等效噪声功率是描述光电探测器探测能力的参数,定义为单位信噪比时的入射光功率

$$\mathrm{NEP} = \frac{\Phi_e}{S/N} \tag{5.51}$$

一般一个良好的探测器件的 NEP 约为 10^{-11} W,等效噪声功率是信噪比为 1 的探测器探测到的最小辐射功率。其值越小,探测器所能探测到的辐射功率越小,探测器越灵敏。等效噪声功率是一个可测量的量。

(3) 探测率(D) 与归一化探测率(D^*)

等效噪声功率与人们的习惯不一致。所以,通常用 NEP 的倒数,即探测率 D 作为探测器探测最小光信号能力的指标。比探测率又称为归一化探测率,也称为探测灵敏度。实质上就是当探测器的敏感元件面为单位面积,放大器的带宽 $\Delta f = 1$ Hz 时,单位功率的辐射所获得的信号电压与噪声电压之比,通用符号 D^* 表示。

探测率 D 的表达式为

$$D = \frac{1}{NEP} = \frac{S_I}{\sqrt{\overline{i_n^2}}} \tag{5.52}$$

归一化探测率 D^* 的表达式为

$$D^* = \frac{1}{NEP}\sqrt{A_0 \Delta f} = D\sqrt{A_0 \Delta f} \tag{5.53}$$

D^* 与探测器的敏感面积、放大器的带宽无关。D^* 越大,探测器的探测能力越强。

(4) 暗电流 I_d

暗电流指没有信号和背景辐射时通过探测器的电流。显然,不加电源的光电探测器件,在没有输入信号和背景辐射时,其暗电流为零。

5.3.2 光电探测器件的主要特性参数

1. 响应特性

(1) 响应度(灵敏度,S)

响应度是光电探测器输出信号与输入光功率之间关系的度量,描述的是光电探测器件的光电转换效率,定义为光电探测器输出信号(输出电压 U_0 或输出电流 I_0 与输入光功率 P_i(或光通量 Φ_e)之比。响应度是随入射光波长变化而变化的,分为电压响应度和电流响应度

$$S_V = \frac{U_0}{\Phi_e} \text{ 或 } S_I = \frac{I_0}{\Phi_e} \tag{5.54}$$

S_V 和 S_I 分别称为电压响应度和电流响应度，S_V 的单位为 V/W（伏特每瓦），S_I 的单位为 A/W（安培每瓦）。

（2）光谱响应度

光谱响应度 $S(\lambda)$ 是探测器在波长为 λ 的单色光照射下，光电探测器件的输出电压和输出电流与入射的辐通量（或光通量）之比

$$S_V(\lambda)=\frac{V_0(\lambda)}{\Phi_e(\lambda)} \text{ 或 } S_I(\lambda)=\frac{I_0(\lambda)}{\Phi_e(\lambda)} \tag{5.55}$$

式中，$S_V(\lambda)$ 和 $S_I(\lambda)$ 随波长的变化关系称为探测器的光谱响应曲线。光谱响应度是表述入射的单色通量或光通量所产生的探测器的输出电压（或电流）。光谱响应度越大，探测器的灵敏度越高，因此响应度也称为灵敏度。

（3）响应时间

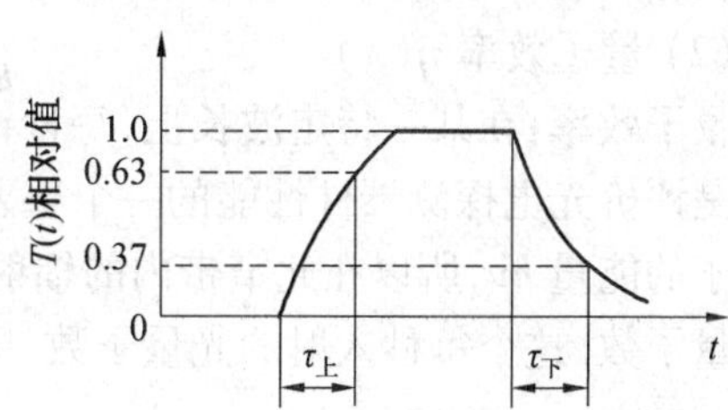

图 5.19　探测器的响应时间

响应时间是描述光电探测器对入射辐射响应快慢的一个参数，通常用时间常数（响应时间）来衡量探测器的惰性。如图 5.19 所示；当入射辐射到光电探测器后，或入射辐射遮断后，光电探测器的输出上升到稳定值，或下降到照射前的值所需要的时间称为响应时间。为衡量其长短，常用时间常数 τ 来表示。一般定义当探测器的输出上升达到稳态值的 63% 所需要的时间或下降到稳态值的 37% 所需要的时间称为探测器的时间常数。时间常数 τ 也可由下式求出

$$\tau=\frac{1}{2\pi f_c} \tag{5.56}$$

式中，f_c 为幅频特性下降到最大值的 0.707 时的调制频率，称为截止响应频率，也称为探测器的上限频率。

（4）频率响应

由于光电探测器信号的产生和消失存在着一个滞后过程，所以入射光辐射的频率对光电探测器的响应将会有较大的影响，光电探测器的响应随入射辐射的调制频率而变化的特性称为频率响应，利用时间常数可得到光电探测器响应度与入射调制频率的关系，即

$$S(f)=\frac{S_0}{[1+(2\pi f\tau)^2]^{1/2}} \tag{5.57}$$

式中，$S(f)$ 为频率 f 时的响应度；S_0 为频率是零时的响应度；τ 为时间常数；当 $\frac{S(f)}{S_0}=\frac{1}{\sqrt{2}}=0.707$ 时，可得到放大器的上限截止频率，如图 5.20 所示，即

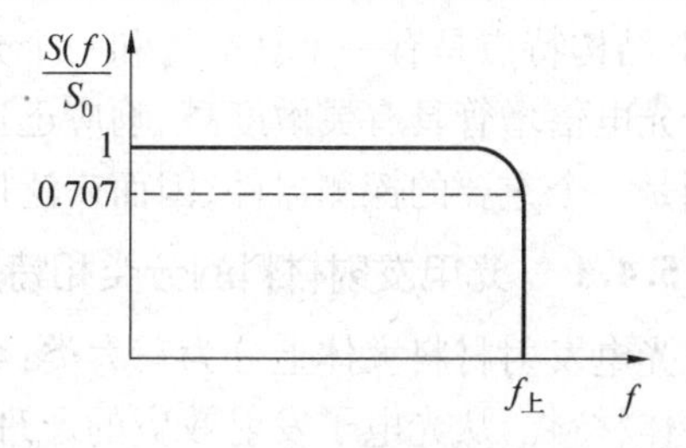

图 5.20　光电探测器的频率响应曲线

$$f_{上}=\frac{1}{2\pi\tau}=\frac{1}{2\pi RC} \tag{5.58}$$

时间常数 τ 决定了光电检测器件频率响应的带宽。

2. 其他参数

(1) 线性

探测器的线性在光度和辐射度等测量中是一个十分重要的参数。对光电探测器,线性是指它输出的光电流或电压与输入的光通量成比例的程度和范围。探测器线性的下限往往由暗电流和噪声等因素决定,而上限通常由饱和效应或过载决定。因此要获得宽的线性范围,必须使探测器工作在最佳工作状态。

光电探测器线性区的大小,与探测器后的电子线路有很大关系,因此,要获得所要的线性区,必须设计有相应的电子线路,光电探测器的线性还随偏置、辐射调制及调制频率等条件的变化而变化。在光电探测技术中,线性是应认真考虑的问题之一,尤其在光度和辐射度等测量中十分重要,一般应结合具体情况进行选择和控制。

(2) 量子效率 $\eta(\lambda)$

量子效率:在某一特定波长上,每秒钟内产生的光电子数与入射光量子数之比。量子效率是评价光电探测器件性能的一个重要参数。因此为了求出量子效率,必须先求出单个量子的能量 $h\nu$,所以在此窄带内的辐射通量,除以单个光量子的能量 $h\nu$,即为每秒入射的光量子数,这个每秒入射的光量子数,即量子效率

$$\eta(\lambda)=\frac{I_s/q}{p/h\nu}=\frac{S(\lambda)hc}{q\lambda} \tag{5.59}$$

对理想的探测器,$\eta=1$,即入射一个光量子就能发射一个电子或产生一对电子 - 空穴对;实际上,$\eta<1$;量子效率是一个微观参数,量子效率越高越好。

(3) 工作温度

工作温度是指光电探测器最佳工作状态时的温度,是光电探测器的重要性能参数之一。光电探测器工作温度不同时,其性能会有变化;例如,半导体光电器件的长波限和峰值波长会随温度而变化;热电器件的响应度和热噪声会随温度而变化;锗掺铜光电导器件在4 K左右具有较高的信噪比,若工作温度升高,其性能逐渐变差,以致无法使用。

5.4 真空光电探测器件

真空光电探测器件是基于外光电效应的光电探测器,包括光电管和光电倍增管两大类,其结构特点是有一个真空管和一个光电阴极,光电阴极和其他元件都放在真空管中。由于光电倍增管具有灵敏度高、响应迅速等特点,在探测微弱光信号及快速脉冲弱光信号方面是一个重要的探测器件,因而广泛用于航天、材料、生物、医学、地质等领域。

5.4.1 光电发射材料的分类和特点

光电发射材料大体上分为三大类:纯金属材料、表面吸附一层其他元素原子的金属和半导体材料。从光电子发射效应的原理可知,良好的光电发射材料具备的条件为:① 光吸收系数大;② 光电子在体内传输过程中受到的能量损失小,使其逸出深度大;③ 表面势垒低,表面逸出几率大。

金属不能作为光电发射材料,其原因是:① 金属的反射系数大(约为99%),吸收系数小;② 体内自由电子多,由碰撞引起的能量散射损失大,逸出深度小,逸出功大,其表面的

逸出几率小,因此量子效率较低;③ 大多数金属的光谱响应都在紫外或远紫外区,只能适应对紫外灵敏的光电器件。

半导体可作为光电发射材料是因其具有以下特点:① 半导体光发射材料的光吸收系数比金属要大得多;② 体内自由电子少,散射能量损失小,所以其量子效率比金属大得多;③ 光发射波长延伸至可见光和近红外区,绝大多数光源是在可见光或近红外波段区。

20 世纪 70 年代以后,在半导体光电发射材料的基础上,发展了一种负电子亲和势光电阴极材料,其长波限延长至 1.6 μm,量子效率明显提高。

图 5.21 为各种光电阴极材料的能带结构图。

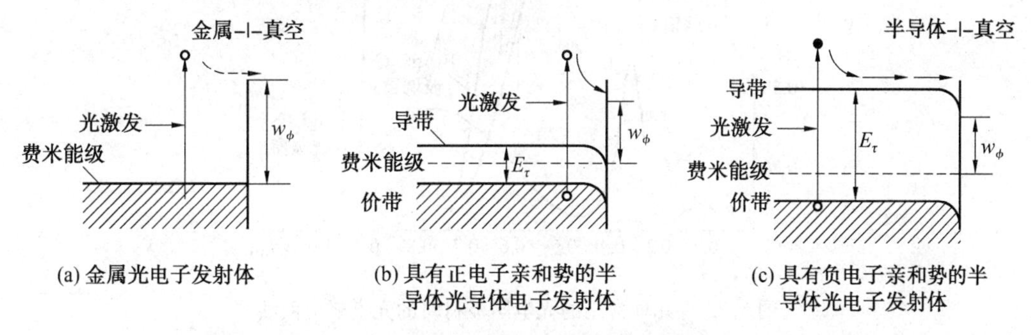

(a) 金属光电子发射体　(b) 具有正电子亲和势的半导体光导体电子发射体　(c) 具有负电子亲和势的半导体光电子发射体

图 5.21　各种光电阴极材料的能带结构图

5.4.2　典型的几种光电发射阴极

能够产生光电发射效应的材料称为光电发射体,光电发射体在光电器件中常与阴极相连故又称为光电发射阴极。光电发射阴极是光电发射器件的重要部件,它是吸收光子能量发射光电子的部件,它的性能直接影响着光电发射器件的性能,因此,首先讨论一下制造光电阴极的典型的光电发射材料。

1. 银氧铯阴极

银氧铯(Ag – O – Cs) 阴极是最早使用的光阴极,特点是对近红外辐射灵敏。制作过程是先在真空玻璃壳壁上涂上一层银膜再通入氧气,通过辉光放电使银表面氧化,对于半透明银膜由于基层电阻太高,不能用放电方法而用射频加热法形成氧化银膜,再引入铯蒸汽进行敏化处理,形成 Ag – O – Cs 薄膜。银氧铯光电阴极的光谱响应曲线如图5.22 所示,其光谱响应有两个峰值,一个在紫外区 350 nm 处,一个在近红外区 800 nm 处。光谱范围在 300 nm 到 1200 nm 之间。量子效率不高,峰值处约 0.5% ~ 1% 左右。银氧铯使用温度可达 100℃,但暗电流较大,且随温度变化较快。Ag – O – Cs 光电阴极主要应用于近红外探测。

将近红外区具有高灵敏度的 Ag – O – Cs 阴极和蓝光区具有高灵敏度的 Bi – Cs – O 阴极相结合,可以获得在整个可见光谱内有较均匀响应和高灵敏度的铋银氧铯光电阴极。铋银氧铯光电阴极制作方法很多,四种元素可以有不同的结合次序,如 Bi – Ag – O – Cs、Bi – O – Ag – Cs、Ag – Bi – O – Cs 等。量子效率高达 10%,约为 Cs_3Sb 光电阴极的一半,其优点是光谱响应与人眼相匹配。

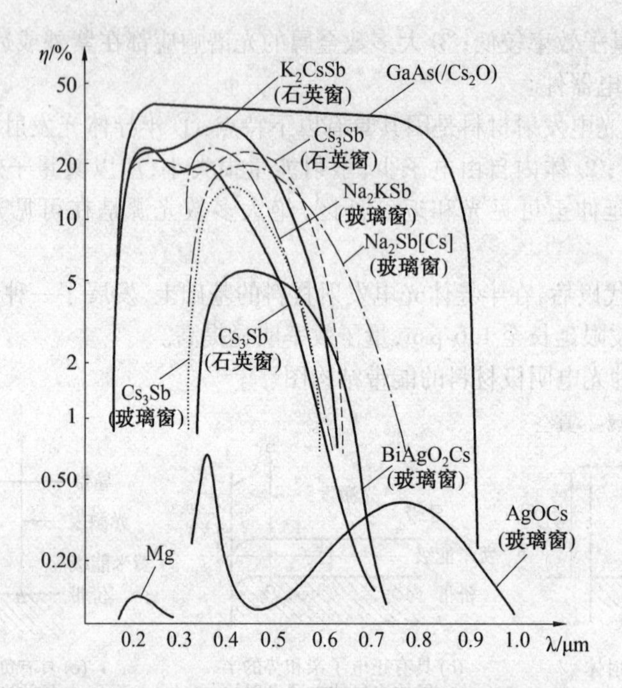

图 5.22　几种常用的光电阴极材料的光谱响应曲线

2. 单碱锑化合物锑铯阴极

碱金属如锂、钠、钾、铯等中的一种与锑、铅、铋、铊等生成的金属化合物具有稳定光电发射性能，其中以 CsSb 阴极最为常用，如图 5.23 所示，在紫外和可见光区的灵敏度最高，蓝光区量子效率高达 30%，比银氧铯光电阴极效率高 30 倍，长波限约为 650 nm，积分响应度可达 70 ~ 150 μA/m，但光谱响应范围较窄，对红光和红外不灵敏，广泛用于紫外和可见光区的光电探测器中。

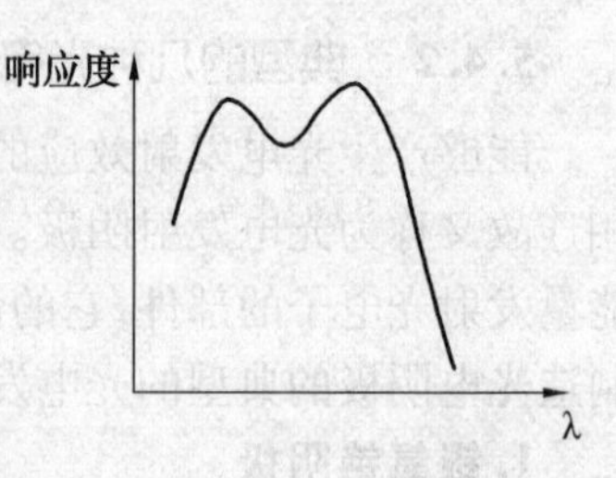

图 5.23　Cs – Sb 光电阴极的光谱响应曲线

3. 多碱光电阴极

多碱光电阴极是指锑 Sb 和几种碱金属形成的化合物，包括双碱锑材料 Sb – Na – K、Sb – K – Cs 和三碱锑材料 Sb – Na – K – Cs 等，其中比较典型的多碱光电阴极主要有以下两种：

① 锑钾钠（Sb – Na – K）光电阴极，其光谱响应和锑铯阴极相近，响应度可达 50 ~ 100 μA/lm，在 0.4 μm 处的量子效率达 25%，耐高温，工作温度高达 175 ℃，该阴极可用于石油勘探等特殊场合。且光电疲劳效应小，可用于光子计数技术中。

② 锑钾钠铯（Sb – Na – K – Cs）光电阴极，峰值响应度波长在 0.42 μm 附近，峰值响应度可达 230 μA/lm，从紫外到近红外的光谱区都有较高的量子效率，响应范围较宽，是最实用的光电阴极材料，具有高灵敏度和宽光谱响应，其红外端可延伸到 930 nm，该阴极典型的光照灵敏度为 150 μA/lm，是一种具有更高温度性，疲劳效应很微小的器件，尽管工艺复杂，成本高，但还是被广泛使用。

4. 紫外光电阴极(碲化铯)

通常来说,对可见光灵敏的光电阴极对紫外光也有较高的量子效率。有时,为了消除背景辐射的影响,要求光电阴极只对所探测的紫外辐射信号灵敏,而对可见光无响应。这种阴极通常称为也称紫外光电阴极材料,其对太阳和地表面辐射不敏感,响应范围 100 ~ 280 nm;长波限在 290 ~ 320 μm。目前,比较实用的"日盲"型紫外光电阴极碲化铯($CsTe$,$\lambda_c = 320$ nm)和碘化铯(CsI,$\lambda_c = 200$ nm)两种。

5. 负电子亲和势光电阴极

常规的光电阴极属于正电子亲和势光电阴极(PEA)类型,即表面的真空能级位于导带之上。如果给半导体的表面作特殊处理,使表面区域能带弯曲,真空能级降低到导带之下,从而使有效的电子亲和势为负值,这种能带弯曲势必影响导带中电子逸出所需的能量,也就改变了光电逸出功。经过特殊处理的阴极称作负电子亲和势光电阴极(NEA)材料。

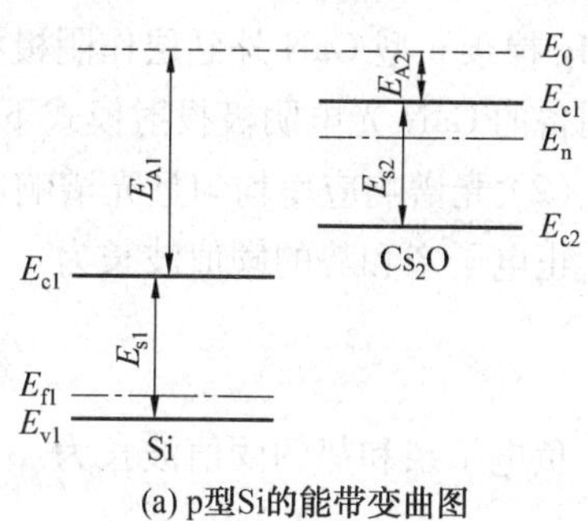

(a) p型Si的能带变曲图

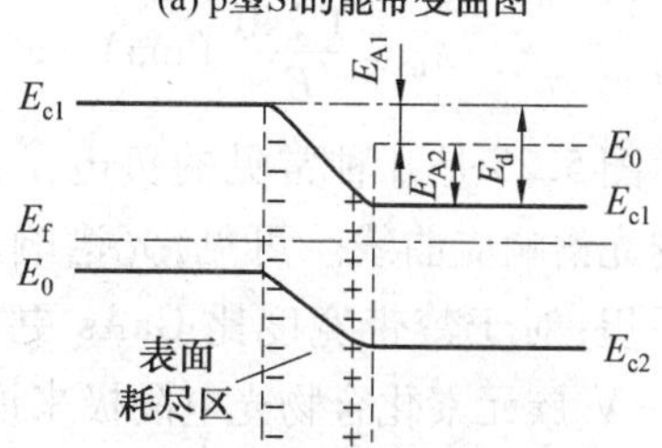

(b) n型CsO_2的能带变曲图

图 5.24 负电子亲和势材料的能带图

负电子亲和势材料主要是第 Ⅲ - Ⅴ 族元素化合物和第 Ⅱ - Ⅵ 族元素化合物。采用特殊工艺,例如在重掺杂 p 型硅表面涂一薄层 n 型 CsO_2,表面为 n 型的材料有丰富的自由电子,基底为 p 型材料有丰富的空穴,它们互相扩散形成表面电荷局部耗尽,与 p-n 结情况类似,耗尽区的电位下降 E_d,造成能带弯曲,如图5.24(b)所示,图5.24(a)为 p 型 Si 和 n 型 CsO_2 材料的能带图。

本来 p 型 Si 的发射阈值是 $E_d = E_{A1} - E_{g1}$,电子受光激发进入导带后需克服亲和势 E_{A1} 才能逸出金属表面,由于表面存在 n 型薄层,使耗尽区的电位下降,表面电位降低 E_d,光电子在表面附近收到耗尽区内建电场的作用,从 Si 的导带底部漂移到表面 CsO_2 的导带底部,此时,电子只需要克服 E_{A2},就能逸出表面,对于 p 型 Si 的光电子,需要克服的有效亲和势为

$$E_{Ae} = E_{A2} - E_d \tag{5.60}$$

由于能带弯曲,使 $E_d > E_{A2}$,这样就形成了负电子亲和势。NEA 发射体和常规光电发射体的表面,电子状态类似,导带底上的电子能量都低于真空能级,但是,两者体内电子能量则不同。NEA 发射体导带底的电子能量高于真空能级,而常规发射体电子亲和势仍是正的。

负电子亲和势材料制作的光电阴极与正电子亲和势材料光电阴极相比,具有以下几个特点:

(1)量子效率高

NEA 阴极的量子效率高于正电子亲和势阴极,可从其光电发射过程进行分析。一般的正电子亲和势光电阴极中,激发到导带的电子必须克服表面势垒才能逸出表面,只有高

能电子才能发射出去。负电子亲和势光电阴极因其表面无表面势垒,所以受激电子跃迁到导带并迁移到表面后,无需克服表面势垒就可以较容易地逸出表面。受激电子在向表面迁移过程中,因与晶格碰撞,使其能力降到导带底而变化为热化电子后,仍可继续向表面扩散并逸出表面。所以负电子亲和势光电阴极的有效逸出深度要比正电子亲和势光电阴极大得多。如普通的多碱阴极的逸出深度只有几十纳米,而GaAs负电子亲和势光电阴极的有效逸出深度可达数微米,$\eta(\lambda_{max})=50\%\sim60\%$,长波限可达9%;美国西北大学采用Mg掺杂p型GaN外延层作阴极材料,在反射模式下获得了高达56%的量子效率。他们制备的GaN光电阴极投射模式下的量子效率也高达30%。

(2) 光谱响应率均匀且光谱响应延伸至红外

正电子亲和势的阈值波长为

$$\lambda_0=\frac{1\,240}{E_g+E_A}\ (\text{nm}) \tag{5.61}$$

负电子亲和势的阈值波长为

$$\lambda_0=\frac{1\,240}{E_g}\ (\text{nm}) \tag{5.62}$$

图5.25是几种常见的负电子亲和势材料的光谱响应曲线。可见,光谱响应曲线较为平坦;对于禁带宽度比GaAs更小的多元Ⅲ－Ⅴ族元素化合物光电阴极来说,响应波长还可向更长的红外延伸。

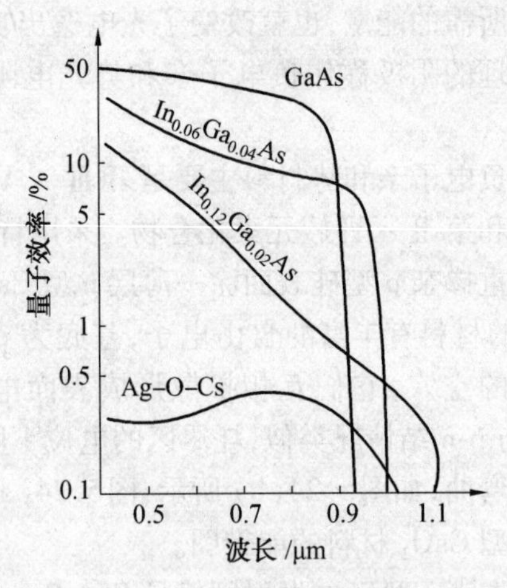

图5.25　几种常见的负电子亲和势材料的光谱响应曲线

(3) 热电子发射小

与光谱响应范围相同的正电子亲和势光电发射材料相比,负电子亲和势材料的禁带宽度一般比较宽,所以在没有强电场作用的情况下,热电子不容易发射,热电子发射小,一般只有10^{-16} A/cm^2。

(4) 光电子的能量集中

当负电子亲和势光电阴极受光照时,被激发的电子在导带内很快热化(约10^{-12} s)并落入导带底(寿命达10^{-9} s),热化电子很容易扩散到达能带弯曲的表面,然后发射出去,所以其光电子能量基本上都等于导带底能量。

5.4.3　光电管和光电倍增管

1. 光电管

光电管是基于外光电效应的基本光电转换器件,可将光信号转换成电信号。分为真空光电管和充气光电管。真空光电管主要由光电阴极和阳极两部分组成,因管内常被抽成真空而称为真空光电管。然而,有时为了使某种性能提高,在管壳内也充入某些低气压惰性气体形成充气型的光电管。无论真空型还是充气型均属于光电发射型器件,称为光电管。

(1) 光电管的结构

图5.26是光电管的构造示意图。光电管的典型结构是将球形玻璃壳抽成真空,在内半球面上涂一层光电材料作为阴极,球心放置小球形或小环形金属作为阳极。光电管由光窗、光电阴极和阳极三部分组成。光窗的材质取决于需要测定的波长范围:若波长范围在可见光之间,可选用普通玻璃作为窗口材质,波长范围涉及紫外,常选用石英作为窗口材质,波长范围在红外,常用硒化锌、硅元素作为窗口材料。阴极为半导体光电发射材料,涂于玻壳内壁,受光照时,可向外发射光电子,通常用作光电阴极的金属有碱金属、汞、金、银等,可适合不同波段的需要。阳极是金属环或金属网,置于光电阴极的对面,加正的高电压,用来收集从阴极发射出来的电子。

(2) 真空型光电管的工作原理

如图5.27所示,当入射光透过光窗照射到光电阴极面上时,光电子从阴极发射出去,在阴极和阳极之间的电场作用下作加速运动,被高电位的阳极收集,光电流的大小主要由阴极灵敏度和入射光强度决定。

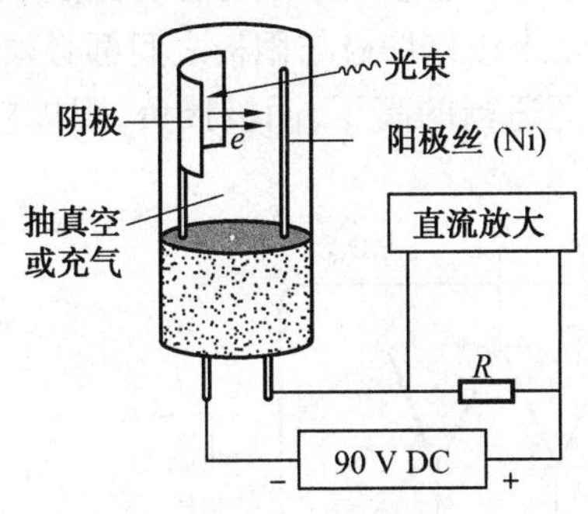

图5.26　光电管的构造示意图

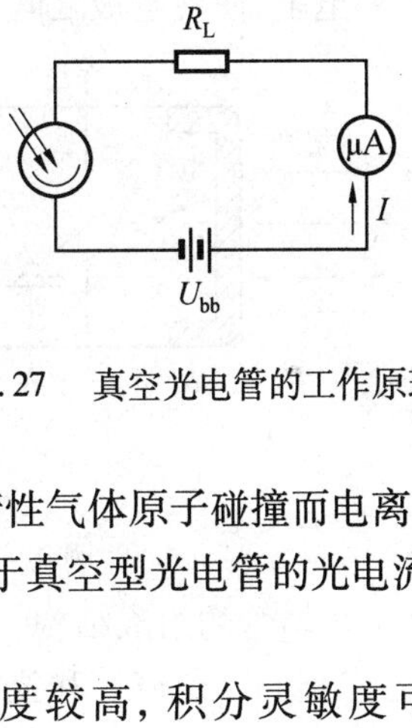

图5.27　真空光电管的工作原理图

(3) 充气型光电管的工作原理

光照产生的光生电子在电场作用下运动,途中与惰性气体原子碰撞而电离,电离又产生新的电子,它与光电子一起都被阳极收集,形成数倍于真空型光电管的光电流。

(4) 光电管的特点

光电管具有下列优点:光电阴极面积大,灵敏度较高,积分灵敏度可达20 ~ 200 μA/lm;暗电流小,最低可达10 ~ 14 A;光电发射弛豫过程极短。同时光电管也具有一些缺点:体积都比较大、工作电压高达数百伏、玻壳容易破碎等;随着光电倍增管工艺的成熟以及半导体光电器件的发展,光电管基本上已被固体光电器件所替代。

2. 光电倍增管的结构和工作原理

(1) 光电倍增管的工作原理

光电倍增管(PMT)把微弱入射光转换成光电子并获得倍增的重要真空光电发射器件,是在光电管的基础上研制出来的一种真空光电器件,在结构上增加了电子光学系统和电子倍增极,极大提高了检测灵敏度。光电倍增管是一种真空光电发射器件,主要由光窗、光电阴极、电子光学系统、二次发射倍增系统和阳极五个主要部分组成,如图5.28所示。

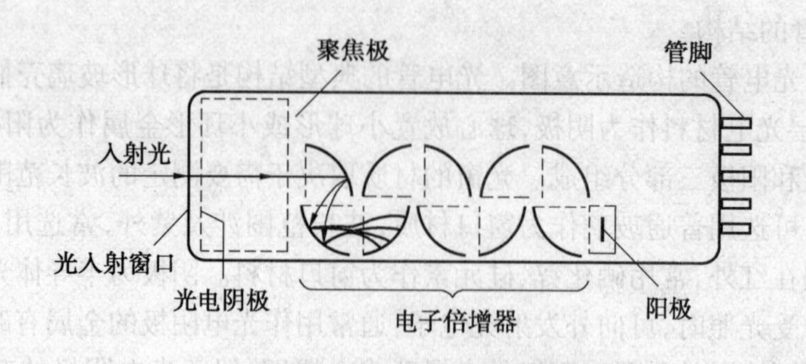

图 5.28　光电倍增管的结构示意图

光电倍增管的工作原理:① 光子透过入射窗口入射在光电阴极上;② 光电阴极上的电子受光子激发,离开表面发射到真空中;③ 光电子通过电场加速和电子光学系统聚焦入射到第一倍增级上,倍增级将发射出比入射电子数目更多的二次电子。入射电子经 N 级倍增极倍增后,光电子就放大 N 次;④ 经过倍增后的二次电子由阳极收集,形成阳极光电流。光电倍增管的工作原理如图 5.29 所示。为了使光电子能有效地被各倍增极电极收集并倍增,阴极与第一倍增极、各倍增极之间以及末级倍增极与阳极之间都必须施加一定的电压。最普通的形式是在阴极和阳极之间加上适当的高压,阴极接负,阳极接正,外部并接一系列电阻,使各电极之间获得一定的分压。

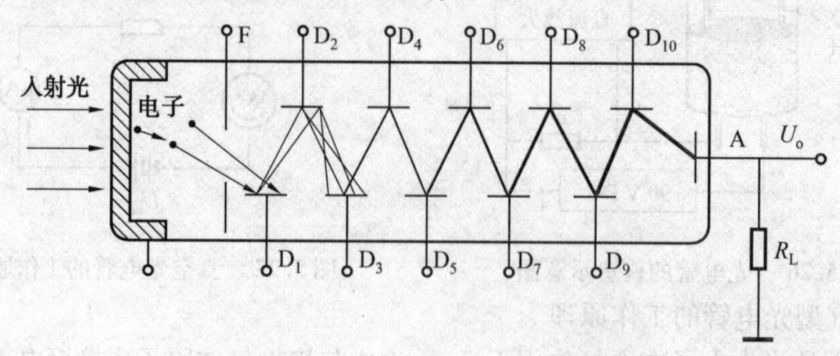

图 5.29　光电倍增管的工作原理图

(2) 光电倍增管的组成结构

① 入射光窗口(光窗)和光电阴极结构。光电倍增管的光窗是入射光的通道,通常有侧窗式和端窗式两种形式,如图 5.30 所示,侧窗式光电倍增管一般使用反射式光电阴极,大多数用于分光光度和光度测量中。端窗式光电倍增管通常使用半透明光电阴极,光电阴极材料沉积在入射窗的内侧面。为了使各处的灵敏度一致,阴极面做成半球状。

(a) 侧窗式

(b) 端窗式

图 5.30　光电倍增管的类型

侧窗式光电倍增管:从侧面接收入射光,使用不透明光阴极(反射式光阴极)和环形聚焦型电子倍增极结构,这种结构能够使其在较低的工作电压下具有较高的灵敏度。

端窗式光电倍增管(也称顶窗型):从顶部接收入射光。在其入射窗的内表面上沉积了半透明的光阴极(透过式光阴极),这使其具有优于侧窗型的均匀性。

光窗是对光吸收较多的部分,因为玻璃对光的吸收与波长有关,波长越短吸收的越多,所以倍增管光谱特性的短波阈值决定于光窗材料。设计时根据透过波长的要求来选用。常采用的窗口材料有钠钙玻璃、硼硅玻璃、紫外玻璃、熔石英玻璃和氟化镁玻璃。

图5.31是几种常用的窗口材料的光谱透过率曲线,光电倍增管的光谱响应特性主要由光窗材料和光电阴极材料决定,光电阴极主要决定倍增管光谱特性的长波阈值,因此在使用时应根据窗口和阴极材料的特性,选择相应的光电倍增管。

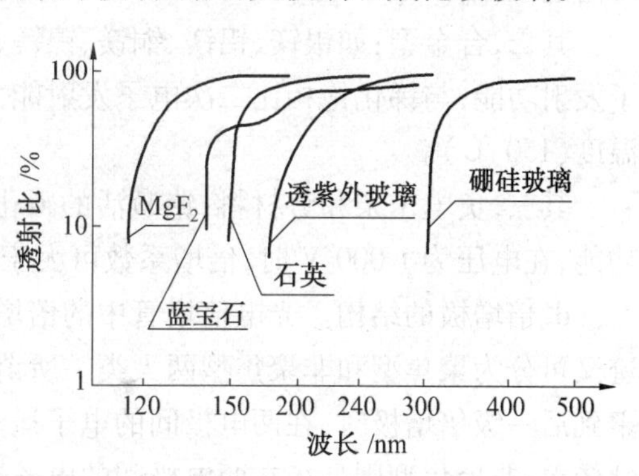

图5.31　光窗材料的光谱透过率曲线

② 电子光学系统。电子光学系统是指阴极到倍增系统第一倍增极之间的电极空间,其中包括光电阴极、聚焦极、加速极及第一倍增极。电子光学输入系统主要起两方面作用:一是使光电阴极发射的光电子尽可能全部会聚到第一倍增极上,而将其他部分的杂散热电子散射掉,提高信噪比,即使下一级的收集率接近于1;二是使阴极面上各处发射的光电子在电子光学系统中渡越的时间尽可能相等,即渡越时间离散最小,以保证光电倍增管的快速响应。倍增系统必须有高的倍增效益,增益A由下式决定

$$A = \varepsilon_0 \left(\varepsilon\sigma \right)^n \tag{5.63}$$

式中,ε_0为第一倍增极对阴极的电子收集效率,即光学系统的收集率;ε为倍增极间的传递效率;σ为次级发射系统的平均值;n为倍增极的级数。

③ 电子倍增系统。电子倍增系统是由许多倍增极组成,每个倍增极都是由二次电子倍增材料构成的,具有使一次电子倍增的能力。倍增系统决定整管灵敏度。

a. 二次电子发射。二次电子发射:具有一定能量的电子入射到倍增极后,材料表面将发射新的电子,轰击倍增极即材料的入射电子称为一次电子,从材料表面发射出的电子称为二次电子,一般产生的二次电子数N_2大于入射电子数N_1,这种现象称为二次电子发射,通常二次发射系数(倍增系数)δ的定义为:二次发射的电子数N_2与入射的一次电子数N_1的比值

$$\delta = \frac{N_2}{N_1} \tag{5.64}$$

b. 二次电子发射过程。二次电子发射过程三个阶段:其一,材料吸收一次电子的能量,激发体内电子到高能态,这些受激电子称为内二次电子;其二,内二次电子中初速指向表面的那一部分向表面运动;其三,到达界面的内二次电子中能量大于表面势垒的电子发射到真空中,成为二次电子。

一般,光电发射性能良好的阴极材料也是良好的二次电子发射体。光电倍增管的二次电子发射材料应满足下列要求:在低的工作电压下具有较大的二次电子发射系数δ;热

电子发射小；在较高温度和较大的一次电子密度下，发射系数保持稳定。

c. 常用的倍增极材料。

其一，银氧铯（Ag－O－Cs）和锑化铯（CsSb）等碱金属化合物：灵敏的光电发射体和良好的二次电子发射体，在较低的电压下产生较高的发射系数，电压高于400 V时的δ值可高达10倍。

其二，合金型：如银镁、铝镁、铜镁、镍镁、铜铍等合金，氧化的银镁合金也具有二次电子发射功能，与锑化铯相比二次电子发射能力稍差些，但它可以工作在较强电流和较高的温度（150 ℃）。

其三，负电子亲和势材料：铯激活的磷化镓（GaP：Cs）等，具有更高的二次电子发射功能，在电压为1 000 V时，倍增系数可大于50或高达200。

d. 倍增极的结构。光电倍增管中的倍增极一般由几级到十五级组成。根据电子的轨迹又可分为聚焦型和非聚焦型两大类。所谓聚焦型是指电子从前一级倍增极被加速和会聚到后一级倍增极时，在两电极间的电子运动轨迹，可能有交叉，其响应快，高速，但均匀性较差；非聚焦型则是指在两电极间的电子运动轨迹是平行的，响应不及聚焦型，但均匀性好，收集效率高。光电倍增管的性能不仅取决于倍增极的结构类型，还取决于光电阴极的尺寸和聚焦系统。

e. 阳极。阳极的作用是收集从末级倍增极发射出的二次电子，通过引线向外输出倍增后的电流。对阳极的要求：具有较高的电子收集率（多采用栅网状结构）；能承受较大的电流密度；在阳极附近的空间不至于产生空间电荷效应。另外，阳极的输出电容要小，即阳极与末级倍增极及其他倍增极之间的电容要很小，因此目前最简单常用的阳极是栅状阳极，栅状阳极的输出电容小，阳极附近也不易产生空间电荷效应。

4. 光电倍增管的使用及应用

（1）光电倍增管的使用

光电倍增管不仅有极高的光电灵敏度、极快的响应速度、极低的暗电流低和噪声，还能够在很大范围内调整内增益，目前它仍然是最常用的光电探测器之一，而且在许多场合还是唯一适用的光电探测器。

光电倍增管具有极高的灵敏度和快速响应等特点，在精密测量中，正确使用PMT，应注意以下几点：

① 阳极电流不超过1 μA，可以减缓疲劳和老化效应，减少负载电阻反馈和分压器电压的再分配效应；

② 电压分压器中流过的电流至少应大于阳极最大电流的1 000倍，即1 mA，但是不应过分加大，以免发热；

③ 阴极和第一倍增极之间，以及末级倍增极和阳极之间的极间电压应设计得与总电压无关；

④ 高压电源的稳定性必须为所需测量精度的10倍左右；电压稳定系数一般应小于0.001%；

⑤ 输出信号用运放作电流电压变换，以获得高得信噪比和好的线性；

⑥ 采取电磁屏蔽,最好使屏蔽筒与阴极处于相同的电位;

·⑦ 应贮存在黑暗中,使用前最好先接通高压电源,在黑暗总存放几小时,不用时应贮存在黑暗中;

⑧ 光电倍增管使用前应让其自然老化数年,已获得良好的稳定性;

⑨ 在光电阴极前放置优质的漫射器,可减少因阴极区域灵敏度不同而产生的误差;

⑩ 电倍增管不能在有氦气的环境中使用,因为它会渗透到玻壳内而引起噪声。

(2) 光电倍增管的应用举例

① 光谱测量和分析。光电倍增管可用来测量光源在某个波长范围内的辐射功率,用在光学测量仪器和光谱分析仪器中,它能在低能级光度学和光谱学方面测量波长在200 ~1 200 nm 的极微弱辐射功率,它在元素成分鉴定、各种化学分析和冶金学分析仪器中都有广泛的应用。

a. 紫外/可见/近红外分光光度计。根据物质对光的吸收,即光通过物质时使物质的电子状态发生变化而失去部分能量,进行定量分析。为确定样品物质的量,采用连续的光谱对物质进行扫描,并利用光电倍增管检测光通过被测物质前后的强度,即可得到被测物质吸收程度,计算出物质的量。

b. 原子吸收分光光度计。广泛用于微量金属元素的分析,对应于分析的各种元素,需要专用的元素灯,照射燃烧并雾化分离成原子状态的被测物质上,用光电倍增管检测光被吸收的强度,并与预先得到的标准样品比较。

c. 发光分光光度计。利用发光原理,样品接受外部照射光的能量会产生发光,利用单色器将这种光的特征光谱线显示出来,用光电倍增管探测出特征光谱线是否存在及其强度。这种方法可以迅速地定性或定量地检查出样品中的元素。

d. 荧光分光光度计。依据生物化学,特别是分子生物学原理。物质受到光照射,发射长波的发光,这种光称为荧光。用光电倍增管检测荧光的强度及光谱特性,可以定性或定量地分析样品成份。

e. 拉曼分光光度计。用单色光照射物质后被散射,这种散射光中,只有物质特有量的不同波长光混合在里面。这种散乱光(拉曼光) 进行分光测定,对物质进行定性定量的分析。由于拉曼发光极其微弱,因此检测工作需要复杂的光路系统,并且采用单光子计数法。

② 质量光谱学与固体表面分析。固体表面分析:固体表面的成分和结构,可以用极细的电子、离子、光或 X 射线的束流,入射到物质表面,对表面发出的电子、离子、X 射线等进行测定来分析。这种技术在半导体工业领域被用于半导体的检查中,如缺陷、表面分析、吸附等。电子、离子、X 射线一般采用电子倍增器来测定。

③ 环境监测。

a. 尘埃粒子计数器。尘埃粒子计数器检测大气或室内环境中悬浮的粉尘或粒子的密度。

b. 浊度计。当液体中有悬浮粒子时,入射光会粒子被吸收、折射。对人的眼睛来看是模糊的,而浊度计正是利用了光的透过折射和散射原理,并用数据来表示的装置。

④ 生物技术。

a. 细胞分类。细胞分类仪是利用荧光物质对细胞标定后,用激光照射,细胞的荧光、散乱光用光电倍增管进行观察,对特定的细胞进行选择的装置。

b. 荧光计。细胞分类的最终目的是分离细胞,为此,有一种用于对细胞、化学物质进行解析的装置,称为荧光计,对细胞、染色体发出的荧光、散乱光的荧光光谱、量子效率、偏光、寿命等进行测定。

⑤ 光子计数。光电倍增管的放大倍数很高,常用来进行光子计数。但是当测量的光照微弱到一定水平时,由于探测器本身的背景噪声(热噪声、散粒噪声等)而给测量带来很大困难。光子计数器是测量微弱辐射最灵敏的一种方法,也是光电倍增管新的应用领域,具有下述有特点:可通过分立光子产生的电脉冲来测定光量,系统的灵敏度高,抗噪声能力强;采用电脉冲计数,降低了对供电电源等的要求,提高了系统的稳定性;可排除由于直流漏电和输出零漂等原因造成的测量误差;光子计数器的输出可以是数字量,也可以是模拟量,便于进一步的信息处理。

光子计数器的工作原理:光子计数器一般测量小于 10^{-14} W 的连续弱辐射。假设为 He - Ne 激光,则发生光子速率

$$n_p = 10^{-14}/h\nu = 3.18 \times 10^4 \tag{5.65}$$

当 n_p 个光子入射到光电阴极上,如果阴极的量子效率为 η,则会发射出 ηn_p 个分立的光电子,每个光电子被电子倍增管放大,到达阳极的电子数可达 $10^5 \sim 10^7$ 个。

⑥ 医疗应用。

γ 相机。γ 射线探测在核医学在医学上已经应用的 PET(Position Emission Tomography)系统,将放射性同位素标定试剂注入病人体内,通过 γ 相机可以得到断层图象,来判别病灶。从闪烁扫描器开始,经逐步改良,γ 相机的性能得到快速的发展。

正电子 CT。放射线同位素(C11、O15、N18、F18 等)标识的试剂投入病人体内,发射出的正电子同体内结合时,放出淬灭 γ 线,用光电倍增管进行计数,用计算机作成体内正电子同位素分布的断层画面,这种装置称为正电子 CT,这种正电子 CT 与一般 CT 的区别在于它可以对生物的动机能进行诊断。

闪烁计数。闪烁计数是最常用也是最有效探测射线粒子的一种方法,它将闪烁晶体与光电倍增管结合在一起探测高能粒子的有效方法。闪烁计数器的出现,扩大了光电倍增管的应用范围。高能粒子照到闪烁体上时,它产生光辐射并由倍增管接收转变为电信号,而且光电倍增管输出脉冲的幅度与粒子的能量成正比。通常采用具有双碱光电阴极的端窗式光电倍增管。

临床检查。通过对血液、尿液中微量的胰岛素、激素、残留药物及病毒等对于抗原、抗体的作用特性,进行临床身体检查、诊断治疗效果等。光电倍增管对被同位素、酶、荧光、化学发光、生物发光物质等标识的抗原体的量进行化学测定。

激光检测仪器的发展与采用光电倍增管作为有效接收器密切有关。电视电影的发射和图象传送也离不开光电倍增管。它在微光探测、快速光子计数和微光时域分析、冶金、电子、机械、化工、地质、医疗、核工业、天文和宇宙空间研究等领域。

5.5 光电探测技术

光电探测技术以激光、红外、光纤等现代光电传感器件为基础,通过对载有被探测物体信号的光辐射(发射、反射、散射、衍射、折射、透射等)进行检测,将被测量转换成光通量,再转换成电信号,并综合利用信息传送和处理技术,完成在线自动测量。光电探测器的基本功能就是基于光电效应将入射到探测器上的光信号转换为相应的电信号。

光电探测技术具有以下特点:高精度,从地球到月球激光测距的精度达到 1 m;高速度,光速是最快的;远距离、大量程,光是最便于远距离传播的介质,适用于遥控、遥测和遥感;非接触式检测,光照到被测物体上没有测量力,无摩擦,可实现动态测量,即在不改变被测物体性质的条件下进行测量,是各种测量方法中效率最高的一种;寿命长,光电检测中通常无机械运动部分,故测量装置寿命长、工作可靠、准确度高、对被测物无形状和大小要求;数字化和智能化,有很强的信息处理、运算和控制能力。

根据检测原理,光电检测的方法有:光电直接探测法、差动测量法、补偿测量法、脉冲测量法等,但在实际应用中通常采用两种探测方式:即直接探测方式和光外差探测方式,图5.32 给出了直接探测系统和光外差探测系统的组成框图,下面分别简要介绍。图5.33 给出光电直接检测方式和光外差检测方式的特点。

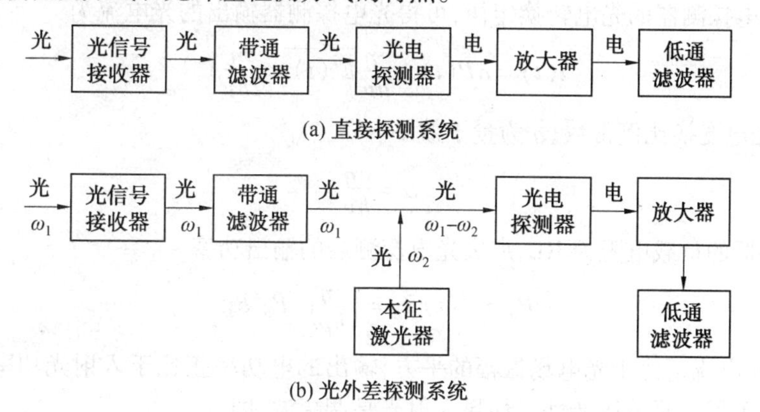

图 5.32　直接探测系统和光外差探测系统方框图

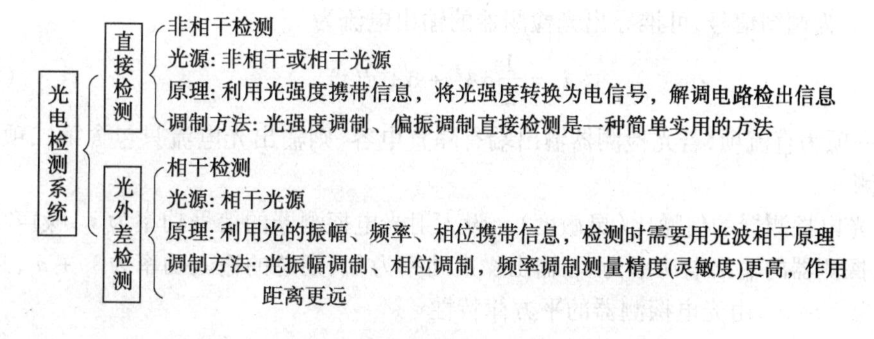

图 5.33　光电直接检测方式和光外差检测方式

5.5.1 直接探测技术

直接利用光电探测器实现探测的方式称为直接探测,即受被测物理量控制的光通量,经光电接收器转换成电量后由检测机构可直接得到所求被测物理量。光电探测器的基本功能是把入射到探测器上的光功率转换为相应的光电流,根据光电转换定律有

$$i(t)=\frac{e\eta}{h\nu}P(t) \tag{5.66}$$

光电流 $i(t)$ 是光电探测器对入射光功率 $P(t)$ 的响应,如果传递的信息表现为光功率的变化,利用光电探测器的直接光电转换功能就能实现信息的直接解调。因为探测器输出的光电流相应于光功率的包络变化,所以直接探测方式又通常称为包络探测。特点:该测量方法结构简单,但精度差,容易受光源波动、电源波动等影响较大,适合于测量精度要求不高的场合。

1. 直接探测技术中光电探测器的信噪比性能

① 光电探测器的平方律特性。设入射的光信号电场为

$$E(t)=A\cos\omega t \tag{5.67}$$

式中,A 是信号光电场振幅;ω 是信号光的频率。则平均光功率为

$$P(t)=\overline{E^2(t)}=A^2/2 \tag{5.68}$$

根据光电探测器的光电转换定律,可得光电探测器输出的光电流为

$$i(t)=\alpha P(t)=\frac{e\eta}{h\nu}\overline{E^2(t)}=\frac{e\eta}{2h\nu}A^2 \tag{5.69}$$

式中,α 为光电变换比例常数;η 为量子效率。

$$\alpha=\frac{e\eta}{h\nu} \tag{5.70}$$

若探测器的负载电阻为 RL,那么光电探测器的输出功率

$$P_0=i^2(t)R_L=\left(\frac{e\eta}{h\nu}\right)^2 {P_S}^2R_L \tag{5.71}$$

可见,光电流正比于光电场振幅的平方,输出的电功率正比于入射光功率的平方,这就是光电探测器的平方律特性。如果入射光是调幅波,即

$$E_s(t)=A[1+d(t)]\cos\omega t \tag{5.72}$$

其中 $d(t)$ 为调制信号,可推导出光检测器的输出电流为

$$i_s=\frac{1}{2}\alpha A^2+\alpha A^2d(t) \tag{5.73}$$

式中第一项为直流项,若光检测器输出端有隔直电容,则输出光电流只包含第二项,称为包络检测。

② 光电探测器的信噪比(灵敏度)。设入射光电探测器的信号功率为 s_i,噪声功率为 n_i,光电探测器的输出电功率为 s_0,输出噪声功率为 n_o,则总的输入功率为 s_i+n_i,总的输出功率为 s_o+n_o,由光电探测器的平方律特性

$$s_o+n_o=k(s_i+n_i)^2=k(s_i^2+2s_in_i+n_i^2) \tag{5.74}$$

考虑到信号和噪声的独立性,有

$$s_o = ks_i^2 \tag{5.75a}$$

$$n_o = k(2s_i n_i + n_i^2) \tag{5.75b}$$

根据信噪比的定义，输出信噪比为

$$\mathrm{SNR}_o = \frac{s_o}{n_o} = \frac{s_i^2}{2s_i n_i + n_i^2} = \frac{(s_i/n_i)^2}{1 + 2(s_i/n_i)} \tag{5.76}$$

信噪比可用来表征检测系统的灵敏度。若$(s_i/n_i) \ll 1$，则有$(s_o/n_o) \approx (s_i/n_i)^2$，即输出信噪比近似等于输入信噪比的平方。这表明直接探测方式不适宜输入信噪比小于1或微弱信号的探测；若$(s_i/n_i) \gg 1$，则有$(s_o/n_o) \approx \frac{1}{2}(s_i/n_i)$，此时，输出信噪比等于输入信噪比之半，光电转换后的信躁比损失不大，在实际应用中完全可以接受，且直接检测方法不能改善输入信噪比。直接探测方式适宜于强光探测，简单易于实现，可靠性高，成本低，已得到广泛应用。

在直接探测方式中，如果光信号功率比较小，则光电探测器的电信号输出也相应比较小，为了便于信号处理，必须加前置放大器。但前置放大器的加入，不仅放大有用信号，对输入噪声也同样放大，而且放大器本身还要引入新的噪声，因此，会对探测系统的灵敏度、探测系统的输出信噪比产生影响。为了保持探测系统的一定输出信噪比要求，合理设计前置放大器非常重要。

③ 直接探测系统的探测极限。系统的信噪比主要取决于光学系统的接收信噪比（包括调制形式）和光电探测器的信噪比，以及信号处理系统的噪声系数F以及滤波器的通频带宽度Δf，输入信号光功率为P_S。则输出信号功率为

$$P_o = (\alpha P_S)^2 = \left(\frac{e\eta}{h\nu}P_S G\right)^2 \tag{5.77}$$

式中，G为探测器增益；光伏型及光发射器件的极限信噪比（灵敏度）：噪声包含暗电流、信号光电流和背景光电流的散粒噪声以及负载电阻的热噪声。光伏器件的倍增因子$G = 1$光电倍增管的倍增因子$G \geq 10^5$，则噪声功率为

$$P_{no} = (\overline{i_{NS}^2} + \overline{i_{NB}^2} + \overline{i_{ND}^2} + \overline{i_{NT}^2}) \cdot R_L = \left[2\frac{e^2\eta}{h\nu}(P_S + P_b)G^2 + 2dI_d G^2 + \frac{4kt}{R_L}\right]\Delta f R_L \tag{5.78}$$

信噪比为

$$\mathrm{SNR}_p = \frac{P_o}{P_{no}} = \frac{(e\eta/h\nu)^2 \cdot P_S^2}{\overline{i_{NS}^2} + \overline{i_{NB}^2} + \overline{i_{ND}^2} + \overline{i_{NT}^2}} = \frac{(e\eta P_S G/h\nu)^2}{\left[\frac{2e^2\eta(P_S + P_b)G^2}{h\nu} + 2eI_d G^2 + \frac{4kt}{R_L}\right]\Delta f} \tag{5.79}$$

当热噪声是直接检测系统的主要噪声源时，直接检测系统受热噪声限制，信噪比为

$$\mathrm{SNR}_p = \frac{(e\eta/h\nu)^2 \cdot P_S^2}{4KT\Delta f/R} \tag{5.80}$$

系统的热噪声低于探测器的散粒噪声，且暗电流的散粒噪声小于光电流的散粒噪声，

直接检测系统受散粒噪声限制,信噪比为

$$\mathrm{SNR_p} = \frac{\eta {P_{\mathrm{S}}}^2}{2h\nu(P_{\mathrm{S}} + P_{\mathrm{b}})\Delta f} \tag{5.81}$$

当背景光功率相对信号功率足够强时,信号功率产生的散粒噪声可忽略,此时,背景噪声是直接检测系统的主要噪声源,信噪比为

$$\mathrm{SNR_p} = \frac{(e\eta/h\nu)^2 \cdot P_s^2}{2e\Delta f \cdot \left(\frac{e\eta}{h\nu} \cdot P_{\mathrm{B}}\right)} = \frac{\eta \cdot P_s^2}{2h\nu\Delta f \cdot P_{\mathrm{B}}} \tag{5.82}$$

当入射信号光波所引起的噪声为直接检测系统的主要噪声源时,直接检测系统受信号噪声限制,这时信噪比为

$$\mathrm{SNR_p} = \frac{\eta \cdot P_{\mathrm{S}}}{2h\nu\Delta f} \tag{5.83}$$

该式为直流检测系统在理论上的极限信噪比,称为直接检测系统的量子极限,又称量子限灵敏度。若用等效噪声功率 NEP 值表示,在量子极限下,直接检测系统理论上可测量的最小功率为:即当 SNR = 1 时的等效噪声功率(最小可探测功率)

$$\mathrm{NEP}_{量} = \frac{2h\nu\Delta f}{\eta} \tag{5.84}$$

假定光波长 $\lambda = 0.7\ \mu\mathrm{m}$,检测器的量子效率 $\eta = 1$,测量带宽 $\Delta f = 1$,由上式得到系统在量子极限下的最小可检测功率为

$$P_{\min} = 10^{-18} W \tag{5.85}$$

改善系统检测极限的方法,可采用有内部高增益的探测器。对于光电倍增管倍增因子 G,信噪比为

$$\mathrm{SNR_p} = \frac{(e\eta/h\nu)^2 \cdot P_{\mathrm{S}}^2 \cdot G^2}{[\overline{i_{\mathrm{NS}}^2} + \overline{i_{\mathrm{NB}}^2} + \overline{i_{\mathrm{ND}}^2}]G^2 + \overline{i_{\mathrm{NT}}^2}} \tag{5.86}$$

当 G^2 很大时,热噪声可以忽略,光电倍增管可接近散粒噪声限。

在实际的直接检测系统中,很难达到量子极限检测。实际系统总会有背景噪声、检测器和放大器的热噪声。背景限信噪比可以在激光检测系统中实现,是因为激光光谱窄,加滤光片很容易消除背景光,实现背景限信噪比。

2. 直接探测系统的视场角

视场角表示系统能检测到的空间范围,是检测系统的性能指标之一。对于检测系统,被测物看作是在无穷远处,且物方与像方两侧的介质相同。当检测器位于焦平面上时,其半视场角为

$$W = \frac{d}{2f} \tag{5.87}$$

视场角立体角 Ω 为

$$\Omega = \frac{A_{\mathrm{d}}}{f^2} \tag{5.88}$$

从观察角度讲,希望视场角越大越好,即大检测器面积或减小光学系统的焦距,但对检测器会带来不利影响:

① 增加检测器面积意味着增大系统噪声。因为对大多数检测器,噪声功率和面积的平方根成正比。

② 减小焦距使系统的相对孔径加大,引入系统背景辐射噪声,使系统灵敏度下降。

因此在系统设计时,在检测到信号的基础上尽可能减小系统视场角,如图 5.34 所示。

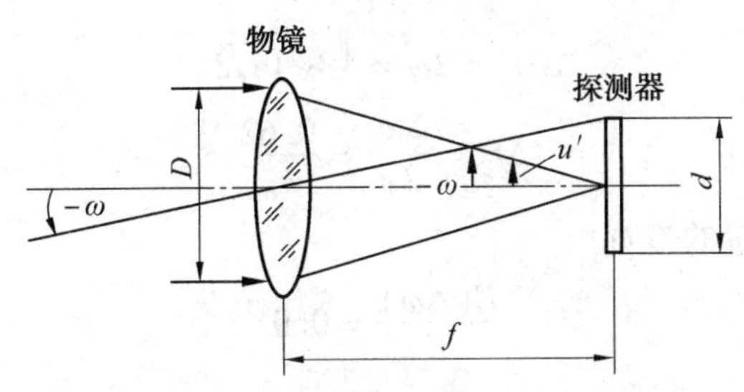

图 5.34　直接探测系统的视场角

3. 直接探测系统的通频带宽度

频带宽度 Δf 是光电检测系统的重要指标之一。直接光电检测系统要求 Δf 应保存原有信号的调制信息,并使系统达到最大输出功率信噪比。系统按传递信号能力,可有以下几种方法确定系统频带宽度。以脉冲激光波形为例,系统按传递信号能力,可用以下几种方法确定系统带宽:

(1) 等效矩形带宽

令 $I(\omega)$ 为信号的频谱,则信号能量为

$$E = \frac{1}{2\pi}\int_{-\infty}^{\infty} |I(\omega)|^2 \mathrm{d}\omega \tag{5.89}$$

则等效矩形带宽定义为

$$E = |I(0)|^2 \Delta\omega \tag{5.90}$$

式中,$I(0)$ 为 $\omega = 0$ 的频谱分量。如图 5.35 所示。例如,以钟形表示的脉冲激光信号的等效矩形带宽。激光波形为

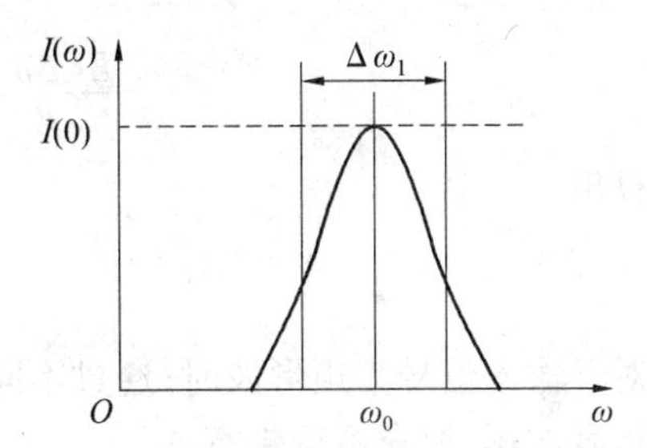

图 5.35　直接探测系统的等效矩形带宽

$$I(t) = A\mathrm{e}^{-\beta^2/t2} \tag{5.91}$$

式中,β 为脉冲峰值,$\beta \approx \frac{1.66}{\tau_0}$;$\tau_0$ 为激光脉冲宽度。它的频谱 $I(\omega)$ 为

$$I(\omega) = \int_{-\infty}^{\infty} I(t)\mathrm{e}^{-\mathrm{j}\omega t}\mathrm{d}t = \frac{A\sqrt{\pi}}{\beta}\mathrm{e}^{-\omega^2/\beta^2} \tag{5.92}$$

激光脉冲能量 E 为

$$E = \frac{1}{2\pi}\int_{-\infty}^{\infty} \left|\frac{A\sqrt{\pi}}{\beta}\mathrm{e}^{-\omega^2/\beta^2}\right|^2 \mathrm{d}\omega = \frac{A^2\sqrt{\pi/2}}{\beta} \tag{5.93}$$

等效矩形带宽 Δf_1 为

$$\Delta f_1 = \frac{\Delta\omega_1}{2\pi} = \frac{E}{|I(0)|^2} = \frac{\beta}{\sqrt{2\pi}} = \frac{0.06}{\tau_0} \tag{5.94}$$

(2) 频谱曲线下降 3 dB 的带宽为

$$20\log\frac{I(\omega)}{I(0)}=3 \tag{5.95}$$

将式(5.92) 代入式(5.95) 可得

$$\omega=\sqrt{4}\beta\sqrt{\ln\sqrt{2}} \tag{5.96a}$$

$$\Delta\omega_2=2\omega=4\beta\sqrt{\ln\sqrt{2}} \tag{5.96b}$$

$$\Delta f_2=\frac{\Delta\omega_2}{2\pi}=\frac{0.62}{\tau_0} \tag{5.96c}$$

(3) 包含 90% 能量的带宽

$$\frac{E(\Delta\omega)}{E}=0.9 \tag{5.97}$$

式中

$$E(\Delta\omega)=\frac{1}{2\pi}\int_{-\Delta\omega}^{\Delta\omega}|I(\omega)|^2\mathrm{d}\omega=\frac{1}{2\pi}\int_{-\Delta\omega}^{\Delta\omega}\left|\frac{A\sqrt{\pi}}{\beta}\mathrm{e}^{-\omega^2/\beta^2}\right|^2\mathrm{d}\omega=\frac{A^2\sqrt{\pi/2}}{\beta}\phi(x)$$

$$\phi(x)=\frac{\pi}{\sqrt{2}}\int_0^x\mathrm{e}^{-x^2}\mathrm{d}x$$

$$x=\frac{\omega}{\sqrt{2}\beta} \tag{5.98}$$

$$\frac{E(\Delta\omega)}{E}=\phi(x)=0.9$$

则可算出

$$\Delta f_3=\frac{0.89}{\tau_0} \tag{5.99}$$

对于输入信号为矩形波时,通过不同带通滤波器的波形的分析,可知,要使系统复现输入信号波形,要求系统带宽 Δf

$$\Delta f\geqslant\frac{4}{\tau_0} \tag{5.100}$$

在输入信号为调幅波时,一般情况下取频带宽度为其包络(边频) 频率的 2 倍。如果是调频波,则要求滤波器加宽频带宽度,保证有足够的边频分量通过系统。

5.5.2 光外差探测技术

激光的高度相干性、单色性和方向性,使得光谱波段的外差探测成为现实。光外差探测系统的框图如图5.32(b) 所示,利用光波的振幅、频率、相位携带信息,基于光波的相干原理,采用相干光,类似于无线电外差检测,故称为光外差检测(相干探测)。

光外差检测在激光通信、雷达、测长、测速、测振、光谱学等方面都很有用,其探测原理与微波及无线电外差探测原理相类似,但由于光波比微波的波长短 10^3 ~ 10^4 数量级,因而其探测精度亦比微波高 10^3 ~ 10^4 数量级。光外差检测与直接检测系统相比,具有如下优点:

① 光外差探测器与光直接探测器的测量精度高 10^7 ~ 10^8 数量级;

② 灵敏度达到了量子噪声限,其 NEP 值可达 10 ~ 20 W;

③ 可探测单个光子,进行光子计数;

④ 用光外差探测目标或外差通信的作用距离比直接探测远得多;

⑤ 激光受大气湍流效应影响严重,破坏了激光的相干性,所以在外差检测在大气中应用受限,在外层空间已经达到实用阶段;

⑥ 外差检测在高频($\nu \geq 10^{16}$ Hz) 光波时不如直接检测有用。而在长波长(近红外和中红外波段),光外差检测技术就可实现接近量子噪声限的检测。因此,外差探测要求相干性几极好的光波 - 激光才能进行测量。

1. 光外差探测的基本原理

光外差探测原理如图 5.36 所示,探测器同时接收两束平行的相干光,一束频率为 f_s 的信号光波,另一束频率为 f_L 的本机振荡光波,这两束相干光入射到探测器表面经分光镜和可变光阑入射到检测器表面进行混频,形成相干光场。经探测器变换后,输出信号中包含 $f_s - f_L$ 的差频信号,故又称相干探测。在介绍光外差探测的特性和基本原理之前,先介绍一下图 5.37 所示的光外差多普勒测速的实验系统。

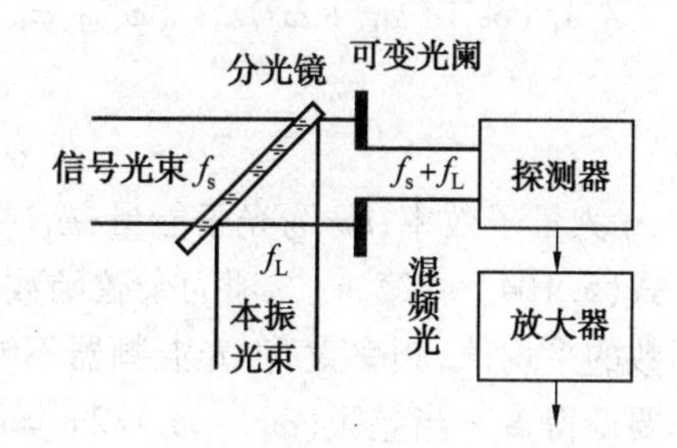

图 5.36　光外差探测原理示意图

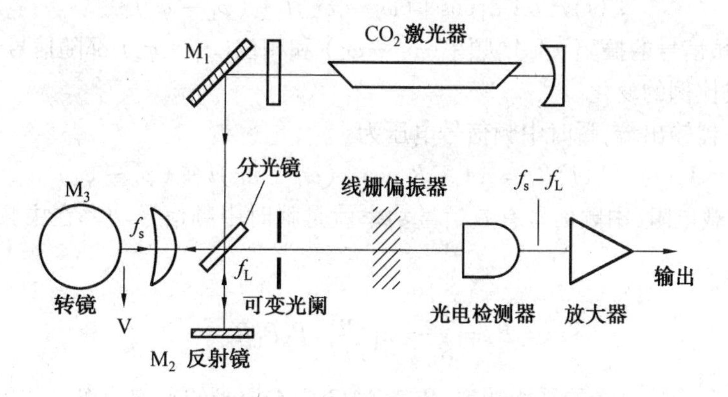

图 5.37　光外差多普勒测速装置

如图 5.37 所示,光源经过稳频的 CO_2 激光器,由分束镜把入射光分成两路:一路经反射作为本振光波,频率为 f_L,另一路经偏心轮反射,经聚焦到可变光阑上作为信号光束。偏心轮转动相当于目标沿光波方向并有一运动速度,光的回波产生多普勒频移,其频率为 f_s。可变光阑用来限制两光束射向光电检测器的空间方向,线栅偏振镜用来使两束光变为偏振方向相同的相干光,这样就可以保证两束光沿同一方向、同偏振垂直入射到光电探测器的光敏面上,这两束光满足相干条件,在光敏面上发生干涉(光混频),光电探测器只响应其输出频差为 $f_s - f_L$ 分量光电流,也称为中频 $f_s - f_L$ 光电流,再经放大和信号处理,因为 f_L 为已知频率,从而可以算出 f_s,并进一步可以确定出偏心轮上反射镜的运动速度。

首先,设入射到探测器上的信号光场为

$$f_s(t) = A_s\cos(\omega_s t + \varphi_s) \tag{5.101}$$

设入射到探测器上的本机振荡光场为

$$f_L(t) = A_L\cos(\omega_L t + \varphi_L) \tag{5.102}$$

入射到探测器上的总光场为

$$f(t) = A_s\cos(\omega_s t + \varphi_s) + A_L\cos(\omega_L t + \varphi_L) \tag{5.103}$$

则光探测器输出的光电流为

$$i_p(t) = \alpha\overline{f^2(t)} = \alpha\{A_s^2\overline{\cos^2(\omega_s t + \varphi_s)} + A_L^2\overline{\cos^2(\omega_L t + \varphi_L)} + \overline{A_sA_L\cos[(\omega_L + \omega_s)t + (\varphi_s + \varphi_L)]} + \overline{A_sA_L\cos[(\omega_L - \omega_s)t + (\varphi_L - \varphi_s)]}\} \tag{5.104}$$

$$\alpha = \eta q/h\nu$$

式中,η 为量子效率;$h\nu$ 为光子能量;$\omega_L - \omega_s$ 为差频。

式(5.104)中第一、二项为余弦函数平方的平均值,等于 1/2;第三项(和频项)是余弦函数的平均值,频率太高,光混频器不响应,可略去;而第四项(差频项)相对光频而言,频率要低得多。当差频$(\omega_L - \omega_s)/2\pi = \omega_c/2\pi$ 低于光探测器的截止频率时,光探测器就有频率为$(\omega_L - \omega_s)/2\pi$ 的光电流输出。

如果把信号的测量限制在差频的通常范围内,则可以得到通过以 ω_c 为中心频率的带通滤波器的瞬时中频电流为

$$i_c(t) = \alpha A_sA_L\cos[(\omega_L - \omega_s)t + (\varphi_L - \varphi_s)] \tag{5.105}$$

可见,中频信号的振幅 αA_sA_L 频率$(\omega_L - \omega_s)$和相位$(\varphi_L - \varphi_s)$都随信号光波的振幅、频率和相位成比例的变化。

中频滤波器输出端,瞬时中频信号电压为

$$V_c(t) = i_c(t)R_L = \alpha A_sA_LR_L\cos[(\omega_L - \omega_s)t + (\varphi_L - \varphi_s)] \tag{5.106}$$

式中,R_L 为负载电阻,中频信号有效信号功率就是瞬时中频信号功率在中频周期内的平均值,即

$$P_c = \frac{\overline{V_c^2}}{R_L} = 2\left(\frac{e\eta}{h\nu}\right)^2 P_SP_LR_L \tag{5.107}$$

式中,$P_S = A_s^2/2$ 为信号光的平均功率;$P_L = A_L^2/2$ 为本振光的平均功率。

当 $\omega_L - \omega_s = 0$,即信号光频率等于本振光频率时,则瞬时中频电流为

$$i_c(t) = \alpha A_sA_L\cos[(\varphi_L - \varphi_s)] \tag{5.108}$$

这是外差探测的一种特殊形式,称为零差探测。

2. 光外差探测的基本特性

① 光外差检测可获得全部信息。在光外差探测中,由式(5.105)知光探测器输出的瞬时中频电流中,频功率正比于信号光和本振光平均功率的乘积,在直接探测中,光探测输出的电功率正比于信号光功率的平方,因而,光探测器输出的信号微弱,在光外差探测过程中,尽管信号光功率非常小,但只要本振光功率足够大,仍能得到可观的中频输出,这就是光外差探测对微弱信号的探测特别有利的原因。光外差探测不仅可探测振幅和强度调制的光信号,还可探测频率调制及相位调制的光信号,即在光探测器输出电流中包含有信号光的振幅、频率和相位等全部信息。

② 光外差探测的转换效率高(转换增益 G 高)。光外差检测中频输出有效信号功率为

$$P_c = 2\left(\frac{e\eta}{h\nu}\right)^2 P_s P_L R_L \tag{5.109}$$

在直接检测中,检测器输出电功率为

$$P_0 = \left(\frac{e\eta}{h\nu}\right)^2 P_s^2 R_L \tag{5.110}$$

两种方法得到的信号功率比 G 为

$$G = \frac{P_c}{P_0} = \frac{2P_L}{P_s} \tag{5.111}$$

可知,在微弱光信号下,外差检测更有用。

③ 良好的滤波性能。形成外差信号,要求信号光和本征信号空间严格对准,而背景光入射方向是杂乱无章的,偏振方向也不确定,不能满足外差空间调准要求,不能形成有效的外差信号,因此该方法可以滤掉背景光,同时通过检测通道的通频带刚好覆盖有用的外差信号的频谱范围,这样杂散光形成的拍频信号也可以被滤掉。

光外差检测中,取信号处理器通频带为 $\Delta f = f_L - f_s$,则只有此频带内的杂光可进入系统,对系统造成影响,而其他的杂光噪声被滤掉。因此外差检测系统不需滤光片,其效果也远优于直接检测系统。例如,目标沿光束方向运动速度 $v = 0 \sim 15$ m/s,对于 10.6 μm CO_2 激光信号多普勒频率 $f_S = f_L\left(1 + \frac{2\nu}{c}\right)$,通频带 Δf_1 为

$$\Delta f_1 = f_S - f_L = f_L \frac{2\nu}{c} = \frac{c}{\lambda_L}\frac{2\nu}{c} = 3\ \text{MHz}$$

而直接检测加光谱滤光片时,设滤光片带宽为 1 nm,所对应的带宽,即通频带 $\Delta f_2 =$ 3 000 MHz。可见,外差检测对背景光有强抑制作用。另外,速度越快,多普勒频率越大,通频带越宽。

④ 信噪比损失小。如果入射到检测器上的光场不仅存在信号光波 $f_S(t)$,还存在背景光波 $f_B(t)$,检测器的输出电流为

$$I_c = 2\alpha\sqrt{(P_S + P_B)P_L}$$

输出信噪比为

$$\frac{I_S}{I_n} = \frac{2\alpha\sqrt{P_S P_L}}{2\alpha\sqrt{P_B P_L}} = \sqrt{\frac{P_S}{P_B}} = \frac{A_s}{A_B} \tag{5.112}$$

说明外差检测的输出信噪比等于信号光波和背景光波振幅的比值,输入信噪比等于输出信噪比,因此,输出信噪比没有任损失。当不考虑检测器本身噪声影响,只包含输入背景噪声的情况下,外差检测器的输入信噪比等于输出信噪比,输出信噪比没有损失。

⑤ 最小可检测功率,有利于微弱光信号的探测。内增益型光电检测器件,其内部增益为 M 的光外差检测器输出有效信号功率为

$$P_c = 2\left(\frac{e\eta}{h\nu}M\right)^2 P_S P_L R_L \tag{5.113}$$

式中,M 为检测器的内增益,对于光导检测器 $M = 0 \sim 1\ 000$;对于光伏监测器 $M = 1$;对于光电倍增管 M 在10^6 以上。

在光外差检测系统中遇到的噪声与直接检测系统中的噪声基本相同,存在许多可能的噪声源。在外差检测中,外界输入检测器的噪声及检测器本身的噪声通常都比较小,并可消除。但有两种噪声难以消除,因此,应主要考虑不可能克服或难以消除的散粒噪声和热噪声。外差检测中输出的散粒噪声和热噪声表示为

$$P_{\mathrm{n}} = 2M^2 e\left[\frac{e\eta}{h\nu}(P_{\mathrm{S}} + P_{\mathrm{B}} + P_{\mathrm{L}}) + I_{\mathrm{d}}\right]\Delta f R_{\mathrm{L}} + 4kT\Delta f \tag{5.114}$$

式中,P_{B} 为背景辐射功率;I_{d} 为检测器的暗电流;Δf 为外差检测中频带宽。式(5.114)表示,外差检测系统中的噪声分别由信号光、本振光和背景辐射所引起的散粒噪声,由检测器暗电流引起的散粒噪声以及由检测器和电路产生的热噪声组成,则功率信噪比为

$$\mathrm{SNR_p} = \frac{\left(\frac{e\eta}{h\nu}M\right)^2 P_{\mathrm{S}}P_{\mathrm{L}}R_{\mathrm{L}}}{M^2 e\left[\frac{e\eta}{h\nu}(P_{\mathrm{S}} + P_{\mathrm{B}} + P_{\mathrm{L}}) + I_{\mathrm{d}}\right]\Delta f R_{\mathrm{L}} + 2kT\Delta f} \tag{5.115}$$

当本征功率 P_{L} 足够大时,上式分母中本征散粒噪声功率远远超过所有其他的噪声,则上式变为

$$\mathrm{SNR_p} = \frac{\eta P_{\mathrm{S}}}{h\nu\Delta f} \tag{5.116}$$

这就是光外差检测系统中所能达到的最大信噪比极限,一般称为光外差检测的量子检测极限或量子噪声限。对于热噪声是主要噪声源的系统来说,可以导出实现量子噪声限检测的条件

$$\frac{\mathrm{e}^2\eta R_{\mathrm{L}}}{h\nu}P_{\mathrm{L}}\Delta f > 2kT\Delta f \tag{5.117}$$

即

$$P_{\mathrm{L}} > \frac{2kTh\nu}{\mathrm{e}^2\eta R_{\mathrm{L}}} \tag{5.118}$$

为克服由信号光引起的噪声以外的所有其他噪声,从而获得高的转换增益,增大本振光功率是有利的。但是,也不是越大越好。这是因为本振光本身也要引起噪声。当本振光光功率足够大时,本振光产生的散粒噪声远大于其他噪声;本振光功率继续增大时,由本振光所产生的散粒噪声也随之增大,从而使光外差检测系统的信噪比降低。所以,在实际的光外差检测系统中要合理选择本振光功率的大小,以便得到最佳信噪比和较大的中频转换增益。

用最小可检测功率(等效噪声功率)NEP 表示,在量子检测极限下,光外差检测的NEP 值为:$\mathrm{SNR_p} = \frac{\eta P_{\mathrm{S}}}{h\nu\Delta f}$,即 SNR = 1 时的信号功率

$$P_{\mathrm{S最小}} = \mathrm{NEP} = \frac{h\nu\Delta f}{\eta} \tag{5.119}$$

在光电直接检测系统的量子极限为

$$\mathrm{NEP} = \frac{2h\nu\Delta f}{\eta} \tag{5.120}$$

这个值称为光外差检测的灵敏度,是光外差检测的理论极限。这里需要说明的是:直

接检测量子限是在理想光检测器的理想条件下得到,实际中无法实现量子极限的。而对于光外差检测,利用足够的本振光是容易实现的。总之,检测灵敏度高是光外差检测的突出优点。

3. 影响光外差检测灵敏度的因素

在这里,我们只考虑光外差检测的空间条件和频率条件对灵敏度的影响及改善方法。其他因素可参阅相关书籍。

(1) 光外差检测的空间条件(空间调准)

信号光和本振光的波前在光检测器光敏面上保持相同的相位关系。实质上,由于光的波长比光检测器面积小很多,混频作用是在一个个小面积元上产生的,即总的中频电流是每个小微分面元所产生的微分电流之和,显然要使中频电流达到最大,这些微分中频电流要保持恒定的相位关系,即要求信号光和本振光的波前是重合的,必须保持信号光和本振光在空间上的角准直。下面就考虑一下信号光与本振光皆为平面波时,波前不重合时对光外差检测的影响。设信号光束和本振光束之间夹角为 θ,且信号光束的波阵面平行于光敏面时,如图 5.38 所示。

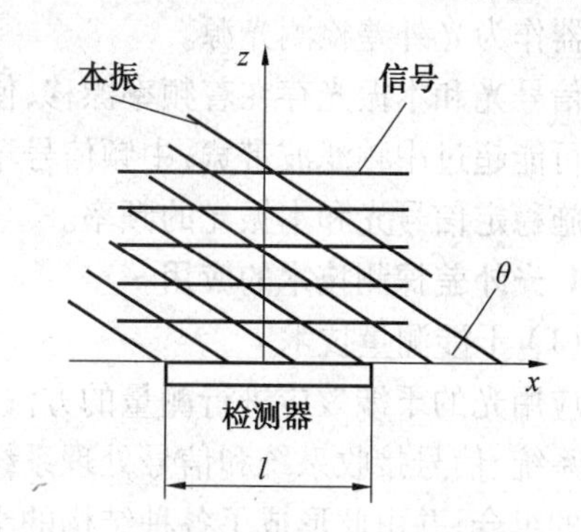

图 5.38　信号光和本振光不平行分析模型

设信号光束和本振光束的光场分别为:$f_S(t) = A_S e^{j(\omega_s t+\varphi_s)}$, $f_L(t) = A_L e^{j(\omega_L t+\varphi_L)}$,那么本振光束到达光敏面时,在不同点 x 处有不同的波前,即不同的相位差。相位差等于光程差和波数之积

$$\Delta\varphi = \frac{2\pi}{\lambda_L} x\sin\theta = \beta x \tag{5.121}$$

$$\beta = \frac{2\pi}{\lambda_L}\sin\theta$$

于是本振光波可表示为

$$f_L(t) = A_L \exp[\mathrm{j}(\omega_L t + \varphi_L - \beta x)] \tag{5.122}$$

则整个光敏面总响应电流为

$$i = \int_{A_d} \alpha A_s A_L \cos[\omega_c t + (\varphi_s - \varphi_L) + \beta x]\,\mathrm{d}x =$$

$$\alpha A_s A_L \cos\left\{[\omega_c t + (\varphi_s - \varphi_L)]\frac{\sin\frac{\beta l}{2}}{\frac{\beta l}{2}}\right\} \tag{5.123}$$

从式(5.123)可知,当 $\dfrac{\sin\frac{\beta l}{2}}{\frac{\beta l}{2}} = 1$ 时,即 $\sin\frac{\beta l}{2} = \frac{\beta l}{2}$ 时,中频电流 i 最大。

即可得外差检测的空间相位条件为 $\sin\theta \ll \frac{\lambda_L}{\pi l}$,即

$$\theta \ll \arcsin \frac{\lambda_L}{\pi l} \tag{5.124}$$

这个角度也被称为失配角。显然:波长越短或口径越大,要求相位差角 θ 越小,越难满足外差检测的要求。说明红外光比可见光更易实现光外差检测。例如:本振光波长为 1 μm,检测器光敏面长度为 1 mm,则 $\theta \ll 0.32$ mrad(0.018°)。实验证实,稳频的 CO_2 激光器做外差检测实验,当 $\theta < 2.6$ mrad 时,才能看到清晰的差频信号。

(2) 光外差检测的频率条件

为获得灵敏度高的光外差检测,要求信号光和本振光具有高度的单色性和频率稳定性。光外差检测的物理光学的本质是两束光波叠加后产生干涉的结果。这种干涉取决于信号光和本振光束的单色性。因此为获得单色性好的激光输出,必须选用单纵模运转的激光器作为光外差检测光源。

信号光和本振光存在着频率漂移,使光外差检测系统的性能变坏。这是因为频率差太大可能超过中频滤波带宽,中频信号不能正常放大。因此在光外差检测中,需要采用专门措施稳定信号光和本振光的频率。

4. 光外差探测技术的应用

(1) 干涉测量技术

应用光的干涉效应进行测量的方法称为干涉测量技术。一般干涉测量主要由光源、干涉系统、信号接收系统和信号处理系统组成。根据测量对象及测量要求的不同而各有不同的组合,并由此形成了各种结构的干涉仪。

测量参量一般是通过改变干涉仪中传输光的光程而引起对光的相位调制。由干涉仪解调出来的信息是一幅干涉图样,它以干涉条纹的变化反映被测参量的信息。干涉条纹是由于干涉场上光程差相同的轨迹形成。干涉条纹的形状、间隔、颜色及位置的变化,均与光程的变化有关。因此根据干涉条纹上述诸因素的变化可以进行长度、角度、平面度、折射率、气体或液体含量、光学元件形状、光学系统像差、光学材料内部缺陷等各种与光程有确定关系的几何量和物理量的测量。

光外差探测方法一个典型的应用就是干涉测长,即利用激光的良好相干性,通过光的干涉现象进行长度测量。图 5.39 是一种典型的激光干涉测长仪的原理图,其核心部分是一个迈克耳逊干涉仪,激光干涉测长仪的主要由几部分组成:① 激光光源:He - Ne 气体激光器,频宽达 10^3 Hz,相干长度可达 300 km;② 干涉系统:迈克尔逊干涉仪;③ 光电显微镜:给出起始位置,实现对对测长度或位移的精密瞄准,使干涉仪的干涉信号处理部分和被测量之间实现同步;④ 干涉信号处理部分:光电控制、信号放大、判向、细分及可逆计数和显示记录等。

激光干涉测长仪的测长原理:由 He - Ne 激光器发出的激光束经半发射镜 P 分为两束,一束经过固定反射镜 M_1 反射,另一束经可动反射镜 M_2 反射,两束反射光经 P 后会合,产生干涉。光束 1 的光程不变,而光束 2 的光成随 M_2 的移动发生变化,当两束光的光程差为激光半波长的偶数倍时,它们干涉相长,在计数器的接收屏上形成亮条纹;当两束光的光程差为激光半波长的奇数倍时,它们干涉相消,在接受屏上形成暗条纹,因此,M_2 沿光束 2 的传播方向每移动半个波长的长度,干涉条纹产生一个亮、暗的周期变化,于是,利用

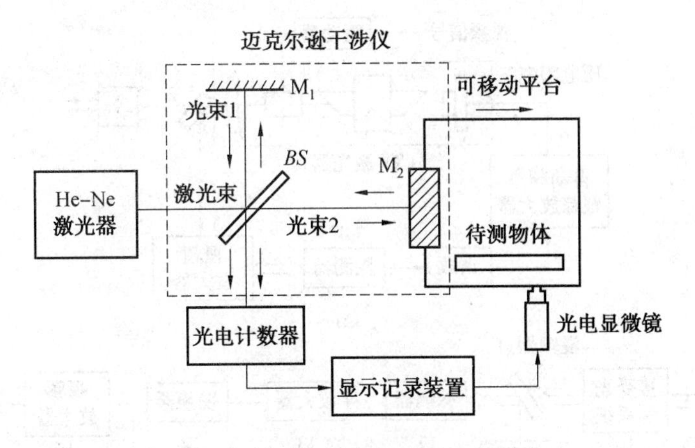

图 5.39　激光干涉测长仪原理图

光电探测器将这个光强的周期变化转换为电信号的变化，并进行计数，就可以得到被测长度(M_2 的移动距离)，即干涉信号的明暗变化次数直接对应于测量镜的位移，可表示为

$$L = N \cdot \frac{\lambda}{2} \tag{5.125}$$

式中，N 为 M_2 移动过程中干涉条纹变化的周期数。

(2) 光外差通信

光外差通信基本上都是采用CO_2激光器做光源。CO_2激光器的发射波长为10.6 μm，这一波长恰好位于大气窗口之内，衰减系数较小；另外，CO_2 激光波长容易实现外差接收。如图5.40所示为 CO_2 激光外差通信原理框图，它由发射系统和接收系统两部分组成。CO_2 激光发射系统由光学发射天线、CO_2 激光器及稳频回路组成。光学发射天线用反射式望远系统。

激光谐振腔由工作物质和两块反射镜组成，一块是全反射镜，另一块反射镜的反射率为98%，激光就从这块反射镜上输出。全反射镜通过压电陶瓷与腔体连接，改变压电陶瓷的轴向长度就改变了谐振腔长，从而控制 CO_2 激光波长。

其稳频原理如下：输出的激光经过选择性反射镜2把一小部分能量反射到标准滤光片3上，此滤光片的滤光曲线如图5.41所示。为控制激光频率，10.6 μm不在峰值处，而在曲线的上升段。当波长偏离10.6 μm时，输出光通量 发生相应的变化，经光电检测器4把此波长的变化转换成相应的电信号的变化，经谐振放大器5放大后送到频率跟踪电路6去控制压电陶瓷的伸缩率。由滤波曲线可知，当发射波长增加时，光通量亦增加，经光电转换及谐放输出的电压也增大，加在压电陶瓷后使腔长缩短，发射频率提高，波长减短；反之，则波长加长。因而将发送频率控制在10.6 μm处。

被传送的信息(视频信号)被驱动电路8加到CdS电光调制器上(为提高调制频率，调制器放在激光谐振腔体内)，被传送的信息携载到 CO_2 激光波长上发送到空间。在接收端，由光学系统(接收天线10)把载有信息的CO_2激光能量收集在混频器11上，同时本地振荡CO_2激光器17发出的光也投射在混频器上。经混频后的光投射在HgCdTe检测器上输出电信号。此电信号经滤波后只保存了差频信号，这一差值通常设计在30 MHz的中频段。再经中频放大、鉴频后 还原出被传送的视频信号。

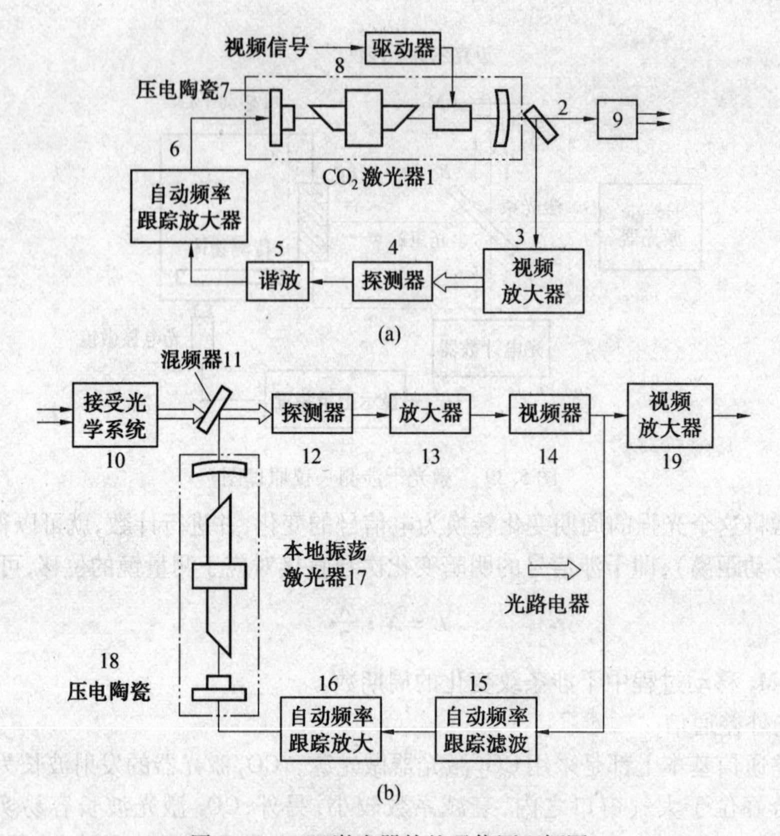

图 5.40 CO_2 激光器外差通信原理框图

为得到稳定的差频信号，本机振荡光也需稳频，否则被传输信息的失真度加大。稳频过程与激光发射稳频过程类似，不过稳频控制信号取自于视频信号。当激光频率发生偏离时，视频器 14 输出信号也产生了变化，经频率跟踪滤波器 15 滤波放大后，控制压电陶瓷，改变谐振腔腔长，使激光频率稳定。

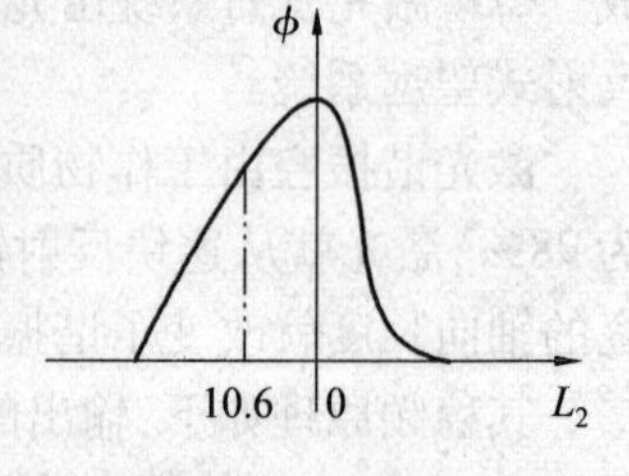

图 5.41 滤光曲线

HgCdTe 检测器在接收 10.6 μm 激光波长时，须在液氮 77K 下制冷工作。

CO_2 激光通信用于地面时，由于大气湍流的影响，通信效果不佳；但用于卫星之间及卫星与地面站之间的数据传递时大有发展前途。

（3）多普勒测速

利用多普勒效应可测量物体的运动速度。以激光照射运动着的物体或流体时，其反射光或散射光将产生多普勒频移，用它与本振光进行混频可测得流体的流速，图 5.42 为多普勒测速原理。

图中 He－Ne 激光器是经稳频后的单模激光，分束镜把激光分成两路，这两束光经过会聚透镜 L_1 把它们会聚于焦点。在焦点附近两束光形成干涉场。流体流经这一范围时，流体中的微小颗粒对光进行散射，聚焦透镜 L_2 把这些散射光聚焦在光电倍增管上，产生包含流速信息的光电信号，经适当的电子线路处理可测出流体的流速。

激光多普勒测速具有以下特点：动态响应快，空间分辨率高，流速测量范围宽，测量精度高，已被广泛应用在管道内水流流层研究、流速分布／亚音速或超音速气流／旋流的测量，大气远距离测量，风速测量，可燃气体火焰的流体力学研究，以及水洞、风洞和海流测量等方面。

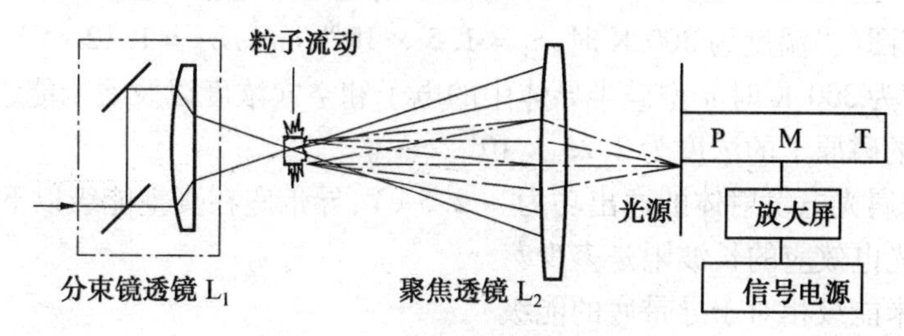

图 5.42　多普勒测速原理

习　　题

1. 设空腔处于某温度时 $\lambda_m = 600$ nm，如果腔壁的温度增加，以致总辐射本领加倍时，λ_m 变为多少？

2. 用目视观测发光波长分别为 435.8 nm 和 546.1 nm 的两个发光体，其亮度相同，均为 3 cd/cm^2，如果在两个发光体前分别加上投射比为 10^{-4} 的光衰减器，则此时目视观测的亮度是否相同？为什么？

3. 求辐射亮度为 L 的各向同性面积元在张角为 α 的圆锥内所发射的辐射通量。

4. 热核爆炸中火球的瞬时温度高达 10^7K，求：

（1）辐射最强的波长；

（2）这种波长的能量子 $h\nu$ 多大？

5. 一支氦氖激光器（波长为 632.8 nm）发出激光的功率为 2 mW，该激光束的平面发散角为 1 mrad，激光器的放电毛细管直径为 1 mm，则求：

（1）该激光器的光通量、发光强度、光亮度和光出射度

（2）若激光束投射在 10 m 远的白色漫反射屏上，该漫反射屏的反射比为 0.85，求该漫反射屏上的光亮度。

6. 有一半径为 R 的圆盘，其辐射亮度为 $L\cos\theta$，其中 θ 为观察方向与圆盘面法线之间的夹角，求圆盘的辐射出射度、辐射强度、以及距离中心垂直距离为 d 处 P 点的辐照度。

7. 一只白炽灯，假设各方向发光均匀，悬挂在离地面 2 m 的高处，用照度计测得正下方地面上的照度为 30 lx，求该白炽灯的光通量。

8. 为什么负电子亲势光电阴极材料的量子效率高，且其光谱范围可扩展到近红外区域？

9. 简述光电倍增管的工作原理，设管子有 n 个倍增极，每个倍增极的二次电子发射系数均为 Δ，证明电流增益为 $M = \Delta^n$。

10. 光电发射和二次电子发射的区别是什么？简述光电倍增管的工作原理

11. 如何选择光电倍增管倍增极的极间电压？

12. 设光电倍增管有 8 个倍增极，每个倍增极的二次电子发射系数均为 $\Delta = 3$，阴极灵敏度为 $S_K = 20\ \mu A/lm$，阳极电流不超过 100 μA，请估算入射到阴极上的光通量的上限。

13. 求温度为 300 K 下掺入 $10^{15}/cm^3$ 硼原子的硅片中电子和空穴的浓度以及费米能级，画出其能带图（当温度为 300 K 时，$n_i = 1.5 \times 10^{10}/cm^3$，$E_g = 1.12\ eV$）。

14. 求温度为 300 K 时 n 型硅半导体中的电子和空穴浓度以及费米能级，画出其能带图。这时掺入的磷原子的浓度为 $2.25 \times 10^{16}/cm^3$。

15. 某一金属光电发射体的逸出功为 −2.5 eV，导带底在真空能级以下 8.5 eV，求：

（1）产生光电效应的长波限是多少？

（2）求费米能级相对于导带底的能级

16. 简述光电发射的基本定律

17. 光电导效应和光生伏特效应的基本原理是什么？

18. （1）画出具有 10 级倍增极，负高压 1 200 V 供电，均匀分压的光电倍增管的工作原理图，分别写出各部分的名称并标明 I_k，I_p 和 I_b 的方向。

（2）若该倍增管的阴极灵敏度 S_k 为 20 μA/lm，阴极入射光的照度为 0.1 lx，阴极有效面积为 2 cm²，各倍增管的二次电子发射系数均相等（$\sigma = 4$），光电子的收集率为 0.98，各倍增极的电子收集率为 0.95，请计算倍增系统的放大倍数和阳极电流。

（3）设计前置放大电路，使输出的信号电压为 200 mV，求放大器的有关参数，并画出原理图。

19. 设光电倍增管的阴极灵敏度为 20 μA/lm，倍增极的倍增系数均为 $\sigma = 3$，当入射光通量为 7.5×10^{-5} lm 时，阳极输出电流为 150 μA，计算带宽为 $\Delta f = 1$ Hz 时的阳极输出噪声电流和等效噪声功率（NEP）？

参考文献

[1] 江月松，阎平，刘振玉，等. 光电技术与实验[M]. 北京：北京理工大学出版社，2000.

[2] 雷玉堂，王庆有，何加铭，等. 光电检测技术[M]. 北京：中国计量出版社，2010.

[3] 缪加鼎，徐文娟，牟同升，等. 光电技术[M]. 杭州：浙江大学出版社，1995.

[4] 曾光宇，张志伟，张存林，等. 光电检测技术[M]. 北京：清华大学出版社，2009.

[5] 徐熙平，张宁. 光电检测技术及应用[M]. 北京：机械工业出版社，2012.

[6] 郭培源. 光电检测技术与应用[M]. 北京：北京航空航天大学出版社，2006.

[7] 安毓芳，刘继芳，李庆辉，等. 光电子技术[M]. 北京：电子工业出版社，2007.

[8] 杨小丽. 光电子技术基础[M]. 北京：北京邮电大学出版社，2005.

[9] 郭培源. 光电子技术基础教程[M]. 北京：北京航空航天大学出版社，2005.

[10] 石顺祥，过巳吉. 光电子技术及其应用[M]. 北京：电子科技大学出版社，2000.

[11] 张永林，红卫. 光电子技术[M]. 上海：高等教育出版社，2005.

[12] 安毓英，曾晓东. 光电探测原理[M]. 西安：西安电子科技大学出版社，2004.

[13] 何兆湘. 光电信号处理[M]. 武汉:华中科技大学出版社,2007.
[14] 张广军. 光电测试技术[M]. 北京:中国计量出版社,2003.
[16] 罗先和,张广军,骆飞,等. 光电检测技术[M]. 北京:北京航空航天大学出版社,1994.

第6章　激光材料与器件

激光材料是指把各种泵浦(电、光、射线)能量转换成激光的材料。激光材料主要是凝聚态物质,以固体激光物质为主。固体激光材料分为两类,一类是以电激励为主的半导体激光材料,一般采用异质结构,由半导体薄膜组成,用外延方法和气相沉积方法制得。根据激光波长的不同,采用不同掺杂半导体材料,通常在可见光区域,以Ⅱ－Ⅵ族化合物半导体为主;在近红外区域,以Ⅲ－Ⅴ族化合物半导体为主;在中红外区域以Ⅳ－Ⅵ族化合物半导体为主。另一类是通过分立发光中心吸收光泵能量后转换成激光输出的发光材料。这类材料以固体电介质为基质,分为晶体和非晶态玻璃两种。激光晶体中的激活离子处于有序结构的晶格中,玻璃中的激活离子处于无序结构的网络中。常用的这类激光材料以氧化物和氟化物为主,如硅酸盐玻璃、磷酸盐玻璃、氟化物玻璃、氧化铝晶体、钇铝石榴石晶体、氟化钇锂等。氧化物材料具有良好的物理性质,如高的硬度、机械强度和良好的化学稳定性;氟化物材料具有低的声子频率、宽的光谱透过范围和高的发光量子效率。

6.1　激光晶体材料

6.1.1　激光晶体材料概述

1960年第一台激光器的诞生,给古老的光学带来了一场革命。由于激光具有高能量密度、高度方向性和相干性的特点,使之在许多领域有广泛的应用,并带动了一些新兴学科,如全息光学、非线性光学、傅里叶光学、激光光谱学和光化学等的形成和发展。目前激光已经被广泛地应用于工业、军事、医学、通信、科学研究和娱乐等许多领域。早期固体激光器的泵浦源为气体放电光源,虽然气体放电光源具有输出功率高的优点,但气体放电光源的电光转换效率不高(＜15%);辐射光谱太宽(可从紫外至红外),而固体激光介质的吸收谱带较窄而造成激光效率低(＜5%);无用的紫外辐射使激光晶体寿命降低;多余的红外辐射加热激光晶体,使激光光束质量变劣,并为去除多余的热量需庞大的水冷系统。由于气体放电光源泵浦的固体激光器的效率低,使激光晶体承担严重的热负荷,很容易使激光晶体遭到损坏,同时激光器的冷却系统的体积庞大,不利于激光器的集成化和输出功率的稳定,激光器的使用寿命也较短,这些缺陷限制了气体放电光源泵浦固体激光器的应用范围。

激光二极管(Laser diode,LD)的出现给固体激光器的应用提供了新的机遇,以LD泵浦的固体激光器(简称DPSSL)为例,由于把半导体和固体相结合,这种激光器兼具了两者的优点,具有比LD更好的方向性和单色性,又具有泵浦效率高(光转化效率可高达60%)、输出稳定和全固化的优点。除此之外,激光器的各部分均由紧凑牢固可模块化的固体组成,使其实现了小型化和集成化,逐步成为固体激光器的研究主流和热点,并在材料加工、制导、雷达技术、医学、光通信、激光显示和激光核聚变等方面有重要的应用。全固态激光器的核心器件之一就是激光晶体,而激光晶体性能对全固态激光器的性能起着决定性的影响。

激光材料是激光技术发展的核心和基础,20 世纪 60 年代第一台红宝石晶体激光器问世;70 年代掺钕钇铝石榴石(Nd:YAG),固体激光大力发展;80 年代钛宝石晶体(Ti:Al_2O_3),实现超短、超快和超强激光,飞秒(fs)激光科学技术蓬勃发展、并渗透到各个基础研究和应用学科领域;90 年代钒酸钇晶体(Nd:YVO_4),固体激光的发展进入新时期,即全固态激光科学技术((SSDPL,Solid - state LDPumped Laser)。进入新世纪,激光材料在单晶、玻璃、光纤和陶瓷等四方面全方位迅猛展开,如微 - 纳米级晶界,完整性好、制作工艺简单的微晶激光陶瓷和结构紧凑、散热好、成本低的激光光纤,正在向占据激光晶体首席达 40 年之久的 Nd:YAG 发出强有力的挑战,激光材料也已从最初的几种基质材料发展到数十种,受到各国政府、科学界乃至企业界的高度重视。

6.1.2　高功率激光晶体

20 世纪 90 年代前,闪光灯泵浦的 Nd:YAG 激光晶体独占熬头,单根棒的输出功率可达 kW 量级。随着激光二极管(LD)的迅速发展,大功率激光器的泵浦方式也有重大发展。LD 泵浦激光器的高效率、高质量、长寿命、高可靠性、小型化以及全固化等优越性能是灯泵无法相比的,1993 年,LD 泵浦的 Nd:YAG 板条已获得 1.05kW 的平均输出功率。

作为轻便型的激光器,必须实现 LD 泵浦下的全固化。但是,Nd:YAG 和 Nd:GGG 在 808 nm 的吸收峰线宽仅 1 nm,而典型 LD 输出线宽达 3 nm,且发射波长存在0.2 ~ 0.3 nm/℃ 的温度系数。因此,采用 LD 泵浦 Nd:YAG 时,为了提高泵浦效率,使 LD 的输出波长正好对准 Nd:YAG 的吸收峰,需要使用额外的制冷装置控制 LD 的工作温度。为此,国际上掀起了探索适于 LD 泵浦的高效率、宽吸收带激光晶体的研究热潮。与 Nd^{3+} 相比其具有如下优点:

① 能级结构简单,高浓度掺杂不产生荧光猝灭;

② 与晶场耦合作用强,具有宽得多的吸收峰线宽,LD 泵浦下无需温度控制系统;

② 前者的荧光寿命一般为后者的 4 倍,更有利于储能;

④ 量子缺陷较低,无辐射弛豫引起的材料中的热负荷低,仅为掺 Nd^{3+} 同种激光材料的三分之一。

因此 LD 泵浦的 Yb:YAG 固体激光器的输出功率很快就赶上了在固体激光器领域一直占垄断地位的 Nd:YAG,从最初的 23 mW 增加到千瓦量级。从上世纪 90 年代初,许多国际著名研究机构纷纷开展了 Yb 激光器件的研究,将其视为发展高功率激光的一个主要途径。1991 年,美国林肯实验室(MIT)首次在室温下采用 InGaAs 二极管泵浦 Yb:YAG 晶体获得 23 mW 连续激光输出。2004 年,Yb:YAG 圆盘激光器的输出功率已达到 4 kW。上海光机所于 1997 年在国内首次获得了 400 mW 的连续激光输出,并与法国 LULI 实验室联合研发 LD 泵浦,Yb:YAG 平均输出 kW 级、100 J(ns)的 LUCIA 激光系统。2005 年,清华大学采用 2 000 W 的 LD 泵浦 Yb:YAG 晶体获得了 520 W 的连续激光输出。最近,又首次在国内获得了 1 000 W 的激光输出,基本达到国际同等水平。但是,Yb:YAG 晶体是一种准三能级激光系统，室温下激光下能级（612 cm^{-1}）的热布居比例为4.2%，因此Yb:YAG具有较高的泵浦阈值功率，且激光性能受温度的影响很大，必须通过冷却晶体获得高效率的激光运转。为此，寻找新的基质晶体或通过结构、组成设计获得低阈值、高效率的掺Yb激光介质是一个主要的研究方向。

6.1.3 中、小功率激光晶体

与Nd:YAG比较，Nd:YVO具有两个突出的特点：受激发射截面大，比Nd:YAG大5倍；808 nm具有相对宽的吸收带。因此，Nd:YVO_4具有低的泵浦阈值，特别适合用LD泵浦，从而实现商品化的全固态激光器。对于LD泵浦掺Nd介质腔内倍频可实现532 nm的激光输出。这是因为在端面泵浦的系统中，泵浦光束通常是高度聚焦的，很难在超过几毫米的距离内维持小的束腰，而吸收截面和增益都很高的Nd:YVO_4晶体就具有很大的优势。例如，中国科学院北京物理所和福建物理所等采用Nd:YVO_4晶体为激光增益介质，LBO为倍频材料，通过腔内倍频，在泵浦功率为21.1 W时，获得输出功率为5.25 W的连续绿色激光。但是，Nd:YVO_4和Nd:$GdVO_4$晶体的物化性能差，大尺寸晶体生长有一定的困难。美国曾尝试采用Nd:Srs(VO_4)3F(SVAP)取代Nd:YVO_4，Nd:SVAP是在Nd:FAP晶体的基础上，经离子置换发展起来的一种新晶体，它保留了FAP的增益截面大、泵浦阈值低的优点，且机械性能有较大改进。

6.1.4 超快激光晶体

美国Crystal System公司F. Schmid等人采用热交换法（HEM）生长出大尺寸（直径 >80 mm）、高质量的Ti:Al_2O_3激光晶体。该方法是目前世界上生产优质Ti:Al_2O_3晶体的主要方法之一，但它难于在零双折射方向（0001）上生长单晶，因此晶体利用率低。上海光机所的导向温度梯度法是生长大尺寸、高掺钛浓度（0.45%）、高峰值吸收系数（490 nm处达7.0 cm^{-1}）和高完整性Ti:Al_2O_3晶体的有效技术，自1996年起，先后生长并提供优质的10 mm × 10 mm × 15 mm、15 mm × 15 mm × 15 mm、20 mm × 15 mm、25 mm × 20 mm和30 mm × 15 mm器件晶体，并继1996年在国内首先建成了2.8 TW/43fs小型化CPA钛宝石超短超强激光装置，于1998、2001和2002年，先后将该激光系统升级到5.4，16和23TW。2004年，采用55 × 40 × 23 mm^3激光晶片，在国内突破100 TW大关（120 TW/36fs）。更大尺寸如80 mm和100 mm的钛宝石激光晶片和500 TW，1 PW钛宝石超短超强激光输出正在进一步地发展之中。

随着高性能LD的快速发展，具有高效率、小型化、集成化的LD泵浦全固态超快激光器成为这一领域的另一主要研究方向。由于钛宝石的吸收带位于400 N 600 nm，无法采用LD直接泵浦。而适合高性能InGaAs二极管泵浦的掺Yb^{3+}激光介质成为了这一领域研究的焦点。与Nd^{3+}等其他稀土离子相比，由于Yb^{3+}离子在晶场中具有强的电——声子耦合效应，掺Yb激光介质普遍具有较宽的吸收和发射带，有利于产生超短脉冲。通过选择或设计合适的基质晶体，可以获得更短的激光脉冲。例如，最初采用Yb:YAG，产生的激光脉宽为340 fs。之后开展了大量具有宽带发射特性的掺Yb激光介质的研究工作，并获得了很大的进展。例如，2004年，Yb:SYS晶体在1 066 nm处获得了平均功率为156 mW的70 fs的激光脉冲，其工作波长可以在1 055 ~ 1 072 nm范围内连续调谐。可以预测，随着具有更加优异综合性能基质晶体的出现，以及超快激光器在加工、医疗等方面应用的独特优势，LD 泵浦全固态超快激光器不仅在科研，而且在实现工业化的技术上将有重大突破。

6.1.5 可见光激光晶体

采用激光晶体产生可见光激光的主要途径有：

(1) LD 泵浦的腔内倍频 lam 波段激光；自倍频激光。

(2) 近红外 LD 泵浦上转换可见光激光等。

LD 泵浦腔内倍频 Nd^{3+} 激光是目前最成熟的一种技术，一般采用 Nd:YLF 或 Nd:YVO_4 等晶体作为激光介质，KTP 或 LBO 为倍频材料，产生 532 nm 绿色激光。Nd:YAB、Yb:YAB 自倍频绿光激光器也是广泛应用的激光光源，用自倍频激光器实现绿光输出比腔内倍频激光器在原理上简单，是一种比较实用和经济的方法。

6.1.6 中红外激光晶体

2 ~ 5 μm 的中红外波段覆盖 H_2O、CO_2 等几个重要的分子吸收带，在医学、遥感、激光雷达和光通信等方面有着重要的应用。激光波长位于这一波段的激活离子主要有 Tm^{3+}、Er^{3+}、Ho^{3+} 等，通常采用的基质晶体主要有 YAG、YAP 和 $LiYF_4$ 等。

6.1.7 掺镱激光晶体

在掺质的激光晶体中，Yb^{3+} 离子是结构最简单的电子能级之一。Yb 仅拥有两个电子态：基态 $^2F_{7/2}$，和激发态 $^2F_{5/2}$。在晶体场中，Yb 离子的两个能级发生分裂，这意味着所有掺 Yb 的激光器都是准三能级系统。相同基质中，掺 Yb 离子与掺 Nd 离子相比有如下的优点：Yb 离子的荧光寿命较长（掺 Yb 离子浓度高时，没有淬灭现象）；激光器的量子效率较高（一般掺钛的量子效率约为76%，而掺 Yb 离子的量子效率可达90% 以上）；在基质材料中，Yb 离子原则上不存在上转换效应和激发态吸收等现象，可大大减少激光工作物质中的热效应，这些特点使掺 Yb 材料成为产生高功率激光输出的候选材料，同时 Yb 离子在 900 × 980 nm 范围的吸收峰可与 InGaAs LD 的波长相匹配。另外，Yb 离子的较宽的发射谱使掺 Yb 材料可被用于调谐激光和超快激光。因此掺 Yb 的激光材料成为除掺 Nd 以外，研究最广泛的一类激光介质。

毫无疑问，与掺 Yb 激光晶体的研究情况类似，研究最为广泛的掺 Yb 晶体材料仍然是 YAG 晶体。Yb:YAG 是由于具有大的晶场分裂能，优良的热力学性能，可以进行高浓度掺杂和生长工艺稳定等，成为掺 Yb 晶体中的佼佼者。Yb:YAG 晶体也是实现高功率激光输出的激光材料。1994 年德国 Stuttanart 大学的研究组报道了使用 Yb:YAG 晶体薄片实现激光输出，该研究的基本思想是：可以产生高平均功率的激光输出同时输出的激光也具有高的光束质量。该设计使产生激光的传播方向和产生热的传播方向相反。使用 Yb:YAG 薄片获得了 5.3 kW 的连续激光输出，可见使用薄片激光材料可以产生高功率激光输出。

另一种产生高功率激光输出的掺 Yb^{3+} 晶体就是 S－FAP。美国 Lawrence Livemore 国家实验室使用 Yb:S－FAP 晶体作为激光工作物质，在“水星”激光器（Mercury Laser）计划中产生 100 J 的激光输出。已经取得了 50 J 以上的基频激光输出和 22.7 J 的倍频激光输出的研究探索工作。在目前已经发现的晶体中,有一半属于低对称性晶体,因此低对称晶体是一个新型晶体材料探索的宝藏。由于结构上对称性较低,不对称结构基元也降低,使掺质的稀土离子(如 Yb^{3+})的格位低对称也降低。低对称晶体的晶体生长也表现出各向异性,同时晶体物理性质表现出强烈的各向异性。由于晶体的对称性低,晶体还可能同时存在多种功能效应,形成沙多功能晶体,因此低对称晶体往往具有交互复合效应。有关于多种掺 Yb^{3+} 低对称性激光材料,如 ReSO(Re = Gd,Y,Lu),ReCOB(Re = La,Y,Gd),KReW(Re = Y,Gd,Lu)等晶体材料显示出优良的激光性能 ys - ay,表现了良好的应用前景。使用掺 Yb^{3+} 晶体的另一个重要的应用就是产生超快激光。而飞秒激光器多为锁模钛宝石激光器,但由于钛宝石的吸收谱位于可见光范围,通常采用 515 nm 氢离子激光器或 532 nm 的腔内倍频绿光激光器作为泵浦源,这样的飞秒激光装置结构复杂,价格比较昂贵,限制了其更广泛的应用。多年来人们一直在寻求可以用半导体激光器泵浦直接产生飞秒激光输出的激光材料,并希望研制出可供实际应用的飞秒激光器。

激光脉宽的计算公式为

$$\Delta t = h/\Delta E$$

其中,Δt 为激光脉冲宽度;ΔE 为量子态的能量不确定性,与晶体的光谱线宽有关;h 为普朗克常数。

通过上述公式可计算晶体的最短脉冲宽度时间。由上可知,激光材料的发射谱(荧光谱)的宽度决定了该材料可实现的激光脉冲的长短,要获得短脉冲的激光输出,就必须加大激光材料的荧光光谱的宽度。由于掺 Yb^{3+} 晶体材料的吸收峰可以与 InGaAs LD 的发射波长相匹配,谱线宽,能产生 LD 泵浦的飞秒激光输出,目前已有多种掺 Yb^{3+} 激光晶体实现了飞秒激光输出。

6.1.8 拉曼晶体

由于激光器发出的激光波长是有限的,拓展激光波长是激光研究的重要内容,拓展激光波长的途径有:

① 通过非线性晶体的频率变换,实现激光波长的变换,包括倍频、和频、光参量振荡及放大等。

② 通过拉曼材料的受激拉曼散射(stimulated Raman scattering,SRS)。受激拉曼散射与非线性光学材料相比具有显著的特点:

(a)SRS是三阶非线性光学效应,因此对晶体的对称性没有要求,可选择范围很宽,甚至可以是对称性高结构的简单材料,而倍频晶体必须在非中心对称的 21 个晶类中选择;

(b)SRS 相应的晶体生长较为容易,便于获得大尺寸、高质量单晶;

(c)SRS 的器件设计要求低,一般沿主轴加工即可。

同一拉曼晶体,不需任何调整,只要改变泵浦光波长,就会有不同波长的拉曼激光产生,因此频率调节灵活,器件适用性强,有利于发展高效可调谐相干光源。而倍频晶体器件的设计则较为简单,它以位相匹配理论为基础,首先必须对晶体的折射率进行精确测量,而后要根据特定波长的倍频计算切割角(一般不在主轴方向上),所加工成的倍频器件仅对此波长有效,基频波长、通光方向或光发散度的少许变化都会引起转换效率的迅速降低,因而适用性差。受激拉曼散射的特性与激光的主要特性完全相同,包括:

① 阈值性。当入射激光束的光强或功率密度超过一定值以后,受激拉曼散射才能产生,这是受激辐射的特有性质,与任何光强下均能发生的普通拉曼散射不同。

② 方向性好。当入射激光束的光强或功率密度达到阈值以后,拉曼介质散射光束的空间发散角显著变小,可达到与入射激光发散角相接近的程度(1 级斯托克斯辐射的发散角约为 1° ~ 2°)。且受激拉曼散射主要发生在前向和后向,而普通拉曼散射光强度的方向性并不明显。

③ 强度高。受激拉曼散射的光强或功率可以达到与入射激光的光强或功率相比拟的程度,有时转换效率可高达 85% 以上,而普通拉曼散射的强度仅为激发线强度的千分之一,万分之一,甚至十万分之一;受激拉曼散射光强与入射激光光强之间呈线性变化的关系。

④ 高单色性。当入射泵浦光强超过激励阈值之后,受激拉曼散射的谱线宽度明显变窄,可与激发激光谱线宽度相当,甚至更窄。当入射光为单模运转时,锐度更显著。而普通拉曼散射谱线不具备此特点,基本上是漫线。

⑤ 脉宽压缩。受激拉曼散射脉冲的时间变化特性与入射泵浦脉冲的时间变化特性相似,而且往往持续时间更短,脉宽压缩可达两倍以上。早期研究的拉曼增益介质有气体(如 H_2,N_2、D_2、CH_4 等)和液体(如硝基苯、苯、甲苯、CS_2 等),近年人们又在固体拉曼介质上进行了许多研究工作,主要包括光纤和晶体。光纤的最大优势是可在较长的作用距离内保持高泵浦强度,激光二极管(LD)泵浦的光纤拉曼激光器已在近红外远程通信方面获得应用。拉曼晶体是拉曼激光研究的热点,其主要优点包括:热力学性能好、振动模的线宽窄、硬度高、化学性质稳定,特别是高密度的拉曼活性基团提高了拉曼散射截面,从而导致更低的阈值,更高的拉曼增益和更高的拉曼转换效率。

按照拉曼晶体与激光谐振腔的相对位置,可大致将固体拉曼激光分为两类,一类是拉曼晶体在激光谐振腔外的拉曼频移器,研究结果表明:$BaWO_4$ 晶体是性能优良的拉曼介质,在 ns 和 ps 激光器中,都表现出良好的性质。另一类是拉曼晶体在激光谐振腔内的拉曼激光器。

近年拉曼激光研究又呈现新的趋势:

① 拉曼激光输出向中红外波段拓展,例如使用 $BaWO_4$ 晶体作为拉曼频移器,得到了毫焦的 2.75 和 3.7 μm 波长的红外激光输出。

② 实现连续拉曼激光输出,例如使用 $Nd:GdVO_4$ 晶体,实现了连续的自拉曼激光 1 173 nm 和 586.5 nm 的黄光输出。

6.2　激光器件分类

自 1960 年梅曼(Maiman)制成世界第一台红宝石激光器以来,已有不下几千种物质中获得了激光发射。激光的单脉冲能量和功率分别达到几十万焦耳和千太瓦(10^{12} 瓦),连续输出功率已达到几万瓦以上。超短脉冲的宽度可压缩至几百阿秒量级。各种激光器虽然在结构和运转方式上各不相同,但基本上都由三个部分组成:

① 工作物质。实现粒子数反转并产生激光的物质基础和场所;

② 激励系统。激光系统能源的供应者,并以一定方式促成激光工作物质处于粒子数反转状态;

③ 光学谐振器。它的作用一是提供光学反馈的条件,二是选择和限制激光器的振荡波型和光束输出特性。

激光器的分类方式很多,按工作物质可分为:固体、气体、液体、半导体、化学、自由电子、X 射线和物质波(原子) 激光器等八种。

按运转方式可分为:连续式运转激光器、单脉冲式运转激光器、重复频率式运转激光器、Q 突变式运转激光器、波型(模式) 可控式运转激光器等。波型(模式) 可控式运转激光器包括:单波型(选纵模、选横模) 激光器、稳频激光器、锁模激光器、变频激光器等。

按激励方式可分为:光泵式激光器(泵浦灯激励和激光激励又分端面泵浦、侧面泵浦)、电激励式激光器、化学反应式激光器、热激励式激光器和核能激励式激光器等。

按激光器输出的中心波长所属波段可分为:微波段激光器、远红外段激光器、中红外段激光器、近红外段激光器、可见光段激光器、紫外段激光器(近紫外、真空紫外,又有人分为紫外和深紫外) 及 X 射线段激光器等。

按谐振腔类型可分为:稳定腔激光器、临界腔激光器和非稳腔激光器等,可视尺度的宏观谐振腔激光器(腔长在 $10^4 \sim 10^6$ μm 量级,如 CO_2 激光器、He - Ne 激光器、Ar^+ 激光器、He - Cd 激光器等);显微尺度的谐振腔激光器(激光器腔长在 10 ~ 100 μm 量级,如半导体激光器,其操作必须借助于显微镜进行);介观尺寸的微腔激光器(micro-laser,激光器腔长为 1 μm 量级,激光器腔长与激光波长可比拟,遵从于介观物理学规律,属于受限小量子系统);双镜驻波腔激光器、环形腔激光器和位相共轭谐振腔激光器等。

6.3 固体激光器

6.3.1 固体激光器工作原理和基本结构

在固体激光器中,由泵浦系统辐射的光能,经过聚焦腔,使在固体工作物质中的激活粒子能够有效地吸收光能,让工作物质中形成粒子数反转,通过谐振腔,从而输出激光。

如图 6.1 所示为固体激光器的基本结构(有部分结构没有画出),主要由工作物质、泵浦系统、聚光系统、光学谐振腔及冷却与滤光系统等五个部分组成。

1. 工作物质

工作物质即激光器的核心,是由激活粒子(都为金属) 和基质两部分组成,激活粒子的能级结构决定了激光的光谱特性和荧光寿命等激光特性,基质主要决定了工作物质的理化性质。根据激活粒子的能级结构形式,可分为三能级系统(例如红宝石激光器) 与四能级系统(例如 Er:YAG 激光器)。工作物质的形状主要有四种:圆柱形(目前使用最多)、平板形、圆盘形及管状。

2. 泵浦系统

泵浦源提供能量使工作物质中上下能级间的粒子数翻转,主要采用光泵浦。泵浦光源需要满足两个基本条件:有很高的发光效率和辐射光的光谱特性应与工作物质的吸收光谱相匹配。常用的泵浦源有惰性气体放电灯、太阳能及二极管激光器。其中惰性气体

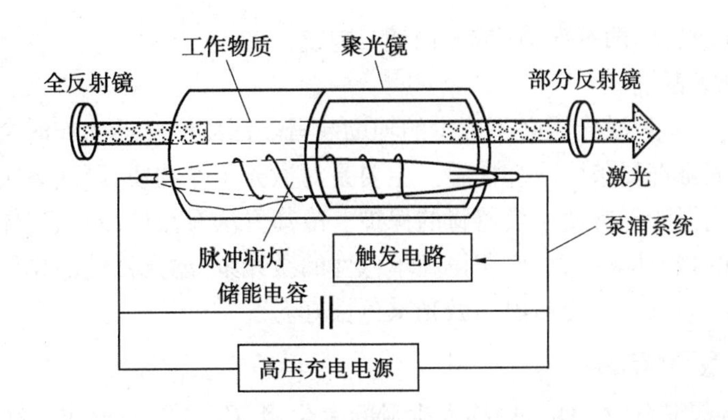

图 6.1　固体激光器的基本结构

放电灯是最常用的，太阳能泵浦常用在小功率器件（尤其在航天中的小激光器可用太阳能作为永久能源），二极管（LD）泵浦是固体激光器的发展方向，它集合众多优点于一身，已成为发展最快的激光器之一。

LD 泵浦的方式分为两类，横向：同轴入射的端面泵浦，如图 6.2（a）所示；纵向：垂直入射的侧面泵浦，如图 6.2（b）所示。

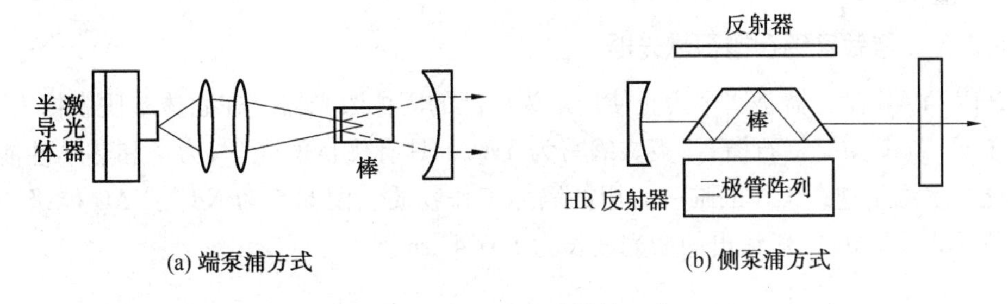

图 6.2　LD 泵浦方式结构示意

LD 泵浦的固体激光器有很多优点，寿命长、频率稳定性好、热光畸变小等，最突出的优点是泵浦效率高，泵浦光波长与激光介质吸收谱严格匹配。

3. 聚光系统

聚光腔的作用有两个：一个是将泵浦源与工作物质有效地耦合；另一个是决定激光物质上泵浦光密度的分布，从而影响到输出光束的均匀性、发散度和光学畸变。工作物质和泵浦源都安装在聚光腔内，因此聚光腔的优劣直接影响泵浦的效率及工作性能。图 6.3 为椭圆柱聚光腔，是目前小型固体激光器最常采用的。

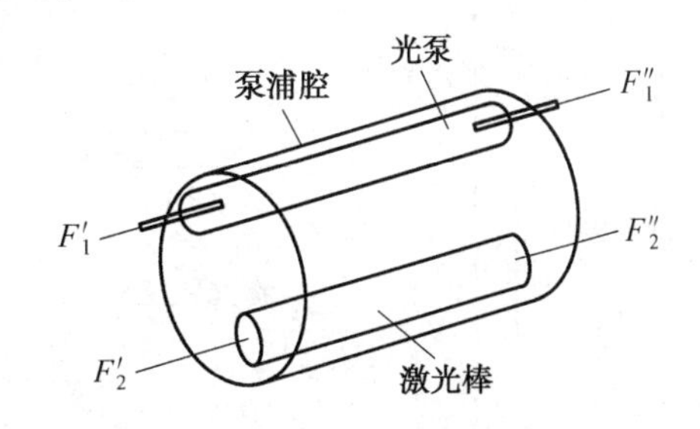

图 6.3　椭圆柱聚光腔

4. 光学谐振腔

光学谐振腔由全反射镜和部分反射镜组成，是固体激光器的重要组成部分。光学谐振腔除了提供光学正反馈维持激光持续振荡以形成受激发射，还对振荡光束的方向和频率进行限制，以保证输出激光的高单色性和高定向性。最简单常用的固体激光器的光学谐振腔是由相向放置的两平面镜(或球面镜)构成。

5. 冷却与滤光系统

冷却与滤光系统是激光器必不可少的辅助装置。固体激光器工作时会产生比较严重的热效应,所以通常都要采取冷却措施。主要是对激光工作物质、泵浦系统和聚光腔进行冷却,以保证激光器的正常使用及器材的保护。冷却方法有液体冷却、气体冷却和传导冷却,使用最广泛的是液体冷却。要获得高单色性的激光束,滤光系统的作用是将大部分的泵浦光和其他干扰光过滤,使输出的激光单色性好。

6.3.2　红宝石激光器

红宝石是由蓝宝石(Al_2O_3)中掺入少量的氧化铬(Cr_3O_2)而形成。红宝石激光器的工作物质是Cr^{3+}:Al_2O_3,其中Al_2O_3作为基质晶体,Cr^{3+}是发光的激活粒子,光谱特性与Cr^{3+}的能级结构有关,它是三能级系统。图6.4为红宝石晶体Cr^{3+}能级图。在室温下,红宝石激光器一般输出694.3 nm的红光。

红宝石激光器非常突出的优点:机械强度好,高功率密度,大尺寸晶体,亚稳态寿命长,高能量单模输出。当然也有明显的缺点:阈值高,温度效应明显。所以只能在低温下连续与高重复率运行。

6.3.3　掺钕钇铝石榴石激光器

Nd^{3+}:YAG激光器是迄今为止使用最为广泛的固体激光器。在固体基质中掺入了激活粒子Nd^{3+},基质钇铝石榴石(英文缩写为YAG)具有优良的光学、力学和热学性能,是目前能在室温下连续工作的唯一实用的固体工作物质。图6.5为Nd^{3+}:YAG能级图,在室温下,Nd^{3+}:YAG一般输出的激光波长为1.064 μm。

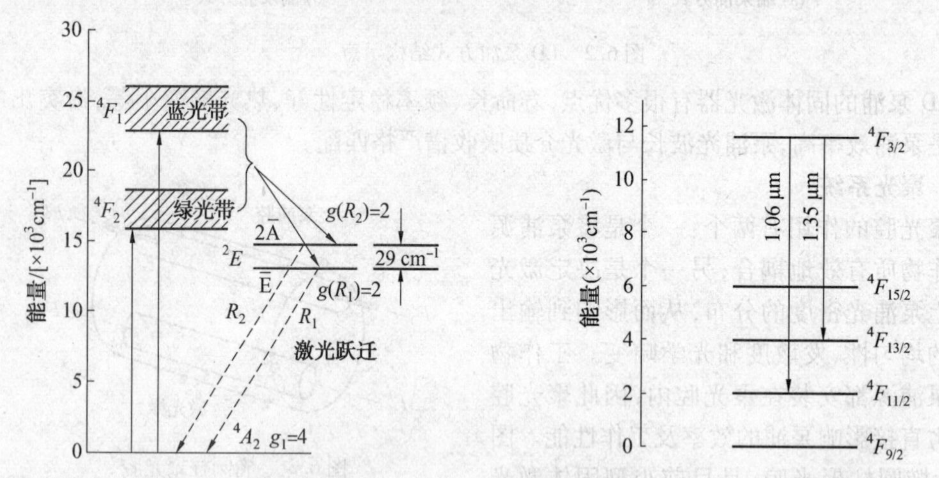

图6.4　红宝石中铬离子的能级结构　　　图6.5　Nd^{3+}:YAG能级结构

Nd^{3+}:YAG激光器突出的优点是阈值低和优良的热学性能,对Nd^{3+}:YAG的应用远超过其他固体工作物质,可以说,Nd^{3+}:YAG出现至今,被大量使用,长盛不衰。

6.3.4　掺铒钇铝石榴石激光器

Er:YAG激光器的出现是激光在医疗领域的一大突破,其基本结构与Nd^{3+}:YAG激光器基本相似，采用脉冲氙灯泵浦，聚光腔为镀银的单椭圆柱腔或双椭圆柱腔，但是其光学元件必须与水蒸气隔离（不隔离激光束将破坏），因此需要将激光器密闭在干燥的容器之中。图6.6为Er:YAG激光跃迁能级图，其输出的波长为2.94 μm。

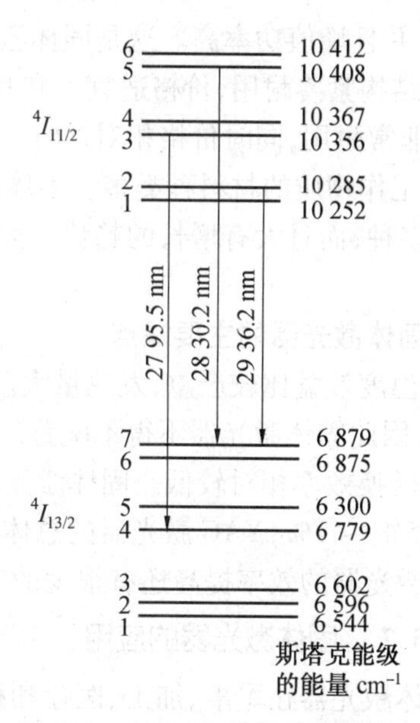

图6.6 Er:YAG激光跃迁能级图

Er:YAG激光器的最大平均功率达到3 W，最大脉冲输出达到5 J，是迄今为止输出功率最大、效率最高的长波长固体激光器；加之交换输出波长为2.94 μm，这正是人体组织的吸收波长，这个也是Er:YAG的一个非常突出的优点。因此在医疗方面（尤其是激光外科和血管外科）有很大的应用潜力。

6.3.5 可调谐固体激光器

可调谐固体激光器的出现可以说是固体激光器的重大发展，在一定范围内是可以连续改变输出波长的固体激光器。它分为两类：一类是色心激光器，一类是用掺过渡族金属离子的激光晶体制作的可调谐激光器。

色心是晶体中正负离子缺位引起的缺陷。色心激光器的阈值较低，容易实现单模运转，并且光束质量好，特别是调谐范围覆盖0.8 ~ 3.9 μm，这是其他可调谐激光器难以达到的。但色心激光器大都只适合在低温下工作，且使用过程中仍然不太稳定。与此相比，掺过渡金属的激光晶体制作的可调谐激光器，性能更加优越。主要的激光晶体有金绿宝石、Cr:GSGG、掺钛蓝宝石等，其中钛蓝宝石是目前性能最好的固体可调谐材料。

6.3.6 典型固体激光器的比较

表6.1是从工作物质、输出波长、能级系统和常用泵浦方式等四个方面对固体激光器进行的简单比较。

表6.1 典型固体激光器的比较

激光器 \ 内容	工作物质	输出波长/μm	能级系统	常用泵浦方式
红宝石激光器	$Cr^{3+}:Al_2O_3$	0.694 3 0.692 9	三能级	光泵浦
掺钕钇铝石榴石激光器	Nd^{3+}:YAG	1.06 1.35	四能级	光泵浦
掺铒固体激光器	Er:YAG	2.94	四能级	光泵浦
可调谐固体激光器	钛蓝宝石	0.8 ~ 3.9	四能级	光泵浦

1. 固体激光器主要优点

①输出能量大，峰值功率高。在固体激光器中，由于中心粒子的能级结构，能够输出

大能量，并且峰值功率高。这是固体激光器非常突出的优点。

② 结构紧凑耐用，价格适宜。和其他类型的激光器相比，固体激光器的结构非常简单并且非常耐用，同时价格相对适宜。

③ 工作物质的材料种类多。固体激光器的工作物质的种类非常多，到目前为止至少有一百多种，而且大有增长的趋势。大量高性能材料的出现，使固体激光器的性能进一步提高。

2. 固体激光器的主要缺点

① 温度效益比较严重，发热量大。正是由于输出能量大，峰值功率高，导致热效应非常明显，因此固体激光器不得不配置冷却系统，才能保证固体激光器的正常连续使用。

② 转换效率相对较低。固体激光器的总体效率非常低，例如红宝石激光器的总体效率为0.5% ~1%，YAG激光器的总体效率为1% ~2%，在最好的情况下可接近3%。可见固体激光器的效率提高还有很大的空间。

6.3.7 固体激光器的应用

固体激光器在军事、加工、医疗和科学研究领域有广泛的用途，常用于测距、跟踪、制导、打孔、切割和焊接、半导体材料退火、电子器件微加工、大气检测、光谱研究、外科和眼科手术、等离子体诊断、脉冲全息照相以及激光核聚变等方面。

1. 军事应用

在激光器军事应用的过程中，固体激光器可算是后起之秀，20 世纪 90 年代以来固体激光器在军事领域崭露头角，并成为绝对的主角。

(1) 常规的固体激光武器

激光测距仪是部队中使用最普遍的激光系统，他们被装备在主站坦克、火炮和步兵战车上等。装备之后，可以大大地提高攻击命中率。相比传统的光学瞄准装备命中率提高数倍。服役的激光测距仪大多数是1.06 μm的掺钕钇铝石榴石(Nd^{3+}:YAG) 激光测距仪，长期使用该固体激光器容易让人眼膜损坏，目前正在转向对人眼安全的1.54 μm掺铒(Er) 的磷酸玻璃激光器。当然，还有一些被大量使用的常规激光武器，例如激光目标指示器(LD 泵浦的固体激光器)、激光雷达等。

(2) 激光导弹防御系统

激光导弹防御系统或称激光反导的基本特征，是用由光速的高能激光去摧毁声速运行的导弹或其他飞行器，LD 泵浦固体激光器在这方面具有突出的优势。目前陆军中采用的陆基小型激光反导系统、空军采用的机载激光反导系统和海军采用的舰载激光反导系统，都是使用 LD 泵浦固体激光器。

(3) 未来的激光武器

未来的固体激光武器主要的方向是超高功率和高便携性。超高功率激光器是未来战斗系统的重要组成部分，将在反监视、主动保护、防空和清除暴露地雷等方面做出贡献。高便携性将使单兵作战的能力极大提高，能充分发挥每一个士兵的作用。目前各国的激光武器都朝着这两个目标发展。

2. 工业应用

根据激光束与材料相互作用的机理，大体可将激光加工分为激光热加工和光化学反应加工两类。激光热加工是指利用激光束投射到材料表面产生的热效应完成加工，包括激光焊接、激光切割、表面改性、激光打标、激光钻孔和微加工等。光化学反应加工是指激光束照射到物体，借助高密度高能光子引发或控制光化学反应的加工过程，包括光化学沉积、立体光刻、激光刻蚀等。这里主要介绍固体激光器的加工应用。

（1）激光切割技术

激光切割技术广泛应用于金属和非金属材料的加工中，可大大减少加工时间，降低加工成本，提高工件质量。激光切割是应用激光聚焦后产生的高功率密度能量来实现的。与传统的板材加工方法相比，激光切割具有高的切割质量、高的切割速度、高的柔性（可随意切割任意形状）、广泛的材料适应性等优点。目前激光切割常采用1.06 μm 波长的YAG 激光束。

（2）激光焊接技术

激光焊接技术是激光材料加工技术的重要方面之一，焊接过程属于热传导型，即激光辐射加热工件表面，表面热量通过热传导向内部扩散，通过控制激光脉冲的宽度、能量、峰功率和重复频率等参数，使工件熔化，形成特定的熔池。由于其独特的优点，已成功地应用于微小型零件焊接中。与其他焊接技术比较，激光焊接的主要优点是，速度快、深度大、变形小，能在室温或特殊条件下进行，焊接设备装置简单。尽管是以CO_2激光器为主导热源，但Nd^{3+}:YAG 激光器也已有一席之地。

（3）激光清洗技术

激光清洗技术是指采用高能激光束照射工件表面，使表面的污物、颗粒、锈斑或涂层等附着物发生瞬间蒸发或剥离，从而达到清洁净化的工艺过程。与普通的化学清洗法和机械清洗法相比，激光清洗有如下特征：① 是一种完全的“绿色”清洗；② 清洗的对象广泛；③ 几乎能够清洗所有的固体基材且不损伤基材；④ 容易实现自动化基材。典型的设备主要有 LD 泵浦固体激光器和Nd^{3+}:YAG 激光器。

3. 医疗美容

固体激光器医疗与美容方面的应用非常广泛，尤其是Nd^{3+}:YAG 激光器“一家独大”。Nd^{3+}:YAG 激光器是医学中用得较多的固体激光器，它的转换率高，输出功率大，单根晶体工作时输出功率可达百瓦，比CO_2气体激光器止血及凝固效果好，故在医学上常用来做手术刀，广泛应用于普外科、耳鼻喉科、泌尿科和骨科及整形科，切割血管丰富的组织，大大减少出血。Nd^{3+}:YAG 激光脉冲能量大，不易被水和血红蛋白吸收，故穿透组织较深。

Nd^{3+}:YAG 激光器采用倍频技术可输出532 nm 的绿色激光，即倍频Nd^{3+}:YAG 激光，光斑直径为2 ~ 6 mm，能量密度为5 ~ 12 J/cm^2。虽然血管中的氧合血红蛋白对波长为532 nm 的光的吸收次于585 nm 的光，但可选择532 nm 波长的适当脉宽对血管性病变组织进行治疗。由于其穿透较浅，因而一般仅限于对较浅的血管性病变进行治疗。另外，倍频Nd^{3+}:YAG 激光广泛应用于胃出血、血管瘤的治疗及显微外科手术，对于由红的染料颗粒所引起的文身、文唇等人为的皮肤色素变异亦具有一定的治疗效果。黑色素细胞对532 nm 的激光的吸收较强，加之皮肤组织对该波长的散射较强，照射在皮肤上的532 nm激光能量被局限在皮肤表皮层，采用调Q技术后，可对表浅型黑色素细胞增生，如咖啡斑、老年斑、雀斑等达到较好的治疗效果。

6.4 气体激光器

这是一类以气体为工作物质的激光器，此处所说的气体可以是纯气体，也可以是混合气体；可以是原子气体，也可以是分子气体；还可以是离子气体、金属蒸气等。多数采用高压放电方式泵浦。最常见的有氦－氖激光器、氩离子激光器、二氧化碳激光器、氦－镉激光器和铜蒸气激光器等。氦－氖激光器是最早出现的也是最为常见的气体激光器之一，1961年由在美国贝尔实验室从事研究工作的伊朗籍学者佳万（Javan）博士及其同事们发明，工作物质为氦、氖两种气体按一定比例的混合物。根据工作条件的不同，可以输出五种不同波长的激光，而最常用的则是波长为632.8 nm的红光。输出功率为0.5～100 mW，具有非常好的光束质量。不少中学的实验室也在用它做演示实验。

比氦－氖激光器晚3年由帕特尔（Patel）发明的二氧化碳激光器是一种能量转换效率较高和输出最强的气体激光器。其准连续输出已有400 kW，微秒级脉冲的能量则达到10 kJ，经适当聚焦，可以产生1013 W/m^2的功率密度。与发明二氧化碳激光器同年，发明了几种惰性气体离子激光器，其中最常见的是氩离子激光器。它以离子态的氩为工作物质，大多数器件以连续方式工作，但也有少量脉冲运转。氩离子激光器可以有35条以上谱线，其中25条是波长在408.9～686.1 nm的可见光，10条以上是275～363.8 nm的紫外辐射，并以488.0 nm和514.5 nm两条谱线为最强，连续输出功率可达100 W。

另一种常见的金属蒸气激光器是1966年发明的铜蒸气激光器。一般通过电子碰撞激励，两条主要的工作谱线是波长为510.5 nm的绿光和578.2 nm的黄光，典型脉冲宽度10～50 ns，重复频率可达100 kHz。当前水平一个脉冲的能量为1 mJ左右。这就是说，平均功率可达100 W，而峰值功率则高达100 kW。

6.4.1 气体激光器的分类

气体激光器分为原子气体激光器、离子气体激光器、分子气体激光器和准分子激光器。它们的工作波长很宽，从真空紫外到远红外，既可以连续方式工作，也可以脉冲方式工作。

1. 原子气体激光器

包括各种惰性气体激光器和各种金属蒸气激光器，如氦氖激光器和铜蒸气激光器。其中氦氖激光器是最早研究成功的，并且仍在普遍使用。它的工作物质是混有氦的氖，在这种混合气体中放电，部分氦原子被激发到亚稳激发态2s1s。这部分氦原子与基态氖原子碰撞时，能导致能量转移激发，使氖原子处于激发能级上，从而实现氖原子的粒子数反转分布。氖原子在谐振腔中通过受激发射过程主要发出三个波长（3.39 μm、1.15 μm和632.8 μm）的激光。氦氖激光器输出的激光功率只有几毫瓦到100 mW，效率约为0.1%。但是，氦氖激光器具有单色性好、方向性强、使用简便、结构紧凑坚固等优点，在精密测量、准直和测距中得到广泛的应用。

2. 离子气体激光器

在惰性气体和金属蒸气的离子的电子态能级之间建立粒子数反转，其激光波长大多在紫外和可见光区域,输出激光功率较大。典型的离子激光器有氩离子激光器、氪离子激光器和氦镉激光器等,应用最多的是氩离子激光器,它可以产生多条波长的激光,其中最强的是448 nm和514.5 nm。连续输出激光功率为几百毫瓦至几百瓦,效率很低,约为0.1%。它被应用于光谱学、光泵染料激光器、激光化学和医学等。

3. 分子气体激光器

工作物质是中性分子气体,如氮、一氧化碳、二氧化碳、水蒸气等,波长很广,从真空紫外、可见光到远红外。其中以二氧化碳激光器偏多,其特点是效率高,为10% ~25%,可以获得很高的激光功率,连续输出功率高达万瓦,脉冲器件输出可达万焦耳每脉冲级,工作在以9.4 μm和10.4 μm为中心的多条分子振转光谱线上。二氧化碳激光器分为普通低气压封离型激光器、横向和纵向气体循环流动型激光器、横向大气压和高气压连续调谐激光器、气动激光器和波导激光器等,可用于加工和热处理(如焊接、切割和热处理)、光通信、测距、同位素分离和高温等离子体研究等。其中波导二氧化碳激光器是一种结构紧凑、增益高和可调谐的激光器,特别适用于激光通信和高分辨光谱学。

4. 准分子激光器

准分子激光器是利用准分子的束缚高能态和排斥性或弱束缚的基态之间的受激发射的激光器。由于基态寿命极短,可实现高效率和高平均功率。准分子激光器的主要受激准分子是惰性气体准分子和惰性气体卤化物准分子。激光发射波长主要在紫外和真空紫外区域,输出能量已达百焦耳量级,用于光泵染料激光器、同位素分离和激光化学。

6.4.2 CO_2 激光器的基本结构和工作原理

以典型的 CO_2 为例说明气体激光器的基本结构和工作原理,并分析它的优缺点。

图6.7为一种典型的 CO_2 激光器结构示意图。构成 CO_2 激光器谐振腔的两个反射镜放置在可供调节的腔片架上,最简单的方法是将反射镜直接贴在放电管的两端。

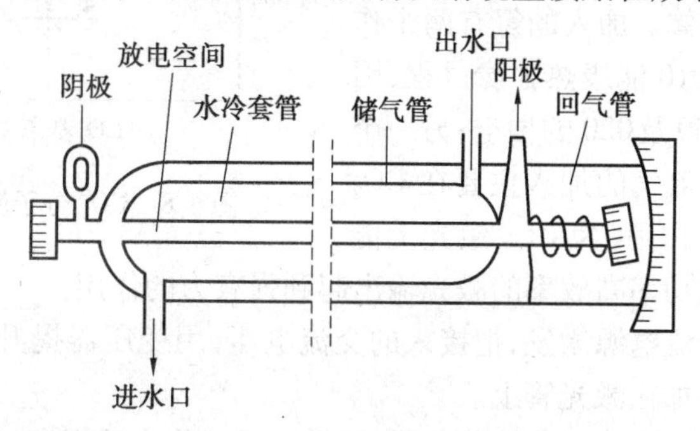

图6.7 CO_2 激光器基本结构

1. 基本结构

① 激光管。激光器中最关键的部分,通常由三部分组成(如图6.7所示):放电空间(放电管)、水冷套(管)、储气管。

放电管通常由硬质玻璃制成,一般采用层套筒式结构。它能够影响激光的输出以及激光输出的功率,放电管长度与输出功率成正比。在一定的长度范围内,每米放电管长度输出的功率随总长度而增加。一般而言,放电管的粗细对输出功率没有影响。水冷套管的和放电管一样,都是由硬质玻璃制成。它的作用是冷却工作气体,使得输出功率稳定。储气管与放电管的两端相连接,即储气管的一端有一小孔与放电管相通,另一端经过螺旋形回气管与放电管相通,它的作用是使气体在放电管与储气管中循环流动,放电管中的气体随时交换。

② 光学谐振腔。光学谐振腔由全反射镜和部分反射镜组成,是 CO_2 激光器的重要组成部分。光学谐振腔通常有三个作用:控制光束的传播方向,提高单色性;选定模式;增长激活介质的工作长度。

最简单激光器的光学谐振腔是由相向放置的两平面镜(或球面镜)构成。CO_2 激光器的谐振腔常用平凹腔,反射镜采用由 K8 光学玻璃或光学石英加工成大曲率半径的凹面镜,在镜面上镀有高反射率的金属膜 —— 镀金膜,使波长为 10.6 μm 的光反射率达 98.8%,且化学性质稳定。二氧化碳发出的光为红外光,反射镜需要应用透红外光的材料,普通光学玻璃对红外光不透,就要求在全反射镜的中心开一个小孔,再密封上一块能透过 10.6 μm 激光的红外材料,以封闭气体。这样就使谐振腔内激光的一部分从这一小孔输出腔外,形成一束激光。

③ 电源及泵浦。泵浦源能够提供能量使工作物质中上下能级间的粒子数反转。封闭式 CO_2 激光器的放电电流较小(30 ~ 40 mA),采用冷电极,阴极用钼片或镍片做成圆筒状,阴极圆筒的面积为 500 cm^2,不致镜片污染,在阴极与镜片之间加一光栏。

2. 工作原理

图 6.8 为 CO_2 激光器产生激光的分子能级图,从图中分析得到 CO_2 激光的激发过程,主要的工作物质由 CO_2、氮气、氦气三种气体组成。其中 CO_2 是产生激光辐射的气体,氮气及氦气为辅助性气体。加入的氦有两个作用:一个是可以加速 010 能级热弛豫过程,因此有利于激光能级 100 及 020 的抽空;另一个是实现有效的传热。氮气的加入主要在 CO_2 激光器中起能量传递作用,为 CO_2 激光上能级粒子数的积累与大功率高效率的激光输出起到强有力的作用。

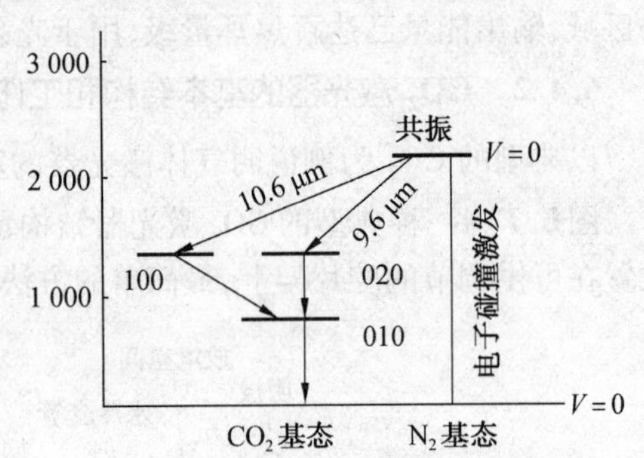

图 6.8　CO_2 分子激光跃迁能级图

泵浦采用连续直流电源激发,把接入的交流电压,用变压器提升,经高压整流及高压滤波获得直流高压电加在激光管上。

CO_2 激光器是一种效率较高的激光器,不易造成工作介质损害,发射出 10.6 μm 波长的不可见激光,是一种比较理想的激光器。按气体的工作形式分为封闭式及循环式,按激励方式分为电激励、化学激励、热激励、光激励与核激励等。在医疗中使用的 CO_2 激光器基本上是电激励激光器。

CO_2 激光器的基本工作原理:与其他分子激光器一样有三种不同的运动,即分子里电子的运动,其运动决定了分子的电子能态;二是分子里的原子振动,即分子里原子围绕其平衡位置不停地作周期性振动 —— 并决定于分子的振动能态;三是分子转动,即分子为一整体在空间连续地旋转,分子的这种运动决定了分子的转动能态。分子运动极其复杂,因此能级也很复杂。

CO_2 激光器产生激光：在放电管中，通常输入几十 mA 或几百 mA 的直流电流。放电时，放电管中的混合气体内的氮分子由于受到电子的撞击而被激发起来。这时受到激发的氮分子便和 CO_2 分子发生碰撞，N_2 分子把自己的能量传递给 CO_2 分子，CO_2 分子从低能级跃迁到高能级上形成粒子数反转从而产生激光。

3. CO_2 激光器的优缺点

与其他激光器相比，CO_2 激光器有以下优缺点：

优点：具有较好的方向性、单色性和较好的频率稳定性。而气体的密度小，不易得到高的激发粒子浓度，因此 CO_2 气体激光器输出的能量密度比固体激光器小。

缺点：CO_2 激光器的转换效率是很高的，但最高也不会超过 40%，这就是说，将有 60% 以上的能量转换为气体的热能，使温度升高。而气体温度的升高，将引起激光上能级的消激发和激光下能级的热激发，这都会使粒子的反转数减少。并且，气体温度的升高，将使谱线展宽，导致增益系数下降。特别是，气体温度的升高，还将引起 CO_2 分子的分解，降低放电管内的 CO_2 分子浓度。这些因素都会使激光器的输出功率下降，甚至产生“温度猝灭”。

6.5 半导体激光器

半导体激光器是以一定的半导体材料做工作物质而产生受激发射作用的器件。其工作原理是通过一定的激励方式，在半导体物质的能带（导带与价带）之间，或者半导体物质的能带与杂质（受主或施主）能级之间，实现非平衡载流子的粒子数反转，当处于粒子数反转状态的大量电子与空穴复合时，便产生受激发射作用。半导体激光器的激励方式主要有三种，即电注入式，光泵式和高能电子束激励式。电注入式半导体激光器，一般是由砷化镓（GaAs）、硫化镉（CdS）、磷化铟（InP）、硫化锌（ZnS）等材料制成的半导体面结型二极管，沿正向偏压注入电流进行激励，在结平面区域产生受激发射。光泵式半导体激光器，一般用 n 型或 p 型半导体单晶（如 GaAS、InAs、InSb 等）做工作物质，以其他激光器发出的激光作光泵激励。高能电子束激励式半导体激光器，一般也是用 n 型或者 p 型半导体单晶（如 PbS、CdS、ZhO 等）做工作物质，通过由外部注入高能电子束进行激励。在半导体激光器件中，性能较好，应用较广的是具有双异质结构的电注入式 GaAs 二极管激光器。

6.5.1 半导体激光器的分类

半导体激光器分为：① 异质结构激光器；② 条形结构激光器；③GaAIAs/GaAs 激光器；④InGaAsP/InP 激光器；⑤ 可见光激光器；⑥ 远红外激光器；⑦ 动态单模激光器；⑧ 分布反馈激光器；⑨ 量子阱激光器；⑩ 表面发射激光器；⑪ 微腔激光器。

6.5.2 半导体激光器的工作原理

半导体激光器与其他激光器的区别是工作物质的不同。图 6.9 为 GaAs 激光器的外形及其管芯结构。在激光器的外壳上有一个输出激光的小窗口，激光器的电极供外接电源用,外壳内是激光器管芯,管芯形状有长方形、台面形、电极条形等多种。它的核心部分是 p-n 结,半导体激光器 p-n 结的两个端面是按晶体的天然晶面剖切开的,称为解理面。这两个表面极为光滑,可以直接用作平行反射镜面,构成激光谐振腔。激光可以从某一侧解理面输出,也可由两侧输出。

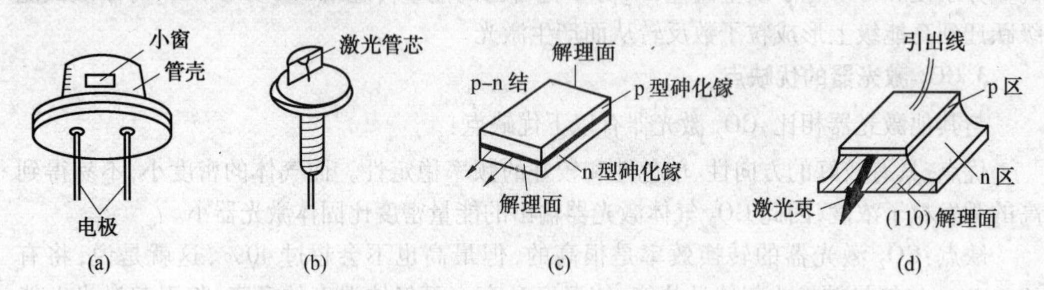

图 6.9　GaAs 激光器的外形及其管芯结构

半导体材料是一种单晶体,各原子最外层的轨道互相重叠,导致半导体能级不再是分立能级,而变成能带,如图 6.10 所示。

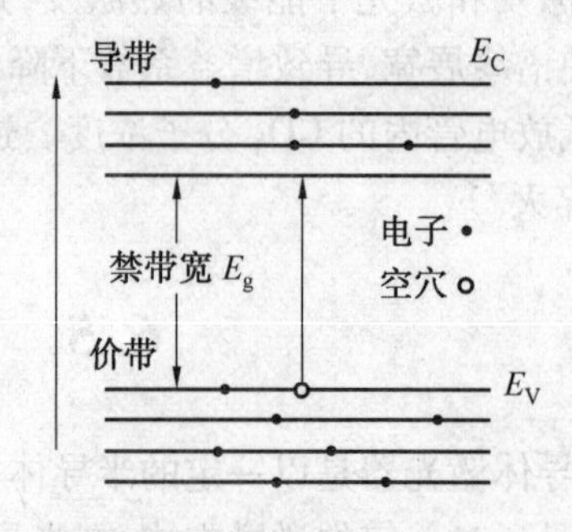

图 6.10　半导体能带示意图

在低温下,晶体中的电子都被原子紧紧束缚着,不能参与导电,价带以上的能带基本上是空的。当价带中的电子受到热或光的激发,获得足够的能量,即可跃迁到上面的导带。导带与价带中的禁带宽度 E_g 又取决于导带底的能量 E_C 和价带顶的能量 E_V,且有

$$E_g = E_C - E_V$$

半导体材料很多,最常用的有两大类:一类是砷化镓(GaAs)和镓铝砷($Ga_{1-x}Al_xAs$),其中下标 x 表示 GaAs 中被 Al 原子取代的 Ga 原子的百分比数。x 值决定了波长,通常为 850 nm 左右。这种器件主要用于短距离光通信和固体激光器的泵浦源。另一类是镓铟磷砷($Ga_{1-x}In_xAs_{1-y}P_y$)和磷化铟(InP),其激活波长为920 nm ~ 1.65 μm,特别是1.3 μm 和1.55 μm 广泛用于光纤通信中。

产生激光的机理与其他激光器相似,半导体材料中也有受激吸收、受激辐射和自发辐射过程。在电流或光的激励下,半导体价带上的电子获得能量,跃迁到导带上,在价带中形成了一个空穴,这相当于受激吸收过程。导带中的电子跃迁到价带上,与价带中的空穴复合,同时把能量以光子形式辐射出来,相应于自发辐射或受激辐射。显然,当半导体材料中实现粒子数反转,使得受激辐射为主,如果构成谐振腔,使光增益大于光损耗,就可以产生激光。

问题是,怎样才能在半导体中实现粒子数反转?

应当指出,半导体激光器的核心是 p-n 结,见图 6.11(a),它与一般的半导体 p-n 结的主要差别是:半导体激光器是高掺杂的,即 p 型半导体中的空穴极多,n 型半导体中的电子极多,因此半导体激光器 p-n 结中的自建场很强,结两边产生的电位差 V_D(势垒) 很大。

当无外加电场时,p-n结的能级结构如图6.11(b) 所示,p 区的能级比 n 区高 eV_D,并且

导带底能级$(E_C)_N$比价带顶级$(E_V)_P$还要低。由于能级越低，电子占据的可能性越大。所以n区导带中$(E_C)_N$与费米能级E_F间的电子数，比p区价带中$(E_V)_P$与费米能级E_F间的电子数多。

当外加正向电压时，p-n结势垒降低。在电压较高、电流足够大时，p区空穴和n区电子大量扩散并向结区注入，如图6.11(c)所示。在p-n结的空间电荷层附近，导带与价带之间形成电子数反转分布区域，称为激活区(也称为介质区、有源区)。因为电子的扩散长度比空穴大，所以激活区偏向p区一边。在激活区内，由于电子数反转，起始于自发辐射的受激辐射大于受激吸收，产生了光放大。进一步，由于两解理面可以构成谐振腔，所以光不断增强，形成了激光。

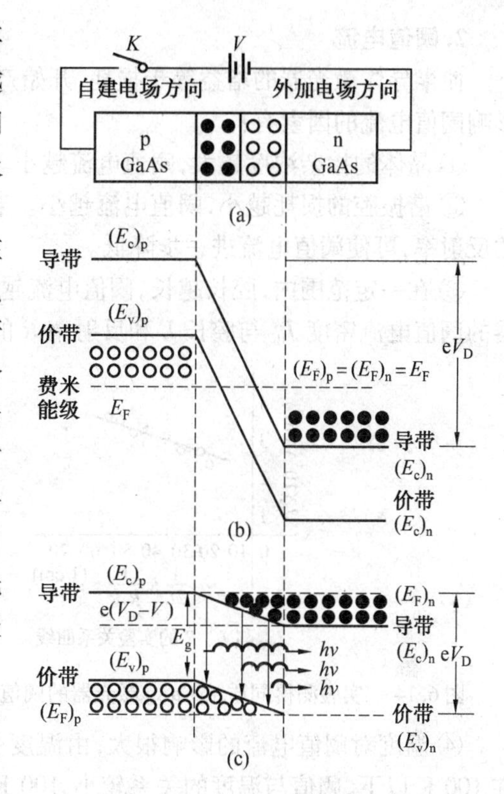

图6.11　粒子数反转

上述分析可知，只有外加足够强的正电压，注入足够大的电流，才能产生激光；否则，只能产生荧光。在半导体激光器的输出功率P与注入电流I的关系曲线(图6.12)中，曲线的转折点对应于阈值电流。该阈值是自发辐射和激光产生的分界点，也是从发光二极管状态到激光二极管工作的过渡点。一旦激光开始，曲线斜率就变陡。一般来说，发光二极管产生的光功率峰值最多是数百毫瓦量级，而激光二极管产生的光功率峰值国内可达数百瓦，国外可达千瓦以上。

6.5.3　半导体激光器的特性

1. 伏安特性

GaAs激光器的伏安特性与一般二极管相同，也具有单向导电性，如图6.13所示。

激光器系正向运用，其电阻主要取决于晶体电阻和接触电阻，虽然阻值不大，但因工作电流大，不能忽视它的影响。

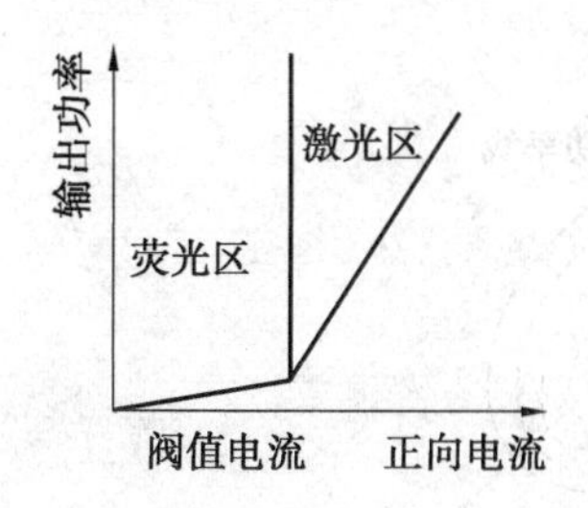

图6.12　半导体激光器$P-I$的关系曲线

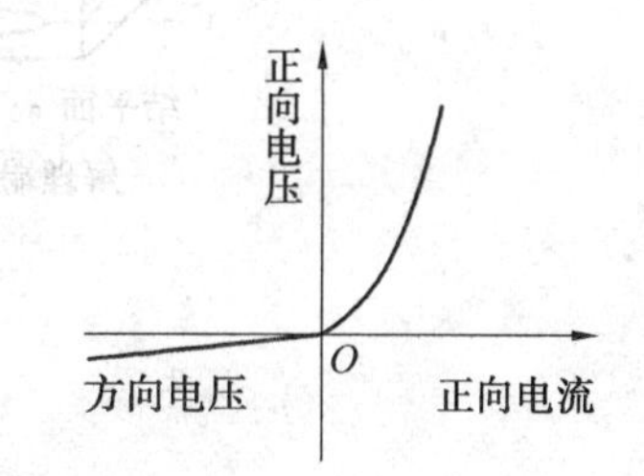

图6.13　GaAs激光器的伏安特性

2. 阈值电流

使半导体激光器的增益等于损耗,开始产生激光的注入电流密度叫阈值电流密度。影响阈值电流的因素有:

① 晶体的掺杂浓度越大,阈值电流越小。

② 谐振腔的损耗越小,阈值电流越小。若在谐振腔的一端镀上银膜,增大对红外光的反射率,可使阈值电流进一步降低。

③ 在一定范围内,腔长越长,阈值电流越低,图 6.14 是实验测得的同质结 GaAs 激光器的阈值电流密度 J_{th} 与腔长 L 和反射率 R 的关系曲线。

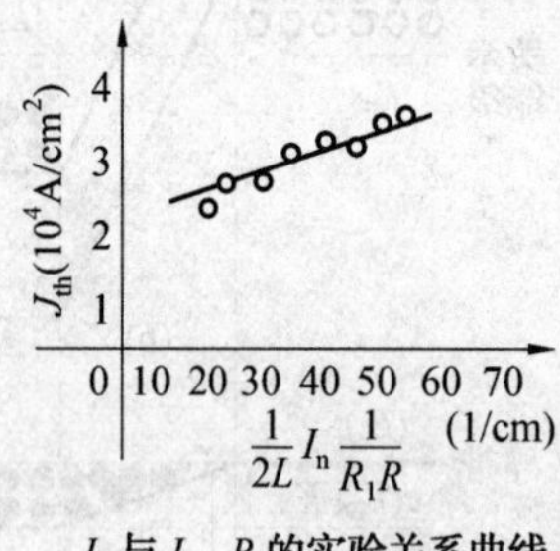

J_{th}与 L、R 的实验关系曲线

J_{th} 10^5 10^4 10^3 10^2 0 T^3 10 10^2 10^3 T/K

J_{th}与 T 的实验关系曲线

图 6.14　实验测得同质结 GaAs 激光器的阈值电流密度 J_{th} 与腔长 L 和反射率 R 的关系曲线

④ 温度对阈值电流的影响很大,由温度变化时测得的阈值电流密度变化曲线可见,在 100 K 以下,阈值与温度的关系较小,100 K 以上,阈值随 T 的三次方增加。因此,半导体激光器宜在低温或室温下工作。

图 6.15 为半导体激光束的空间分布,图中选坐标 y 轴与结平面平行,z 轴与结平面垂直。设激光在结平面方向的半功率宽度为 $\theta_{/\!/}$,垂直于结平面方向的束宽为 $\theta_{\perp}$,则基模束宽:

$$\theta_{/\!/} = \lambda / \omega$$

式中,ω 为结区水平方向尺寸;λ 为激光波长。而垂直于结平面方向的束宽为

$$\theta_{\perp} = 2\lambda / d$$

式中,d 为有源区的厚度,通常大于 1 μm,近似地可按照窄的单缝衍射角的宽度来计算。

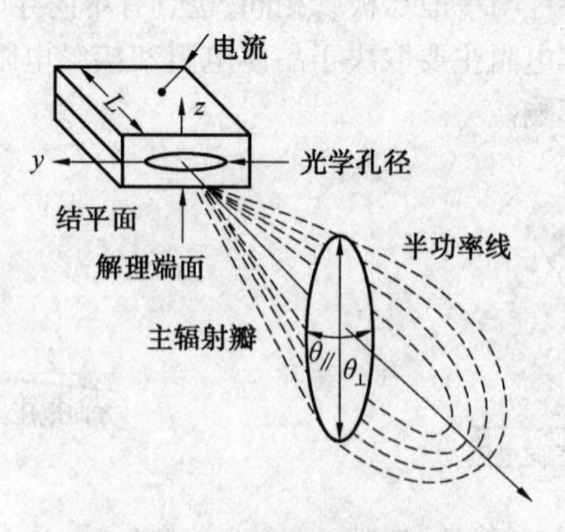

图 6.15　半导体激光束的空间分布

实际上$\theta_{\perp}$符合实际情况，而$\theta_{/\!/}$与实际相差很远，所以不能用源场发散角的计算方法来计算。

3. 方向性

由于半导体激光器的谐振腔短小，激光方向性较差，特别是在结的垂直平面内，发散角很大，可达20°～30°。在结的水平面内，发散角约为几度。

4. 光谱特性

图6.16为GaAs激光器的发射光谱，图6.16(a)为低于阈值时的荧光光谱，谱宽一般为几十纳米，图6.16(b)为注入电流达到或大于阈值时的激光光谱，谱宽约零点几纳米。半导体激光的谱宽尽管比荧光窄得多，但因其特殊的电子结构，受激复合辐射发生在导带和价带之间，所以比气体和固体激光器要宽得多，而且在室温下更宽，达几纳米。可见半导体激光器的单色性较差。

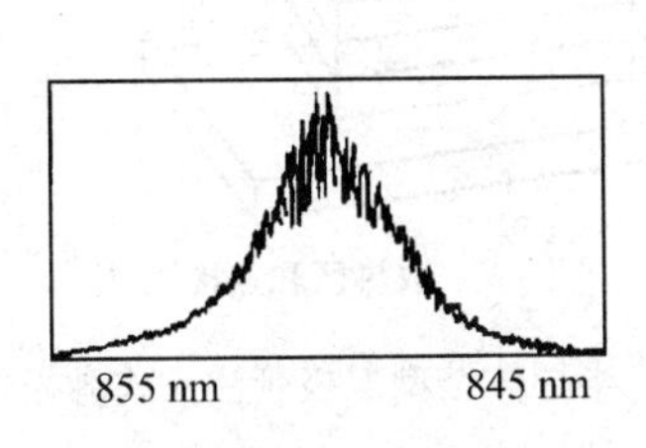

(a) 低于阈值时的荧光光谱

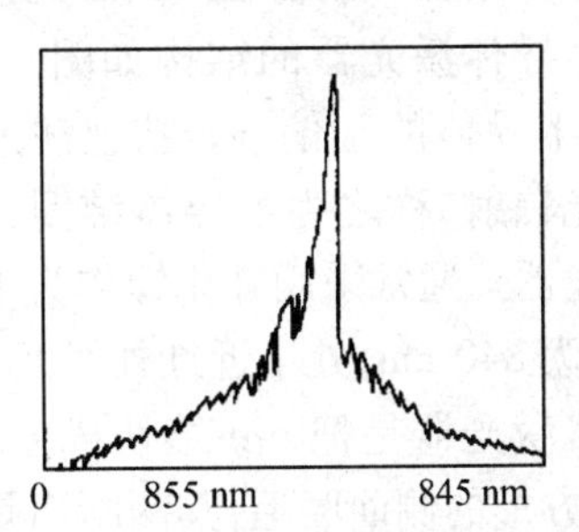

(b) 注入电流达到或大于阈值时的激光光谱

图6.16　GaAs激光器的发射光谱

半导体激光器的工作波长随结构不同而不同，例如，对于双异质结激光器，可以通过改变A1GaAs材料中的Al含量，产生0.751～0.92 μm波长的激光，最广泛采用的波长为0.85 μm。近几年来，由于光纤制造技术的发展，在1.0～1.8 μm，尤其是在1.3～1.55 μm的光纤传输损耗极低。因此，由于光纤通信的推动，人们正致力于研究长波长激光器，例如，砷镓铟($In_xGa_{1-x}As$)激光器(0.87～1.7 μm)、锑砷镓($GaAs_{1-x}Sb_x$)激光器(0.4～1.4 μm)、磷砷镓铟($In_xGa_{1-x}As_{1-y}P_y$)激光器(0.92～1.7 μm)。其中，四元化合物InGaAsP用的比较多，所选用的x、y关系，一般为$y=2.16(1-x)$。

5. 转换效率

注入式半导体激光器是一种把电功率直接转换为光功率的器件，转换效率极高。转换效率通常用量子效率和功率效率量度。

① 量子效率。量子效率定义为

$$\eta_{D}=\frac{(P-P_{th})/h\nu}{(i-i_{th})/e}$$

式中，P为输出功率；P_{th}为阈值发射光功率；$h\nu$为发射光子能量；i为正向电流；i_{th}为正向阈值电流；e为电子电荷。

由于$P\gg P_{th}$，所以上式可改写为

$$\eta_{D}=\frac{P/h\nu}{(i-i_{th})/e}=\frac{P}{(i-i_{th})V}$$

式中,V为正向偏压。由该式可见,η_D 实际上对应于输出功率与正向电流的关系曲线中阈值以上线性范围内的斜率。

② 功率效率。功率效率 η_P 定义为激光器的输出功率与输入电功率之比,即

$$\eta_P = \frac{P}{iV + i^2 R_S}$$

式中,V为 p-n 结上的电压降;R_S 为激光器串联电阻(包括材料电阻和接触电阻)。由于激光器的工作电流较大,电阻功耗很大,所以在室温下的功率效率只有百分之几。

6.5.4 典型的半导体激光器

常见的半导体激光器有:边缘发射与表面发射半导体激光器、同质结半导体激光器、异质结半导体激光器、可见光半导体激光器、分布反馈式半导体激光器和量子阱激光器。

1. 半导体结型二极管注入式激光器

早期半导体激光器的结构如图 6.17 所示,它是在半导体的正偏 p-n 结上注入载流子而产生光辐射,称之为半导体结型二极管注入式激光器。通常采用砷化镓作为半导体物质,波长为 840 nm,处于近红外线区。

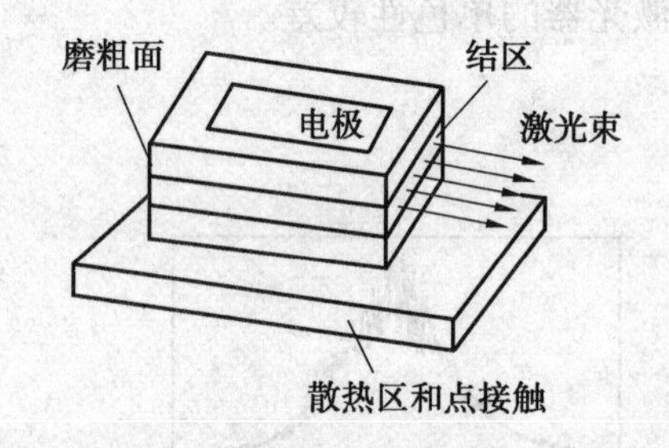

图 6.17 半导体结型二极管注入式激光器

半导体激光器是把 p-n 结切成方块,焊上电极,长方形的侧面磨毛,其两断面是平行平面,形成F-P腔,这两个断面可以是磨制而成的,也可以直接利用晶体的解理面。当施加于激光器的电流超过阈值时,便产生激光辐射。散热器用来降温,以使激光二极管输出稳定的光强和稳定的波长。

这种早期的半导体激光器也称之为边缘发射半导体激光器(Edge-Emitting Semiconductor Laser),因其狭窄的断面使它的输出光束截面是椭圆形的,而且其发散角较大。这一缺点限制了它的应用范围。近几年利用集成电路技术,研制了一种所谓垂直腔表面发射半导体激光器(Vertical Cavity Surface-Emitting Semiconductor Laser, 简称 VCSEL),克服了边缘发射半导体激光器的缺点。

2. 垂直腔表面发射半导体激光器

1989 年美国贝尔实验室和贝尔通信研究所共同研制成功低阈值的垂直腔表面发射半导体激光器(简称表面发射半导体激光器),能够在同一块板上集成一百万只小激光器,其激发电流仅 1mA。到 20 世纪末,美国光子学研究所建成了 VCSEL 商品生产基地。VCSEL 的商品化带来光电脑的革新,有助于实现人工智能将带来光纤通信联网的革新等。

这种表面发射半导体激光器的特性之一,是从垂直于半导体薄片的方向发射激光,这样就使激光束的截面成为圆形,并使激光束的发散角减小了,从而克服了原来从半导体侧面发射激光的缺点。图 6.18 比较了表面发射半导体激光器阵列和边缘发射半导体激光器阵列,它们之间的差别为制造方法、临界角大小以及光束发射方向和形状。应用集成电路技术,每一个表面发射半导体激光器可以做得很小,最小可到 1 μm,而每一个边缘发射半导体激光器最小也有 50 μm。

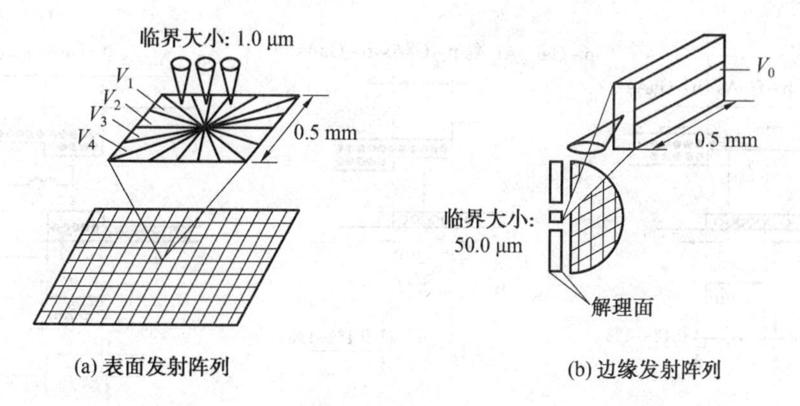

图 6.18　表面发射与边缘发射半导体激光器阵列的比较

3. 同质结半导体激光器

如果 p 型半导体和 n 型半导体材料都是 GaAs,所形成的 p-n 结叫同质结(HOS),如图 6.19 所示。

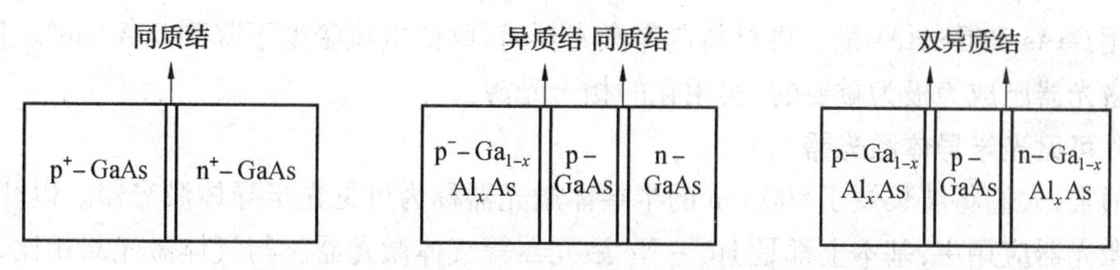

图 6.19　同质结、异质结、双异质结结构示意图

同质结半导体激光器加正向偏压时,其能级结构如图 6.20(a) 所示。电子向 p-n 结注入,并在偏向 p 区一侧的激活区内复合辐射,激活区的厚度 d 约为 2 μm。当正向偏压较大时,考虑到空穴注入,激活区变宽。同时,由图 6.20(c) 可见,激活区的折射率略高于 p 区和 n 区,"光波导效应"不明显,光波在激活区内传播时,有严重的衍射损失。所以同质结半导体激光器的阈值电流密度很高,达$(3\times10^4\sim5\times10^4)\ \mathrm{A/cm^2}$。这样高的电流密度,将使器件发热,故同质结半导体激光器难于在室温下连续工作。

4. 异质结半导体激光器

为了克服同质结半导体激光器的缺点,提高功率和效率,降低阈值电流,人们研制出异质结半导体激光器。由不同材料的 p 型和 n 型半导体构成的 p-n 结叫异质结(HES)。

单异质结半导体激光器(SHL) 结构如图 6.19(b) 所示,单异质结是由 p-GaAs 与 p-GaAlAs 形成的。单异质结激光器施加正向偏压时,其能级结构和折射率分布如图 6.20(b) 所示。电子由 N 区注入 p-GaAs,由于异质结高势垒的限制,激活区厚度 d 约为 2 μm,同时,因 p-GaAlAs 折射率小,"光波导效应" 显著,将光波传输限制在激活区内。这两个因素使得单异质结激光器的阈值电流密度降低了 1 ~ 2 个数量级,约 8 000 $\mathrm{A/cm^3}$。

双异质结半导体激光器(DHL) 指的是在激活区两侧,有两个异质结,如图 6.19(c) 所示。双异质结激光器施加正向偏压时,其能级和折射率分布如图 6.20(c) 所示。激活区内注入的电子和空穴,由于两侧高势垒的限制,深度剧增,激活区厚度变窄,d 约为 0.5 μm。同时,由于激活区两侧折射率差都很大,"光波导效应" 非常显著,使光波传输

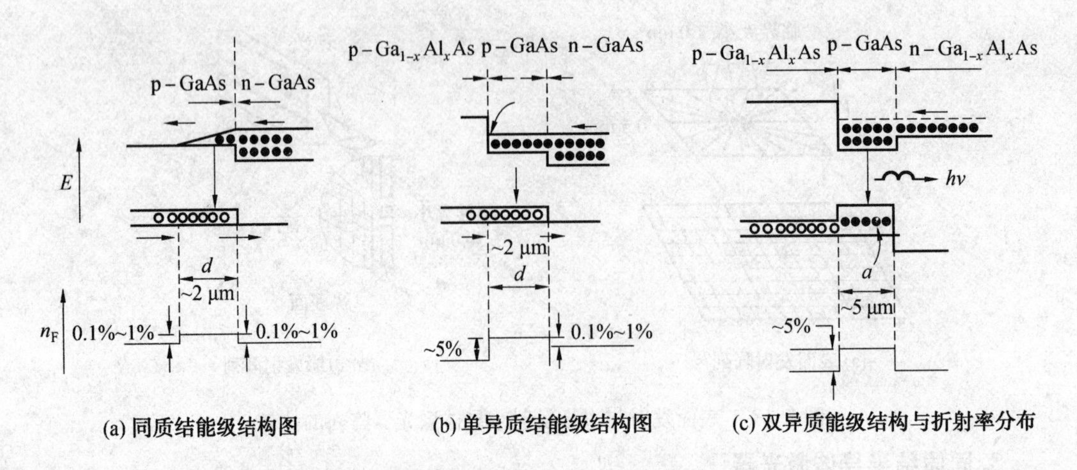

图 6.20　同质及单异和双异质能级结构与折射率分布图

损耗大大减小。所以,双异质结激光器的阈值电流密度更低,可降到(10^2 ~ 10^3) A/cm^2。当采用GaAs和GaAlAs量子阱材料制作激光器时,阈值电流密度下降到几 A/cm^2。目前,这种激光器已成为极为重要的、实用化的相干光源。

5. 可见光半导体激光器

通常,人们将波长短于800 nm 的半导体激光器称为可见光半导体激光器。以往的可见光激光器应用中,基本上都是 He - Ne 激光器等气体激光器。与气体激光器相比,半导体激光器具有体积小、工作电压低,能直接高速调制、便于集成等优点。由于高密度光信息处理系统的需求,如光盘、激光打印机、条形码扫描等诸方面的应用,各类(如红、绿、蓝、黄色)可见光半导体激光器成为极有吸引力的光源。

红光半导体激光器:波长为635 nm 的有3 mW,5 mW,10 mW,15 mW;波长为650 nm 的有5 mW,10 mW,15 mW,30 mW;波长为670 nm 的有 5 mW,10 mW,15 mW,30 mW 等。这类红光激光器的调制频率为(1 ~ 5) MHz,光束发散度可达0.1 mrad,器件广泛用于准直光源、实验激光光源、标识器、指示器、腔用瞄准器等。特点:准直性好,单模输出,寿命长,体积小,价格低,功耗小,驱动电源简单(电池和普通稳压电源两用)使用方便。

绿光半导体激光器:具有很高的输出功率 — 体积比和性能 — 价格比。其特点:小体积、高稳定、长寿命、免维护、极好的模质量、更低的发散度以及热电致冷。新推出的模块式激光驱动(电源)器,能在 AC85 - 265V 电压范围内自由工作。其性能参数为

① 波长:532 nm 横膜:TEM_{00}。

② 稳定性: < ±3%。

③ 光束发散度:有 < 4 mrad, < 1.2 mrad, < 1.6 mrad。

④ 输出功率:2、4、6、8、10、15、20、40、50、60、70、80、90、100、110、120、130、140、150 mW 等。

⑤ 寿命为5 000 h ~ 6 000 h 的寿命(但不包括 LD 微芯片技术)。

蓝(或蓝绿)半导体激光器:常见的这类激光器主要有短波长蓝光激光器,如 GaN(氮化镓)、ZnSe(硒化锌)、SHG(二次谐波倍频)等。

随着 GaN 基蓝、绿光发光二极管实用化和商品化，在光显示上的应用已使颜色逼真的全色显示屏发出绚丽的光彩。光存储与水下光通信是目前这类半导体激光器的最主要应用。

6. 分布反馈式半导体激光器(DFB)

分布反馈式半导体激光器是伴随着光纤通信和集成光学的发展出现的。其最大特点是易于获得单模、单频输出，并可在高速调制下保持单纵模工作，容易与光缆、光纤调制器耦合。

普通的F-P腔半导体激光器的光反馈是通过两个解理端面的光反射实现的，纵模的选择是由增益谱决定的，由于增益谱通常比纵模间隔宽得多，所以难于实现单纵模工作。为了实现单纵模工作，必须采用选模机构。另外，为了满足光纤通信的需要，半导体激光器应在高速调制下，仍然能使其纵模、横模固定，模式应当是动态单模激光器。

DFB 激光器结构示意如图 6.21 所示，在激光作用时，光反馈不是由激光器端面集中反射提供，而是在整个腔长上，依靠刻蚀在激光器有源层(激活区)或其相邻波导层上的周期光栅所形成的折射率微扰，通过布喇格(Bragg)衍射提供反馈的。这种反馈作用使得有源层内前向波与后向波发生相干耦合，所满足的条件是如下的布喇格条件

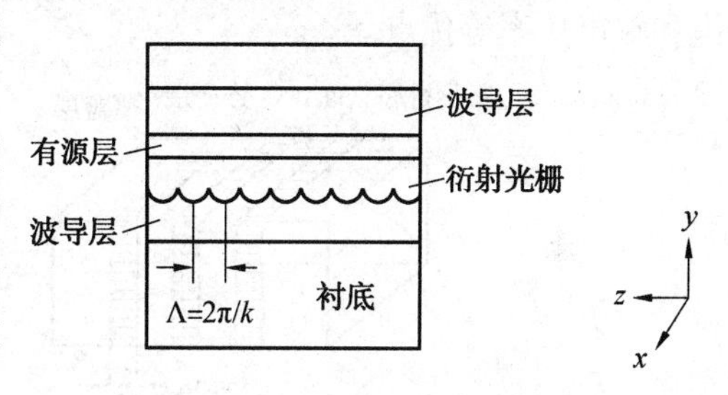

图 6.21　DFB 激光器结构示意图

$$\Lambda = m(\lambda_0/2n_r)$$

式中，Λ 为光栅周期；λ_0 为光波长；n_r 为激活介质的折射率；m 为光栅引起的布喇格衍射级次。于是，若采用一级光栅($m=1$)，只有波长满足 $\lambda_0 = 2n_r\Lambda$ 的光，才能在激活区内稳定振荡，也就是说，该激光器的工作波长为 $\lambda_0 = 2n_r\Lambda$。DFB 激光器的阈值电流密度为 10^3 A/cm^2 量级，光谱线宽为零点几埃，温度波长变化约为 0.1 nm/μm，较 F-P 腔小 3 倍 ~5 倍。

早期 DFB 激光器的研究工作，主要是针对有源层为 GaAS 材料进行的。随着光纤通信系统的发展，研究开发了有源层为 InGaAsP 材料、发射波长为 1.55 μm 和 1.3 μm 的 DFB 激光器。目前，这种 DFB 激光器已成为许多实际的长距离、高比特率的光纤通信系统极好的光源。

7. 量子阱半导体激光器

量子阱半导体激光器是伴随着分子束外延(MBE)技术、有机金属化学汽相沉积(MOCVD)技术和近期发展的化学束外延(CBE)技术、原子层外延(ALE)技术的发展，而迅速发展起来的新型半导体激光器。

电子运动的自由程度用电子平均自由程描述，即在一个自由程内电子运动是不受任何干扰(如碰撞)的。同质结的有源区厚度基本上就由这个自由程决定(大约1 μm)。当激活底宽度减小到 1 ~ 10 μm 时，激活区宽度已经与电子的量子波长相当，甚至还要小，这时的激活区就更像陷阱一样。此时电子的运动受到强烈约束，电子和空穴在导带底和价带顶的能量状态出现不连续分布，称为量子阱(QW)。用这样的量子阱结构制成的半

导体激光器就称为量子阱半导体激光器。从这个意义上说,量子阱激光器就是结区很薄的异质结激光器。

量子阱半导体激光器与普通半导体激光器的主要区别在于它的激活区不是一层激活材料,而是由量子阱材料构成的。所谓量子阱是由两种带隙不同的超薄层化合物半导体交替生长的周群结构。其中,(a) 是由两种组分材料的许多薄层交替堆叠而成的结构,称为多量子阱(MQW),如图6.22(a);(b) 是由两种组分薄层构成的,只有一层量子阱的结构,称为单量子阱(SQW),如图6.22(b),t_a 表示量子阱宽度,t_b 表示势垒区宽度。这种量子阱材料的能带在实空间中呈现不连续分布。由于量子阱结构中的超薄层厚度可达原子层厚度,仅为几纳米到十几纳米,使其呈现出量子尺寸效应,导致其吸收、发射和载流子输运特性与常规半导体材料有很大差别。正是由于这种差别,使得量子阱半导体激光器具有极低的阈值电流(可小于1 mA)、高的特征温度(大于400 K)、极好的动态单模特性、高饱和输出功率等优点。

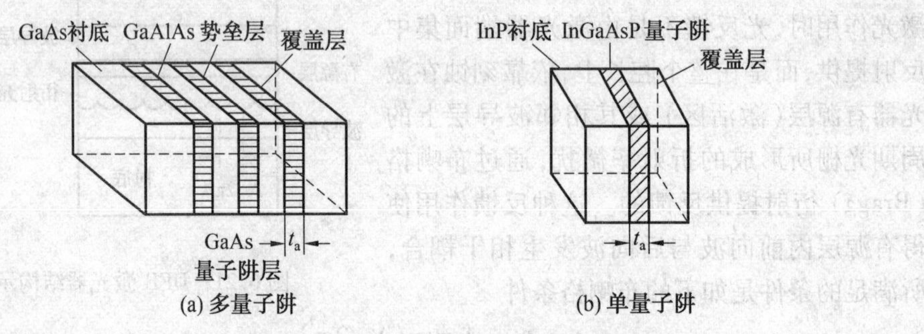

图6.22　量子阱半导体激光器结构示意图

6.6　化学激光器

化学激光器是一类特殊的气体激光器,即是一类利用化学反应释放的能量实现工作粒子数反转的激光器。化学反应产生的原子或分子往往处于激发态,在特殊情况下,可能会有足够数量的原子或分子被激发到某个特定的能级,形成粒子数反转,以致出现受激发射而引起光放大作用。其泵浦源为化学反应所释放的能量。这类激光器大部分以分子跃迁方式工作,典型波长范围为近红外到中红外谱区。最主要的有氟化氢(HF) 和氟化氘(DF) 两种装置。前者可以在2.6 ~ 3.3 μm之间输出15条以上的谱线;后者则约有25条谱线处于3.5 ~ 4.2 μm之间。这两种器件目前均可实现数兆瓦的输出。其他化学分子激光器包括波长为4.0 ~ 4.7 μm 的溴化氢(HBr) 激光器,波长4.9 ~ 5.8 μm 的一氧化碳(CO) 激光器等。迄今唯一已知的利用电子跃迁的化学激光器是氧碘激光器,它具有高达40% 的能量转换效率,而其1.3 μm 的输出波长则很容易在大气中或光纤中传输。

化学激光器有脉冲和连续两种工作方式,脉冲装置首先于1965年发明,连续器件则于4年后问世。其中氟化氢和氟化氘激光器由于可以获得非常高的连续功率输出,其潜在军事应用很快引起人们的兴趣。在"星球大战" 计划的推动下,美国于20世纪80年代中期以3.8 μm 波长、2.2 MW 功率的氟化氘激光器为基础,研制出"中红外先进化学激光装置”,在战略防御倡议局 1988 年提交国会的报告中,称其为当时“自由世界能量最大的高能激光系统”。而氧碘激光器则在材料加工中得到应用,并可望用于受控热核聚变反应。化学激光器发展方向包括以数十兆瓦为目标进一步增加连续器件的输出功率;努力提高氟化氢激光的光束质量和亮度;并探索由氟化氢激光器获得1.3 μm左右短波长输出的可能性。

6.6.1 化学激光器的运转类型

1. 光解离型

这类体系(例如 CF_3I 或 C_3F_7I) 主要靠外界紫外线提供能量,被激励为激发态分子(CF_3I^* 或 $C_3F_7I^*$),然后通过它本身的单分子解离反应,获得激发态 I^* 原子,并且实现粒子数反转而产生激光。

2. 原子态激励型

为了保证化学激励进行得足够快,使之不落后于碰撞弛豫过程,必须利用自由原子(或自由基) 参加的元反应作为激光泵反应,这是此类体系的主要特点。它依靠外界电、光、热等能源(例如电弧加热、闪光光解、横向放电或电子束引发) 得到所需要的自由原子(氟、氢、氯或氧);然后,这些自由原子与第二种分子反应物(例如氢、氟、二硫化碳或臭氧) 发生元反应,获得反应产物的粒子。

3. 纯化学型

这种运转方式要比上述的原子态激励型更为先进和实用,其特点是不需要外界各种能源,完全靠体系本身的化学反应自由能(见吉布斯函数) 得到所需要的自由原子。例如,用 $NO + F_2$ 或 $D_2 + F_2$ 燃烧解离得到氟原子。然后,氟原子与氢分子(或氘分子) 反应,获得激发态的 HF^*(或 DF^*) 的粒子数反转而产生激光。$CS_2 + O_2$ 燃烧体系也属此类。

4. 传能转移型

这类体系[例如 $DF - CO_2$ 或 $O_2(a'\Delta) - I$] 的特点是化学反应产生的激发态粒子[DF 或 $O_2(a'\Delta)$] 通过共振传能过程,将所储能量转移给激光工作粒子二氧化碳或碘原子实现反转而产生激光,$O_2(a'\Delta)$ 为电子激发态氧。原子态激励型和传能转移型以连续波或脉冲方式工作;光解离型以脉冲方式工作;纯化学型以连续波方式工作。

5. 反转方式

化学激光器通过化学反应实现粒子数的反转,而且有不同的反转方式,在反应初始阶段往往出现全反转分布,即反应产生的分子产物的高振动能级的分子数 $N_v + 1$ 比低振动能级的分子数 N_v 多,即振动能级之间存在粒子数反转状态。此时激光腔内 P 支($\Delta J = -1$)、Q 支($\Delta J = 0$)、R 支($\Delta J = +1$) 辐射跃迁,都可能产生激光。随着分子间相互碰撞交换能量以及级联辐射跃迁,这种全反转分布会逐步过渡到部分反转分布,直至最后反转完全消失。此外,还有些反应甚至一开始就产生部分反转分布。其意义在于,即使高振动能级的分子数 $N_v + 1$ 比低振动能级的分子数 N_v 少,振动能级之间可以不存在粒子数反转,但其中某些振动 - 转动能级之间的分子数,仍然存在着$(N_v + 1, J/gJ) > (N_v, J + 1/gJ + 1)$ 的关系(J 为转动能级的量子数;g 为能级简并度),即局部振转能级之间依旧存在着粒子数反转状态。此时激光腔内只能以 P 支跃迁发射激光,增益也不如全反转为高。反应过程所以能出现这种部分反转现象,是由于振动自由度的弛豫速率远比转动自由度为慢,两者之间未能及时建立平衡,振动温度往往远高于转动温度;N_v+1 比起 N_v 又少不了多少,因而 P 支反转就有可能发生。这是气体或化学分子激光中粒子数反转的一种特殊情况。氟化氢和一氧化碳化学激光体系就是按上述的反转方式发射激光的。除振动 - 转动能级外,某些分子的电子 - 振动能级也可能产生部分反转现象。

6.6.2 化学激光器的类型

按跃迁机理,化学激光器可分为三种。

1. 纯转动化学激光器

这是利用分子的同一振动能级中的转动能级间的粒子数反转,把转动能变成相干辐射能的一类化学激光器。这种化学激光的输出波长大于 10 μm,最长可达数百微米。虽然在化学激光研究的早期(1967) 即已被发现,但受到重视则是 70 年代末。现在已发现的能够产生纯转动化学激光的双原子物有 HF(DF)、HCI(DC1)、HO(DO)、HN。在转动能级间形成的粒子数反转主要是由上振动能级到下振动能级之间的传能造成的,已发现某些惰性气体原子或双原子分子特别有利于这种传能,从而有利于实现纯转动化学激光。纯转动化学激光有可能用作激光分离同位素的选择性激发能源,此外研究发现转动化学激光还可以提供传能的信息。

2. 振转跃迁化学激光器

这是利用元反应的分子产物或自由基产物的振动 - 转动能级上的粒子数反转,把反应释放的能量转化成为相干辐射能的一类化学激光器,也是最早发现的一类化学激光器。迄今为止在化学激光中仍占有最重要的地位,已发现的激射物有 HF(DF)、HCl(DCl)、HBr(DBr)、HO(DO)、HCN、NO、CO、H_2O、CO_2 等。这种激光的输出波长为 2 ~10 μm,反应有以下几种类型:

① 在双分子反应中有利用氢原子提取分子中的卤素原子或利用卤素原子提取分子中的氢原子的反应,还有利用氧原子的氧化反应;

② 在单分子反应中有自由基 - 自由基重合反应、消去反应、插入消去反应、加成消去反应、自由基 - 分子反应等多种类型;

③ 在光化学反应中有光消去反应和光解离反应等。

由于此种激光器可不用电能激励并且其中的若干个效率较高,可研制成连续波或脉冲运转的大能量或大功率激光器,所以它仍然是有希望的可携带的用于空间的激光武器的重要选择。

3. 电子跃迁化学激光器

利用化学反应释放的能量将激射介质泵到电子激发态,并达到粒子数反转,然后受激发射产生激光。电子激发态能量受到化学键能的限制,只有3 ~4 电子伏。如果电子激发态能量超过 4 电子伏,就必须借助于低能阶电子激发态粒子与其他激发态粒子间的多次碰撞传能才可能达到高能阶电子激发态。

6.7 自由电子激光器

自由电子激光器是一种利用自由电子的受激辐射,把相对论电子束的能量转换成相干辐射的激光器件。

自由电子激光原理是利用通过周期性摆动磁场的高速电子束和光辐射场之间的相互作用,使电子的动能传递给光辐射而使其辐射强度增大。利用这一基本思想而设计的激光器称为自由电子激光器(简称 FEL)。如图 6.23 所示,一组扭摆磁铁可以沿 z 轴方向产生周期性变化的磁场,磁场的方向沿 y 轴。由加速器提供的高速电子束经偏转磁铁 D 导入摆动磁场,由于磁场的作用,电子的轨迹将发生偏转而沿着正弦曲线运动,其运动周期与摆动磁场的相同。这些电子在 xOy 面内摇摆前进,沿 x 方向有一加速度。因而将在前进的方向上自发地发射电磁波,辐射的方向在以电子运动方向为中心的一个角度范围内。它的工作原理可简述如下。由加速器产生的高能电子经偏转磁铁注入到极性交替变换的扭摆磁铁中。电子因做扭摆运动而产生电磁辐射(光脉冲),光脉冲经下游及上游两反射镜反射而与以后的电子束团反复发生作用。结果是电子沿运动方向群聚成尺寸小于光波波长的微小的束团。这些微束团将它们的动能转换为光场的能量,使光场振幅增大。这个过程重复多次,直到光强达到饱和。作用后的电子则经下游的偏转磁铁偏转到系统之外。以上是 FEL 产生过程的比较形象的描述,如图 6.24 所示。从物理学角度看,这个过程就是电子对辐射的受激康普顿散射的结果。这里一个最为关键的环节是电子要聚集成许多短于光波波长的束团。因为,只有这样它的辐射才是相干的,而 FEL 的技术难度,恰恰也正在于此。电子束性能必须十分优越(能量分散小,方向分散小,时间稳定度高),同时流量尽可能大,才能达到要求,显然,FEL工作波长越短,技术难度也就越大。

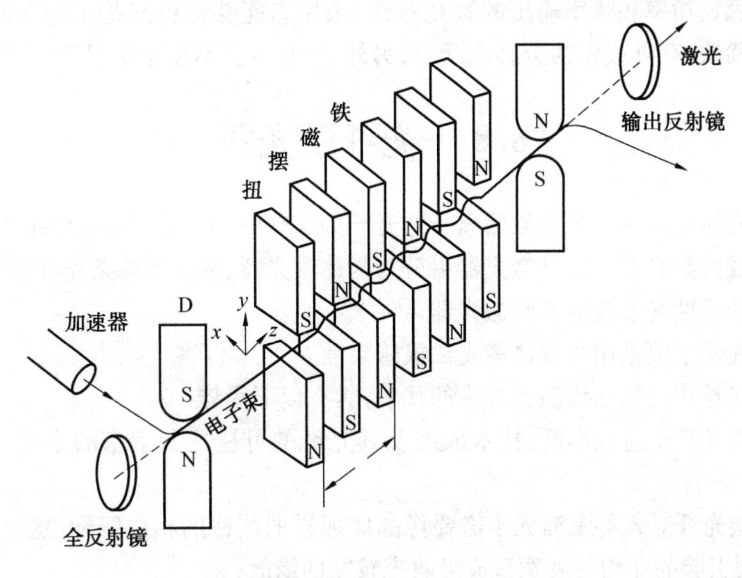

图 6.23　自由电子激光原理图

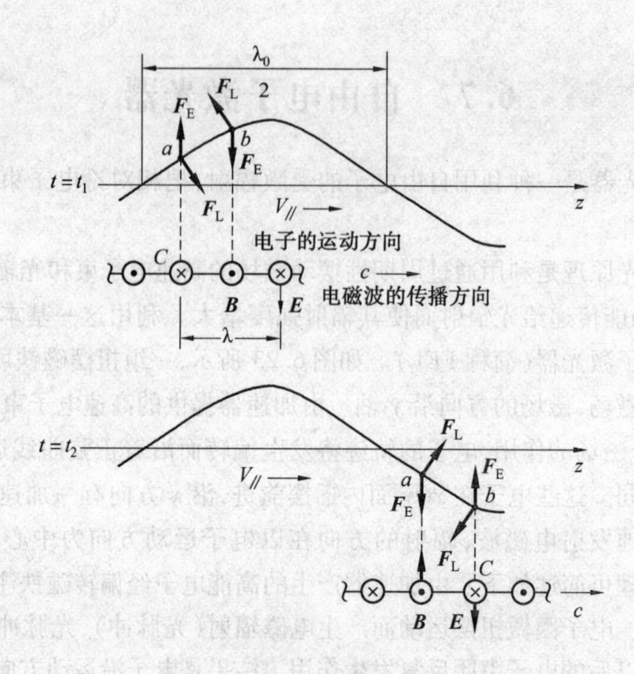

图 6.24　FEL 中电子束与发射电磁波的位相关系

通过稳定的电子束来泵浦，配置电子贮存环让电子束再加速并再循环使用，用静电方法或逆向运转的射频线性加速器使电子减速以充分利用出射电子束的剩余能量，使用上述任何一种方法都可以进一步增大总体效率。自由电子激光器输出的激光波长与电子的能量 E 有关，故改变电子束的加速电压就可以改变激光波长，称为电压调谐，其调谐范围很宽，原则上可以在任意波长上运转。自由电子激光器的输出功率与电子束的能量、电流密度以及磁感应强度有关，它可望成为一种高平均功率、高效率（理论极限达 40%）、高分辨率的具有稳定功率和频率输出的激光器件，采用它能够避免某些工艺上的麻烦（如激光工作物质稀缺、有毒或腐蚀金属、玻璃），另外，它基本上不存在使用寿命问题。

6.8　光纤激光器

光纤激光器是以掺入某些激活离子的光纤为工作物质，或者利用光纤自身的非线性光学效应制成的激光器。光纤激光器可分为晶体激光器、稀土类掺杂光纤激光器、塑料光纤激光器和非线性光学效应光纤激光器。

光纤激光器主要采用半导体激光二极管泵浦。

光纤激光器作为第三代激光技术的代表，具有以下优势：

（1）玻璃光纤制造成本低、技术成熟及其光纤的可挠性所带来的小型化、集约化优势；

（2）玻璃光纤对入射泵浦光不需要像晶体那样的严格的相位匹配，这是由于玻璃基质 Stark 分裂引起的非均匀展宽造成吸收带较宽的缘故；

（3）玻璃材料具有极低的体积面积比，散热快、损耗低，所以转换效率较高，激光阈值低；

(4) 输出激光波长多,这是因为稀土离子能级非常丰富而且稀土离子种类很多；

(5) 可调谐性,由于稀土离子能级宽和玻璃光纤的荧光谱较宽；

(6) 由于光纤激光器的谐振腔内无光学镜片,具有免调节、免维护、高稳定性的优点,这是传统激光器无法比拟的；

(7) 光纤导出,使得激光器能轻易胜任各种多维任意空间加工应用,使机械系统的设计变得非常简单；

(8) 胜任恶劣的工作环境,对灰尘、震荡、冲击、湿度、温度具有很高的容忍度；

(9) 不需热电制冷和水冷,只需简单的风冷；

(10) 高的电光效率,综合电光效率高达 20% 以上,大幅度地节约电能,节约运行成本；

(11) 高功率,目前商用化的光纤激光器是 6 kW。

6.9 液体激光器

液体激光器也称染料激光器,因为这类激光器的激活物质是某些有机染料溶解在乙醇、甲醇或水等中形成的溶液。为了激发它们发射出激光,一般采用高速闪光灯作激光源,或者由其他激光器发出很短的光脉冲。液体激光器发出的激光对于光谱分析、激光化学和其他科学研究,具有重要的意义。

液体激光器分为有机液体激光器和无机液体激光器。无机液体激光器工作物质一般是由无机液体掺入稀土离子构成。有机液体激光器工作物质是由某些分子结构呈笼状的有机化合物溶于有机液体溶剂中而形成。目前最普遍使用的液体激光器是各种染料激光器。它的最大优点是输出的激光波长可在较大范围内连续调谐,在各种光谱测量技术中有特殊重要的应用价值。染料激光器多采用光泵浦,主要有激光泵浦和闪光灯泵浦两种形式。

液体激光器的波长覆盖范围为紫外到红外波段(321 nm ~ 1.168 μm),通过倍频技术还可以将波长范围扩展至真空紫外波段。激光波长连续可调是染料激光器最重要的输出特性。器件特点是结构简单、价格低廉。染料溶液的稳定性比较差,是这类器件的不足。染料激光器主要应用于科学研究、医学等领域,如激光光谱学、光化学、同位素分离、光生物学等方面。

6.10 X 射线激光器

X 射线波段激光器的开拓研究,是激光科学发展中的重大前沿领域之一,中国以类锂离子和具有类似电子结构的类钠离子三体复合泵浦方案为主攻方向,多次在国际首次获得短波长的 X 射线激光跃迁。这不仅在激光与等离子体相互作用研究、X 射线激光光谱研究方面积累了大量的经验,而且在软 X 射线激光增益实验研究方面也取得了重要数据。

6.11 物质波(原子)激光器

原子激光器是第一种物质波激射器,是继微波激射器(Maser)、光激射器(Laser)之后的第三类激射器,是由激光脉冲轰击原子而产生激光的器件。1995 年原子气体 Bose-Einstein 凝聚实验成功,促使了 1997 年原子激光器的诞生。BEC 的实现和原子激光器的诞生,是 20 世纪末物理学的重大性进展,有可能对今后科学技术的发展产生重大影响。这一成果不仅是物理学的重大进步,也为物理学的基础理论研究如量子论、相对论的发展提供了深入的基础;同时对相关领域,如精密测量、空间科学、地学、表面探测、微电子技术也将有巨大推动作用。

习　题

1. 简述激光晶体材料的种类,并说明各自特点。
2. 按照不同的方式划分激光器,激光器可分为哪些类型?
3. 激光工作物质有哪些能级结构类型,简述它们各自的定义。
4. 激光器的泵浦激励有哪些方式?
5. 简述固体激光器的工作原理。

参考文献

[1] 蔡枢,吴铭磊. 大学物理(当代物理前沿部分专题)[M]. 北京:高等教育出版社,1996.

[2] 陈家壁,彭润玲. 激光原理与应用[M]. 北京:电子工业出版社,2008.

[3] 单振国,干福熹. 当代激光之魅力[M]. 北京:科学出版社,2000.

[4] 克希奈尔. 固体激光工程[M]. 孙文,江泽文,程国祥,译. 北京:科学出版社,2002.

[5] 李相因,姚敏玉,李卓,等. 激光原理技术及应用[M]. 哈尔滨:哈尔滨工业大学出版社,2004.

[6] 闫毓禾,钟敏霖. 高功率激光加工及其应用[M]. 天津:天津科学技术出版社,1994.

[7] 孙长库,叶声华. 激光测量技术[M]. 天津:天津大学出版社,2002.

[8] 李适民,黄伟玲. 激光器件原理与设计[M]. 北京:国防工业出版社,2005.

[9] 李修乾,洪延姬. 高能固体激光器现状及发展趋势[J]. 装备指挥技术学院学报,2004(1):5.

[10] 陈进. 高功率 LD 泵浦的内腔倍频 Nd:YAG 激光器研究[D]. 天津大学材料物理与化学,2003.

[11] 郑权,赵岭,钱龙生. 大功率泵浦固体激光器的应用和发展[J]. 光学精密工程,2001(1):74-75.

[12] 李强,王志敏,王智勇,等. 647W 灯泵浦大功率连续 Nd:YAG 激光器[J]. 强激光与粒子束,2004(9):34-36.
[13] 卢嘉锡. 高技术百科词典 — 激光条目[M]. 福州:福建人民出版社,1993.
[14] 张国威,王兆民. 激光光谱学(原理与技术)[M]. 北京:北京理工大学出版社,1991.
[15] 母国光,战元龄. 光学[M]. 北京:人民教育出版社,1978.

第 7 章　光伏材料与器件

在5.3节中已经讨论过p-n结的光生伏特效应，当半导体p-n结受光照时，即使没有外加偏压，p-n结自身也会产生开路电压——光生伏特效应。利用半导体p-n结光伏效应制成的器件称为光伏探测器件，简称 PV，也称为结型光电器件。按照对光照敏感“结”的种类不同，又可分为p-n结型、pin结型、金属－半导体结型(肖特基势垒型)和异质结型。这类器件品种很多，其中包括各种光电池、光敏二极管、光敏晶体管、光敏 pin 管、雪崩光敏二极管、光可控硅、阵列式光电器件、象限式光电器件、位置敏感探测器(PSD)、光电耦合器件等。

光伏探测器与光电导探测器相比较，主要特点在于：

(1) 产生光电变换的部位不同，光电导探测器是均值型，而光伏探测器是结型，只有到达结区附近的光才产生光伏效应。

(2) 光电导探测器没有极性，工作时必须外加偏压，而光伏探测器有确定的正负极，可以加也可以不加偏压工作。

(3) 光电导探测器的光电效应主要依赖于非平衡载流子中的多子产生与复合运动，弛豫时间较大，响应速度慢，频率响应性能较差；而光伏探测器的光伏效应主要依赖于结区非平衡载流子中的少子漂移运动，弛豫时间较小，响应速度快，频率响应特性好。

(4) 雪崩二极管和光电三极管还有很大的内增益作用，不仅灵敏度高，还可以通过较大的电流。

另外，光伏探测器件具有暗电流小、噪声低、响应速度快、受温度影响小、以及光电特性线性好等特点，因此，光伏材料和光伏探测器应用非常广泛，如光度测量、光开关、报警系统、图像识别、自动控制等方面。光伏探测器的工作特性与光电导探测器不同，相对比较复杂，通常有两种工作模式，本章简要介绍光伏器件的工作原理、工作特性、工作模式、性能参数、偏置电路和典型的光伏探测器件，并介绍几种典型的光伏材料及其应用。

7.1　光伏探测器的工作原理及其两种工作模式

7.1.1　光电转换原理

(1) 对于不均匀半导体，由于同质的半导体不同掺杂形成的 p-n 结、不同质的半导体组成的异质结或金属与半导体接触形成的肖待基势垒都存在内建电场，当光照射这种半导体时，由于半导体对光的吸收产生了光生电子和空穴，它们在内建电场的作用下就会向相反方向移动和积聚产生电位差，这种现象即为光生伏特效应。

(2) 对于均匀半导体，由于体内没有内建电场，当光照这种半导体一部分时，由于光生载流子浓度梯度的不同而引起载流子的扩散运动。但电子和空穴的迁移率不等，由于两种载流子扩散速度不同而导致两种电荷分开,从而出现光生电势,这种现象称为丹倍效应。

(3) 如果存在外加磁场,也可使得扩散中两种载流子向相反方向偏转,从而产生光生电动势,称为光磁电效应。

通常把丹倍效应和光磁电效应称为体积光生伏特效应。在一定温度下,半导体 p-n 结处于热平衡状态,其净电流为零。有外加电压时结内平衡被破坏,此时,流过 p-n 结的电流 $I_D = I_0(e^{qV/kT} - 1)$,其中,I_0 为 p-n 结的反向饱和电流(暗电流),V 为加在 p-n 结上的正向电压;图 7.1 为光照下半导体的 p-n 结示意图,图 7.2 为半导体 p-n 结光伏探测器的工作原理图。可见,当光照射 p-n 结时,只要入射光子能量大于材料禁带宽度,就会在结区产生电子 - 空穴对。这些非平衡载流子在内建电场的作用下运动,在开路状态,最后在 n 区边界积累光生电子,p 区积累光生空穴,产生了一个与内建电场方向相反的光生电场,即 p 区和 n 区之间产生光生电压 V_{oc}。

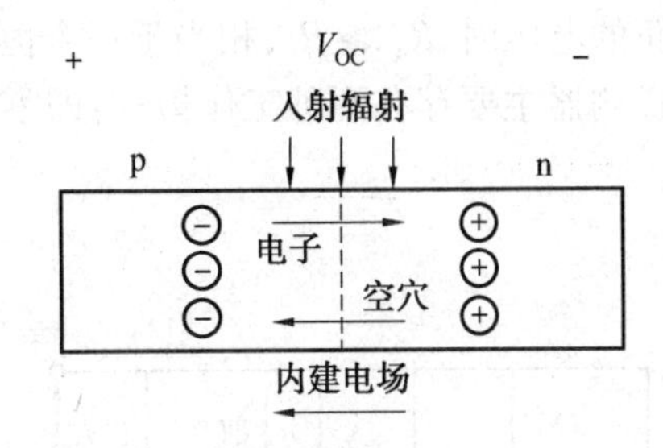

图 7.1　光照射下半导体 p-n 结示意图

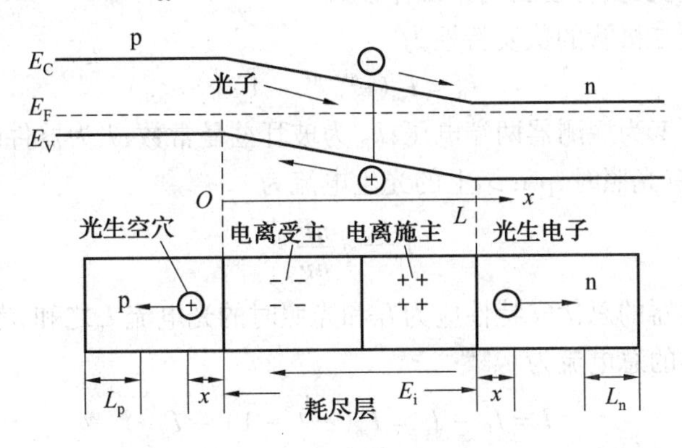

图 7.2　p-n 结光伏探测器的工作原理图

7.1.2　光伏探测器的两种工作模式

1. 光伏探测器的的等效电路

光伏探测器的符号如图 7.3(a) 所示,一个 p-n 结光伏探测器可以等效为一个普通二极管(包括暗电流 I_D、结电阻 R_d、结电容 C_d)和一个恒流源(光电流源)I_p 的并联,如图 7.3(b) 和图 7.4 所示,其中,暗电流 I_D 通常作为噪声源来处理,不同器件的 R_d 值相差很大,例如,硅光电二极管的 R_d 可达 $10^6\ \Omega$,而光伏碲镉汞探测器的 R_d 仅几十欧至几十千欧

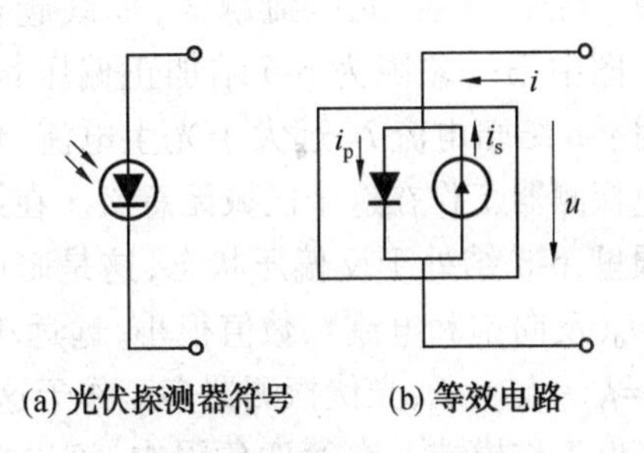

图 7.3　光伏探测器的等效电路

的数量级。根据不同光伏探测器 R_d 的取值，需要设计相应的低噪声前置放大器。

图 7.5(a) 和(b) 分别给出了光伏探测器的光伏和光导两种工作模式的等效电路图。光伏探测器的工作模式则由外偏压回路决定，零偏压时，$R_d \ll R_L$，它相当于一个恒压源，称为光伏工作模式，如图 7.5(a) 所示；当外回路采用反偏压 V 时，即外加 p 端为负，n 端为正的电压时，$R_d \gg R_L$，相当于一个恒流源，称为光电工作模式，如图 7.5(b) 所示，即光伏探测器主要存在两种工作模式：即零偏置的光伏工作模式和反向偏置的光电导工作模式。

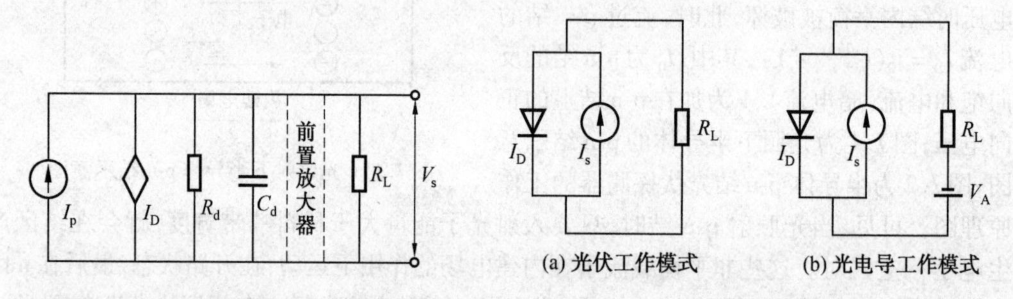

图 7.4　光伏探测器的等效电路图

图 7.5　光伏探测器两种工作模式

2. 光伏探测器的伏安特性及两种工作模式

无光照时，普通二极管的伏安特性为

$$I_D = I_{so}(e^{qV/k_BT} - 1) \tag{7.1}$$

式中，q 为电子电荷；V 为探测器两端电压；k_B 为玻耳兹曼常数；T 为器件的绝对温度；I_{so} 为反向饱和电流。当有光照时，p-n 结上的光生电流为

$$I_p = q\frac{\eta P}{h\nu} \tag{7.2}$$

因此，光伏探测器的总伏安特性应为 I_D 和光照时的光电流 I_p 之和，考虑到二者的流动方向，则流过探测器的总电流为

$$I = I_D - I_p = I_{so}(e^{\frac{qV}{k_BT}} - 1) - I_p \tag{7.3}$$

式中，光电流正比于入射光辐射功率。光照下 p-n 结光伏探测器的伏安特性曲线如图 7.6 所示，相对于无光照的曲线按比例向下平移。光照越强，光电流越大，曲线越往下移。图中第一象限为 p-n 结加正偏压状态，此时 p-n 结暗电流 I_D 远大于光生电流，作为光电探测器工作在这个区域无意义。在第三象限里，p-n 结处于反偏压状态，这是暗电流

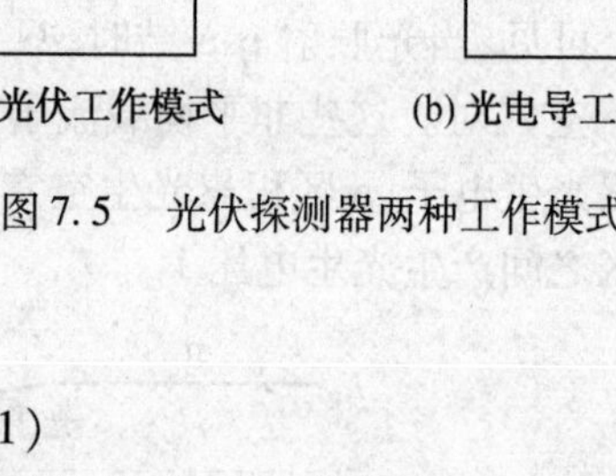

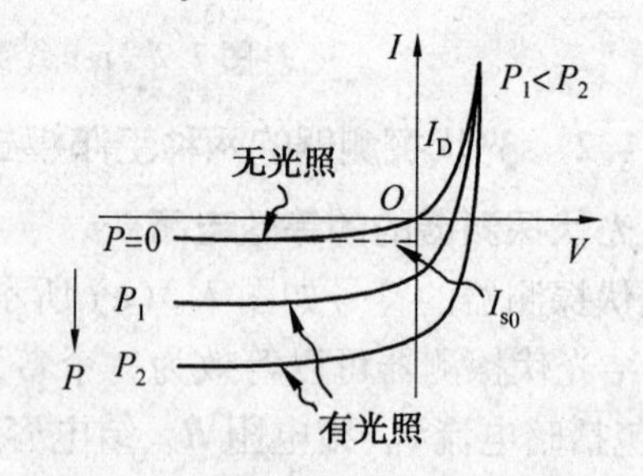

图 7.6　光伏探测器的伏安特性曲线

$I_D = I_0$(反向饱和电流)，数值很小，远远小于光生电流，故光伏探测器输出回路中的总电流 $I = I_s + I_0 \approx I_s$，光伏探测器多工作于这个区域，通常也称工作于这个区域的光伏探测器为光电工作模式。在第四象限中，流过探测器的电流仍为反向光电流，但随着光功率不同，探测器的输出电流与电压出现明显的非线性，这时光伏探测器的输出电压就是外电路

负载电阻 R_L 上的电压。这种工作模式为光伏工作模式。

(1) 零偏置的光伏工作模式

零偏置的光伏工作模式下光伏探测器的工作原理如图7.7所示,若p-n结电路接负载电阻 R_L,有光照射时,则在p-n结内出现两种相反的电流:光激发产生的电子－空穴对,在内建电场作用下形成的光生电流 I_p,与光照有关,其方向与p-n结反向饱和电流 I_0 相同;光生电流流过负载产生电压降,相当于在p-n结施加正向偏置电压,从而产生电流 I_D。流过负载的总电流是两者之差即为式(7.3),光生电流 $I_p = S_E \cdot E$,S_E 为光照灵敏度,则可以求得光伏器件的输出电压为

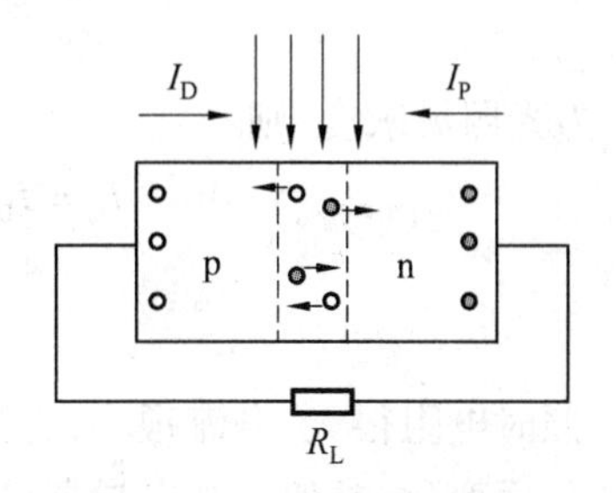

图7.7　零偏置工作原理

$$V = \frac{kT}{q}\ln\left(\frac{I_S - I}{I_0} - 1\right) \tag{7.4}$$

在p-n结开路的情况下,即负载电阻 $R_L \to \infty$,光伏探测器输出电压为开路电压 V_{oc}。这时,流过外回路负载 R_L 上的总电流 $I = 0$,光电流等于正向电流,则算的开路电压为

$$V_{oc} = \frac{kT}{q}\ln\left(\frac{I_S}{I_{so}} - 1\right) \tag{7.5}$$

在p-n结短路时,即 $V = 0$,则正向电流 $I_p = 0$,求得短路电流为

$$I_{sc} = I_s = q\frac{\eta P}{h\nu} \tag{7.6}$$

V_{oc} 和 I_{sc} 是光伏探测器的两个重要参量,其数值可以直接从图7.3在电压和电流轴上的截距求得,由式(7.5)和(7.6)还可以得到开路电压和短路电流的变化规律,显然两者都随着光强增大而增大,不同的是,短路电流 I_{sc} 随光强增加线性增大,而开路电压 V_{oc} 则按对数规律增大,如图7.8所示。必须指出的是,开路电压 V_{oc} 并不随光强无限增大,当其增大到p-n结势垒消失时,即得到最大光生电压,因此最大光生电压应等于p-n结势垒高度 V_D,并与材料的掺杂程度有关,实际上与带隙相当。

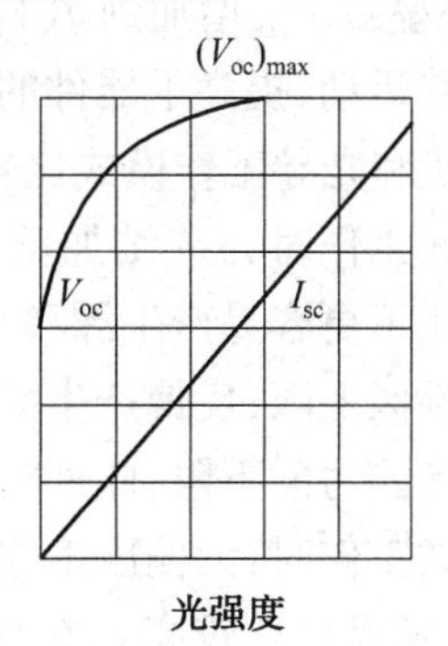

图7.8　光伏探测器p-n结开路电压和短路电流随光照强度的变化

(2) 反偏置的光导工作模式

反偏置的光导工作模式下光伏探测器的工作原理如图7.9所示,光生电流流过负载产生电压降,相当于在p-n结施加反向偏置电压,总电流是两者之差

$$I_L = I_0(e^{qV/kT} - 1) - I_p \tag{7.7}$$

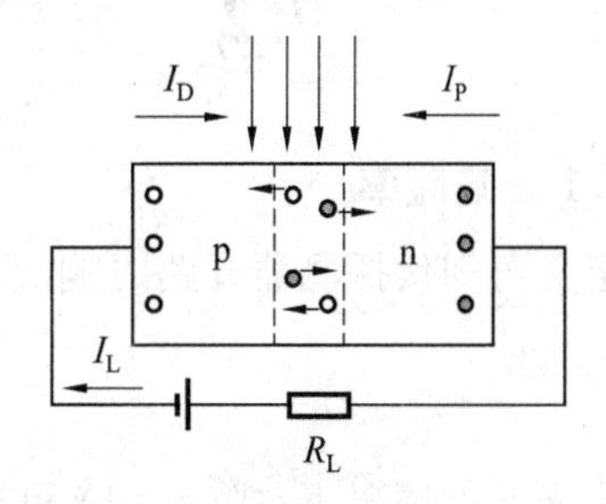

图7.9　反偏置工作原理

则光生电流为

$$I_p = S_E \cdot E \tag{7.8}$$

式中,S_E 为光照灵敏度,则

$$I_L = I_D - I_p = -(I_p + I_0) \tag{7.9}$$

则有

$$I_L \approx -I_p \tag{7.10}$$

无光照时电阻很大,电流很小;有光照时,电阻变小,电流变大,而且流过它的光电流随照度变化而变化,类似于光电导器件。

讨论:负载电阻 R_L 断开时,$I_L = 0$,p-n 结两端的电压为开路电压,用 V_{oc} 表示

$$V_{oc} = \frac{kT}{q}\ln\left(1 + \frac{I_p}{I_{so}}\right) \tag{7.11}$$

通常 $I_p \gg I_{so}$;则开路电压为

$$V_{oc} \approx \frac{kT}{q}\ln\left(\frac{I_p}{I_{so}}\right) = \frac{kT}{q}\ln\left(\frac{S_E \cdot E}{I_{so}}\right) \tag{7.12}$$

负载电阻短路时 $RL = 0$,短路电流为

$$I_{sc} = I_p = S_E \cdot E \tag{7.13}$$

频率特性:如果给 p-n 结加上一个反向电压,外加电压的电场和 p-n 结内建电场方向相同,使结势垒由 qV_D 增加到 $q(V_D + V_b)$,使光照产生的电子 - 空穴对在强电场作用下更容易产生漂移运动,提高了器件的频率特性。

(3) 光伏和光导工作模式比较

光导模式工作时:p-n 结加反压,与内建电场方向相同,使光照产生的电子 - 空穴对在强电场作用下更容易产生漂移运动,提高了器件的频率特性。反偏压可增加长波灵敏度及扩展线性区上限;反偏产生的暗电流引起较大的散粒噪声,低频时还有电流噪声,因而限制了探测能力的下限,此外暗电流受温度影响大。

光伏模式工作时:无偏压工作,暗电流产生的散粒噪声小,无低频噪声。无光照时仅有热噪声,故信噪比比较高。在低频工作时具有优势,但截止频率较低,长波灵敏度略小。

7.2 光伏探测器的性能参数

7.2.1 响应率

由定义可知伏探测器开路时响应率表达式为

$$R_V = \frac{V_{oc}}{P} = \frac{kT}{qP}\ln\left(\frac{I_s}{I_{so}} + 1\right) \tag{7.14}$$

在弱光照射情况下,式(7.14) 可近似为

$$R_V = \frac{kT}{qP} \cdot \frac{I_s}{I_{so}} \tag{7.15}$$

将光电流公式即 $I_p = q\dfrac{\eta}{h\nu}$ 代入式(7.15)得

$$R_V = \frac{kT\eta}{h\nu} \cdot \frac{1}{I_{so}} \tag{7.16}$$

其中,反向饱和电流为

$$I_{so} = q\left(\frac{D_e}{L_e}n_{p0} + \frac{D_h}{L_h}p_{n0}\right) A_d \tag{7.17}$$

式中,n_{p0}、p_{n0} 为少数载流子浓度;D_e、D_h 为电子和空穴的扩散系数;L_e、L_h 为电子和空穴的扩散长度;A_d 为探测器的光敏面面积。由此可知,光伏探测器的响应率与器件的工作温度 T 及少数载流子浓度和扩散有关,而与器件的外偏压无关,这与光电导探测器不相同。

7.2.2 噪声特性

光伏探测器的噪声主要包括器件中光生电流的散粒噪声和器件的热噪声,其均方噪声电流为

$$\bar{i}_N^2 = 2eI\Delta f + \frac{4kT\Delta f}{R_d} \tag{7.18}$$

式中,I 为流过 p-n 结的总电流,它与器件的工作级光照有关;R_d 为器件电阻。因反偏工作时 R_d 相当大,热噪声可忽略不计,故光电流和暗电流引起的散粒噪声是主要的,则有

$$\bar{i}_N^2 = 2e(I_D + I_S)\Delta f \tag{7.19}$$

下面着重讨论光伏探测器在有光照和无光照情况下的暗电流噪声特性。

1. 无光照时

通过器件的电流只有热激发暗电流 I_D,当器件在零偏置($V_A = 0$)时,流过 p-n 结的电流除包含正向和反向的暗电流 I_D^- 与 I_D^+,它们对总电流的贡献为零,而对噪声的贡献是叠加的,则均方噪声电流应为

$$\bar{i}_N^2 = 2e(I_D^- + I_D^+)\Delta f \tag{7.20}$$

一般情况下 $I_D^- = I_D^+ = I_D$,则有:

$$\bar{i}_N^2 = 4eI_D\Delta f \tag{7.21}$$

同理,可写出负偏压工作的光伏探测器的暗电流噪声,显然只有零偏压工作时的一半。

2. 有光照时

当器件在零偏置($V_A = 0$)时,流过 p-n 结的电流除光电流 I_s 外,还包含正向和反向的暗电流 I_D^- 与 I_D^+,因此,总的噪声电流均方值为

$$\bar{i}_N^2 = 2e(I_D^- + I_D^+ + I_s)\Delta f = 2q(2I_D + I_s)\Delta f \tag{7.22}$$

有弱光照时,有 $I_D \gg I_s$,则

$$\bar{i}_N^2 = 4eI_D\Delta f \tag{7.23}$$

上式与无光照时的结果相同。当光伏探测器工作于负偏压时,$I_D^+ \to 0$,则均方噪声电流为

$$\bar{i}_N^2 = 2q(I_D^- + I_s)\Delta f = 2qI_D\Delta f \tag{7.24}$$

上式表明,负偏置的光伏探测器的噪声功率为零偏置时的一半。

考虑到实际探测器系统中负载电阻 R_L 对噪声的贡献，所以噪声等效电路通常应包含散粒噪声和 R_L 的热噪声，即

$$\overline{i_N^2} = 2q(I_D + I_s)\Delta f + \frac{4kT\Delta f}{R_L} \tag{7.25}$$

相应的噪声电压均方值

$$\overline{V_N^2} = \overline{i_N^2}R_L^2 = 2q(I_D + I_s)R_L^2\Delta f + 4kTR_L\Delta f \tag{7.26}$$

7.2.3 比探测率

光伏探测器的比探测率 D^* 可表示为

$$D^* = \frac{R_V}{V_N}\sqrt{A_d\Delta f} \tag{7.27}$$

式中，V_N 为光伏探测器的噪声均方根值，光伏探测器多以散粒噪声为主，当仅考虑散粒噪声时，在不同偏压情况下光伏探测器的比探测率可表示如下。

零偏压工作时

$$D^* = \frac{R_V}{\sqrt{4qI_D\Delta fR_L}}\sqrt{A_d\Delta f} \tag{7.28}$$

反偏压工作时

$$D^* = \frac{R_V}{\sqrt{2qI_D\Delta fR_L}}\sqrt{A_d\Delta f} \tag{7.29}$$

零偏压工作与反偏压工作的光伏探测器的比探测率相差$\sqrt{2}$ 倍。利用光伏探测器的电流响应率还可以得到 D^* 与零偏电阻 R_0 关系

$$D^* = \frac{q\eta\lambda}{2kc}\sqrt{\frac{A_dR_0}{kT}} \tag{7.30}$$

上式表明，光伏探测器工作于零偏时，比探测率 D^* 与$\sqrt{A_dR_0}$ 成正比，当入射光一定，器件量子效率相同时，A_dR_0 越大，比探测率 D^* 越高，所以零偏电阻往往也是光伏探测器的一个重要参数，它直接反映了器件性能的优劣。当光伏探测器受热噪声限制时，提高比探测率 D^* 的关键在于提高结电阻和结面积的乘积和降低探测器的工作温度。同时，该式也说明当光伏探测器受背景噪声限制时，提高探测率主要在于采用减小探测器视场角等方法来减少探测器接收的背景光子数。

7.2.4 光谱特性

和其他选择性光子探测器一样，光伏探测器的响应率随入射光波长而变化。近红外和可见光波段所用的光伏探测器材料多是硅和锗，其量子效率与波长的关系如图 7.10 所示。通常用 Si 做成性能很好的光伏探测器（例如 pin 光电二极管和雪崩光电二极管）。但其最佳响应波长在 0.8 ~ 1.0 μm，对于

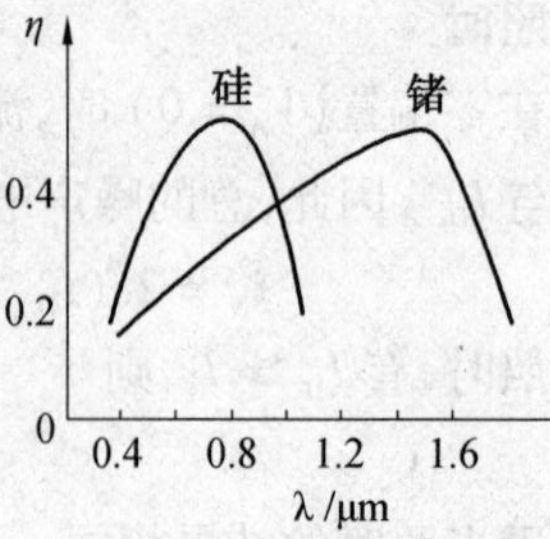

图 7.10　硅、锗材料光电二极管量子效率与入射光波长的关系

1.3 μm 或 1.55 μm 红外辐射不能响应。锗制成的光伏探测器虽能响应到 1.7 μm,但它的暗电流偏高,噪声较大,也不是理想的材料。对于接收大于1 μm的辐射,需要采用Ⅲ－Ⅴ和Ⅱ－Ⅵ族化合物半导体。

7.2.5 频率响应特性及响应时间常数

光伏探测器的频率响应主要由三个因素决定:① 光生载流子扩散至结区(势垒区)的时间 τ_n;② 光生载流子在电场作用下通过结区的漂移时间 τ_d;③ 由结电容 C_d 与负载电阻 R_L 所决定的电路时间常数 τ_c,则光伏探测器总的响应时间为

$$\tau = \tau_n + \tau_d + \tau_c \tag{7.31}$$

1. 扩散时间 τ_n

假设光从 p-n 结的 n 侧垂直入射,且穿透深度不超过结区,则光电流主要是 n 区及结区光生空穴电流所组成。n 区光生空穴扩散到结区所需要的时间与扩散长度和扩散系数有关。以 n 型硅为例,当空穴扩散距离为几 μm 时,则需要扩散时间 τ_n 约为 10^{-9} s,对于高速响应器件,这个量不能满足要求。因此,在制作工艺上将器件光敏面做的很薄,以便得到更小的扩散时间 τ_n。

2. 耗尽层中的飘移时间 τ_d

由半导体物理学可知,耗尽层中载流子的飘移速度与耗尽层宽度及其电场有关。例如,硅光电二级管,当耗尽层宽度为几 μm,电场为几 kV/m,载流子漂移时间 τ_d 约为 10^{-11} s,它比扩散时间短近两个数量级。因此,在一般的光电二级管中,τ_d 不是限制器件频率响应特性的主要因素。

3. 电路时间常数 τ_c

由于反偏光电二极管 R_d 很大,在并联回路中可略去。则光伏探测器的电路时间常数为

$$\tau_c = R_c C_d \tag{7.32}$$

$$f_{3dB} = \frac{1}{2\pi R_L C_d} \tag{7.33}$$

若设 $C_d = 30$ pF,$R_L = 50\ \Omega$,则电路时间常数 $\tau_c = 1.5 \times 10^{-9}$ s。由此可知,由结电容引起的电路时间常数与光电二极管扩散时间同数量级,是决定光电二极管频率响应特性的重要参数。减小结电容 C_d 是改善光伏探测器频响特性的重要措施;减小 R_L 也可减小 τ_c,提高响应频率,但是 R_L 的减小,会使输出电压降低,不实用。普通的硅光电二极管可以工作于几百 MHz,若要得到响应更快的器件,必须进一步减小 τ_c 和 τ_n,才能达到上千 MHz 的响应频率。

采用Ⅱ－Ⅵ族元素的三元系碲镉汞(HgCdTe)、碲锡铅(PbSnTe)等制成的光伏探测器,与光电导探测器类似,控制掺杂组分 x 以及工作温度,可将光谱响应波长移动到 1 ~ 3 μm。

7.2.6 温度特性

光伏探测器和其他半导体器件一样,其光电流及噪声与器件工作温度有密切关系。图7.11(a)表示光伏探测器在反偏($V = -15$ V)时暗电流与温度的关系曲线,图7.11(b)则表示在电压恒定和光照恒定条件下光电流随工作温度的变化关系曲线。在强光照射或

聚光照射情况下,必须考虑光伏探测器的工作温度和散热措施。这是因为当光伏探测器的结区温度太高,就要破坏其晶体结构。

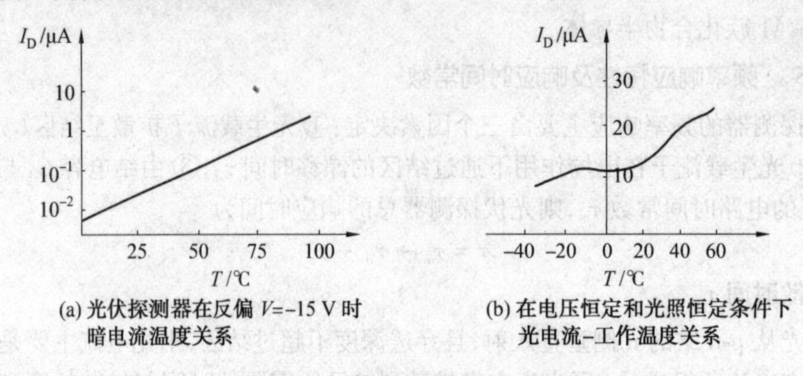

(a) 光伏探测器在反偏 V=−15 V 时暗电流温度关系　　(b) 在电压恒定和光照恒定条件下光电流-工作温度关系

图 7.11　光伏探测器的温度特性

7.3　光电池和光电二极管

为了提高光伏探测器的工作性能,人们做了大量研究工作,出现了许多性能优良的新品种。概括起来,常用光伏探测器有:光电池、光电二极管(Si、Ge 结型光电二极管、pin 光电二极管、雪崩光电二极管(APD)、异质结光电二极管、肖特基势垒光电二极管等)、碲镉汞光伏探测器、光子牵引探测器、量子阱探测器、光电三极管等等。光伏探测器按使用要求不同可分为两类:一类是用作能源和探测的光电池,另一类是主要作为光电信号变换的光伏探测器,如光电二极管、光电三极管。本节简要介绍光电池和光电二极管。

7.3.1　光电池

1. 光电池的分类

光电池是一种利用光生伏特效应制成的不需加偏压就能将光能转化成电能的 p-n 结光电器件,其种类很多,按用途可分为两大类:① 作为人造卫星、野外灯塔、无人气象站、微波站等设备的电源使用,如太阳能光电池,用作电源(效率高,输出功率大,成本低);② 测量光电池,广泛用于近红外辐射的探测器、光电读出、光电耦合、激光准直以及光电开关等,用于探测器件(线性、灵敏度高等)。按结构可分为同质结和异质结光电池等。按材料可分为硅、硒、锗、硫化锡、硫化镉、砷化镓、氧化亚铜和无定型材料的光电池等。

目前,应用最广泛、最受重视的是硅光电池。其价格便宜、光电转换效率高、光谱响应宽(0.4 ~ 1.1 μm,很适合近红外探测)、寿命长、稳定性好、频率特性好、且能耐高能辐射。硅光电池按结构分为阵列式(分立的受光面)和象限式(参数相同的独立光电池),如

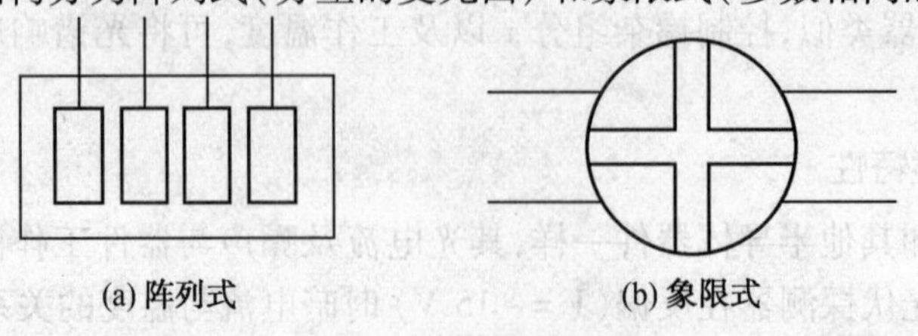

(a) 阵列式　　(b) 象限式

图 7.12　硅光电池

图7.12所示。

2. 光电池的结构(硅光电池、硒光电池)

这里着重介绍硅光电池和硒光电池的结构。图7.13是硒光电池的结构图,制造工艺:先在铝片上覆盖一层p型硒,然后蒸发一层镉,加热后生长n型硒化镉,与原来p型硒形成一个大面积p-n结,最后涂上半透明保护层,焊上电极,铝片为正极,硒化镉为负极。

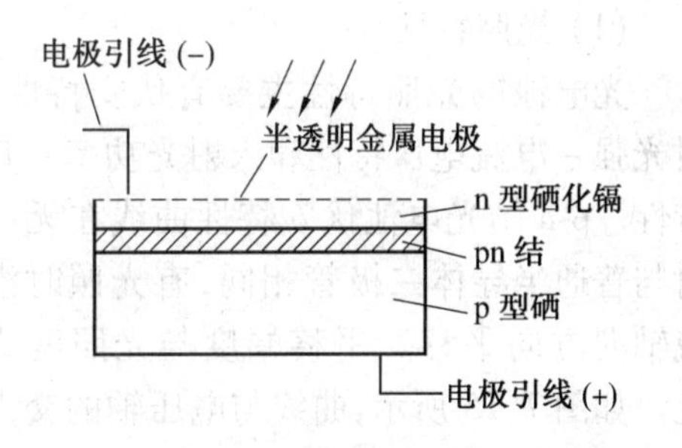

图7.13　硒光电池的结构图

图7.14是硅光电池的结构示意图,它由单晶硅组成,在一块n型硅片上扩散p型杂质(如硼),形成一个扩散p+n结;或在p型硅片扩散n型杂质(如磷),形成n+p结,再焊上两个电极。p端为光电池正圾,n端为负极。例如,在地面上用作光电探测器的多为p+n型;n+p型硅光电池具有较强的抗辐射能力,适合航天器的太阳能电池。然后,在p型层上贴一栅形电极,n型层上镀背电极作为负极。电池表面有一层SiO_2增透膜,以减少光的反射。由于多数载流子的扩散,在n型与p型层间形成阻挡层,有一由n型层指向p型层的电场阻止多数载流子的扩散,但是这个电场却能帮助少数载流子通过。当有光照射时,半导体内产生正负电子对,这样p型层中的电子扩散到p-n结附近被电场拉向n型层,n型层中的空穴扩散到p-n结附近被阻挡层拉向p区,因此正负电极间产生电流;如停止光照,则少数载流子没有来源,电流就会停止。硅光电池的光谱灵敏度最大值在可见光红光附近(800 nm),截止波长为1 100 nm。

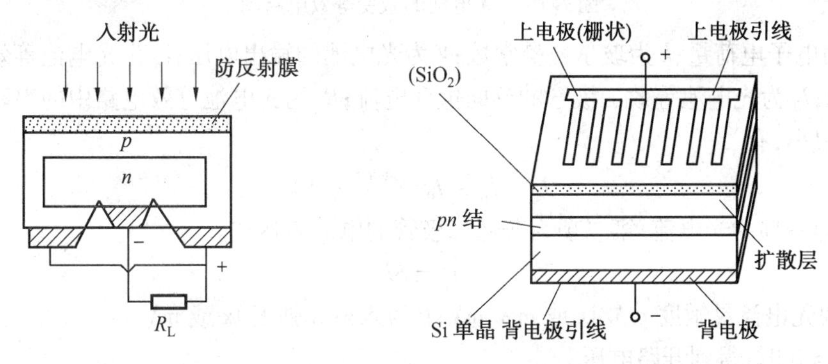

图7.14　硅光电池的结构图

硅光电池的用途大致可分为两类:① 用作光电探测器件(要求线性度好);② 用作太阳能电源(要求输出功率大)。光电池中最典型的是同质结硅光电池。国产同质结硅光电池因衬底材料导电类型不同而分成2CR系列和2DR系列两种。2DR型硅光电池是以p型硅作为基底,在基底上扩散n而形成n型作为受光面,2CR型硅光电池是以n型硅作为基底,在基底上扩散p而形成p型作为受光面。受光面上的电极称为前极或上电极,为了减少遮光,前极多作成梳状。衬底方面的电极称为后极或下电极。为了减少反射光,增加透射光,一般都在受光面上涂有SiO_2或MgF_2,Si_3N_4,SiO_2-MgF_2等材料的防反射膜,同时也可以起到防潮、防腐蚀的保护作用。

3. 光电池的特性参数

(1) 光照特性

光电池的光照特性主要有伏安特性、入射光强 - 电流电压特性和入射光功率 - 负载持性。p-n 结光电池伏安特性曲线在无光照时与普通半导体二极管相同,有光照时沿电流轴向方向平移。平移幅度与光照度成正比。如图 7.15 所示,曲线与电压轴的交点称为开路电压,与电流轴的交点称为短路电流。

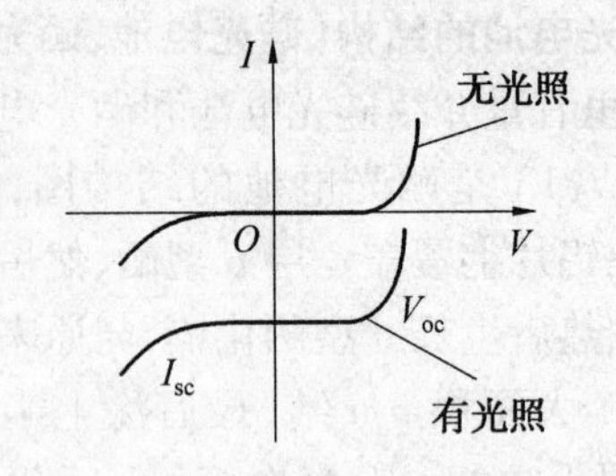

图 7.15　光电池的伏安特性曲线

光电池灵敏度:光电池在光照下能够产生光生电势,光电流实际流动方向为,从 p 端流出,经过外电路,流入 n 端,光生电势与照度是对数关系。当光电池短路时,短路电流 I_{sc} 与照度 E 成线性关系,$S = I_{sc}/E$ 称为灵敏度。光电池的微变等效电路图如图 7.16 所示,则有

$$I_L = I_p - I_D = -I_0 e^{qV/KT} + I_0 + I_p \tag{7.34}$$

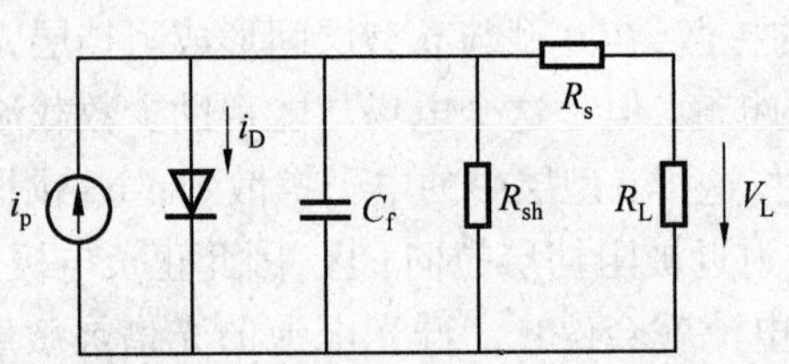

图 7.16　光电池的微变等效电路图

式中,q 为电子电荷量;k 为玻尔兹曼常数;V 为光电池的输出电压;I_p 为光电池等效电路中的恒流源;I_0 为光电池等效二极管的反向饱和电流;R_s 为光电池等效电路中的串联电阻。通常 R_s 很小,有

$$I_L = I_p - I_0(e^{qV/KT} - 1) \tag{7.35}$$

上式中,第一项为光电流;第二项为普通二极管的电流表达式。

$$I_p = SL \tag{7.36}$$

式中,S 为光电流灵敏度 μA/lx 或 mA/mV;L 为入射光强度 lx 或 mV。

当 $I = 0$ 时,得到开路电压

$$V_{oc} = \frac{kT}{q}\ln\left(1 + \frac{I_p}{I_0}\right) \tag{7.37}$$

则可得

$$V_{oc} \approx \frac{kT}{q}\ln\left(\frac{I_p}{I_0}\right) = \frac{kT}{q}\ln\left(\frac{S_E \cdot E}{I_0}\right) \tag{7.38}$$

当 $V = 0$ 时,得到短路电流

$$I_{sc} = S_E E \tag{7.39}$$

可见,光电池的短路电流 I_{sc} 与光照度 E 成正比,开路电压 V_{oc} 与入射光强度的对数成

正比。如图 7.17 所示，在同一片光电池上，当光照强度一定时，I_{sc} 与受光面积成正比，V_{oc} 与受光面积的对数成正比，如图 7.18 所示。光电池用作探测器时，通常以电流源形式使用。I_{sc} 是指将光电池输出端短路，输出电压 $V=0$ 时流过光电池两端的电流，实际使用时都外接有负载电阻 R_L。当 R_L 相对于光电池内阻 R_d 很小，可以认为接近于短路，R_d 一般属低值范围，其大小与受光面积和光强有关。此时可选取合适的负载，以保证用作探测器时，光电流和光强保持线性关系。负载电阻越小，线性度越好，且线性范围越广，如图7.19 所示。

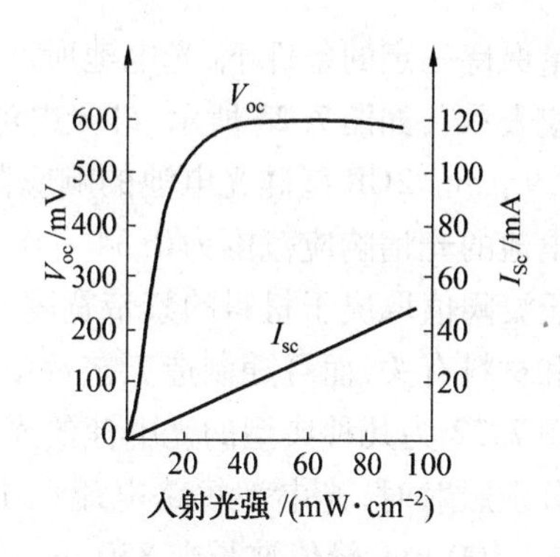

图 7.17 光电池的开路电压 V_{oc} 和短路电流 I_{sc} 随入射光强的变化关系曲线

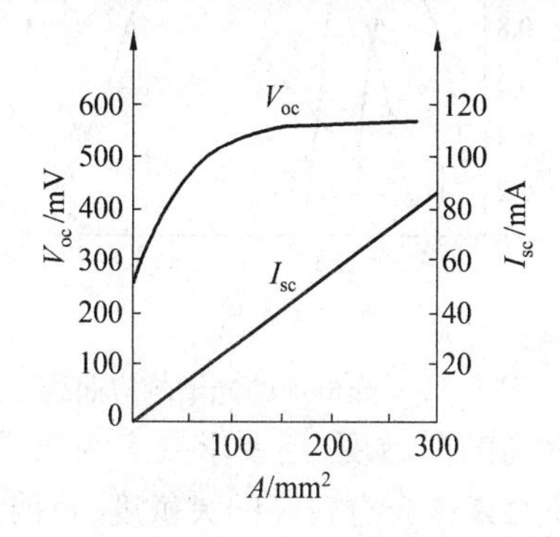

图 7.18 光电池的开路电压 V_{oc} 和短路电流 I_{sc} 与受光面积 A 的变化关系曲线

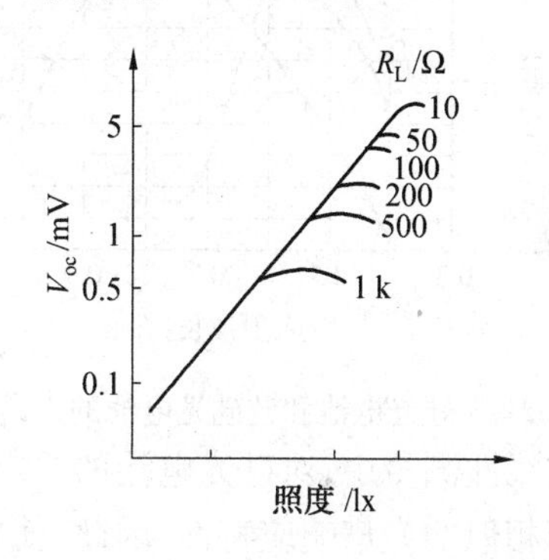

图 7.19 输出电流与照度的关系曲线

单片硅光电池的 V_{oc} 一般为 0.45 ~ 0.6 V。短路电流密度约为 150 ~ 300 A/m^2。实际工作中两者都通过实际测量得到。测量方法：在一定光功率（如 1 kW/m^2）照射下，使光电池两端开路，用一高内阻直流毫伏表或电位差计接在光电池两端，测量开路电压 V_{oc}；同样条件下将光电池两端用一低内阻（< 1 Ω）电流表短接，电流表示值就是短路电流 I_{sc}。

如图 7.20 所示，输出电压 V_{LS} 随 R_L 增大而升高，当 R_L 为 ∞ 时，V_{LS} 等于开路电压 V_{oc}。R_L 为低阻时，输出电流 I_{LS} 趋近于短路电流 I_{sc}，当 $R_L=0$ 时，$I_{LS}=I_{sc}$。随着 R_L 变化，输出功率 P_L 也变化，当 $R_L=R_M$ 时，P_L 为最大值 P_M，即在负载电阻上获得最大功率输出，R_M 称为最佳负载。把光电池作为换能器件时，应按此点考虑。

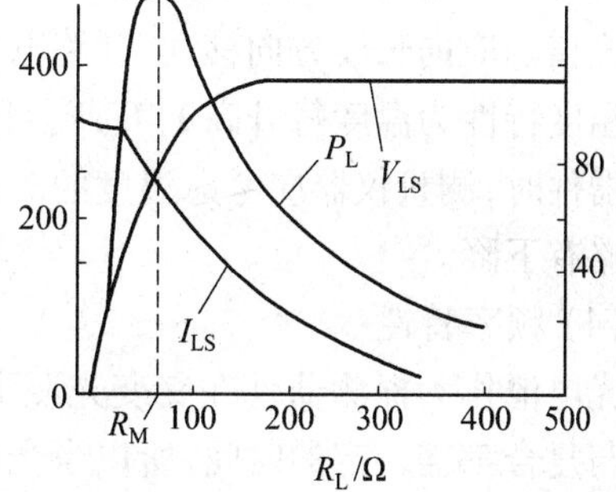

图 7.20 输出电压 V_{LS}(mV)、输出电流 I_{LS}(mA)、输出功率 P_L(mW) 随负载电阻 R_L(Ω) 变化关系曲线

（2）光谱特性

一般光电池的光谱响应特性表示在入射

光能量保持一定的条件下,光电池所产生的短路电流与入射光波长之间的关系一般用相对响应表示。如图7.21所示,硅光电池的光谱响应范围为0.4 ~ 1.1 μm,峰值波长为0.8 ~ 0.9 μm。2CR型硅光电池的响应范围为0.4 ~ 1.1 μm,峰值波长为0.8 ~ 0.9 μm。硒光电池的光谱响应范围为0.34 ~ 0.75 μm,峰值波长为0.54 μm左右。光电池光谱范围的长波阈值取决于材料的禁带宽度,短波阈受材料表面反射损失的限制。其峰值波长不仅和材料有关,而且随制造工艺及使用环境温度不同而有所移动。

图7.22为几种典型的光电池的光谱响应曲线,它表明了用单位辐射通量的不同波长的光分别照射时,光电池短路电流大小的相对比较。硅光电池的光谱响应范围较宽,在400 ~ 1 100 nm,峰值波长在850 nm附近,在可见光和近红外波段有广泛应用。

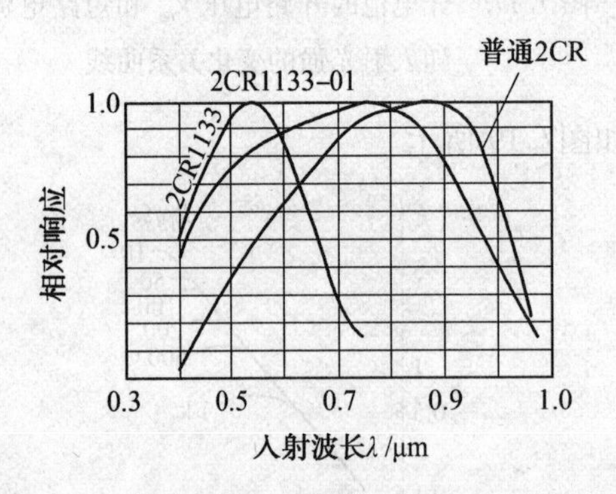

图7.21　硅光电池和蓝硅光电池的光谱响应曲线

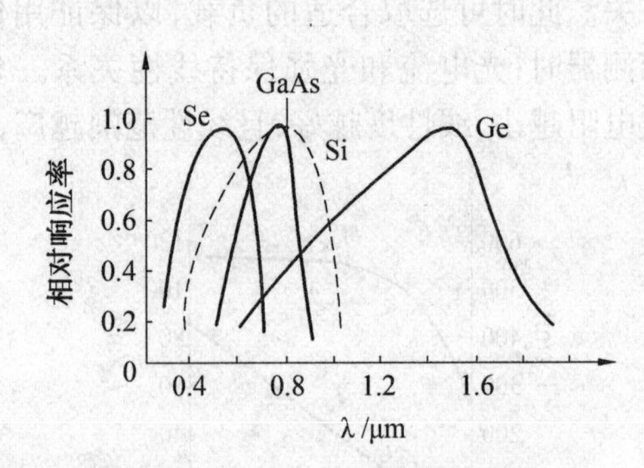

图7.22　光电池的光谱响应曲线

在线性测量中,对硅光电池的要求,不仅要具有高的灵敏度,还要求要有与人眼视见函数有相似的光谱响应特性,因此,就要求硅光电池对紫蓝光有较高的灵敏度,目前,已经研制出一种蓝硅光电磁。如图7.21所示,2CR1133 - 01型和2CR1133型光电池。从其光谱响应曲线上可以看出,在0.48 μm的光入射时,其相对响应仍大于50%,被广泛用于视见函数或色探测器件中。

(3) 温度特性

温度对器件的开路电压V_{oc}、短路电流I_{sc}、暗电流I_d、光电流I_p及单色光灵敏度都有影响。光电池的温度特性曲线是描述V_{oc}及I_{sc}随温度变化情况。随着温度的升高,硅光电池的光谱响应向长波方向移动,开路电压V_{oc}将下降,短路电流I_{sc}略有上升。国产硅光电池的温度特性为温度每升高1 ℃,V_{oc}下降约2 ~ 3 mV,I_{sc}上升约78 μA。当光电池作为探侧器件时,测量仪器应考虑温度的漂移或进行补偿,以保证测量精度。温度升高,转换效率略有下降。

(4) 频率特性

光电池作为探测器件在交变光照下使用时,由于载流子在p-n结区内的扩散、漂移、产生与复合都需一定的时间,所以当光照变化很快时,光电流就滞后于光照变化。通常用它的频率特性来描述光的交变频率与光电池输出电流的关系。

如图7.24所示,在光照下,光电池的响应时间由p-n结电容和负载电阻R_L的乘积决定,而结电容与器件面积成正比,故在要求较好频率特性的探测电路中,选用小面积光电池较有利。如果负载选择得当,可以获得较高的频率特性。

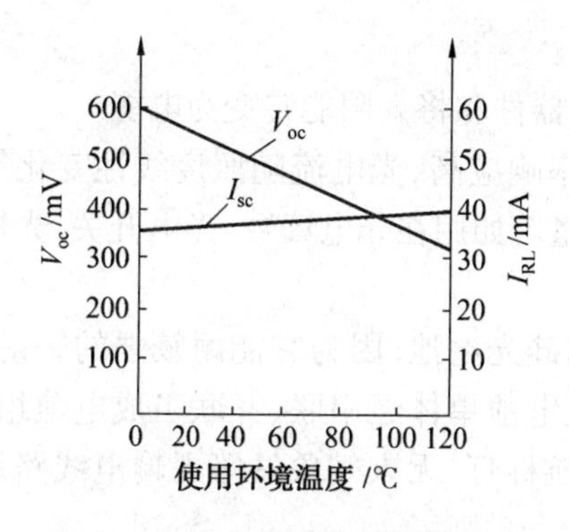

图 7.23　光电池的温度特性曲线

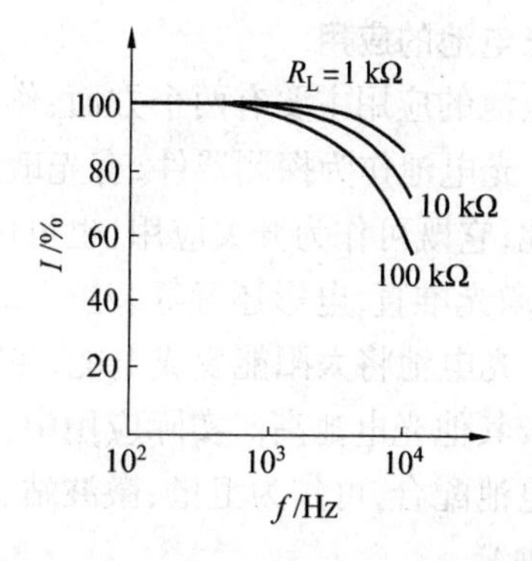

图 7.24　硅光电池的频率特性曲线

表 7.1　一些硅光电池的特性参数

参数名称单位 / 测试条件 / 型号	开路电压/mV	短路电流/mA	输出电流/mA	转换效率/%	面积/mm²
	T = 30 ℃ E = 1 000 W/m²	T = 30 ℃ E = 1 000 W/m²	T = 30 ℃ E = 1 000 W/m² 输出电压 400 mV 下		
2CR11	450 ~ 600	2 ~ 4		> 6	2.5 × 5
2CR21	450 ~ 600	4 ~ 8		> 8	5 × 5
2CR31	450 ~ 600	9 ~ 15	6.5 ~ 8.5	6 ~ 8	5 × 10
2CR32	550 ~ 600	9 ~ 15	8.6 ~ 11.3	8 ~ 10	5 × 10
2CR41	460 ~ 600	18 ~ 30	17.6 ~ 22.5	6 ~ 8	10 × 10
2CR42	500 ~ 600	18 ~ 30	22.5 ~ 27	8 ~ 10	10 × 10
2CR51	450 ~ 600	36 ~ 60	35 ~ 45	6 ~ 8	10 × 20
2CR52	500 ~ 600	36 ~ 60	45 ~ 54	8 ~ 10	10 × 20
2CR61	450 ~ 600	40 ~ 65	30 ~ 40	6 ~ 8	$\left(\frac{17}{2}\right)^2\pi$
2CR62	500 ~ 600	40 ~ 65	40 ~ 51	8 ~ 10	$\left(\frac{17}{2}\right)^2\pi$
2CR71	450 ~ 600	72 ~ 120	54 ~ 120	> 6	20 × 20
2CR81	450 ~ 600	88 ~ 140	66 ~ 85	6 ~ 8	$\left(\frac{25}{2}\right)^2\pi$
2CR82	500 ~ 600	88 ~ 140	86 ~ 110	8 ~ 10	$\left(\frac{25}{2}\right)^2\pi$
2CR91	450 ~ 800	18 ~ 30	13.5 ~ 30	> 6	5 × 20
2CR101	450 ~ 600	173 ~ 288	130 ~ 288	> 6	$\left(\frac{35}{2}\right)^2\pi$

4. 光电池的应用

光电池的应用主要有两个方面:作为光电探测器件和将太阳能转变为电能。

(1) 光电池作为探测器件,有光敏面积大、频率响应高、光电流随照度线性变化等特点。因此,它既可作为开关应用,也可用于线性测量。如用在光电读数、光电开关、光栅测量技术、激光准直,电影还音等装置上。

(2) 光电池将太阳能变成电能,目前主要使用硅光电池,因为它能耐较强的辐射、转换效率较其他光电池高。实际应用中,把多个硅光电池单体经串联、并联组成电池组,与镍镉蓄电池配合,可作为卫星、微波站、野外灯塔、航标灯、无人气象站等无输电线路地区的电源供给。

5. 光电池的使用注意事项

(1) 光电池的频率特性不太好,原因有二:光电池的光敏面一般做的很大,导致结电容较大;光电池的内阻较低,而且会随输入光功率的大小变化。

(2) 在强光照射或聚光照射情况下,必须考虑光电池的工作温度及散热措施。通常硅光电池使用的温度不允许超过 125℃。硒光电池的结温超过 50 ℃,硅光电池的结温超过 200 ℃ 时,就要破坏它们的晶体结构。

7.3.2　光电二极管

随着光电子技术的发展,光信号在探测灵敏度、光谱响应范围以及频率特性等方面要求越来越高。为此,近年来出现了许多性能优良的光伏探测器,其中以光导模式工作的结型光电器件称为光电二极管,它在微弱、快速光信号探测方面有着非常重要的应用。为了提高其工作性能,人们做了大量研究工作,出现了许多性能优良的新品种。概况起来,有硅、锗光电二极管、pin 光电二极管、雪崩光电二极管(APD)、肖特基势垒光电二极管、光子牵引器以及光电三极管等。

1. p-n 结光电二极管的特点

光电二极管和光电池一样,其基本结构也是一个 p-n 结。和光电池相比,不同点是结面积小,因此其频率特性特别好。光生电势与光电池相同,但输出电流普遍比光电池小,一般为几 μA 到几十 μA。按材料分类,光电二极管可分为硅、砷化稼、锑化铟、铈化铅光电二极管等许多种。按结构分类,也可分为同质结与异质结,其中最典型的是同质结硅光电二极管。

光电二极管与普通二极管相比,其共同点:均有一个 p-n 结,因此,它们均属单向导电性的非线性元件。但光电二极管是一种光电器件,在结构上有它特殊的地方。例如,光电二极管 p-n 结势垒很薄,光生载流子的产生主要在 p-n 结两边的扩散区,光电流主要来自扩散电流,而不是漂移电流,故又称为扩散型 p-n 结光电二极管;为了获得尽可能大的光电流,p-n结面积比普通二极管要大得多,且通常都以扩散层作为它的受光面。为此,受光面上的电极做得较小。为了提高光电转换能力,p-n结的深度较普通二极管浅。光电二极管采用硅或锗制成,但锗器件暗电流温度系数远大于硅器件,工艺也不如硅器件成熟,虽然它的响应波长大于硅器件,但实际应用尚不及硅广泛。下面着重介绍硅光电二极管的结构、工作原理以及特性参数。

2. 硅光电二极管的结构和工作原理

硅光电二极管是最简单、最具有代表性的光生伏特器件，其中 p-n 结硅光电二极管为最基本的光生伏特器件。

(1) 硅光电二极管的基本结构和工作原理

国产硅光电二极管按衬底材料的导电类型不同，分为 2CU 和 2DU 两种结构形式。2CU 系列以 n-Si 为衬底，2DU 系列以 p-Si 为衬底，如图 7.25 所示。硅光电二极管的两种典型结构如图7.25所示，2CU 系列光电二极管只有两个引出线，而2DU 系列光电二极管有三条引出线，除了前极、后极外，还设了一个环极减少暗电流和噪声。

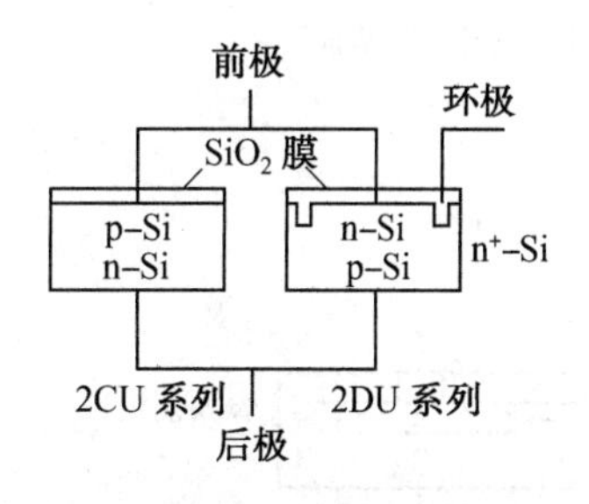

图 7.25　硅光电二极管的结构示意图

硅光电二极管的基本结构如图 7.26 所示，(a) 是采用 n 型单晶硅及硅扩散工艺，称 p + n 结构，型号是 2CU 型；(b) 是采用单晶硅及磷扩散工艺，称 n + p 结构，型号是 2DU 型。为了消除表面漏电流，在器件的 SiO_2 表面保护层中间扩散一个环形 p-n 结，该环形结称为环极。如图 7.26 所示，在有环极的光电二极管中，通常有三根引出线，对于 n + p 结构器件，n 侧电极称为前极，p 侧电极称为后极。环极接电源正极，后极接电源负极，前极通过负载接电源正极。由于环极电位高于前极，在环极形成阻挡层阻止表面漏电流通过，可使得负载 R_L 的漏电流很小(小于 0.05 μA)。若不用环极也可将其断开作为空脚。

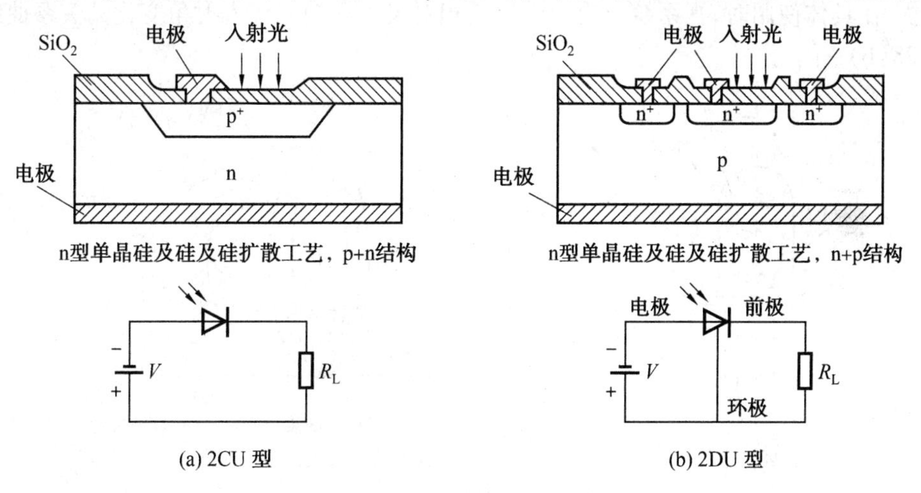

图 7.26　p-n 结光电二极管的两种典型结构及符号

在2DU 型硅光电二极管制造过程中，在光敏面上涂上一层 SiO_2 保护膜层的过程中免不了沾污一些杂质正离子，如钾、钠等，在这些少量正离子的作用下，在 SiO_2 膜层下必然要感应出一些负电荷，即引起 p 型区内电荷再分配，空穴被排斥到下面，电子被吸收到上面，出现了反型层。因此，在氧化层下面的 p 型区内表面与 n 型区形成沟道，即使没有光入射，在外加反向偏压的作用下，就有电流从 n 表面向 p 区流动，形成表面漏电流，这种表面漏电流在数量级上可达到微安级，成为暗电流的重要组成部分，同时，它又是产生散粒噪声的主要因素，影响管子的探测极限。为减小由于 SiO_2 中少量正离子的静电感应所产生的表面漏电流,采取的办法是在氧化层中间个扩散一个环形 p-n 结而将受光面包围起来,因此称为环极,如图 7.27(b) 所示。在接电源的时候,使环极电位始终高于前极的电位,使极大部分的表面漏电流从环极流向后极,不再流过负载 R_L,因而消除了表面效应的影响,也减小了噪声。

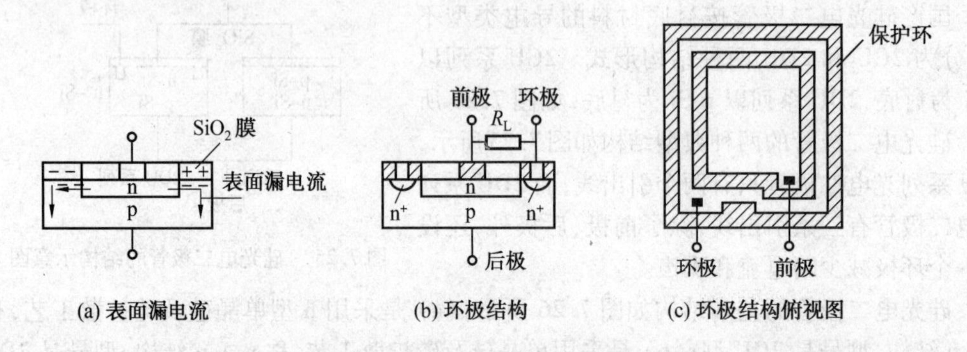

图 7.27　2DU 系列环极光电二极管的原理结构图

硅光电二极管的封装可采用平面镜和聚焦透镜作入射窗口。采用凸透镜有聚光作用,有利于提高灵敏度,如图 7.28(a) 所示,由于聚焦位置与入射光方向有关,因而能够减小杂散背景光的干扰,但也引起灵敏度随入射光方向而变化。所以,在实际使用中入射光的对准是值得注意的问题。采用平面镜作窗口,虽然没有对准问题,但要受到背景杂散光的干扰,在具体使用时,视系统要求而定。其相对灵敏度随光线入射角变化的关系曲线如图 7.28(b) 所示。

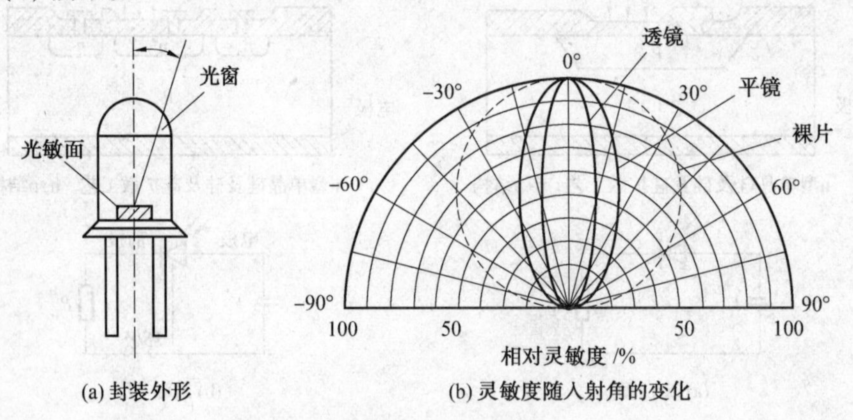

图 7.28　硅光电二极管

图 7.29 为光电二极管的光电转换示意图,图中虚线为空间电荷区界限,无光照时,只有热效应引起的微小电流经过 p-n 结,有光照时,则产生附加的光生载流子,使流过 p-n 结的电流骤增,不同波长的光(蓝光、红光、红外光等) 在光电二极管的不同区域被吸收。被表面 p 型扩散层所吸收的主要是波长较短的蓝光。这区域因为光照产生的少数载流子(电子) 一旦扩散到势垒区界面,就在空间电荷区电场的作用下,很快被拉向 n 区,波长较长的光波,将透过 p 型层而到达空间电荷区,在那里激发电子 - 空穴对,在空间电荷区电场的作用下,它们分别到达 n 区和 p 区。波长更长的红光和红外光,将透过 p 区和空间电

荷区，在 n 区被吸收，当 n 区中产生的少数载流子（空穴）一旦扩散到势垒区界面时，就被结电场拉向 p 区，因此，总的光生电流为这三部分的光生电流之和。它随入射光强度的变化而相应变化。这样在负载电阻上就可以得到一个随入射光变化的电压信号。

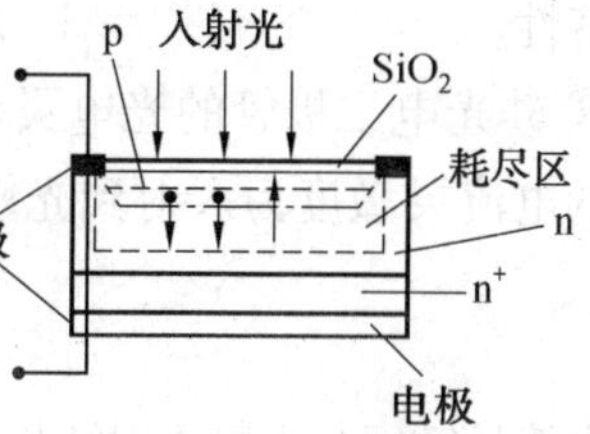

图 7.29　光电二极管的光电转换示意图

（2）硅光电二极管的特性参数

① 硅光电二极管的伏安特性。在无光照的情况下（暗室中），p-n 结硅光电二极管的正、反向特性与普通 p-n 结二极管的特性一样。其暗电流为 I_D，有光照时的电流即式（7.3）。由电流方程可以得到光电二极管在不同偏置电压下的输出特性曲线如图 7.30（a）。光电二极管的工作区域应在图的第 3 象限与第 4 象限。采用重新定义电流与电压正方向的方法（以 p-n 结内建电场的方向为正向）把特性曲线旋转成如图 7.30（b）所示。因为与开路电压相比外加反压小很多，所以可略去不计，常用曲线如图 7.30（c）所示。

(a) 硅光电二极管输出特性　　(b) 光电二极管输出特性　　(c)

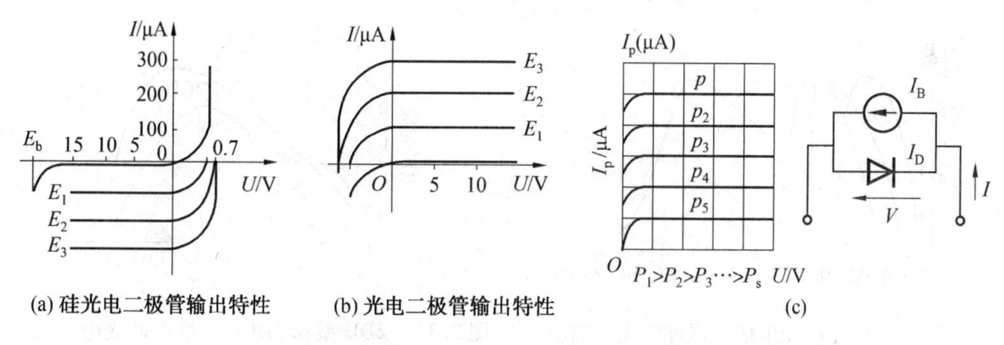

图 7.30　硅光电二极管的伏安特性

硅光电二极管在反向偏压下工作，这样可以减小载流子渡越时间及二极管的极间电容，以提高探测器的响应灵敏度和频率。但反偏压不能太高，以免引起雪崩击穿。光电二极管在无光照时的暗电流 I_D 就是二极管的反问饱和电流 I_{so}；有光照时产生的光电流 I_p 与 I_{so} 同一方向。不同光照下硅光电二极管的电压与电流的关系如图 7.30（c）。

由图 7.30 知，低偏压时，光电流变化非常敏感，这是由于反偏压增加使耗尽层加宽，结电场增强，所以对结区的光的吸收率及光生载流子的收集效率加大；当反向偏压进一步增加时，光生载流子的收集已达极限，光电流就趋于饱和。这时，光电流与外加反向偏压几乎无关，而仅取决于入射光功率，曲线近似平直，且低照度部分比较均匀，可用作线性测量。光电二极管在较小负载电阻下入射光功率与电流之间呈现较好的线性关系。图 7.31 给出了在一定负载偏压下，光电二极管的

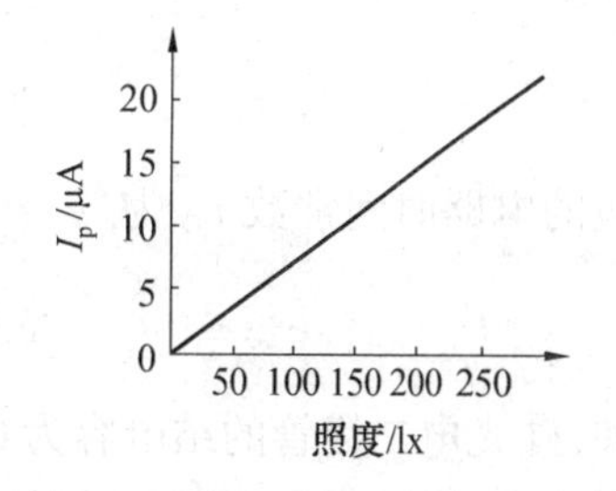

图 7.31　硅光电二极管反向偏压 V_A = －15 V 时光电流输出特性

输出特性。

② 硅光电二极管的光电灵敏度。电流灵敏度是在给定波长的入射光下,定义光电二极管的电流灵敏度为入射到光敏面上辐射量的变化与电流变化之比

$$S_{\mathrm{i}} = \frac{\mathrm{d}I}{\mathrm{d}\Phi} \tag{7.40}$$

电流灵敏度与入射辐射波长 λ 有关,通常给出的是为其峰值响应波长的电流灵敏度。

③ 硅光电二极管的光谱响应特性。光谱响应特性定义:以等功率的不同单色辐射波长的光作用于光电二极管时,其电流灵敏度与波长的关系。图 7.32 是典型的光生伏特器件的光谱响应曲线,典型硅光电二极管光谱响应长波限为 1.1 μm 左右,短波限接近 0.4 μm,峰值响应波长为 0.9 μm 左右,与硅光电池相同。

硅光电二极管的电流响应率通常在 0.4 ~ 0.5 μA/μW 量级。常用的 2DU 和 2DUL 系列光电二极管的光谱响应从可见光一直到近红外区,在 0.8 ~ 0.9 μm 波段响应率最高。如图 7.33 所示,这个波段与砷化镓(GaAs)、激光器(LD) 或发光二极管(LED) 的工作波长相匹配。对 He - Ne 激光器和红宝石激光器的激光也具有较高的灵敏度。

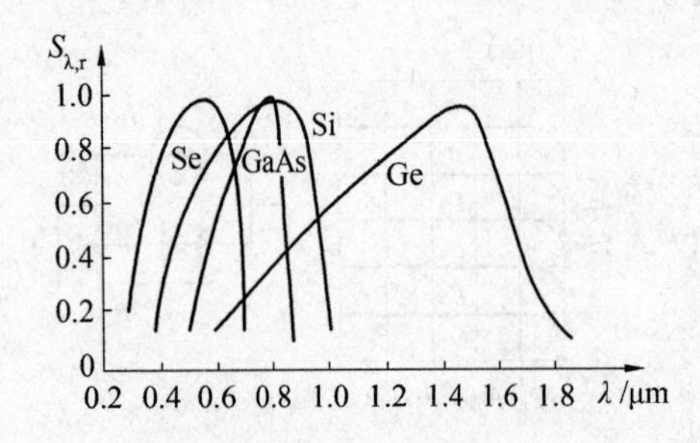

图 7.32　典型的光生伏特器件的光谱响应

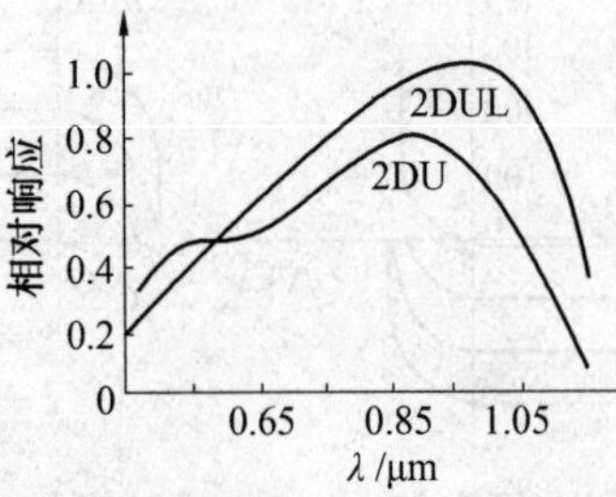

图 7.33　2DU 型和 2DUL 型系列硅光电二极管的光谱特性

④ 响应时间和频率特性。光电二极管的高频等效电路如图 7.34(a) 所示,R_{d} 是光电二极管的内阻,也成为暗电阻;光电二极管等效为一个高内阻的电流源 i_{φ},R_{s} 是体电阻和电极接触电阻,一般很小。在工程计算中,高频等效电路可简化为图 7.34(b),其高频截止频率 f_{C} 为

$$f_{\mathrm{C}} = \frac{1}{2\pi R_{\mathrm{L}} C_{\mathrm{j}}} \tag{7.41}$$

相应的电路时间常数 τ_{C} 为

$$\tau_{\mathrm{C}} = 2.2 R_{\mathrm{L}} C_{\mathrm{j}} = \frac{0.35}{f_{\mathrm{c}}} \tag{7.42}$$

例如,硅光电二级管的结电容为 $C_{\mathrm{j}} = 30$ pF,$R_{\mathrm{L}} = 50\ \Omega$,则 $f_{\mathrm{C}} = 100$ MHz,$\tau_{\mathrm{C}} = 3.5$ ns。

一般光电二极管的响应频率或响应时间主要受少数载流子扩散时间和电路时间常数的限制。要适应光探测系统中宽带、高速的应用,必须进一步提高 $f_{3\ \mathrm{dB}}$,除了可增加反向偏压减小结电容外,主要还必须改进二级管的结构。

光电二极管的响应时间主要由三个因素决定:a. 在 p-n 结区外产生的光生载流子扩散到 p-n 结区内所需要的时间,称为扩散时间记为 τ_p(ns 量级);b. 在 p-n 结区内产生的光生载流子渡越结区的时间,称为漂移时间 τ_d(10^{-11} 量级);c. 由 p-n 结电容和管芯电阻及负载电阻构成的 R_C 延迟时间 τ_C(负载电阻 R_L 不大时为 ns 量级)。

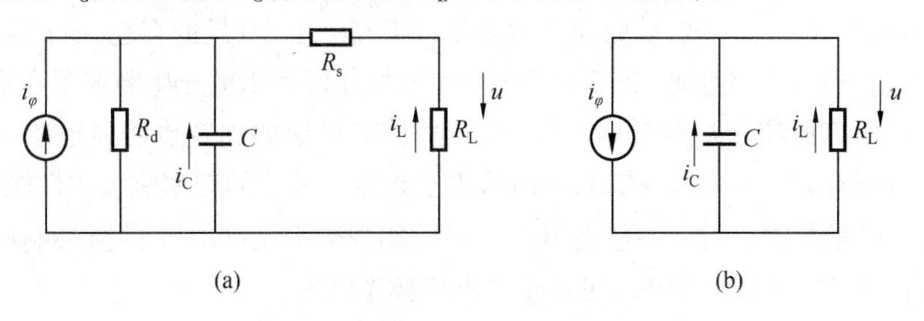

图 7.34　光电二极管的高频等效电路

⑤ 噪声。由于光电二极管常用于微弱信号的探测,因此,了解其噪声特性十分必要。图 7.35 是光电二极管的噪声等效电路,对于高频应用,有两个主要的噪声源:散粒噪声$\overline{i_{ns}^2}$ 和电阻热噪声$\overline{i_{nT}^2}$,所以输出噪声的有效值为

$$I_n = (\overline{i_{ns}^2} + \overline{i_{nT}^2})^{1/2} = \left[2e(i_s + i_n + i_d)\Delta f + 4KT\frac{\Delta f}{R_L}\right]^{1/2} \tag{7.43}$$

相应的噪声电压为

$$V_n = I_n R_L = [2e(i_s + i_n + i_d)\Delta f R_L^2 + 4KTR_L\Delta f]^{1/2} \tag{7.44}$$

式中,i_s、i_n、i_d 分别为信号光电流、背景光电流和反向饱和暗电流的平均值。由上面两式可见,从材料及制作工艺上尽可能减小反向饱和暗电流,合理地选取负载电阻 R_L 是减小噪声的有效途径。硅光电二极管的噪声主要来自散粒噪声与热噪声。在弱光照射情况下,散粒噪声小于热噪声,而在强光照射时,散粒噪声将大于热噪声。

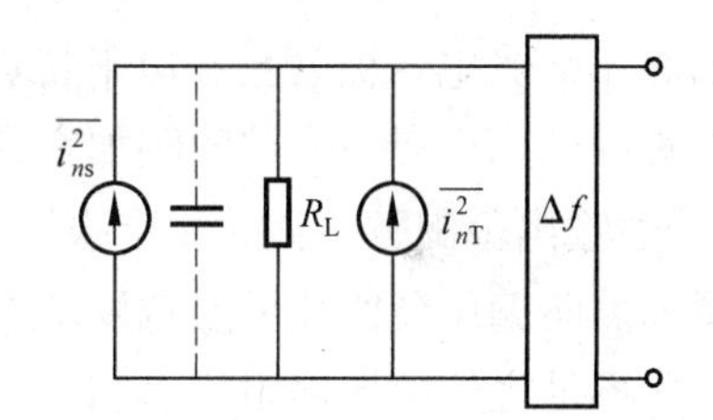

图 7.35　光电二极管的噪声等效电路

(3)pin 光电二极管

前面所讨论的 p-n 结光电二极管,由于其响应时间主要取决于 p-n 结两侧的光生少数载流子扩散到结区所需的时间,因此,受到扩散时间与扩散过程中的复合所造成的噪声的影响。这些影响限制了这种光电二极管的应用能力,特别是在长波波段的响应速度。而肖特基势垒光电二极管虽然没有这两方面的影响,但是,表面的金属薄层有强烈的反射,阻挡了光线进入耗尽层。扩散型 pin 硅光电二极管兼有上述两种管子的优点,其频率响应可达上千 MHz。

在 p-n 结之间加一本征层(i 层),这种器件称为 pin 光电二极管,又称耗尽型光电二级管。只要适当控制本征层厚度,使它近似等于反偏压下耗尽层宽度,就可使响应波长范围和频率响应得到改善。pin 硅光电二极管是常用的耗尽层光伏探测器,采用高阻纯硅材料

及离子漂移技术形成一个没有杂质的本征层,厚度为500 μm左右。其结构如图7.36(a)所示,pin硅光电二极管中的本征层对提高器件灵敏度和频率的响应起着十分重要的作用。因为本征层相对于p区和n区是高阻区,反向偏压主要集中在这一区域,形成高电场区,如图7.36(b)所示。高电阻使暗电流明显减小。本征层的引入加大了耗尽层区,展宽了光电转换的有效工作区域,从而使灵敏度得以提高。由于i层的存在,而p区又非常薄,入射光子只能在i层内被吸收,产生电子－空穴对。i区产生的光生载流子在强电场作用下加速运动,所以载流子渡越时间非常短。同时,耗尽层的加宽也明显地减小了结电容C_d,使电容时间常数$\tau_c = C_d R_L$减小,从而改善了光电二极管的频率响应。性能良好的pin光电二极管,扩散与漂移时间一般在10^{-10}量级,相当于千兆(GHz)的频率响应。适当增大反偏压,合理选择负载电阻R_L,可获得高响应频率性能。

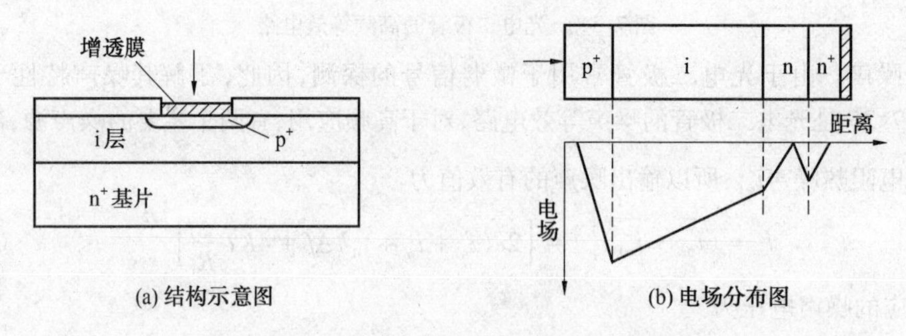

图7.36　pin光电二极管的结构和电场分布图

因此,pin光电二极管具有以下特点:a.时间响应特性好,频带宽。p-n结的内电场基本上全集中于*i*层,使p-n结间距加宽,结电容变小,频带变宽,可达10 GHz(10^{-10}s);b.反压高,线性输出范围宽。因为i层很厚,可承受较高的反向电压,所以线性输出范围宽。同时增加反向偏压会使耗尽层宽度增加,从而进一步减小结电容,使频带变宽。但同时也具有一些不足之处:*i*层电阻很大,管子的输出电流小,一般多为零点几μA至数μA。提高*i*层厚度*W*,漂移时间变长,时间响应变差(和特点a矛盾)。

图7.37给出了一种典型的高灵敏度的pin硅光电二极管的光谱响应,这种器件采用厚的本征层将峰值响应波长延伸到1.04 ~ 1.06 μm。一种用来测量激光脉冲宽度的pin硅光电二极管,其响应频率可达1 GHz,量子效率在800 nm时可达70%,图7.38(a)和图7.38(b)分别给出了这种光探测器在不同偏压下的光谱特性和噪声特性。在采用硅pin光电二极管的探测系统中,热噪声占优势;在用锗pin光电二极管的系统中,则暗电流散粒噪声占优势。

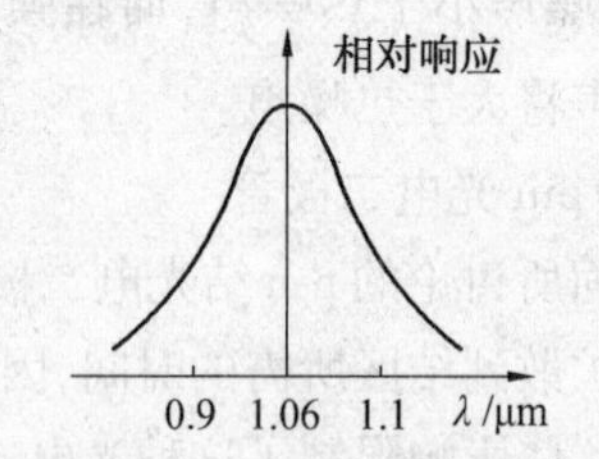

图7.37　pin硅光电二极管的光谱特性

表7.2给出了几种典型的pin光电二极管的主要特性,pin管具有电容小、输入阻抗高、可以大大降低热噪声、且供电电压低、工作十分稳定、使用方便等,基于上述优点,pin二极管在光通信、光雷达和快速光电自动控制领域有着广泛的应用。

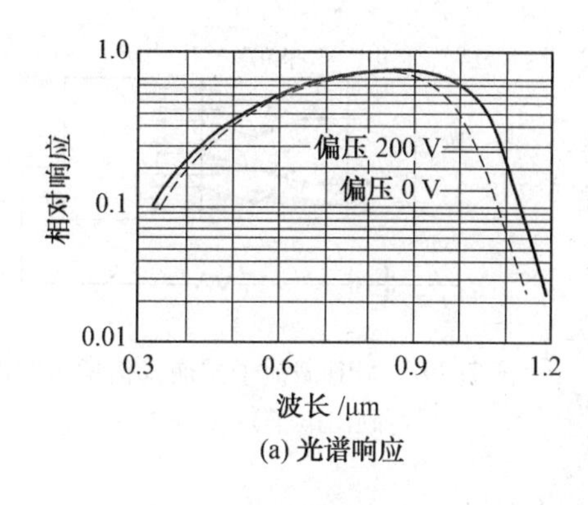

(a) 光谱响应

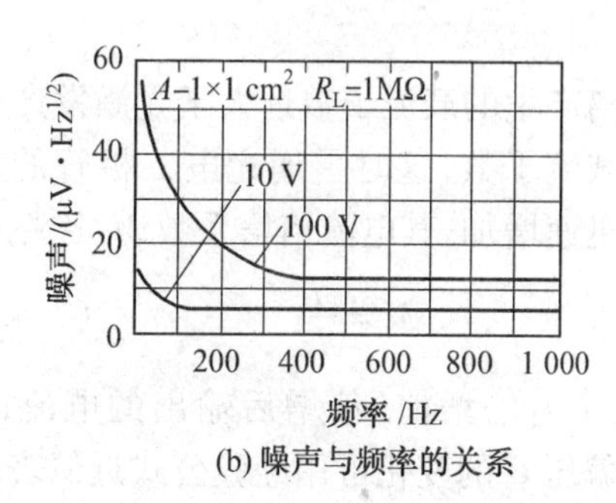

(b) 噪声与频率的关系

图 7.38 不同偏压下 pin 光电二极管的光谱响应及噪声与频率的关系

表 7.2 pin 光电二极管的主要特性

	Si-pin	InGaAs-pin
波长响应 $\lambda/\mu m$	0.4 ~ 1.0	1 ~ 1.6
响应度 $\rho/(A \cdot W^{-1})$	0.4(0.85 μm)	0.5(1.31 μm)
暗电流 I_d/nA	0.1 ~ 1	2 ~ 5
响应时间 τ/ns	2 ~ 10	0.2 ~ 1
结电容 C/pF	0.5 ~ 1	1 ~ 2
工作电压 /V	−5 ~ −15	−5 ~ −15

(4) 雪崩光电二极管

普通的光电二极管和 pin 光电二极管提高了时间响应,但未能提高器件的光电灵敏度(无内部增益)。对微弱光信号进行探测,采用具有内增益的光探测器将有助于对微弱光信号的探测。雪崩光电二极管(APD)是具有内增益的光伏探测器。它利用光生载流子在高电场区内的雪崩效应而获得光电流增益,提高了光电二极管的灵敏度(具有内部增益 10^2 ~ 10^4)。响应速度特别快,频带带宽可达 100 GHz,是目前响应速度最快的一种光电二极管。

雪崩光电二极管具有灵敏度高、响应快等优点。与光电倍增管相比,具有体积小、结构紧凑、工作电压低、使用方便等优点。但其暗电流比光电倍增管的暗电流大,相应的噪声也较大,故光电倍增管更适宜于弱光探测。常见的雪崩光电二极管有 Ge – ADP 和 Si – ADP 两种光电二极管。

① 工作原理即雪崩效应。一般光电二极管的反偏压在几十伏以下,而 APD 的反偏压一般在几百伏量级,接近于反向击穿电压。在 APD 光电二极管的 p-n 结上加相当高的反向偏压,使结区产生很强的电场,当光照 p-n 结所激发的光生载流子进入结区时,在强电场中将受到加速而获得足够能量。在定向运动中与晶格原子发生碰撞,使晶格原子发生电离,产生新的电子 – 空穴对。新产生的电子 – 空穴对在强电场作用下分别沿相反方向运动,又获得足够能量,再次与晶格原子碰撞,产生出新的电子 – 空穴对。这种过程不断重复,使 p-n 结内电流急剧倍增放大,这种现象称为雪崩效应,如图 7.39 所示。雪崩光电

二极管就是利用这种效应产生光电流的放大作用。

电离产生的载流子数远大于光激发产生的光生载流子数,这时雪崩光电二极管的输出电流迅速增加,其电流倍增系数 M 定义为

$$M = \frac{I}{I_0} \tag{7.45}$$

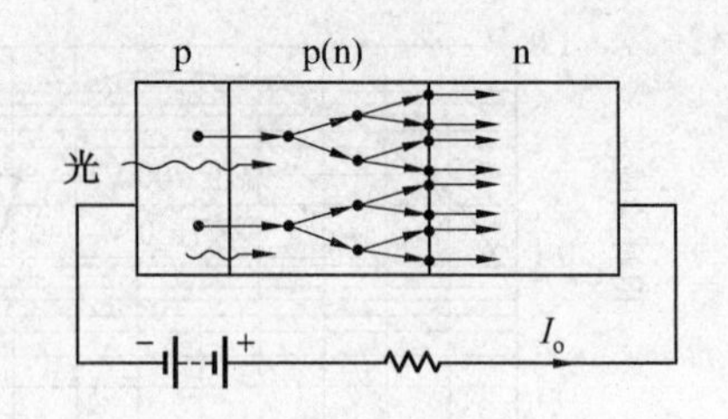

图 7.39　APD 载流子雪崩式倍增示意图(只画出电子)

式中,I_0、I 为倍增前、倍增后输出的电流;M 随反向偏压 U 的变化可用经验公式近似表示

$$M = \frac{1}{1 - (U/U_B)^n} \tag{7.46}$$

式中,U_B 为雪崩击穿电压;U 为管子的外加反向电压;n 为与材料、掺杂和器件结构有关的常数,硅材料的 $n = 1.5 \sim 4$,锗器件的 $n = 2.5 \sim 8$。

雪崩光电二极管的反向工作偏压通常略低于 p-n 结的击穿电压。无光照时,p-n 结不会发生雪崩效应;只有当外界有光照时,激发出的光生载流子才能引起雪崩效应。若反向偏压超过器件的击穿电压,则器件将无法工作,甚至击穿烧毁,因此雪崩光电二极管工作时需要采用恒温和稳压电路来提供偏压,以保证雪崩增益的稳定性。

② 雪崩光电二极管的结构。图 7.40 是一个典型的雪崩光电二极管的结构示意图,图 7.40(a) 中以 p 型硅作基片,扩散杂质浓度大的 n 层。图 7.40(b) 为 pin 型雪崩二极管结构示意图,其结构基本上类似于普通光电二极管,但工作原理不同。为了实现雪崩过程,基片杂质浓度高(电阻率低),容易产生碰撞电离。另外基片厚度比较薄,保证有高的电场强度,以便于电子获得足够能量产生雪崩效应。

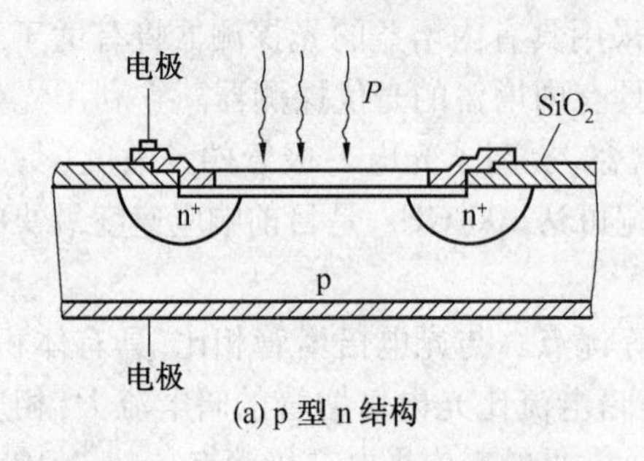

(a) p 型 n 结构

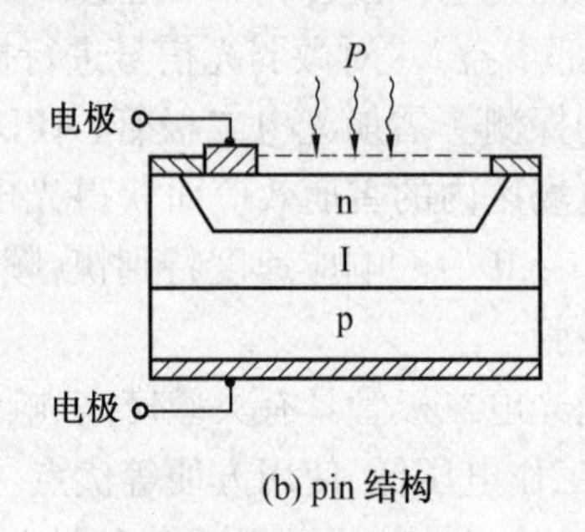

(b) pin 结构

图 7.40　雪崩光电二极管的结构示意图

③ 雪崩光电二极管的特性参数。

a. 倍增系数(雪崩增益)M。雪崩光电二极管的电流增益用倍增系数或雪崩增益 M 表示,其定义为

$$M = \frac{I_M}{I_R} \tag{7.47}$$

式中,I_R 为无雪崩倍增时 p-n 结的反向电流(无光照时 I_R 即为二极管的反向饱和电流 I_{S0}),I_M 为有雪崩增益时的反向电流。倍增系数与 p-n 结上所加的反向偏压、p-n 结的材料

结构有关。实验发现,在外加电压V略低于击穿电压V_{BR}时,也会发生雪崩倍增现象,只是倍增系数稍小,这是倍增系数M随V的变化可用下面的经验公式近似表示

$$M=\frac{1}{1-\left(\frac{V}{V_{BR}}\right)^{n}} \tag{7.48}$$

式中,n为与p-n结的材料和结构有关的常数,对于硅器件,$n=1.5\sim4$,对于锗器件$n=2.5\sim8$。当外加电压V增加接近V_{BR}时,M将随之迅速增大,而当$V=V_{BR}$时,$M=\infty$ 此时p-n结被击穿。

击穿电压V_{BR}与器件的工作温度有关,当温度升高时,击穿电压会增大,这是因为温度升高使晶格散射作用增强,减小了载流子的平均自由程,载流子在较短的距离内要获得足够大的能量引起电离产生电子-空穴对,需要更强的电池,因而提高了击穿电压。

b. 雪崩光电二极管的噪声。雪崩光电二极管的噪声除了散粒噪声外,还有因雪崩过程引入的附加散粒噪声。由于雪崩效应是大量载流子电离过程的累加,这本身就是一个随机过程,必然带来附加的噪声,由雪崩过程引起的散粒噪声为

$$\bar{i}_{NM}^{2}=2e(I_{D}+I_{P})M^{k}\Delta f \tag{7.49}$$

式中,k为与雪崩二极管材料有关的系数。对于锗管,$k=2.3\sim2.5$。式(7.49)又可写为

$$\bar{i}_{NM}^{2}=2e(I_{D}+I_{P})M^{k}F\Delta f \tag{7.50}$$

式中,F为过量噪声因子,也称为噪声系数,是雪崩效应的随机性引起噪声增加的倍数

$$F=M\left[1-\left(1-\frac{1}{r}\right)\left(\frac{M-1}{M}\right)^{2}\right]$$

式中,r为电子与空穴电离率之比,与所用材料有关,对硅材料$r\approx1$。这表明采用硅制作的雪崩光电二极管其噪声性能优于锗。

考虑到负载电阻的热噪声,雪崩光电二极管的总噪声电流均方值为

$$\bar{i}_{N}^{2}=\bar{i}_{NM}^{2}+\frac{4kT\Delta f}{R_{L}} \tag{7.51}$$

可见雪崩光电二极管的增益、噪声性能与工作电压的关系密切相关。图7.41给出了实际雪崩光电二极管的输出特性,可见,当外加偏压在100~200 V之间时,雪崩系数M在10的量级,此时器件的噪声很小;随着外加偏压的增高,M明显增大,同时噪声电流也随之增加,在实际应用中,必须权衡倍增增益及噪声特性这两个方面。在一定光照条件下,选择合适的工作电压,以得到最佳雪崩增益,使雪崩光电二极管的输出信噪比达到最大。另外,每个雪崩二极管都有自己的工作温度和漂移,因此在使用过程中必须考虑每个实际雪崩二极管的特性随环境温度的变化而适当调整工作电压。

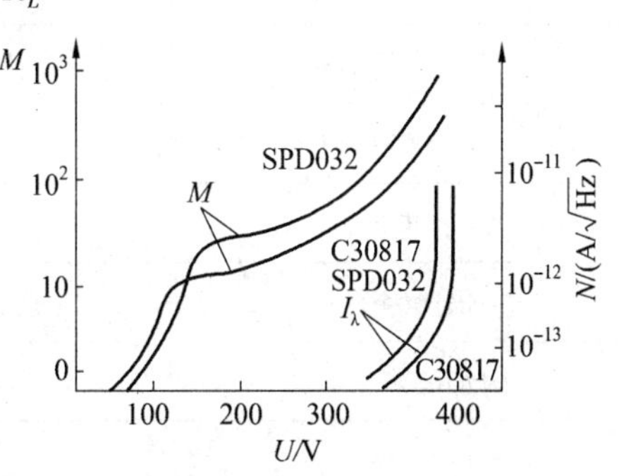

图7.41 雪崩光电二极管的增益、噪声性能与工作电压的关系

噪声大是 APD 目前的一个主要缺点。由于雪崩反应是随机的，所以噪声较大，特别是工作电压接近或等于反向击穿电压时，噪声可增大到放大器的噪声水平，以致无法使用。

c. 雪崩光电二极管的响应时间。由于雪崩光电二极管工作时所加的反向偏压高，光生载流子在结区的渡越时间短，结电容只有几个 PF，甚至更小，所以雪崩光电二极管的响应时间一般只有 0.5 ~ 1 ns，相应的响应频率可达几十 GHz。

雪崩光电二极管与光电倍增管相比，具有体积小、结构紧凑、工作电压低、使用方便等优点。但是其暗电流比光电倍增管的暗电流大，相应的噪声也较大，故光电倍增管更适合于微弱光信号探测。目前，制作雪崩光电二极管的材料主要是半导体硅和锗，实用的器件具有极短的响应时间，即数以千兆的响应频率，高达 10^2 ~ 10^3 的增益，所以雪崩光电二极管在光通信，激光测距和光纤传感技术中有广泛的应用。雪崩光电二极管具有内增益，可降低对前置放大器的要求，但却需要上百伏的工作电压。此外，雪崩光电二极管的性能与入射光的功率有关，当入射光功率在 1 nW 至 μW 时，倍增电流与入射光具有较好的线性关系，但当入射光功率过大，倍增系数 M 反而降低，从而引起光电流的畸变。在实际探测系统中，当入射光功率较小时，多采用 APD，此时，雪崩增益引起的噪声贡献不大，相反，在入射光功率较大时，雪崩增益引起的噪声占主要优势，并可能带来光电流失真，这是采用 pin 更合适。因此，在具体使用过程中，应根据系统的要求选择合适的光伏探测器件。表 7.3 为两种典型的雪崩光电二极管的性能参数。

表 7.3　两种典型的雪崩光电二极管的性能参数

	Si-APD	InGaAs-APD
波长响应 λ/nA	0.4 ~ 1.0	1 ~ 1.65
响应度 ρ/(A · W^{-1})	0.5	0.5 ~ 0.7
暗电流 I_d/nA	0.1 ~ 1	10 ~ 20
响应时间 τ/ns	0.2 ~ 0.5	0.1 ~ 0.3
结电容 C/pF	1 ~ 2	< 0.5
工作电压/V	50 ~ 100	40 ~ 60
倍增因子 g	30 ~ 100	20 ~ 30
附加噪声指数 x	0.3 ~ 0.5	0.5 ~ 0.7

7.4　光电三极管

7.4.1　光电三极管的结构与工作原理

光电三极管有两种基本结构，npn 结构与 pnp 结构。用 n 型硅材料为衬底制作的 npn 结构，称为 3DU 型；用 p 型硅材料为衬底制作的称为 pnp 结构，称为 3CU 型。

光电三极管和普通的晶体三极管相类似,其相同点是:① 均有 pnp 与 npn 两种基本结构(即都是有两个 p-n 结的结构);② 均有电流放大作用。其不同之处在于:其集电极电流主要受光的控制,不管是 pnp 还是 npn 光电三极管,一般用基极 - 集电极结作为受光结,因而有光窗;其次只有集电极和发射极两根引线(极少的也有基极引线)等。因此,光电三极管相当于在基极和集电极之间接有光电二极管(反向偏置)的普通三极管,其结构和工作原理如图 7.42 所示。光电三极管的制作材料一般为半导体硅,管型为 npn 型,国产器件称为 3DU 系列。

利用雪崩倍增效应可获得具有内增益的半导体光电二极管(APD),而采用一般晶体管放大原理,可得到另一种具有电流内增益的光伏探测器,即光电三极管。它与普通双极晶体管十分相似,都是由两个十分靠近的 p-n 结(发射结和集电结)构成,并均具有电流放大作用。为了充分吸收光子,光电三极管则需要一个较大的受光面,所以,它的响应频率远低于光电二极管。

光电三极管是一种相当于在基极和集电极之间接有光电二极管的普通三极管,因此结构和普通的晶体三极管相类似,但也有一些特殊的地方,如图7.42所示。图中e、b、c分别为光电三极管的发射极、基极和集电极。正常工作时保证基极 - 集电极结(b - c结)为反偏压状态,并作为受光结(即结区为光照区)。采用硅的 npn 型光电三极管其暗电流比锗光电三极管小,且受温度变化影响小,因此得到广泛的应用。

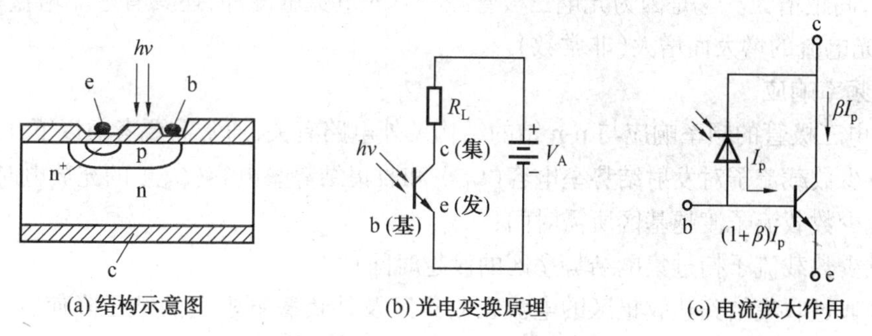

图 7.42　光电三极管的结构及工作原理

光电三极管的工作有两个过程,一是光电转换;二是光电流放大。光电转换过程是在集电极 - 基极结区进行的,它与一般的光电二极管相同。当集电极加上相对于发射极为正向电压而对于基极开路时(如图 7.42(b)),则 b - c 结处于反向偏压状态。无光照时,由于热激发而产生的少数载流子即电子从基极进入集电极,空穴则由集电极移向基极,在外电路中有电流(即暗电流)流过。当光照射到基区时,在该区产生电子 - 空穴对,光生电子在内建电场作用下漂移到集电极,形成光电流,这一过程类似于光电二极管。同时,空穴则留在基区,使基极的电位升高,发射极便有大量电子经过基极留下集电极,总的集电极电流为

$$I_C = I_P + \beta I_P = (1 + \beta) I_P \tag{7.52}$$

式中,β 为共发射极的电流放大倍数。因此光电三极管等效于一个光电二极管与一般晶体管基极 - 集电极结的并联。它是把基极 - 集电极光电二极管的电流(光电流 I_P)放大 β 倍的光伏探测器,可用图 7.42(c) 来表示。即集电结起双重作用,一是把光信号变成电信

号起光电二极管的作用；二是将光电流放大，起一般晶体三极管的集电极的作用。

7.4.2　光电三极管的基本特性

1. 光电特性和伏安特性

光电晶体管的灵敏度比光电二极管高，输出电流也比光电二极管大，多为毫安级。但它的光电特性不如光电二极管好，在较强的光照下，光电流与照度不成线性关系。所以光电晶体管多用来作光电开关元件或光电逻辑元件。

图7.43是光电三极管的 $V_{ce}-I_c$ 关系曲线。由图可知，光电三极管在偏置电压为零时，无论光照度有多强，集电极电流都为零，类似于光电二极管。但是，当有光照时，光电三极管输出电流比同样光照下光电二极管的输出电流大 β 倍；在光功率等间距增大的情况下，输出电流并不等间距增大，这是由于电流放大倍数 β 多随信号光电流的增大而增大所引起的非线性。

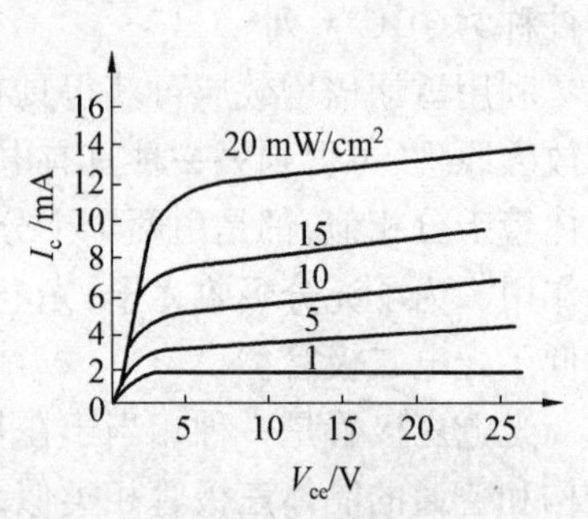

图7.43　光电三极管的 $V_{ce}-I_c$ 关系曲线

偏置电压要保证光电三极管的发射结处于正向偏置，而集电结处于反向偏置。随着偏置电压的增高伏安特性曲线趋于平坦。光电三极管的伏安特性曲线向上偏斜，间距增大。这是因为光电三极管除具有光电灵敏度外，还具有电流增益 β，并且，β 值随光电流的增大而增大（非常数）。

2. 频率响应

光电三极管的频率响应与p-n结的结构及外电路有关，通常需要考虑以下几点：

① 少数载流子对发射结势垒电容（C_{be}）和收集结势垒电容（C_{bc}）的充放电时间；

② 少数载流子渡越基区所需时间；

③ 少数载流子扫过集电结势垒区的渡越时间；

④ 通过收集结到达收集区的电流在收集区及外负载电阻上的结压降使收集结电荷量改变的时间。

光电三极管总响应时间应为上述各个时间之和。因此，光电三极管的响应时间比光电二极管的要长得多。由于光电三极管广泛应用于各种光电控制系统，其输入光信号多为脉冲信号，即工作在大信号或开关状态，响应时间或响应频率是光电三极管的重要参数。通常，硅光电二极管的时间常数一般在0.1 μs以内，pin和雪崩光电二极管为ns数量级，硅光电三极管长达5～10 μs。

光电三极管的响应时间与p-n结的结构及偏置电路等参数有关。为分析光电三极管的响应时间，首先画出光电三极管输出电路的微变等效电路，图7.44所示，图中，I_p 为电流源，r_{be} 为发射结电阻，C_{be} 为发射结电容，C_{bc} 为收集结电容，I_c 为电流源，R_{ce} 为集射结电阻，C_{ce} 为集射结电容，R_L 为输出负载电阻，选择适当的负载电阻，使其满足 $R_L<R_{ce}$，这时可以导出光电三极管电路的输出电压为

$$U_0=\frac{\beta R_L I_p}{(1+\omega^2 r_{be}^2 C_{be}^2)^{\frac{1}{2}}(1+\omega^2 R_L^2 C_{ce}^2)^{\frac{1}{2}}} \tag{7.53}$$

由此可见,要提高光电三极管电路的频率响应,须减少负载电阻R_L,但R_L太小会影响输出,导致输出电压下降。因此,一方面可在工艺上设法减小结电容C_{ce}、C_{be}等,另一方面要合理选择负载电阻R_L。

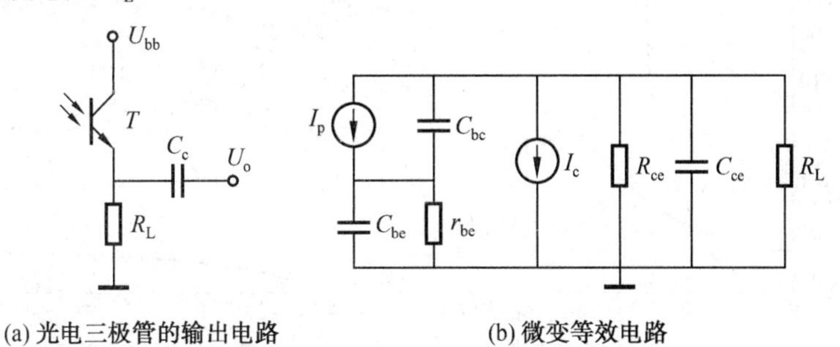

(a) 光电三极管的输出电路　　(b) 微变等效电路

图 7.44　光电三极管的微变等效电路

图 7.45 给出了不同负载电阻R_L下光电三极管的输出电压的相对特性,由图可知,R_L越大,高频响应将越差,减小R_L可改善频率响应,但R_L太小会导致输出电压下降,故在实际应用中合理选择R_L和利用高增益运算放大器做后极电压放大,可实现高输出电压和高频率响应。此外,电路上常用高增益、低输入阻抗的运算放大器与之配合以提高频率响应、减小体积、提高增益。为提高光电三极管的增益、减小体积,常将光电二极管或光电三极管及三极管制作到一个硅片上构成集成光电器件。如图 7.46 所示为三种形式的集成光电器件。图 7.46(a) 为光电二极管与三极管集成;图 7.46(b) 为光电三极管与两个三极管集成;图 7.46(c) 为光电三极管与三极管集成构成的达林顿集成光电器件,它具有更高的电流增益(灵敏度更高)。

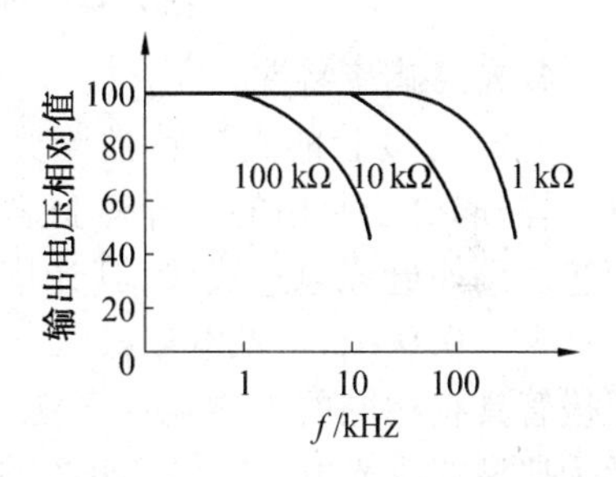

图 7.45　光电三极管输出电压的相对特性

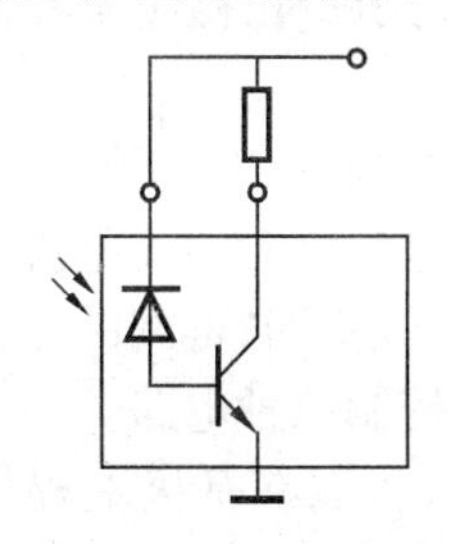

(a) 光电二极管-三极管集成器件

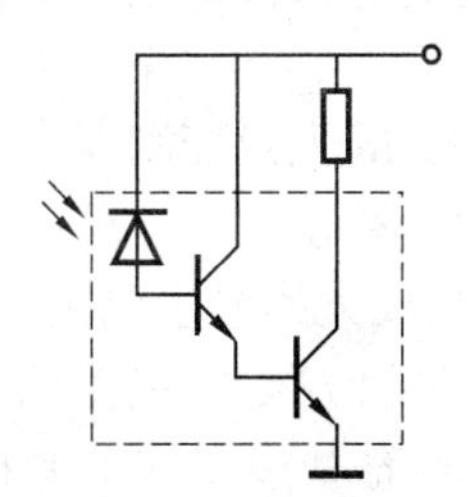

(b) 光电三极管-三极管集成器件

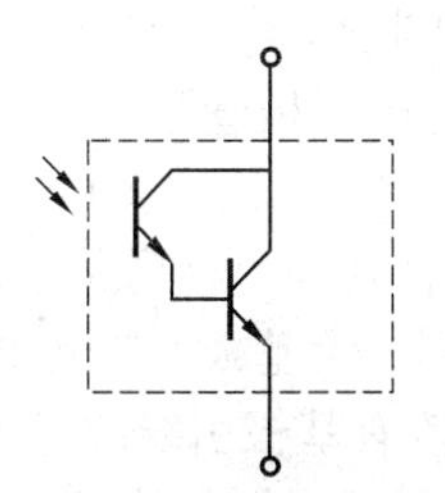

(c) 达林顿光电三极管

图 7.46　集成光电器件

3. 温度特性

图 7.47 为光电二极管和光电三极管的温度特性曲线,由图可知,硅光电二极管和硅光电三极管的暗电流I_d和光电流I_L均随温度而变化,由于硅光电三极管具有电流放大功能,所以硅光电三极管的暗电流I_d和亮电流I_L受温度的影响要比硅光电二极管大得多。光电三极管的输出电流随温度变化比光电二极管大。因为其发射极 - 集电极的反向电

流和电流放大倍数β随温度变化而最敏感。在实用中,必须十分注意环境温度的变化,必要时需在电路中加以温度补偿措施。光电三极管主要应用于开关控制电路及逻辑电路。

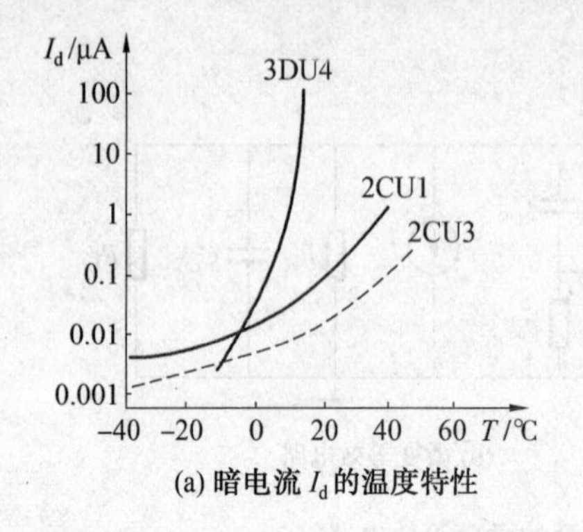

(a) 暗电流 I_d 的温度特性

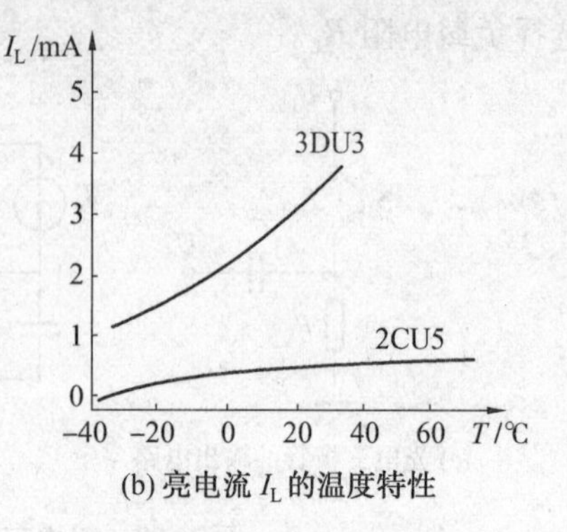

(b) 亮电流 I_L 的温度特性

图 7.47 光电二极管和光电三极管的温度特性

4. 光谱响应特性

光电三极管的光谱特性与光电二极管一样,取决于所用的半导体材料及制作工艺。例如硅光电三极管,其光谱响应仍为0.8 ~ 0.9 μm。光电二极管与硅光电三极管具有相同的光谱响应。图 7.48 所示为典型的硅光电三极管 3DU3 的光谱响应特性曲线,其响应为 0.4 ~ 1.0 μm,峰值波长为 0.85 μm。对于光电二极管,减薄 p-n 结的厚度可以使短波段波长的光谱响应得到提高,因为 p-n 结的厚度减薄后,短波段的光谱容易被减薄的 p-n 结吸收(扩散长度减小)。因此,可以制造出具有不同光谱响应的光伏器件,例如蓝敏器件和色敏器件等。蓝敏器件是在牺牲长波段光谱响应为代价获得的(减薄 p-n 结厚度,减少了长波段光子的吸收)。

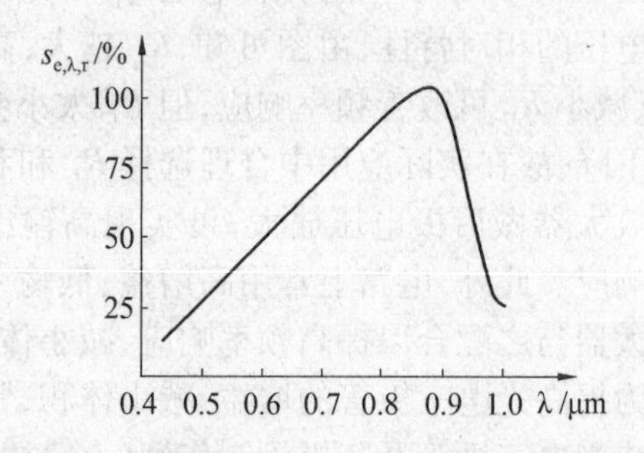

图 7.48 3DU3 型光电三极管的光谱响应

光电三极管是一种应用极为广泛的光伏探测器,归纳起来主要有以下几种:

① 无基极引线的光电三极管:依靠光的“注入”把集电结光电二极管的光电流加以放大,从而在集电极回路中得到一个被放大的光生电流。注入的光强不同,得到的光生电流也不同。无基极引线光电三极管实际使用时有电流控制和电压控制两种电路。

② 有基极引线的光电三极管:具有基极引线的光电三极管,可以在基极上提供一定偏流,以减少器件的发射极电阻,改善弱光条件下的频率特性,同时使光电三极管的交流放大倍数β进入线性区,有利于调制光的探测。适用于高速开关电路和调制光的探测。

7.5 太阳能电池材料

光伏电池作为清洁的且可再生能源逐渐被人们接受,有赖于 40 多年来对硅电子学和其他化合物半导体光电子学的研究。在太阳能电池中,光电转换效率除了受到光伏电池器件的基本物理限制外,器件材料的制备也存在很多挑战。随着光电池进入主流能源产业，而太阳能电池材料的选择决定了整个光电池模组价格下降的关键因素。这里考虑五种不同的光电池材料系统，分别介绍从单晶硅到多晶薄膜五种材料系统的基本特性。选择这五种材料是因为它们都投入生产，而且有的材料只是在产业化的初期。许多材料还在研究之中，在本节结束中也提到聚合物电池和染料敏化电池以及最新的基于表面等离子体的光伏技术，然而没有足够的篇幅给予这些研究领域中所取得的成果。希望读者通过这个主题可以得到充足的灵感，展望未来的科技以及探索半导体科学中其他更令人激动的领域。

光伏器件是一个将太阳能转化为电能的器件。大部分的能源包括化石燃料、水力发电和风能实际上都间接来源于太阳能。另外一种典型的太阳能转换是用太阳能热板加热水。虽然这种利用太阳能的方法转换效率较高，但是不能随时随地产生热能，所以能量存储很重要。直接将太阳能转换成电能很诱人，因为电能可以快速转换成热能、机械能和光能。人造卫星上的光伏转换的能量可以达到 1 kW，光伏能量是快速发展的人造卫星的主要能量来源。陆地上光伏技术应用的发展也很快，2004 年全球产电量 1 GW，并以每年 30% ~ 40% 的速度增长，在 2008 年，世界光伏产能超过 5 GW，预计在 2015 年达到 20 GW。然而，光伏发电大约只占每年全部电能消耗的 0.1%。但是光伏发电是很诱人的，因为它完全无污染，且可以减轻化石燃料的使用。自从 1990 年，世界二氧化碳总排放量增加了 8%。任何可供选择的非化石燃料（例如太阳能）都可以减轻二氧化碳排放量，二氧化碳是被公认的全球变暖的罪魁祸首。那么有多少太阳能可以被转换成电能？太阳能辐射到地球表面的全部能量非常大，大约是目前人类能量消耗的 10 000 倍。只要利用这些能量的一小部分就能为全球的电能资源带来很大贡献。但是利用这些太阳能意味着要将太阳能电池板设计在大部分的建筑物上。为了实现这一目标，以及与传统的化石燃料生产的电能相竞争，需要研发出更便宜的电池。

这里列出的光伏电池在不同的应用领域有不同的需求，因此所用材料的解决方案也各不相同。价格对于陆地光伏能源是极为重要的，并且对于太空中的应用，有效的阻挡宇宙离子辐射损伤也很重要。本部分介绍光伏技术中的材料以及对不同应用标准的满足程度。第一部分介绍光伏电池的原理，引入品质因子来对比光伏电池理论描述性能与器件实际性能的差别。虽然太阳能电池作为不生产二氧化碳、不污染大气的清洁能源被人们普遍认可，然而，为了让光伏技术成为真正的环保型技术，光伏电池的生产和相关处理也应当对环境无害，这有赖于所选用材料和生产技术。这些因素都应当在每一个材料系统中考虑到。

7.5.1 太阳能电池的品质因子

本节介绍光伏电池的机理和影响其性能的重要参数。光伏电池的功能是尽可能捕获较多的光能，并转换成电能。到达地球大气层的太阳能光谱分布相当于5 800 K的黑体辐射。然而，太阳辐射出的电磁波通过大气中层的吸收带后改变了频谱分布（特别是红外波段），所以当太阳光能到达地球表面时，就不再是黑体辐射的频谱分布了。频谱分布的改变会显著地影响太阳辐射的吸收效率，特别是考虑到所有的半导体材料都是由禁带宽度决定截止波长。因此，当提到光电转换效率时必须说明大气吸收量，因为不同厚度的大气层会影响太阳光的光谱分布和总能量。这种影响程度用大气质量（Air Mass - AM）描述，表示大气对地球表面接收太阳光的影响程度。定义地球大气层外空间接收的太阳光能为 AM0，而直射的太阳光穿过大气层到达地面的太阳光能为 AM1。对于以任一角度穿过一定厚度大气层的太阳光，其大气质量大于 1。AM0 频谱适合人造卫星、空间站等应用的太阳光能，而地面应用的太阳光能取决于地球上的位置，一般大多引用与太阳角 45° 对应的 AM1.5 频谱。所有这些假设都是建立在没有云层的前提下，因为云层会减少太阳光光强，并改变太阳光谱。虽然云层会减少可以转变成电能的那部分太阳光能，但是并不影响电能的产生。

可利用的太阳光能在 AM0 条件下辐射强度为 1 353 W/m^2，在 AM1 时下降到 925 W/m^2。实际上，对于陆地上的光伏电池，可以利用的太阳能远远少于 AM > 1，这是因为云层的作用。

光伏电池基本上是一个光生电的二极管，其能带图如图 7.49 所示。在 p-n 结结区两测吸收光子，产生的少数载流子向结区扩散。如果少数载流子没有复合，漂移通过了结区，就可以产生光电流。实际上，结区很窄，因此吸收材料厚度大的一侧吸收光子显著。对于异质结 p-n 管，禁带宽的那层吸收光子少，如图 7.50 所示。所以，p-n 结一侧禁带窄的那层作为吸收层，吸收层的光谱吸收特征决定了光子的最大吸收量。

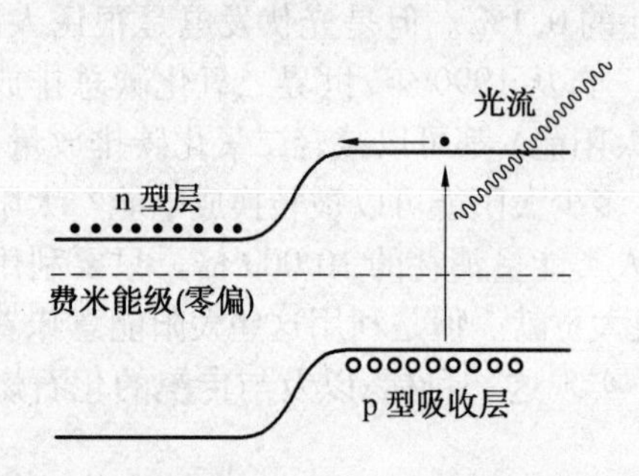

图 7.49　光生电子空穴对的 p-n 结太阳能电池能带图

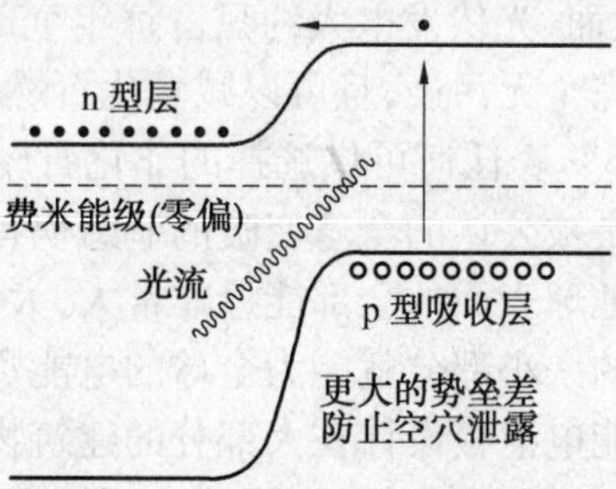

图 7.50　异质结光伏电池能带图

理想太阳能电池的光照伏安特性如图 7.51 所示。没有光照时，电流密度 - 电压曲线处于原点，随着光强增加，短路电流开始变为负数，并反向增加，表明光电流的产生。理想器件的电流电压方程为

$$J = J_S(e^{qV/k_BT} - 1) - J_L \quad (7.54)$$

式中，J_S 为没有光照时的反向饱和电流；q 为载流子电荷；V 为外加电压；k_B 为玻耳兹曼常数；T 为温度；J_L 为光生电流。

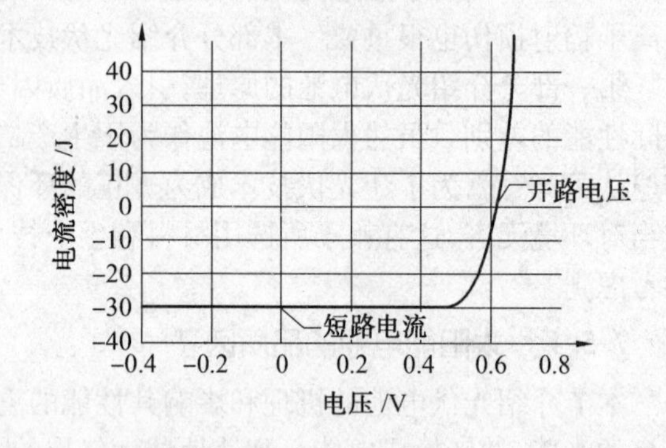

图 7.51　当反向饱和电流 J_S 为 30 mA/cm^2 时光电池的理想电流密度 - 电压关系。参数 J_{SC} 和 V_{OC} 在图中指出，阴影区域表示输出的最大能量

对于理想的电池，光生电流等于短路电流，正如图 7.51 中 $J - V$ 曲线上的 J_{SC}。器件中的电压为正，电流为负，因此可以从器件中输出电能，电流电压关系决定了器件的工作点在 $J - V$ 坐标的第四象限中，图 7.51 中的工作点位置决定了光电池能量的输出量。图中 JV 面积最大的工作点就是输出能量

最大的工作点。从理想二极管的伏安特性可以得到最大输出功率

$$P_m = I_m V_m = I_L\left[V_{OC} - \frac{k_B T}{q}\ln\left(1 + \frac{qV_m}{k_B T}\right) - \frac{k_B T}{q}\right] = I_L(E_m/q) \tag{7.55}$$

式中，V_{OC} 为开路电压；I_L 为短路电流；E_m 为吸收每个光子可以获得的最大能量，这取决于半导体吸收层的能带结构，它决定了 V_m 和 V_{OC}。在图7.51的电流电压图上标记了这些参数。在光电池中，有两个基本参数限制了电池的光电转换效率：

- 电池中的光子吸收量
- 吸收每个光子产生的电能

第一个参数可以通过结合适当的AM数（大气质量）和半导体吸收层的截止波长，对太阳光谱积分得到

$$\eta_{abs} = \frac{\int_{E_g}^{\infty} n_E(E)\,dE}{\int_{0}^{\infty} n_E(E)\,dE} \tag{7.56}$$

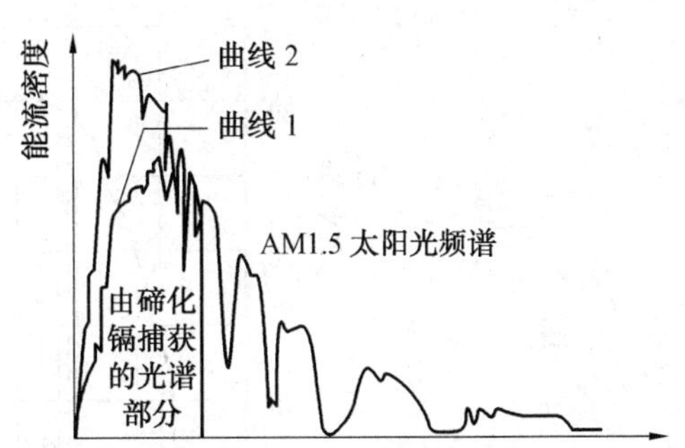

图7.52　禁带宽度为1.45 eV的碲化铬太阳能电池吸收太阳光谱图

图7.52给出了AM1.5下的光子吸收量，光子能量小于禁带宽度的光子不会被吸收因而不会对光电流产生贡献。

上面提到的第二个影响效率的因素是指：尽管吸收一个光子产生一个穿越结区的少子，但并不是所有的光子能量都能够转换成电能。每一个载流子转换的电能由式(7.55)中的 E_m 给出，所以太阳能电池的最大输出功率由光子吸收率和平均每一个光子产生的电能的乘积决定。这部分输出的功率由图7.52中太阳光谱的内部阴影区表示。由于不是所有的光子能量都能转换成电能，因此，图7.52中曲线1和曲线2的不同只在于每个光子的能量损失。不同的半导体材料由于其禁带宽度不同，从而具有不同的效率。理想的 E_m 值和禁带宽度有关，窄带半导体材料有较大的光子吸收量但是每个光子转换的电能较少。图7.53描述不同半导体材料的禁带宽度与其光电转换效率的函数关系，并给出了大约1.5 eV的近红外区域的半导体禁带宽度的最优效率。这个最优效率综合考虑了光子吸收量和每个光子转换的电能。

图7.53指出光伏电池材料Si、InP、GaAs、CdTe的最大转换效率，在AM1.5大气质量下它们的转换效率在30%附近，这意味着最好的单节太阳能电池的转换效率大约是太阳入射能量的三分之一。实际上，光伏电池的光电转换效率小于30%，主要是由于受到光学反射、差的结区性能、载流子复合的影响。许多材料的使用受到价格的影响，例如，考虑到价格因素而使用多晶硅取代单晶硅。相反，多结光伏电池可以实现较高的转化效率，但多结光伏电池价格昂贵且更适用于空间站领域。当光伏电池结合聚光器时，也适用价格昂贵但表面区域少的多结光伏电池。其他影响光伏电池材料选择的因素如下：

- 吸收系数

· 接触电阻
· 丰富的原材料
· 材料毒性
· 材料和结区的稳定性
· 辐射阻抗

以下不同的光伏电池综合考虑这些因素来评估材料的优缺点。实际上没有最好的材料，材料的选择视不同的应用情况而定。表 7.4 中给出了不同光伏材料的转化效率，其中测试条件为室温 25°，大气质量为 AM1.5，太阳辐射量为 1 000 W/m^2。

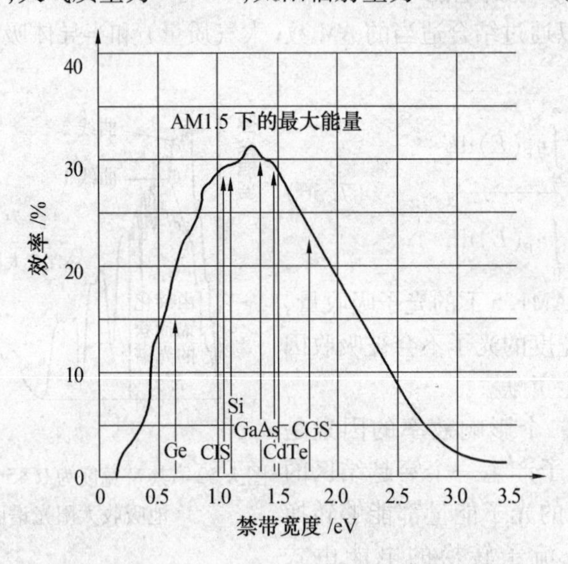

图 7.53　在 AM1.5 照明下单结电池转换效率与禁带宽度的关系

表 7.4　不同材料的光伏电池的特性对比

材料类型	转化效率 /%	面积 /cm^2	开路电压 /V	短路电流 /(mA · cm^{-2})	填充因子 /%	测试时间 / 年月
Si(crystalline)	25.0 ±0.5	4.00	0.706	42.7	82.8	1999.03
Si(multicrystalline)	20.4 ±0.5	1.002	0.664	38.0	80.9	2004.05
Si(amorphous)	10.1 ±0.3	1.036	0.886	16.75	67.0	2009.07
Si(thin film transfer)	19.1 ±0.4	3.983	0.650	37.8	77.6	2011.02
Si(submodule)	10.5 ±0.3	94.0	0.492	29.7	72.1	2007.08
GaAs(thin film)	28.3 ±0.8	0.994	1.107	29.47	86.7	2011.08
GaAs(multicrystalline)	18.4 ±0.5	4.011	0.994	23.2	79.7	1995.11
InP(crystalline)	22.1 ±0.7	4.02	0.878	29.5	85.4	1990.04
CIGS(cell)	19.6 ±0.6	0.996	0.713	34.81	79.2	2009.04
CIGS(submodule)	17.4 ±0.5	15.99	0.6815	33.84	75.5	2011.10
CdTe(cell)	16.7 ±0.5	1.032	0.845	26.1	75.5	2001.09

7.5.2 单晶硅电池

单晶硅材料或多晶硅材料的光伏电池占全世界光伏电池的80%以上,它是最成熟的光伏电池材料,其主要受益于半导体Si工业的发展。这也确保了大量材料供给和大面积光伏器件的制备。然而,单晶硅有着一个基本缺点:单晶硅材料是间接带隙结构,决定了其吸收系数比诸如CdTe等直接带隙半导体要低。这也意味着需要较厚的单晶硅材料才能吸收比禁带宽度能量更大的光能,这就需要比100 μm更厚的硅晶圆,同时这也决定了单晶硅材料不适合薄膜技术。性能最好的光电池由直径超过30 cm的通过直拉法生长的单晶硅晶圆制成。起初单晶硅电池发展落后于Si电子工业,但是快速发展起来的光伏电池产量驱使着单晶硅的产量的不断增加。目前单晶硅光伏电池的光电转换效率约为17%,将来有望达到20%。

多晶硅铸造硅锭的方法便宜,它不需仔晶,而是生长出一系列随机的1 cm量级的颗粒。硅锭首先铸造成超过100 kg的大块,然后切成厚为300 μm,面积为20 cm^2的小片。多晶硅晶界使得晶圆不牢固,而且一般比单晶硅厚。由于价格原因可以权衡使用单晶硅和多晶硅材料。多晶硅电池无法避免有颗粒边界,光生载流子会在颗粒边界处复合,使得效率降低。典型多晶硅电池的效率一般在15%左右。

p-n结区由磷掺杂形成,一般用印刷的Ni－Au合金的金属线做连接线。表面电极的图案优化可以改善光吸收从而实现最大效率。另一个最新的结构是V型槽或者叫做埋层结。图7.54展示出了几个工艺步骤,在p型衬底上挖槽、通过磷掺杂做的埋层结、制作表面金属接触。这可以提高电池的效率,特别适合于光谱中的蓝光部分。这些工艺步骤需要大量生产才能降低价格。对于离子注入,比较廉价的选择是丝网印刷中的热扩散。

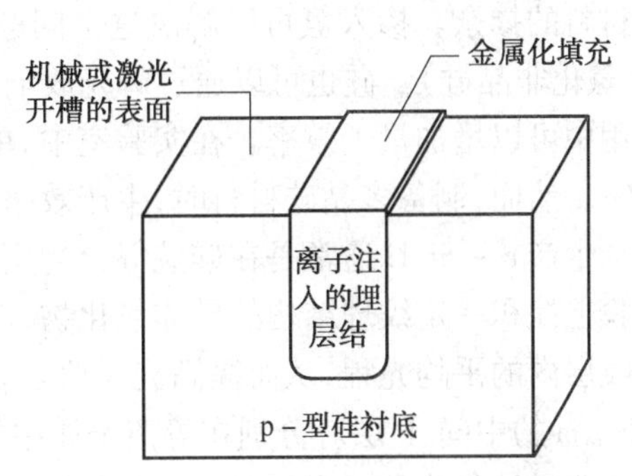

图7.54 硅太阳能电池的埋层接触技术示意图

硅材料的主要缺点是吸收系数低,这是因为它是间接带隙半导体(在绿光下硅的吸收系数是2×10^{3} cm^{-1},碲化铬的吸收系数是1×10^{5} cm^{-1})。这意味着间接带隙半导体需要比直接带隙半导体更多的材料用量才能吸收同样的太阳光能。在电池背面设置反射层可以增加吸收量,如果反射层是毛绒面的,光在电池中的光程会增加,有利于光子的吸收。这些对薄膜电池来说是非常重要的。

薄膜多晶硅电池由丝带铸造技术制作,拉硅的速度是10 ~ 1 800 cm/min,这种方法制作太阳能电池材料较为便宜,但是光电转换效率普遍较低。一种增加吸收系数的方法是在表面淀积一层非晶硅薄膜,非晶硅薄膜有着类似单晶硅的能带结构,但是它是直接带隙材料。非晶硅可以制作便宜的薄膜电池,但是效率低(< 10%),稳定性差。下一节将详细讨论这种薄膜电池。单晶硅电池发展了近十年,效率提高了近两倍,电池的改进如下:

· 材料质量的提高，改善少子的扩散长度；

· 通过改善发射极和基极的掺杂和连接点的优化改善了开路电压和填充因子；

· 通过磷收集、氢钝化和埋层接触提高扩散长度从而改善短路电流；

· 表面钝化和表面栅格接触优化。

所有的这些方面都和材料问题有关，直接与硅的质量、连接点和钝化等问题有关。避免电池的老化和最终封装的防水功能也很重要。多晶硅可以通过等离子体气相沉积的方法沉积 SiH_4、NH_3，从而减少表面复合。硅电池的生产价格在下降，在无辐射情况下的无毒性和稳定性在提高。多晶硅电池不适合空间站使用，因为其较厚，同时每个单元格更重，而且在高辐射环境下性能退化快。然而，砷化镓电池在单晶硅市场上更有竞争力。陆地使用的单晶硅电池生产的电能最高，最好的电池在面积为 1.3 m^2 下输出功率的峰值能达到 185 W。

7.5.3 非晶硅电池

非晶硅电池价格便宜适用于陆地光伏电池，非晶态与单晶态物理性质不同，其能带结构经过了改良。这使得非晶材料在可见光绿色区域的吸收系数是单晶材料的 10 倍，这使得非晶态材料更适合制作薄膜器件。非晶结构产生费米能级钉扎的悬挂键，悬挂键会阻碍材料的掺杂。掺入氢可以解决这个问题，氢能钝化悬挂键，这种材料可以写成 a - Si：H（氢化非晶硅）。硅也可以通过辉光放电与锗、碳、氮形成合金。这些合金在多结器件的应用中可以增加量子效率。在实验室中，单结电池效率在 8% 左右，而多结电池已增加到 20%。然而，制备多晶硅材料时，生产效率仅为 7%，比制备单晶硅材料效率低的多。

生产 a - Si：H 通常是在硅烷混合物用中使用等离子体增强的化学气相沉积方法。在薄膜上淀积一定纹理结构的导体氧化物，例如氧化锑铟。氧化锑铟可以提供电接触，增加吸收层内的平均光程，从而提高光子吸收率。器件结构是 PIN 型，光子吸收发生在只有 0.5 μm 的中间 Ⅰ 层。分别在等离子体中加入 B_2H_6 和 PH_3 可以淀积成 p 型区和 n 型区。

非晶硅氢化的一个主要缺点是不稳定，长期光照下容易老化。这主要和悬挂键附近的氢原子的重分布有关。重分布的能量来源于非辐射的双分子反应，因此它和照度有关。实际上这些效应会引起效率下降，每 100 h 下降 2%。非晶硅价格低于单晶硅（3 美金/W），有潜力降到 0.7 美金/W。非晶硅电池的主要面临的技术挑战在于维持高于 10% 的效率。比传统电能价格高的光伏发电只有长时间保持发电效率才能比传统发电更有优势。这意味着电池要保持转化效率至少少 20 年。只有保持低价格才可以抵消短寿命带来的不利影响。

综上，氢化非晶硅是陆地光伏电池应用中的一项低价技术，同时，它也向低功率应用方向发展，如小规模独立系统。随着非晶硅电池效率和稳定性的提高，将会占据大部分陆地光电池市场，但是低廉的生产价格并不能补偿目前效率和稳定性带来的不足。典型的 0.8 m^2 的非晶硅电池能达到 40 W 的输出峰值。生产非晶硅电池所需温度比生产单晶硅电池时融化硅的温度低很多，这意味着其能量回收期只有几个月。

7.5.4 砷化镓太阳能电池

Ⅲ - Ⅴ 族半导体是直接带隙能带结构，光子吸收率比硅材料更有优势，在绿光下吸

收系数为 $8\times10^4\ cm^{-1}$。这意味着可以在AM1.5大气质量下、吸收层厚度 $1\sim2\ \mu m$(单晶硅为几百 μm)下GaAs达到30%的效率。GaAs电池的效率、稳定性和薄膜淀积技术使得GaAs电池在太空应用中很有优势。从图7.53中可以看出GaAs的禁带宽度与效率最大值相匹配。Ⅲ－Ⅴ族半导体可以通过合金化来改变其禁带宽度从而达到调谐光电池响应的灵活性。另外,异质结和多结电池可以将太阳光谱中更多的频率部分有效的转换成电能,这将超过单结电池理论计算的转换效率。例如,实验中制作的GaAs/GaSb多结光电池能达到35.6%的效率。三结甚至四结的多结电池可以捕获更多红外波段光能,红外波段的光能正常是不会被吸收的,因此可以有效提高效率。Ge衬底与GaAs的晶格常数匹配,可以用Ge衬底制作窄带吸收层,从而捕获可以自由穿过 $GaInP_2$/GaAs电池的那部分光子。在如图7.55所示多结电池中:顶层的吸收层材料是 $GaInP_2$,它的禁带宽度是1.9～2 eV,这层材料可以捕获光谱中可见光部分,且没有太多的能量损失;中间层电池的材料是禁带宽度为1.42 eV的GaAs,它可以捕获红色和红外波段的光;底层是Ge衬底做的电池,Ge的禁带宽度是0.67 eV,可以捕获波长比红外波段长的那部分光。这种三结的电池,在AM0大气质量下可以达到27%的转换效率。

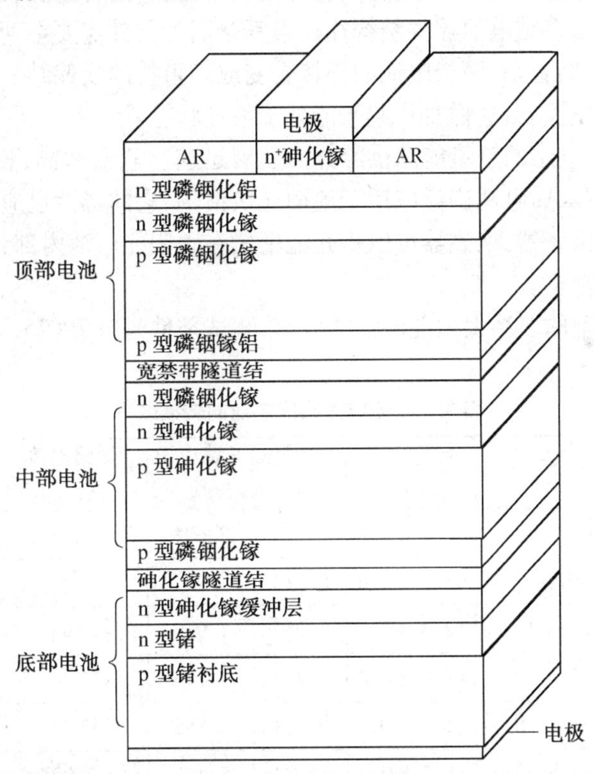

图7.55　三结砷化镓电池原理图,表示了三个结的位置

多结电池的每一层都可以在单晶Ge衬底上外延生长。对于单晶Si,高效率的电池需要高质量的晶体;多晶GaAs电池由于晶格边界传导电流效应会影响输出光电流。这会限制高质量的外延材料在光伏中的应用,使得GaAs不适合在玻璃衬底上制作廉价的薄膜光电池。薄膜多晶硅光伏技术会被认为是CdTe太阳能电池的下一个选择。外延生长避免

了晶格边界少子的复合,但是这种衬底比薄膜器件中的玻璃、陶瓷衬底价格高。然而,一定要避免不同成分之间和结边界处的缺陷,这就要求异质结不同材料之间必须满足晶格匹配的限制,从而也限制了合金的选择。AlGaAs 与 GaAs 的晶格匹配,可以作为窗口钝化层。GaAs 与 Ge 的晶格也匹配,提供了一个作为衬底的选择。GaAs 和 Ge 衬底都是电池结构中窄禁带材料,因此决定了电池必须是正向照射器件,在表面镀上栅状金属接触层来连接电池。这种电池结构的设计需要有一个宽禁带层置于衬底外面(最后生长),来使长波长的光穿透到窄禁带吸收层中,因此在外延结构设计中设置了更多的限制条件。

Ge 和 GaAs 衬底与 AlGaAs 的晶格参数相似,可以用于 n 型和 p 型 GaAs 层的钝化层。Ⅲ - Ⅴ 族化合物包括 GaSb 可以用来制作光电池,这种材料对近红外波段(波长大于 1.8 μm)敏感,所以可以吸收穿过 GaAs 电池的光子,将这种材料作为替代 Ge 衬底的又一选择。对于含有 50% 比例 In/Ga 化合物 GaInP,其晶格匹配,在宽禁带结中应用广泛。GaSb 在热光伏技术中的应用也很诱人,热光伏技术是将太阳光转换成热,然后由窄禁带宽度的 GaSb 器件吸收。

Ⅲ - Ⅴ 族光伏结构由金属氧化物气相外延技术生长,这种生长技术可以精确控制合金成分和掺杂密度。多结电池器件结构往往很复杂因为器件需要在两个电池之间制作用来导通电流的隧道结,否则,两个电池的连接会变成高阻抗的反偏结。设计器件时使多个结的电流相互匹配很重要,这样工作起来能处于最佳状态。

GaAs 电池在太空站的卫星能源供给方面发展迅速。它效率高,稳定性好,但是单晶衬底价格贵。如果 GaAs 电池广泛应用于地面光伏市场,它的毒性也应该考虑到。陆地光伏应用最诱人的是聚光器,聚光器可以将光能聚焦在太阳能电池内部,所以光收集面积比昂贵的电池面积大很多。

表 7.5 中是典型的多结太阳能电池的效率,测试条件是室温(25 ℃)下,大气质量为 AM1.5。

表 7.5　多结太阳能电池的转换效率

材料类型	转化效率 /%	面积 /cm^2	开路电压 /V	短路电流 /($mA \cdot cm^{-2}$)	填充因子 /%	测试时间 /年月
GaInP/GaInAs/Ga	34.1 ±1.2	30.17	2.691	14.7	86.0	2009.09
GaInP/GaAs/GaInNAs	43.5 ±2.6	0.312	—	—	—	2011.03
a - Si/nc - Si/nc - Si(thinfilm)	12.4 ±0.7	1.050	1.936	8.96	71.5	2011.03
a - Si/μc - Si(thin film cell)	11.9 ±0.8	1.227	1.346	12.92	68.5	2010.08
a - Si/nc - Si(thin film cell)	12.3 ±0.3	0.963	1.365	12.93	69.4	2011.07
a - Si/nc - Si(submodule)	11.7 ±0.4	14.23	5.462	2.99	71.3	2004.09

7.5.5　碲化铬薄膜太阳能电池

CdTe 在室温下的禁带宽度是 1.45 eV,使这种材料成为另一种接近光电转换效率理论最大值的半导体材料(图 7.59)。对光子能量大于禁带宽度的光能,其吸收系数大于 $5 \times 10^4\ cm^{-1}$,使仅 2 μm 厚的 CdTe 薄膜就可以达到 GaAs 的转换效率。CdTe 也是直接带隙半导体,它是 Ⅱ - Ⅴ 族半导体。虽然 CdS 和 CdTe 光伏电池的理论效率在大气质量 AM1.5 下能达到 30%,但报道的最高效率只有理论最大效率的一半,制备的电池转换效率在 AM1.5 下低于 10%。相较于 GaAs 光电池,CdTe 电池的优点在于它可以在玻璃衬底上制作多晶薄膜,因此减少了制作单晶的费用。使用玻璃衬底的一大优势是光伏电池的光可以通过衬底,而不是通过电池的顶层,这样就可以用衬底作为电池的窗口。顶层接触可以由透明导电氧化层制作(如 ITO),图 7.56 为避免使用不透明的金属栅作为接触层。

CdTe 太阳能电池由宽禁带的 CdS 和 CdTe 吸收层形成的异质结组成。CdS 常作为窗口层,其禁带宽度为 2.4 eV,允许大部分可见光通过,其吸收率非常低。通常 CdS 的淀积方法是化学浴淀积(CBD)。CdS 层是 n 型材料,与 p 型的 CdTe 形成 p-n 结。厚度保持最小(大约 100 ~ 200 nm),目的是使对光谱中蓝光部分的吸收最小。CdTe 光伏电池的原理如图 7.57 所示。

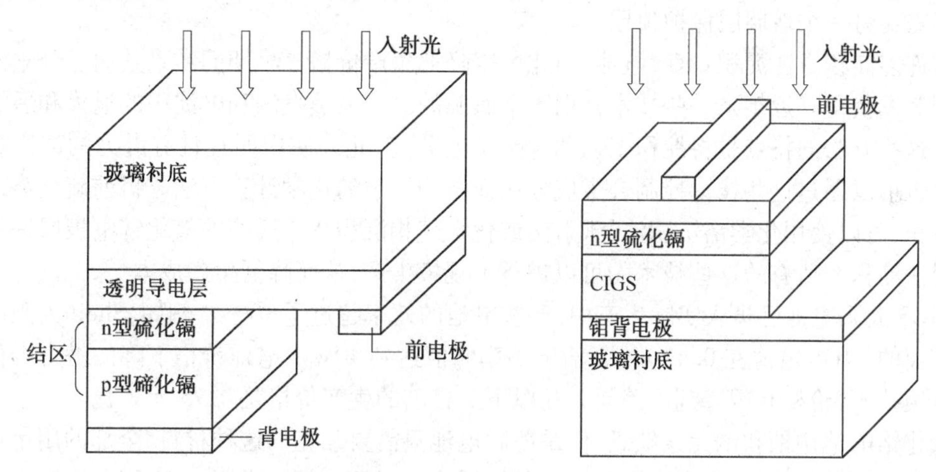

图 7.56　基于玻璃衬底的 CdTe 器件结构原理图　　图 7.57　基于玻璃衬底的 CIGS 器件结构原理图

CdTe 的淀积技术(电沉积或封闭空间升华(CSS))要求在 400 ℃ 进行后沉积处理,主要是为了更容易掺杂、晶粒生长和减小电阻。如果退火时空气中有氯化铬参与,会使效率从百分之几改善到 10% 以上,但是这种变化工艺过程还不是很清楚。在此过程中的温度、时间和环境气体等所有的变量都会影响氯在 CdTe 中和 CdS/CdTe 界面间的扩散。如果起始材料较小,这个工艺中会使晶粒尺寸长到 1 μm 量级。这将使得从 CdTe 上表面到下表面区域与晶粒尺寸有关的工艺变量更加复杂,这个区域内的结区晶粒较小。这种电池在实验室中制作的最佳效率为 16.5%。规模化生产效率较低,典型值为 8% ~10%。

典型的 CdTe 电池(面积 0.95 m^2)输出功率能达到 70 W,它比其他薄膜太阳能电池的效率高,但是比单晶硅电池低。然而,价格的优势和长期的稳定性使得 CdTe 电池成为陆地光伏市场有力的竞争者。

7.5.6　硒镓铟铜(CIGS)薄膜太阳能电池

在过去十年里,许多研究人员对此材料进行了研究,主要目标是改善其转换效率。在实验室条件下,太阳能电池的最高效率是 19.2%,这是目前最好的薄膜光伏技术。和其他薄膜光伏技术相似,这种薄膜可以在低温下淀积在便宜的衬底上,在大规模生产方面很有潜力。吸收层是基于黄铜态的硒铟铜 $CuInSe_2$(CIS)。禁带宽是 1.04eV,CIS 的电池实现了大于10% 的效率。CIS 与 Ga 形成的 $CuIn_{1-x}Ga_xSe_2$ 合金,在 $x=1$ 时,禁带宽度增加到 1.7 eV。通过改变其合金中材料组分可以得到不同条件下最佳的转换效率。禁带宽度的增加会增加电池的开路电压,同时减少光子吸收率,即减少短路电流。实际上,合金不是一成不变的,因此有更多部分的光子流由单结器件吸收而不是仅仅在宽禁带吸收层吸收。不同比例合金成分的优势是可以产生不同等级差的能带,从而导致内建电场的建立,使载流子漂移到结区。

不像非晶硅和碲化铬电池,$CuInGaSe_2$ 电池不是通过衬底照明,而是像单晶砷化镓电池一样通过顶部照明。典型结构见图 7.57。衬底是碱石灰玻璃,上面镀上一层钼作为电池的背电极,接下来一层是 $CuIn_{1-x}Ga_xSe_2$ 合金,它作为 p 型吸收层。结区由薄层硫化铬形成。顶部电极是掺铝的氧化锌薄膜,这层电极导电性很好而且透明。这种电池的一个缺点在于需要另一个玻璃层保护顶层。

有许多淀积方法淀积 CIGS 电池,因此可以降低生产价格。早期的结果是通过分立源的共同蒸发获得。近年来一些技术常用于金属源的电子束蒸发法和电淀积的退火和后续分离。这些方法的特点是将淀积工艺和合金工艺分离,允许使用便宜且有潜力的高产量技术。也可以通过这些技术控制合金成分从而影响掺杂的化学计算方法。目前硫化铬结层的沉积,可以使用化学浴沉积法、溅射法或化学气相沉积法。透明的氧化锌电极层一般由溅射法淀积。所有的这些技术的可以进行大规模生产,从而降低生产成本。

CIGS 太阳电池已步入实际生产中,一些电池的效率超过了 10%。例如,Shell 太阳电池生产商的 CIGS 电池在 0.42 m^2 下输出功率峰值达到 40W。电池价格下降的潜力类似其他薄膜技术,价格有望降到 1 美元/瓦以下。目前的生产价格是 0.75 元/瓦。

碲化铬电池中铟和硒元素缺乏,但是薄膜电池只需要几克的这种材料,全部的用量也不大。然而铟的价格较高,因为它不能由其他采矿业的副产品中提取。这种电池作为陆地光伏技术,稳定性很好,也有潜力作为太空光伏技术,但是需要注意 Y 射线对稳定性的影响。

7.6 表面等离子光伏技术

在传统的体 Si 太阳能电池中,光诱捕是通过棱形的表面结构获得的,这样会引起光以大角度在电池中的产生散射,从而增加等效长度。这样大范围的表面几何结构不适合薄膜电池,由于薄膜本身起伏不平而增加了薄膜的厚度,因此,较大的表面增加了少数载流子在表面和结区的复合。

在薄膜太阳能电池中,增加光诱捕的一种新方法是利用金属化纳米结构激发表面等离子体。通过适当方法制备金属 - 介质结构,可以在半导体一侧集聚光并且能限制在半导体层中,从而提高光的吸收。在金属纳米颗粒中激发局域化的表面波和表面等离子激元在金属/半导体界面的传播在提高薄膜太阳能电池效率方面受到广泛的关注。

在过去的几年中,等离子光子学领域得到了迅速发展,成为材料和器件研究的最新领域。这主要得益于纳米制造技术和纳米光子学的发展,同时也得益于强大的电磁模拟方法,可以更深入理解和操控等离子波激发。主要的研究集中在:耦合等离子光辐射,等离子聚焦,纳米金属壳的混合等离子模,纳米波导,纳米光学天线,等离子集成电路,纳米开关,等离子激光器,表面等离子增强发光二极管,突破衍射极限的成像和具有负折射率的材料。尽管有许多激动人心的机遇,但是,直到最近,很少有系统的想法提出如何将等离子激发和光局域化等有利地应用与高效的光伏技术中。

7.6.1　光伏技术中的等离子光子学

通常来说,太阳能电池的厚度需达到光学厚度才能实现完全光吸收以产生光电流。图7.58中给出的标准AM1.5太阳光谱表示太阳光在每个波长段的能量,采用的材料是2 μm厚半导体单晶硅薄膜。在600 ~ 1 100 nm的光谱范围内,大部分光很少被吸收,这也是普通硅太阳能电池必须具有180 ~ 300 μm厚度的原因。但是,高效率太阳能电池的少数载流子扩散长度需是材料厚度的几倍,这样才能保证光生载流子充分被吸收,这个要求在薄膜电池中最容易被满足。这样,光吸收厚度和载流子收集长度之间的矛盾在电池设计和材料合成中是必须严格考虑的问题。

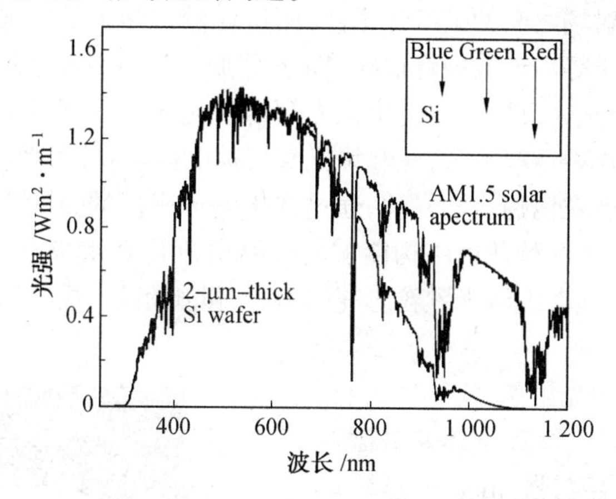

图7.58　AM1.5太阳光谱与光通过2 μm厚的单晶Si薄膜的光吸收谱

等离子结构至少能通过三种方式减少光电池吸收层的物理厚度同时保证其光学厚度不变。首先,金属纳米颗粒可用作亚波长散射元以耦合和诱捕太阳光进入半导体薄膜,通过光折叠现象使得入射光进入吸收层;其次,金属纳米颗粒可以用作亚波长天线,在天线表面的等离子近场被耦合到半导体,增加了吸收截面;最后,在电池的吸收层背面有一层波纹状金属薄膜,可以将太阳光耦合成为在金属/半导体界面激发的表面等离子激元,同时在半导体结构中形成导波模,这样在半导体中,光被转化为光载流子。

正如下面要讨论的,这三种陷光技术可以大量减少光伏器件厚度,同时保证光吸收不变。

7.6.2　薄膜太阳能电池中的等离子光诱捕

1. 颗粒等离子体的光散射

嵌在同质介质中的金属纳米颗粒,对光的散射前向和后向是近似对称的。而当金属颗粒位于两种不同介质表面时,这种情况发生了变化,此时,散射光更容易进入介电常数较大的介质中,而且散射光以一定的角度在介质中传播,这等效于增加了光传播长度,如

图7.59。当角度大于临界角时，这部分光被电池诱捕。此外，如果电池背面有一层金属接触层，光将被金属反射到表面，再次与纳米颗粒耦合，从而以相同的散射机制进入吸收层。结果入射光来回几次经过半导体薄膜，增加了有效光程。

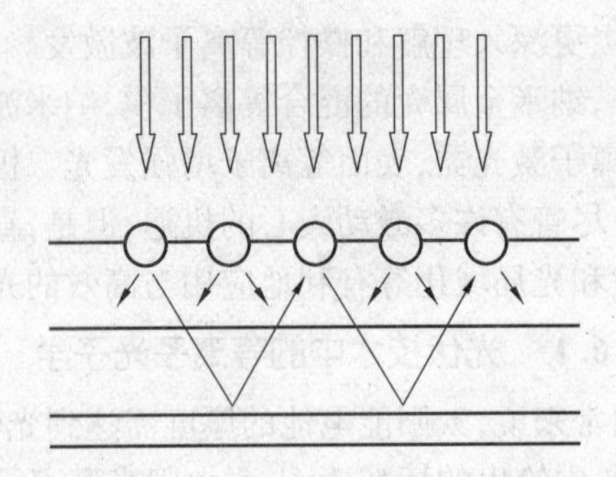

图 7.59　金属纳米颗粒对入射太阳光的散射示意图

在太阳能电池中，等离子光诱捕的最优化是一个平衡过程，有几个重要的物理参数必须考虑。较小的纳米颗粒可以产生各向异性的前向散射，但是，如果颗粒太小，将会引起较大的欧姆损耗，这正比于粒子体积，而散射正比于体积的平方。因此，使用较大的颗粒的优势是可以增加散射率，例如，150 nm 直径的银颗粒在空气环境中有着 95% 的反射率。有趣的是，通过增加粒子与衬底之间的距离，可以提高等效散射截面，这可以避免入射场与反射场之间的破坏性干涉，而这样做的结果是以牺牲减少近场耦合为代价的。对于频率高于等离子共振峰值时，Fano 共振效应会引起散射光与未散射光之间的破坏性干涉，这将导致光反射而不是增强光耦合。克服这个问题的方法之一是将颗粒置于电池的后面。在这种情况下，蓝光和绿光直接被电池吸收，而吸收较弱的红外光被散射并且通过金属纳米颗粒诱捕。同样地，通过置于电池表面的金属条阵列可以实现光的耦合效率，计算显示应用这种几何结构能够将短路电流提高 45%。最后，在设计优化等离子光诱捕阵列时，必须考虑纳米颗粒之间的耦合，欧姆阻尼，栅衍射效应和波导模式间的耦合。

2. 颗粒等离子体的光聚焦

在薄膜电池中，通过等离子体共振激元激发的金属颗粒附近存在强局域场，这可以增加半导体材料的光吸收。纳米颗粒可以作为有效的天线层，将入射光能量存储于局域等离子体模中，如图 7.60 所示。在粒子直径为5 ~ 20 nm时效果最好，反射率最低。在载流子扩散长度小的材料中使用天线层很有用，光生载流子在天线收集结区附近产生。为了有效转换能量，半导体的光子吸收速率一定要大于典型的等离子体延迟时间（10 ~ 50 fs）的倒数，否则吸收的能量会消耗在金属的欧姆损耗中。这种效应可以在有机材料和直接带隙非有机半导体材料中实现。

图 7.60　薄膜电池中纳米颗粒等离子体的光聚焦

3. 表面等离子体激元的陷光

对于第三种等离子体陷光结构，光转换为半导体吸收层和金属背电极间传播的表面等离子体波。在等离子体共振频率附近，容易消逝的表面等离子体波局限在界面处。在金属和半导体界面处的表面等离子体波可以将有限的光能限制在半导体层内。在这种几何结构，入射的能流有效的转过了 90°，因而光能沿着太阳能电池的横向方向传播，使得光学吸收长度增大。由于金属电极在太阳能电池中是必不可少的部分，因此，等离子体耦合也可以很自然地形成。

在等离子体共振频率附近（350 ~ 700 nm，由金属和介质决定），表面等离子体损耗较大。然而在红外波段，表面波传播长度增大许多。例如，对于半无限大的银和二氧化硅模型，表面等离子体传播长度在800 ~ 1 500 nm波段达到10 ~ 100 μm。通过使用薄膜金属结构，表面等离子体波得到有效的控制。增加的传播长度来自减少的光学限制和金属薄膜的优化设计。

如果在半导体中对表面等离子体的吸收大于金属中的吸收，则表面等离子体耦合机制可以促进有效的光吸收。图7.61中描述了硅或砷化镓膜与银或铝电极接触下吸收光的比例。插图表示在850 nm波长下硅和银界面的模场分布。在砷化镓/银界面处，波长为600 ~ 870 nm之间，半导体的光子吸收比例较高。在硅/银界面处，虽然在700 ~ 1 150 nm频段下硅中光吸收较小，但是，表面等离子体光吸收比1 μm厚的硅膜高，而且表面等离子体损耗中其频谱范围很大。在这种情况下，在半导体中嵌入金属薄膜是很有益的，因为较少的模式重叠使得等离子体吸收较少。图7.61中也给出了有机半导体与电极银或铝接触的光吸收。可以看出，在650 nm以下的频段吸收效率都很高，这主要由有机半导体光吸收高引起的，另外有机材料的低介电常数导致较少模式重叠，因此欧姆损耗小。

由于入射光和表面等离子体波的动量不匹配，因此在金属、介质界面引入光耦合结构。图7.62给出了通过银/硅界面的脊状物将入射光散射成表面等离子体波的全电场仿真的结果。硅层为200 nm厚，银脊状物为50 nm高。模拟结果显示除了在Si波导中产生光子模式外，光也耦合到表面等离子体模中，每一种耦合的强度可以由散射物体的高度决定。由于光子模式在金属中有较少的损耗，所以比较诱人。随着波长增加，耦合到两种模式的光也会增加。这主要是因为短波长的入射光直接在硅层吸收。数据证明在硅层中，很少吸收波长大于800 nm的光波，但是转换成表面等离子波后，有明显的吸收。虽然，上面给出了单独的脊状物的例子，但耦合结构的形状、高度和排列都有优化的空间。最终优化后，超薄硅电池（厚度小于100 nm）没有光子模式存在，所有的散射光都转化为表面等离子体。

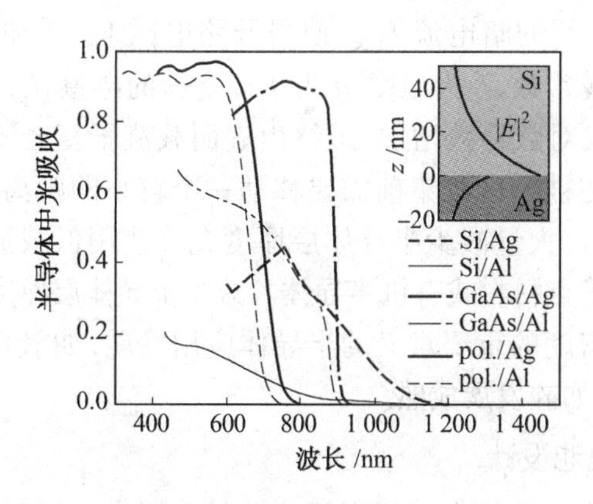

图7.61　在半导体与金属接触界面中半导体中的光吸收

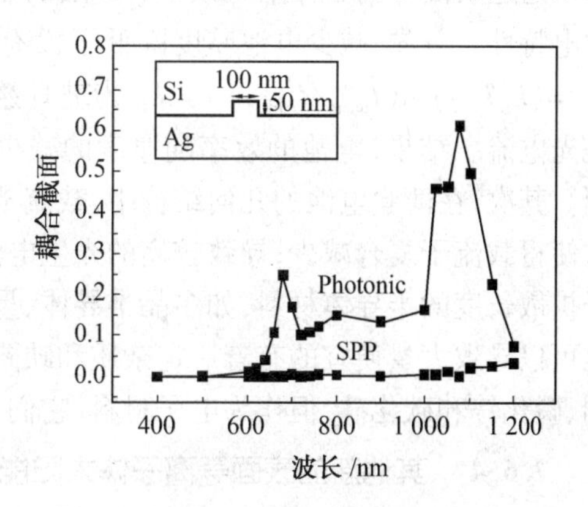

图7.62　表面等离子模和光子模的耦合截面与波长关系

7.6.3 减少半导体吸收层厚度的优势

前一节描述的等离子体陷光使得新一代太阳能电池的半导体层更小,价格更低。随着光伏技术的生产量从2009年的8 GW达到2020年的50 GW以上,以及最终将达到TW,很多技术和结果都应运而生。为了达到这一切,太阳能电池的材料一定要在地球表面非常充分,而且能制作成有效的光伏器件。硅被证明是非常理想的单结光伏器件材料。硅材料资源丰富、禁带理想、结区易形成、载流子扩散长度高、表面钝化方法成熟。其唯一缺点是吸收效率低,这就意味着需要超过 100 μm 的电池厚度,以及由此带来了昂贵的材料价格。尽管薄膜太阳能电池的吸收层只有几个微米,但是,等离子体陷光可以使薄膜单晶硅电池的量子效率达到有一定厚度的光电池的量子效率,大规模生产的两种最常见的薄膜太阳能电池材料是碲化镉和硒铟化铜。这些电池的生产价格在下降,产量在上升。表7.6 中列出了太阳能电池的年产量。可以看出,2020 年的太阳能电池所需材料已经超出了现今碲和铟的产量。如果使用表面等离子体增强光吸收的方法可以将太阳能电池厚度减少 10 ~ 100 倍,光伏技术的电生产量很容易达到 TW 量级。地球资源储量也影响大规模生产表面等离子体太阳能电池:银和金是表面等离子体电池中用到的材料,它们也是稀有材料,所以需要更多的考虑用铝和铜制作表面等离子体电池。

表 7.6 光伏材料需要对比

年份	年太阳能发电量	材 料		
		Si	Te(CdTe)	In($CuInSe_2$)
2000	0.3 GW	4	0.03	0.03
2005	1.5 GW	15	0.15	0.15
2020	50 GW	150	5	5
世界产量(每年 1 000 t)		1000	0.3	0.5
存储量		大量	47	6

通过表面等离子体陷光减少有源层的厚度不仅可以降低价格而且改善了太阳能电池的电特性。首先,减少电池厚度降低了没有光照的暗电流 I_{dark},使得开路电压 V_{oc} 增加,$V_{oc}=(k_B T/q)\ln(I_{photo}/I_{dark}+1)$,$k_B$ 为玻耳兹曼常数,T 为温度,q 为单位电荷的电量,I_{photo} 是光电流。结果,电池的效率随厚度的减少成对数倍数增加,最终由表面载流子复合限制。其次,在薄膜电池的几何结构中,载流子在被结区收集前需要移动一个较小的距离,这使得载流子复合减少,导致较高的光生电流。大量减少半导体层厚度允许使用低载流子扩散长度的半导体材料,如多晶半导体、量子点材料或有机半导体。减少半导体层厚度也可以导致大量便宜的有着一定杂质和缺陷密度的重要意义的半导体应用发展,如氧化铜、磷化锌和碳化硅,但作为电子材料,它们不如硅发展成熟。

7.6.4 其他新的表面等离子体太阳能电池设计

前一节主要介绍改善单结平面薄膜太阳能电池的表面等离子体散射和耦合的原则,也有其他电池设计通过增加的光的限制和纳米金属结构散射提高效率。首先,可以制作表面等离子体串联结构，将不同禁带宽度的半导体层叠起来，由耦合不同禁带的表面等离子体纳米结构的金属接触层隔开，如图 7.63(a) 所示。把太阳光耦合成表面等离子体也可以应用到量子点太阳能电池中，如图 7.63(b) 所示。虽然这种电池可以通过粒子形状灵活地改变半导体禁带宽度，但是其载流子传输层问题使得需要足够厚的量子点层才能达到有效的光吸收。已经证明，淀积在银膜上的 20 nm 厚的硒化镉半导体量子点可以吸收光转化成表面等离子体，在入射光子的光能比硒化镉量子禁带宽度 2.3 eV 大时，延迟长度为 1.2 μm。由于实际中太阳光来自各个方向，这种太阳能电池有着优点。

最近的一个纳米级别太阳能电池的例子是将有机光伏吸收层集成在等离子体天线阵列的馈电间隙中间，如图 7.63(c) 所示，另一个纳米级别天线的例子是金属薄膜上的同轴孔，它可由法布里帕罗腔共振产生局域表面等离子体，如图 7.63(d) 所示。这种纳米结构的场可以增强 50 倍，从而用于新的太阳能电池设计，在这种设计中，可将低载流子寿命的、相对便宜的半导体嵌入在表面等离子体腔中。同样，基于产生多激子的量子点太阳能电池或基于多光子吸收的上、下转换的电池也可以利用表面等离子体提高效率。一般，表面等离子体纳米结构的高的场密度可以用于任何形式的太阳能电池，尤其对于对光密度非常敏感的电池，如高效多结太阳能电池是非常有效的。

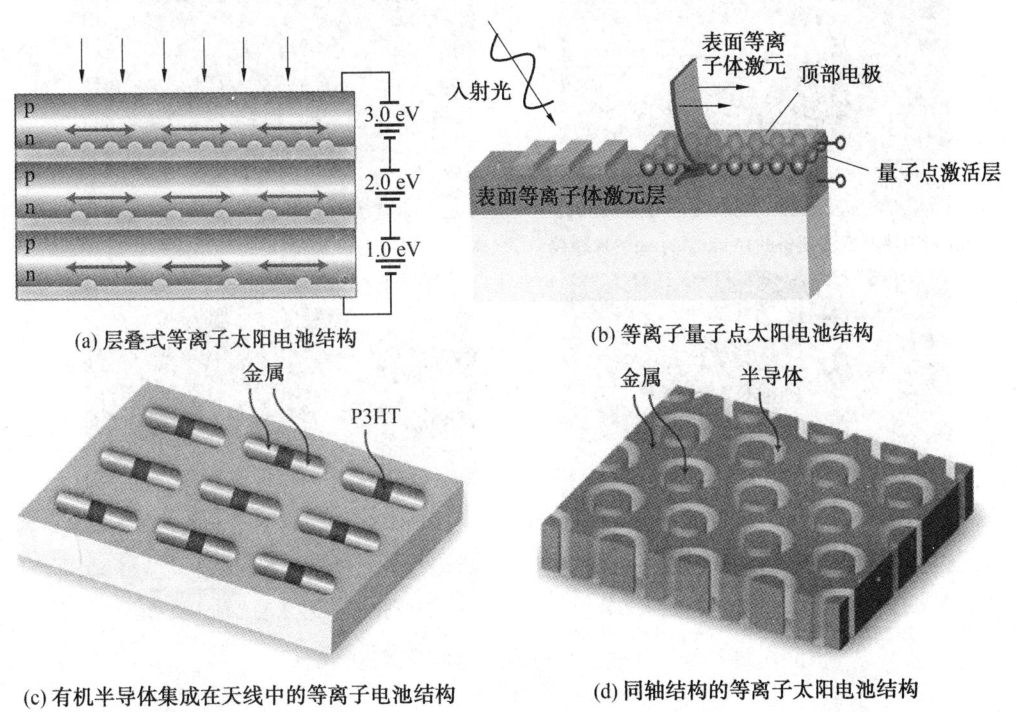

(a) 层叠式等离子太阳电池结构

(b) 等离子量子点太阳电池结构

(c) 有机半导体集成在天线中的等离子电池结构

(d) 同轴结构的等离子太阳电池结构

图 7.63　等离子太阳电池结构设计

7.6.5　等离子体太阳能电池的大规模生产

表面等离子体耦合效应都需要纳米量级的金属结构阵列，虽然实验室需要用到超净技术如电子束光刻、聚焦离子束研磨，但是大规模光伏生产需要相对便宜的生产纳米级别金属的技术。下面将目前研究的状况简述如下。

在衬底上制备金属纳米颗粒的最简单的方法是热蒸发法，将金属薄膜加热到200 ~ 300 ℃，接着在金属膜的表面张力下凝固成纳米颗粒阵列。用这种方法可以产生直径在100 ~ 150 nm左右的随机的银纳米颗粒阵列，颗粒为半球形，可以用作陷光。此外，利用这种方法通过多孔氧化铝模版可以控制银纳米颗粒的大小、比例和密度。在这里，纳米颗粒的形状可以在退火温度为200 ℃ 条件下调节，可以生成半球型颗粒。最近，基板完整压印光刻(SCIL) 技术发展迅速。这项工艺可以控制0.1 nm以内的颗粒精度。使用这三种技术制备的纳米颗粒例子见图7.64(a) ~ (c)。图7.64(d)显示了利用SCIL技术在直径为6英寸的硅衬底上制备的均匀的金属纳米阵列。

在太阳能电池表面集成金属纳米结构可以减少电池表面电阻，所以可以增加输出功率。的确，在光学表面等离子体电池中，金属纳米结构可以和收集电流的金栅状电极集成。在进一步深入研究中证明，多孔金属纳米结构本身可以用于收集光电流。使用纳米级别颗粒的金属电极可以减少光学反射损耗，这种损耗是由于覆盖在太阳能电池表面的金栅状电极导致的。

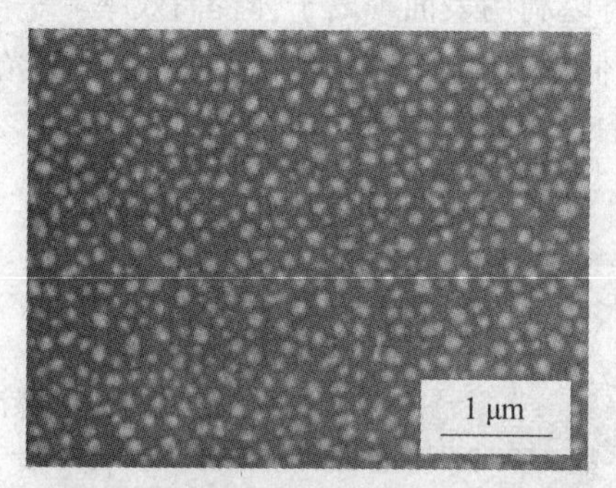

(a) 利用热蒸发法制备的14 nm厚的Ag纳米颗粒

(b) 利用多孔Al模制备的Ag纳米颗粒

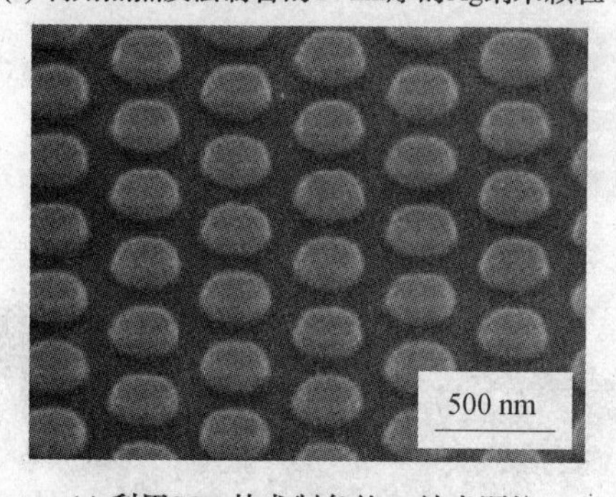

(c) 利用SCIL技术制备的Ag纳米颗粒

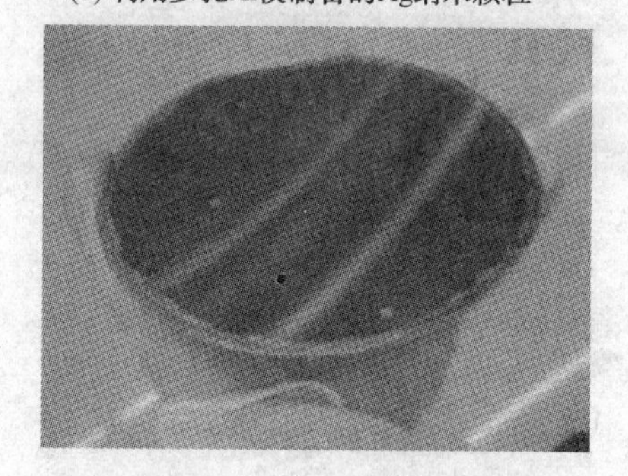
(b) 利用SCIL技术制备的金属薄膜

图7.64　几种制备Ag纳米颗粒及薄膜的方法

习　题

1. 为何光伏探测器件在正向偏置的时候没有明显的光电效应？其必须工作在哪种偏置状态？

2. 给出光伏探测器的光伏和光导工作模式，并比较其特点。

3. 光伏探测器的响应时间主要受哪些因素的影响？常用光伏探测器响应时间可达多

少数量级？要降低光伏探测器的响应时间或提供其响应频率，有哪些常用的方法？

4. 请给出光伏探测器在零偏置状态下的主要优点，若光伏探测器工作于反向偏置状态下应注意哪些问题？

5. 硅光电子的开路电压为何随温度的升高而下降？

6. 画出光伏探测器的伏安特性曲线，在实际应用中有哪两种？相应的器件叫什么？有何用途？

7. 光电池两端的开路电压如何确定的？光电池输出功率最大时的负载电阻怎样确定？

8. 肖特基光电二极管、普通光电二极管、光电三级管以及光子牵引器的工作原理和基本特点是什么？

9. 简要比较 Si - APD 和 Si - pin 光电探测器的特点（工作原理、特性以及应用）。

10. 半导体光电二极管的工作波长受哪些条件限制，请举例说明。

11. 光电三极管的工作频率为何不如光电二极管的工作频率高？可达到多少量级？

12. 说出 pin 管、雪崩光电二极管的工作原理及各自的特点

13. 硅光电池的负载取何值时输出功率最大？怎么确定？在什么条件下可以作为恒压源使用？

14. 什么是表面等离子激元，如何应用于光伏电池中？

参考文献

[1] 江月松，阎平，刘振玉，等. 光电技术与实验[M]. 北京：北京理工大学出版社，2000.

[2] 石顺祥，刘继芳. 光电子技术及其应用[M]. 北京：科学出版社，2010.

[3] 雷玉堂，王庆有，何加铭，等，光电检测技术[M]. 北京：中国计量出版社，2010.

[4] 缪加鼎，徐文娟，牟同升，等. 光电技术[M]. 杭州：浙江大学出版社，1995.

[5] 曾光宇，张志伟，张存林，等. 光电检测技术[M]. 北京：清华大学出版社，2009.

[6] 徐熙平，张宁. 光电检测技术及应用[M]. 北京：机械工业出版社，2012.

[7] 郭培源. 光电检测技术与应用[M]. 北京：北京航空航天大学出版社，2006.

[8] 姚健铨，于意仲. 光电子技术[M]. 北京：高等教育出版社，2006.

[9] 安毓芳，刘继芳，李庆辉，等. 光电子技术[M]. 北京：电子工业出版社，2007.

[10] 杨小丽. 光电子技术基础[M]. 北京：北京邮电大学出版社，2005.

[11] 郭培源. 光电子技术基础教程[M]. 北京：北京航空航天大学出版社，2005.

[12] 郭瑜茹，张朴，杨野平，等. 光电子技术及其应用[M]. 北京：化学工业出版社，2006.

[13] 张永林，狄红卫. 光电子技术[M]. 北京：高等教育出版社，2005.

[14] 马养武，王静环，包成芳，等. 光电子学[M]. 杭州：浙江大学出版社，2007.

[15] 王清正. 光电探测技术[M]. 北京：电子工业出版社，1989.

[16] 江文杰，曾学文，施建华，等，光电技术[M]. 北京：科学出版社，2009.

[17] ATWATER HARRY A, ALBERT P. Plasmonics for improved photovoltaic devices[J]. Nature Materials，2010(9)：205-211.

[18] KASAP S, CAPPER P. Handbook of Electronic and Photonic Materials[M]. New York：Springer，2006.

第8章　光电显示材料

8.1　光电显示技术概述

8.1.1　显示技术研究的意义

光电子(Optical Electronic)技术是由光学、激光、电子学和信息技术互相渗透、交叉而形成的一门高新技术学科,具有广泛的应用性。光电子技术以物理学为基础,涉及激光技术、光波导技术、光检测技术、光计算和信息处理技术、光存储技术、光电显示技术、激光加工与激光生物技术、光生伏特技术、光电照明技术,已逐渐形成了光电子材料与元件产业、光信息产业、现代光学产业、光通信产业、激光器与激光应用产业等五大类光电子信息产业。

光电子技术也是当今世界上竞争最为激烈的高技术领域之一,许多科学家认为:光电子技术、纳米技术及生物工程技术构成当今三大高新技术,是21世纪的代表产业。

(1) 显示(display),就是指对信息的表示,即information display。在信息工程学领域中,把显示技术限定在基于光电子手段产生的视觉效果上,即根据视觉可识别的亮度、颜色,将信息内容以光电信号的形式传达给眼睛产生视觉效果。

(2) 光电显示技术,是将电子设备输出的电信号转换成视觉可见的图像、图形、数码以及字符等光信号的一门技术。它作为光电子技术的重要组成部分,近年来发展迅速,应用广泛。

8.1.2　光电显示器件分类

如图8.1所示,光电显示器件根据收视信息的状态分为三种类型:直观型、投影型和空间成像型。

1. 直观型

直观型(Direct View Type)是把显示设备上出现的视觉信息直接观看的方式。

2. 投影型

投影型(Projection Type)把由显示设备或者光控装置所产生的比较小的光信息经过一定的光学系统放大投射到大屏幕后收看的方式。

3. 空间成像型

空间成像型(Space Imaging Type)指采用某种光学手段(如激光)在空间形成可供观看图像的方式,从原理上说,图像大小与显示器无关,可以很大。空间成像显示因为图像具有纵深而大大提高了真实感和现场感。

从显示原理的本质来看,光电显示技术利用了发光和电光效应两种物理现象。所谓电光效应是指加上电压后物质的光学性质(如折射率、反射率、透射率等)发生改变的现象。因此,根据像素本身发光与否,直观型显示器又分为:

① 主动发光(emissive)型。在外加电信号作用下,主动发光型器件本身产生光辐射刺激人眼而实现显示。比如 CRT、PDP、ELD、激光显示器(LPD:Laser Projection Display)等。

② 被动显示(passive)型。在外加电信号作用下,被动显示型器件单纯依靠对光的不同反射呈现的对比度达到显示目的。

③ 按显示屏幕大小分类有:超大屏幕(> 4 m^2)、大屏幕(1 ~ 4 m^2)、中屏幕(0.2 ~ 1 m^2)和小屏幕(< 0.2 m^2)。

④ 按色调显示功能分类有:黑白二值色调显示、多值色调显示(三级以上灰度)和全色调显示。

⑤ 按色彩显示功能分类有:单色(monochrome)显示,如黑白或红黑显示、多色(multi color)显示(三种以上)和全色显示。

⑥ 按显示内容、形式分类有:数码、字符、轨迹、图表、图形和图像显示。

⑦ 按成像空间坐标分类有:二维平面显示和三维立体显示。

⑧ 按所用显示材料分类有:固体(晶体和非晶体)、液体、气体、等离子体、液晶体等。

⑨ 按显示原理分类有:阴极射线管(CRT)、真空荧光管(VFD)、辉光放电管(GDD)、液晶显示器(LCD)、等离子体显示器(PDP)、发光二极管(LED)、场致发射显示器(FED)、电致发光显示器(ELD)、电致变色显示器(ECD)、激光显示器(LPD)、电泳显示器(EPD)、铁电陶瓷显示器(PLZT)等,如图 8.1 所示。

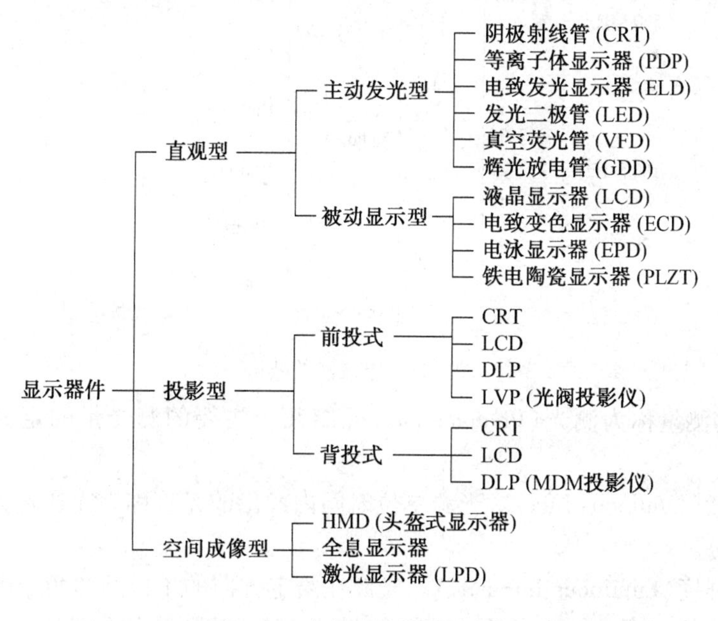

图 8.1　光电显示器件的种类

8.2　显示参量与人眼的因素

8.2.1　光的基本特性

光是一种波长很短的电磁波，电磁波的波谱范围很广，包括甚低频（VLF）超长波、低频（LF）长波、中频（MF）中波、高频（HF）短波、甚高频（VHF）超短波、特高频（UHF）分米微波、超高频（SHF）厘米微波、极高频（EHF）毫米微波、红外线、光波、紫外线、X 射线、γ 射线等，图 8.2 为电磁波的波谱。

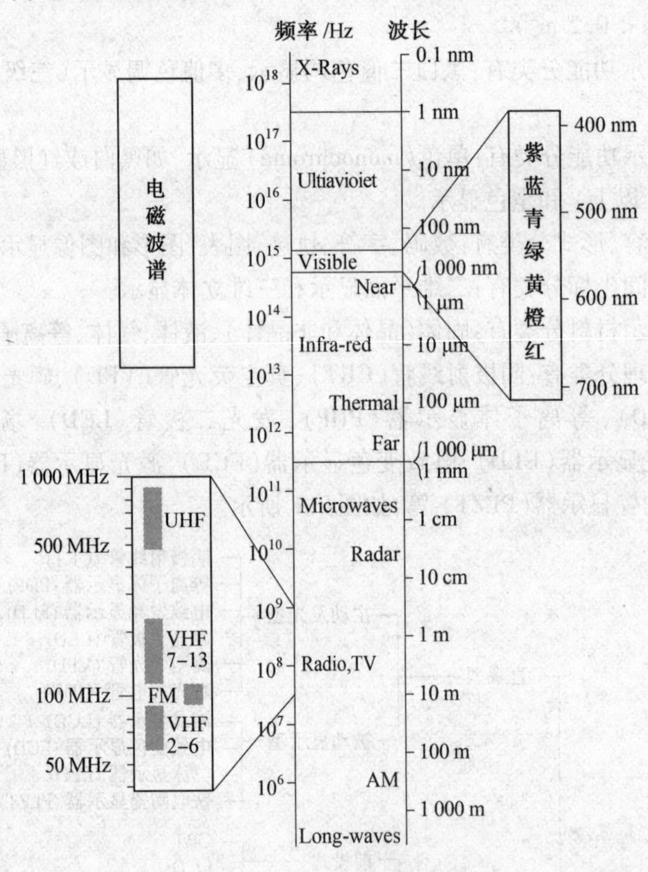

图 8.2　电磁波的波谱

对光量的测量称为测光（Photometry），介绍几个主要的测光量的定义及其基本单位。

① 光通量（Luminous flux）。光源单位时间内发出的光量称为光通量，符号为 Φ，单位为流明（lm）。

② 发光强度（Luminous intensity）。光源在给定方向的单位立体角（ω）辐射的光通量称为发光强度，符号为 I，单位为坎德拉（cd）。计算发光强度的公式为

$$I = \frac{d\Phi}{d\omega} \tag{8.1}$$

③ 光照度。单位受光面积上(S) 所接收的光通量称为光照度,符号为E,单位为勒克斯(lx)。计算光照度的公式为

$$E = \frac{d\Phi}{dS} \tag{8.2}$$

④ 亮度。垂直于传播方向单位面积($S \cdot \cos\theta$) 上的发光强度称为亮度,符号为L,单位为cd/m^2。计算亮度的公式为

$$L = \frac{d\Phi}{dS \cdot \cos\theta \cdot d\omega} \tag{8.3}$$

8.2.2 人眼视觉特性

1. 人眼的视觉生理基础

外界信息以光波形式射入眼帘,通过眼睛的光学系统在视网膜上成像,如图8.3所示。视网膜内的视觉细胞把光信息变换为电信号,传递给视神经。由左右眼引出的视神经在视交叉处把左右眼分别获得的右视觉信号和左视觉信号进行整理,然后传向外侧膝状体。外界右半部分的视觉信息传入左侧的外侧膝状体,而左半部分的视觉信息传入右侧的外侧膝状体。两个外侧膝状体经视放射线神经连接于左右后头部的大脑视觉区域。

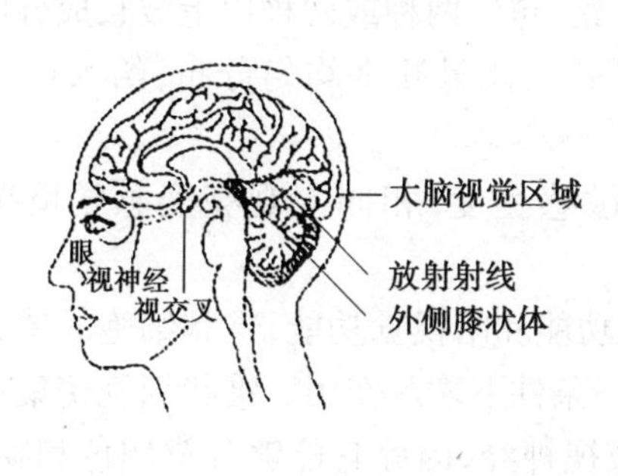

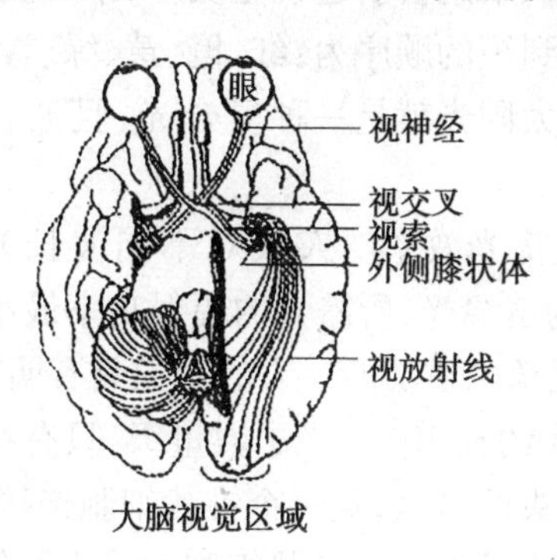

图8.3 信息从人眼到大脑的路径

人的眼睛很像一部精巧的照相机,图8.4是眼球的截面图,该图是把右眼沿垂直方向剖切后,从前部所见的构造。眼球为直径约24 mm的球状体,光线通过瞳孔射入眼球内,再经晶状体在位于眼球后部内侧的视网膜上成像。角膜的作用类似照相机的第一组镜片,承担着为了能在视网膜上成像所必需的光线折射作用。

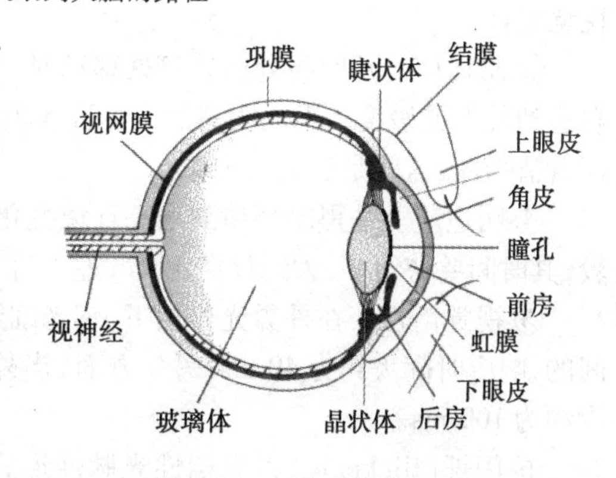

图8.4 人眼球的截面图

虹膜紧贴在晶状体上,虹膜中心有一个小孔称为瞳孔,瞳孔的直径可以从2 mm调节到8 mm左右。改变瞳孔的大小就可以调节进入眼睛的光通量,类似于照相机光圈的作用。

晶状体起着照相机透镜的作用,四周的睫状肌收缩、松缓可以调节其凸度,亦即调节

了焦距,以便使不同距离的景物成像在视网膜上;晶状体同时吸收一部分紫外线,对眼睛起到保护作用。晶状体的弹力会随着年龄增加而减小,到60岁左右,会失去调节能力而变得扁平。视网膜广泛分布于眼球的后部,其作用很像照相机中的感光胶片。视网膜主要由许多感光细胞组成,感光细胞把光变换为电信号,它又分为两大类:一类叫杆状(rod)细胞,另一类叫锥状(cone)细胞。锥状细胞大部分集中分布在视网膜上正对着瞳孔的中央部分,直径约为2 mm的区域,因呈黄色,称为黄斑区。在黄斑区中央有一个下陷的区域,称为中央凹(fovea)。在中央凹内锥状细胞密度最大,视觉的精细程度主要由这一部分所决定。在黄斑区中心部分,每个锥状细胞连接着一个视神经末梢。根据对光谱敏感度的不同,锥状细胞又可分为三类,即红视锥状细胞(吸收峰值为700 nm)、绿视锥状细胞(吸收峰值为540 nm)和蓝视锥状细胞(吸收峰值为450 nm)。在远离黄斑区的视网膜上分布的视觉细胞大部分是杆状细胞,而且视神经末梢分布较稀,每个锥状细胞和几个杆状细胞合接在一条视神经上。所有视神经都通过视网膜后面的一个空穴,称为乳头(nipple)的通到大脑去。在乳头处没有感光细胞,不能感受光线,故又称为盲点。

2. 人眼视觉特性

光射入眼睛会引起视觉反应,单一波长成分的光称为单色光,人眼感觉到的单色光按波长由长到短的顺序为:红、橙、黄、绿、青、蓝、紫,包含两种或两种以上波长成分的光称为复合光。太阳光就是一种复合光,且波长范围宽、能量几乎均匀分布,给人以白光的感觉。

① 光谱光效率。人眼对不同波长光的敏感程度,相同主观亮度感觉情况下,$\lambda = 555$ nm的黄绿光,所需光的辐射功率最小。

② 视觉二重功能。人的视觉具有明视觉功能和暗视觉功能,锥状细胞的感光灵敏度比较低,大约在10^4个光子数量级,只有在明亮条件下才起作用。锥状细胞密集地分布在视网膜中央凹区域,且每个锥状细胞连接一根视神经,因此它能够分辨颜色和物体细节,是一种明视觉器官。杆状细胞的感光灵敏度比较高,大约在10^2个光子数量级,是一种暗视觉器官。

③ 暗适应。从明亮处向昏暗处移动时,视觉系统灵敏度会逐渐变化,大约40 min左右达到最大灵敏度。当从明亮的地方进入黑暗环境,或突然关掉电灯,要经过一段时间才能看清物体,这就是暗适应现象。

④ 明适应。从黑暗环境到明亮环境变化的逐渐习惯过程,称为明适应。与暗适应比较,其时间要快得多,大约仅需1 min左右即可完成。

⑤ 视觉惰性。在外界光作用下,感光细胞内视敏感物质经过暴光染色过程是需要时间的,响应时间大约为40 ms;另一方面,当外界光消失后,亮度感觉还会残留一段时间,大约为100 ms。

⑥ 闪烁(flicker)。以周期性光脉冲形式反复刺激眼睛,频率低时,可以出现闪烁现象;随着频率逐渐提高就观察不到闪烁了,视觉变得稳定而均匀。将此闪烁感刚刚消失时的频率称为临界闪烁频率(Critical Fusion Frequency,CFF),此时视野内的明亮度等于亮度的时间平均值。

⑦ 视角。眼睛的视野是比较大的,由视线方向的中心与鼻侧的夹角约为65°,与耳侧

的夹角约为 100° ~ 104°,向上方约为 65°,向下方为 75°。

8.2.3 色彩学基础

彩色是物体反射光作用于人眼的视觉效果。自然界中的景物,在太阳光照射下,由于反射了可见光中的不同成分并吸收其余部分,从而引起人眼的不同彩色感觉。

1. 三基色原理

自然界中任意一种颜色均可以表示为三个确定的相互独立的基色的线性组合。国际照明委员会(CIE) 的色彩学 CIE - RGB 计色系统规定:波长为 700 nm,光通量为 1 lm 的红光为一个红基色单位,用(R) 表示;波长为 546.1 nm,光通量为 4.95 lm 的绿光为一个绿基色单位,用(G) 表示;波长为 435.8 nm,光通量为 0.060 lm 的蓝光为一个蓝基色单位,用(B) 表示。

将三基色按一定比例相加混合,就可以模拟出各种颜色,如

红色 + 绿色 = 黄色

绿色 + 蓝色 = 青色

红色 + 蓝色 = 紫色

红色 + 绿色 + 蓝色 = 白色

等量的RGB能配出等能的白光。这样三基色按不同比例能合成出如图8.5所示的以三基色为顶点的三角形所包围的各种颜色。

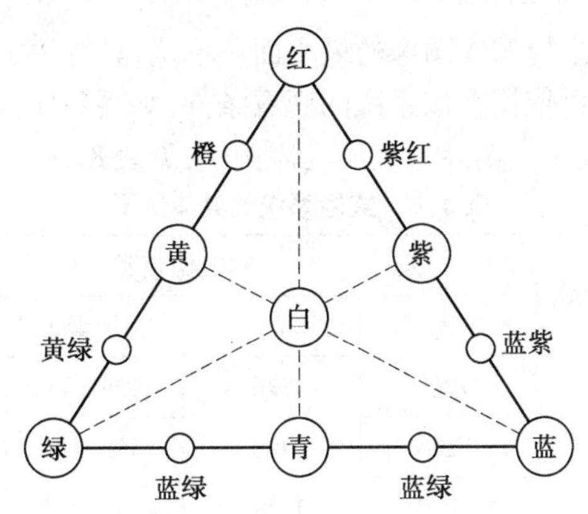

图 8.5　三基色原理示意图

2. 色彩再现

显示器中的色彩再现,不是把实际的色彩完全忠实地再现,而是只要再现出的色彩令收看者满意就可以了。图 8.6 为一个彩色显像管(CPT) 荧光粉点的布局图,红(R)、绿(G)、蓝(B) 三色荧光粉点各自在相应的红、绿、蓝电子束的轰击下发光,从而产生颜色。

三个荧光粉点虽然在荧光屏上占有不同的空间位置,但它们产生的不同颜色的光却落在同一个视觉细胞上,产生出三色相加的视觉效果。可见,彩色再现是对人眼视觉特性的巧妙利用,荧光屏上所显示的颜色实际上是在观察者自己的视觉上混合产生的。色彩再现的过程如图 8.7 所示。

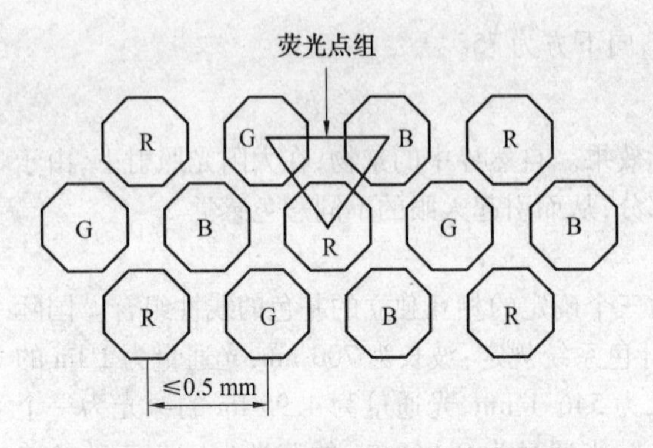

图 8.6　彩色显像管荧光粉点布局图

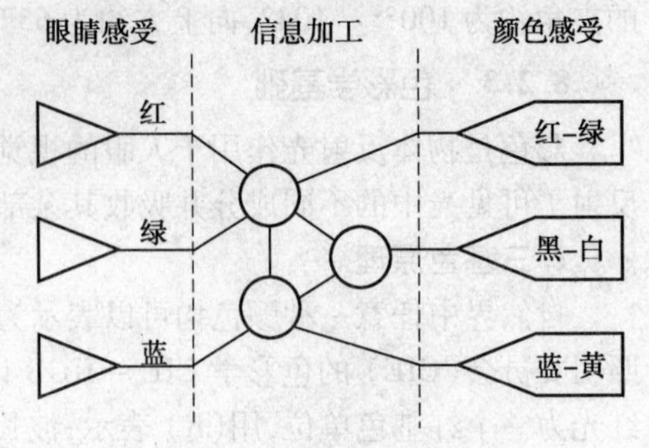

图 8.7　色彩再现过程示意图

3. 颜色的特征参数

颜色包括三个特征参数:亮度、色度、饱和度。

亮度表示各种颜色的光对人眼所引起的视觉强度,它与光的辐射功率有关。

色调表示颜色彼此区分特性,不同波长的光辐射在物体上表现出不同色调特性。

饱和度表示颜色光所呈现的颜色深浅程度(或纯度),饱和度越高,则颜色越深,如深红、深绿等;饱和度越低,则颜色越浅,如浅红、浅绿等。

色调与饱和度又合称为色度,它既说明彩色光的颜色类别,又说明颜色的深浅程度。

8.2.4　显示器件主要性能指标

① 像素(pixel)。像素指构成图像的最小面积单位,具有一定的亮度和色彩属性。在显示器中,像素点的大小可依据在该系统的观看条件(如观看距离、照明环境等)下,肉眼所能分辨的最小尺寸而确定。实际系统的具体例子,见表 8.1。

表 8.1　实际系统的具体例子

器件	显示器制式	有效像素数				宽高比
		宽	高	总像素数	比 3)	
彩色显像管	PAL	720	576	403 200	1.31	4 : 3
	NTSC	720	490	352 800	1.15	4 : 3
	HDTV	1 920	1 080	2 073 600	6.75	16 : 9
彩色显示器	VGA	640	480	307 200	1.00	4 : 3
	SVGA	800	600	480 000	1.56	4 : 3
	XGA	1 024	768	786 432	2.56	4 : 3
	SXGA	1 280	1 024	1 310 720	4.27	5 : 4
	UXGA	1 600	1 200	1 920 000	6.25	4 : 3
	QXGA	2 048	1 536	3 145 728	10.2	4 : 3
	QXGA	2 560	2 048	5 242 880	17.1	5 : 4

② 亮度。显示器件的亮度指从给定方向上观察的任意表面的单位投射面积上的发光强度。亮度值用 cd/m^2 表示。一般显示器应有 70 cd/m^2 的亮度,具有这种亮度图像在

普通室内照度下清晰可见。在室外观看要求亮度更高,可达 300 cd/m^2 以上。人眼可感觉的亮度为 0.03 ~ 50 000 cd/m^2。

③ 亮度均匀性。亮度均匀性反应的是显示器件在不同显示区域所产生的亮度的均匀性,通常也用它的反面概念 —— 不均匀性来描述,或者用规定取样点的亮度相对于平均亮度的百分比来描述。

④ 对比度和灰度。对比度指画面上最大亮度和最小亮度之比,该指标与环境光线有很大关系,另外测试信号一般采用棋盘格信号,并将亮度控制器调整到正常位置,对比度调整到最大位置,此时的对比度为白色亮度和黑色亮度的比值。一般显示器对比度应为 30 : 1。

⑤ 灰度。指画面上亮度的等级差别,例如,一幅电视画面图像应有八级左右的灰度。人眼可分辨的最大灰度级大致为 100 级。

⑥ 分辨率(resolution)。分辨率指单位面积显示像素的数量。

⑦ 清晰度(definition)。清晰度是指人眼能察觉到的图像细节清晰的程度,用光高亮度(帧高)范围内能分辨的等宽度黑白条纹(对比度为 100%)数目或电视扫描行数来表示。如果在垂直方向能分辨 250 对黑白条纹,就称垂直清晰度为 500 行(线)。

⑧ 分辨力。是人眼观察图像清晰程度的标志,与清晰度定义近似,分辨力可以用图像小投影点的数量表示,如 SVGA 彩色显示器的分辨力是 800 × 600,就代表画面是由 800 × 600 个点所构成,组成方式为每条线上有 800 个投影点,共有 600 条线。分辨力有时也用光点直径来表示。用光栅高度除以扫描线数,即可算出一条亮线的宽度,此宽度即为荧光屏上光点直径的大小。在显示器件中,光点直径大约几微米到几千微米。一般对角线为 23 ~ 53 cm 的电视显像管其光点直径约为 0.2 ~ 0.5 mm。

⑨ 发光颜色。发光颜色(或显示颜色)的衡量方法,可用发射光谱或显示光谱的峰值及带宽,或用色度坐标表示。显示器件的颜色显示能力,包括颜色的种类、层次和范围,是彩色显示器件的一个重要指标。真(全)色彩的色彩数目为 16 777 216 色,即红、绿、蓝各 256 级灰度

$$256 \times 256 \times 256 = 16\ 777\ 216 \approx 16\text{M}$$

⑩ 余辉时间。余辉时间指荧光粉的发光,从电子轰击停止后起,到亮度减小到电子轰击时稳定亮度的 1/10 所经历的时间,余辉时间主要决定于荧光粉,一般阴极射线荧光粉的余辉时间从几百纳秒到几十秒。

⑪ 解析度 DPI(Dot Per Inch)。解析度指图片 1 英寸长度上小投影点的数量,分为水平解析度和垂直解析度,解析度越高显示出来的影像也就越清晰。

⑫ 收看距离。收看距离可以用绝对值表示,也可以用与画面高度 H 的比值来表示(即相对收看距离)。

⑬ 周围光线环境。周围光线环境主要指观看者所在的水平照度以及照明装置。

⑭ 图像的数据率。数据率指在一定时间内一定速度下,显示系统能将多少单元的信息转换成图形或文字并显示出来。如果已知一个字符或像素是以 n 比特(bit)计算机符号表示,数据率可以换算成比特/秒(bps)。图像的信息量是惊人的,比如:一张 A4 文件的数据量大约是 2 kB,一张 A4 黑白照片的数据量大约是 40 kB,一张 A4 彩色照片的数据

量大约是5 MB,一分钟家用录像系统(VHS:Video Home System)质量的全活动图像的数据量约为10 MB,一分钟广播级全动态影像(FMV:Full-motion Video)数据量约为40 MB。

⑮ 其他。其他指标如辐射,CRT明显大于其他显示器件,其他显示器件之间差别不大。在显示相应时间方面,LCD类的显示器件劣于其他器件。在显示屏的缺陷点方面,CRT一般不会出现这样的问题,而其他显示器件虽然在出厂时该指标控制的较严,但用户在使用过程中有时会出现缺陷点。在可靠性方面(MTBF值),基本上都可以达到15 000 h,需要注意的是,投影设备里往往使用了灯泡作为光源,灯泡的寿命有限,只能作为消耗品,也就是说在使用过程中需要定期更换这些部件。

8.3 液晶显示技术

8.3.1 液晶概述

液晶显示器件(Liquid Crystal Display,LCD)的主要构成材料为液晶,液晶是指在某一温度范围内,从外观看属于具有流动性的液体,同时又具有光学双折射性的晶体。液晶物质在熔融温度首先变为不透明的浑浊液体,此后通过进一步的升温继续转变为透明液体。因此液晶包括两种含义(如图8.8所示):

其一:是指处于固体相和液体相中间状态的液晶相。

其二:是指具有上述液晶相的物质。

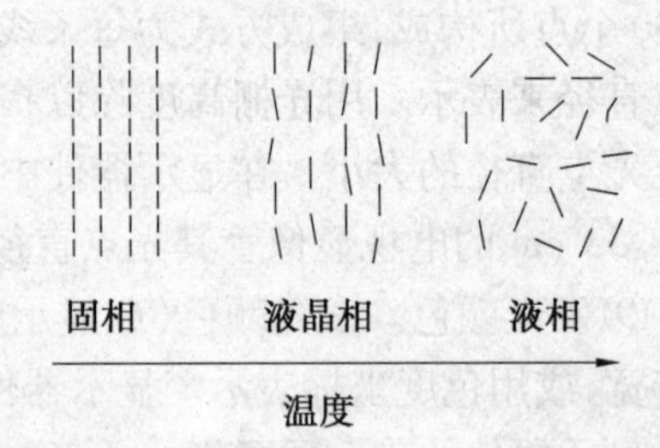

图8.8 液晶与其固态、液态分子排列对比

液晶的分子排列结构并不像晶体结构那样坚固,因此在磁场、温度、应力等外部刺激下,其分子容易发生再排列,液晶的各种光学性质会发生变化。液晶所具有的这种柔软的分子排列正是其用于显示器件、光电器件、传感器件的基础。在用于液晶显示的情况下,液晶这种特定的初始分子排列,在电压及热的作用下发生有别于其他分子排列的变化。伴随这种排列的变化,液晶的双折射性、旋光性、二色性、光散射性、旋光分散等各种光学性质的变化可转变为视觉变化,实现图像和数字的显示。液晶显示是利用液晶的光变化进行显示,属于非主动发光型显示。

1.液晶的晶相

(1) 液晶的分类

液晶是白色浑浊的黏性液体,其分子形状为棒状,如图8.9所示。从成分和出现液晶相的物理条件进行归纳分类,液晶可以分为溶致液晶和热致液晶两大类。

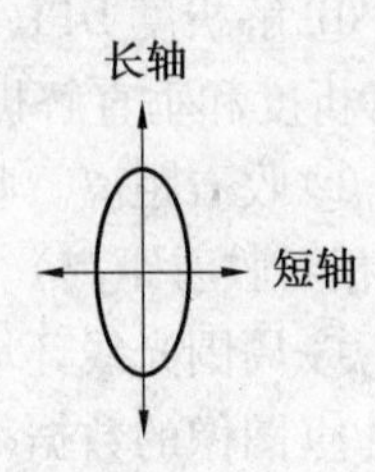

图8.9 分子形状

① 溶致液晶。有些材料在溶剂中处于一定的浓度区间时便会产生液晶,这类液晶称之为溶致液晶。

② 热致液晶。把某些有机物加热熔解,由于加热破坏了结晶晶格而形成的液晶称为

热致液晶。热致型液晶又根据液晶晶相可分为三大类:向列型、近晶型和胆甾型。

(2) 液晶的晶相

常见液晶的晶相有向列相(nematic)、胆甾相(cholesteric)和近晶相(smectic)等,如图8.10所示。

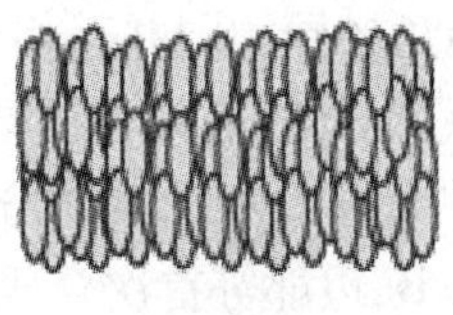

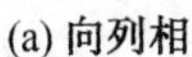

(a) 向列相

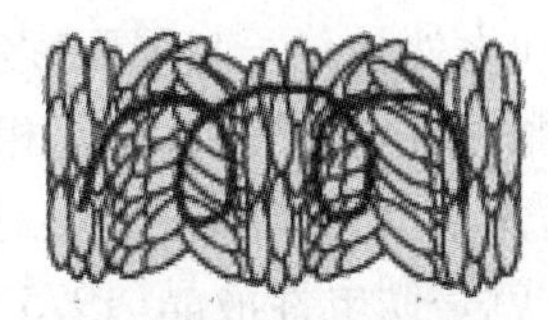

(b) 胆甾相

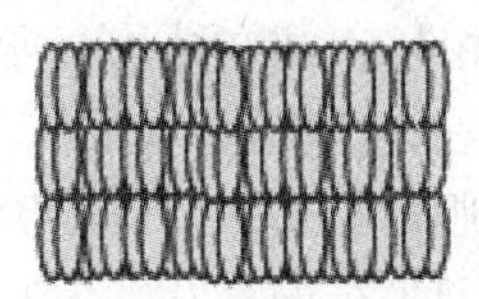

(c) 近晶相

图 8.10 3 种常见液晶相

① 向列相。向列相亦称丝状相,由长、径比很大的棒状分子组成,分子大致平行排列,质心位置杂乱无序,具有类似于普通液体的流动性。

特点:向列液晶由于其液晶分子重心杂乱无序,并可在三维范围内移动,表现出液体的特征——可流动性。所有分子的长轴大体指向一个方向,使向列液晶具有单轴晶体的光学特性,一般是单轴正性。而在电学上又具有明显的介电各向异性,由于向列相液晶各个分子容易顺着长轴方向自由移动且分子的排列和运动比较自由,致使向列相液晶具有的黏度小、富于流动性、对外界作用相当敏感等特点。

② 胆甾相。胆甾相亦称螺旋相,可看作是由向列相平面重叠而成的,一个平面内的分子互相平行,逐次平面的分子方向成螺旋式(螺距约300 nm),与可见光波长同数量级。

特点:光学上一般是单轴负性。向列相液晶与胆甾相液晶可以互相转换,在向列相液晶中加入旋光材料,会形成胆甾相,在胆甾相液晶中加入消旋光向列相材料,能将胆甾相转变成向列相。胆甾相液晶在显示技术中很有用,扭曲向列(twisted nematic,TN)、超扭曲向列(Super Twisted Nematic,STN)、相变(phase change,PC)显示都是在向列相液晶中加入不同比例的胆甾相液晶而获得的。

③ 近晶相。近晶相亦称层状相或脂状相,它的分子分层排列,层内分子互相平行,其方向可以是垂直于层面,或与层面倾斜。层内分子质心可以无序、能自由平移,似液体;或有序呈二维点阵。分子层与层之间的相关程度在不同的相中有强有弱。手征性分子化合物则可以以扭曲的螺旋片层状出现,以 A、B、C 等命名,如图 8.11 所示。近晶相因为它的高度有序性,经常出现在较低温的范例内。近晶液晶黏度大,分子不易转动,即响应速度慢,一般不宜作显示器件。

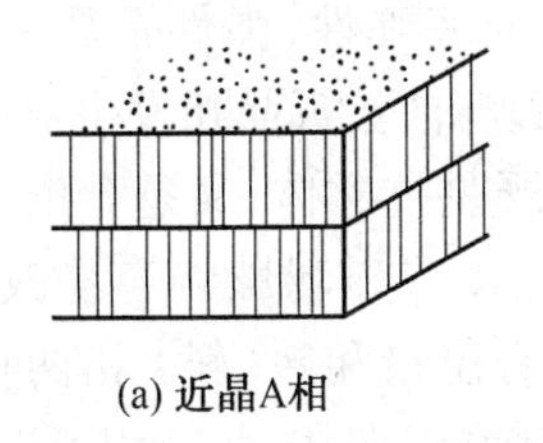

(a) 近晶A相

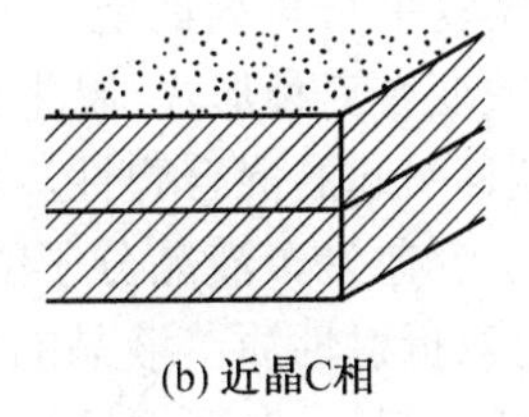

(b) 近晶C相

(c) 近晶B相

图 8.11 3 种近晶相

A 相的分子与层面垂直,层内分子质心无序,像二维流体。层厚约等于或略小于分子长度。含氰基(C ≡ N) 化合物的 A 相可能出现双分子层结构,为 1.2 ~ 2 μm。

B 相的片层内分子质心排列成面心六角形,分子垂直于层面,片层之间的关联随材料不同各有强弱,B 相在光学上是单轴正性。

C 相与 A 相在结构上唯一不同之处是分子与层面倾斜,倾角各层相同并互相平行,因此 C 相在光学上是双轴的。C 相由手性分子组成,与 A 相类似,不同的是分子在层面上的投影像胆甾相那样呈螺旋状变化,光学上是单轴正性。对称性允许 C 相出现与分子垂直而与层面平行的自发极化矢量,这就是铁电性液晶(1975 年 R. B. 迈耶等首次合成)

长形分子除上述三大类结构外,还有光学上各向异性的 D 相,由若干分子为一组的单元所构成的体心立方结构。1977 年,印度 S. Chandrasekhar 等合成了盘形分子液晶。这些分子均具有一个扁平的圆形或椭圆形刚性中心部分,周围有长而柔软的脂肪族链。盘形分子液晶具有向列相、胆甾相和柱状相 3 类结构。盘形分子的向列相和胆甾相与上述长形分子相似,只需把长形分子的长棒轴用盘形分子的法向轴代替即可。柱状相是盘形分子所特有的结构,盘形分子在柱状相中堆积成柱,在同一柱中分子间隔可以是规则有序的,当然,柱状相也可以是不规则无序的,不同柱内的分子质心位置无相关性。各分子柱可以排列成六角形或长方形,如图 8.12 所示。

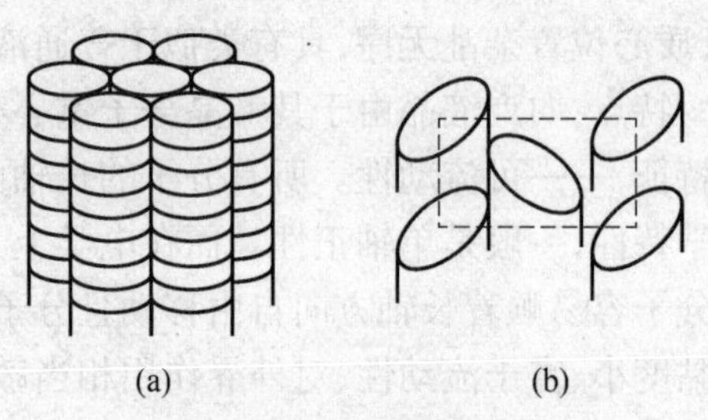

图 8.12　柱状相液晶

长形和盘形分子构成的液晶的各向异性与分子本身的不对称形状有关。这些液晶的基本性质,绝大部分可以通过无体积的一维或二维分子模型来描述。

相变序列改变温度时,长形分子各液晶相之间的转变序列可以有两种(冷却时由右至左):

①X – H(H′) – G – F(F′) – I – B – C(C′) – A – N(N′ – B′ – B′) – I

②X – E – B – A – N – I

H(H′) 等表示 H 或 H′,X 和 I 分别代表晶体和各向同性液体。当然,特殊的液晶化合物并不一定具有上述所有的相。上面的序列只是表明这些相如有出现,则以这种顺序。表 8.2 为长形分子的液晶相结构及相变序列。

2. 液晶的物理性质

液晶受扰动时,分子取向有恢复平行排列的能力,称为曲率弹性,弹性常数一般很小。向列相和胆甾相的分子取向改变有三种形式:展曲、扭曲、弯曲。近晶相发生形变时,层厚保持不变,只有展曲和层面位移引起的混合弹性。液晶既是抗磁体,又是介电材料,介电各向异性依材料而定,并与频率有关。液晶分子受外电场或磁场影响容易改变取向。液晶是非线性光学材料,具有双折射性质。液晶的缺陷有位错和向(斜) 错两种,后者是由于分子取向发生不连续变化引起的,向列相只有点向错和线向错;胆甾相可以有位错和向错。

<table>
<caption>表8.2　长形分子的液晶相结构及其相变序列</caption>
<tr><th colspan="2" rowspan="4">分子类型</th><th rowspan="4">晶体</th><th colspan="4">近晶相</th><th rowspan="4">向列相</th><th rowspan="4">蓝相</th><th rowspan="4">各向同性液晶</th></tr>
<tr><th colspan="3">有序</th><th rowspan="3">无序</th></tr>
<tr><th rowspan="2">人字形</th><th colspan="2">六角形</th></tr>
<tr><th>准</th><th>真</th></tr>
<tr><td rowspan="2">非手性分子</td><td>垂直</td><td rowspan="4">X</td><td>E</td><td></td><td>B</td><td>A</td><td rowspan="2">N</td><td rowspan="2"></td><td rowspan="4">I</td></tr>
<tr><td>倾斜</td><td>H</td><td>GFI</td><td></td><td>C</td></tr>
<tr><td>手性分子</td><td>扭曲</td><td>H</td><td>F</td><td></td><td>C</td><td>N</td><td>B_1B_2</td></tr>
<tr><td colspan="2">体心立方</td><td></td><td></td><td></td><td>D</td><td></td><td></td></tr>
</table>

3. 液晶的电气光学效应

液晶的特性与结构介于固态晶体与各向同性液体之间,是有序性的流体。从宏观物理性质看,它既具有液体的流动性、黏滞性,又具有晶体的各向异性,能像晶体一样发生双折射、布拉格反射、衍射及旋光效应,也能在外场作用(如电、磁场作用)下产生热光、电光或磁光效应。液晶分子在某种排列状态下,通过施加电场,将向着其他排列状态变化,液晶的光学性质也随之变化。这种通过电学方法,产生光变化的现象称为液晶的电气光学效应,简称电光效应(Electro-Optic Effect)。

液晶的电光效应主要包括以下几种:

(1) 液晶的双折射现象

液晶会像晶体那样,因折射率的各向异性而发生双折射现象,从而呈现出许多有用的光学性质;能使入射光的前进方向偏于分子长轴方向;能够改变入射光的偏振状态或方向;能使入射偏振光以左旋光或右旋光进行反射或透射。这些光学性质,都是液晶能作为显示材料应用的重要原因.

(2) 电控双折射效应

对液晶施加电场,使液晶的排列方向发生变化,因为排列方向的改变,按照一定的偏振方向入射的光,将在液晶中发生双折射现象。这一效应说明,液晶的光轴可以由外电场改变,光轴的倾斜随电场的变化而变化,因而两双折射光束间的相位差也随之变化,当入射光为复色光时,出射光的颜色也随之变化。因此液晶具有比晶体灵活多变的电旋光性质。

(3) 动态散射

当在液晶两极加电压驱动时,由于电光效应,液晶将产生不稳定性,透明的液晶会出现一排排均匀的黑条纹,这些平行条纹彼此间隔数 10 μm,可以用作光栅。进一步提高电压,液晶不稳定性加强,出现湍流,从而产生强烈的光散射,透明的液晶变得混浊不透明。断电后液晶又恢复了透明状态,这就是液晶的动态散射(dynamic scattering)。液晶材料的动态散射是制造显示器件的重要依据。

(4) 旋光效应

在液晶盒中充入向列型液晶,把两玻璃片绕在与它们互相垂直的轴相扭转 90°,向列型液晶的内部就发生了扭曲,这样就形成了一个具有扭曲排列的向列型液晶的液晶盒。在这样的液晶盒前、后放置起偏振片和检偏器,并使其偏振化方向平行,在不施加电场时,让一束白光射入,液晶盒会使入射光的偏振光轴顺从液晶分子的扭曲而旋转90°。

(5) 宾主效应

将二向色性染料掺入液晶中,并均匀混合起来,处在液晶分子中的染料分子将顺着液晶指向矢量方向排列。在电压为零时,染料分子与液晶分子都平行于基片排列,对可见光有一个吸收峰,当电压达到某一值时,吸收峰值大为降低,使透射光的光谱发生变化。可见,加外电场就能改变液晶盒的颜色,从而实现彩色显示。由于染料少,且以液晶方向为准,所以染料为"宾",液晶则为"主",因此得名"宾主(guest - host,G - H)"效应。电控双折射、旋光效应都可以应用于彩色显示的实现。

8.3.2 液晶显示器件

1. 液晶显示器件的构造

将设有透明电极的两块玻璃基板用环氧类黏合剂以4 ~ 6 μm间隙进行封合,并把液晶封入其中而成,与液晶相接的玻璃基板表面有使液晶分子取向的膜,如图8.13所示。如果是彩色显示,在一侧的玻璃基板内面与像素相对应,设有由三基色形成的微彩色滤光片。

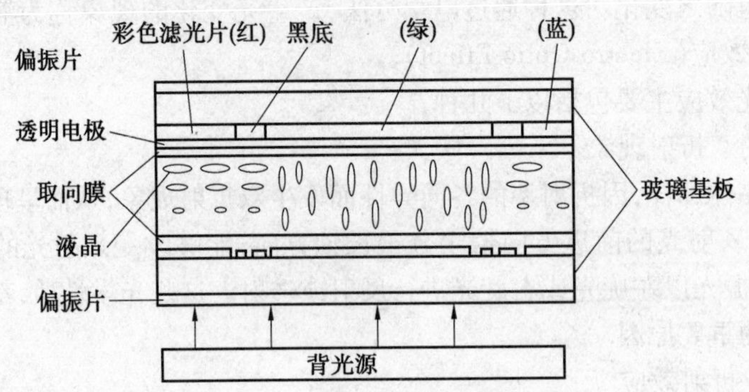

图8.13 典型LCD结构截面

LCD是非发光型的。其特点是视感舒适,而且是很紧凑的平板型。LCD的驱动由于模式的不同而多少有点区别,但都有以下特点:

① 是具有电学双向性的高电阻、电容性器件,其驱动电压是交流的。

② 在没有频率相依性的区域,对于施加电压的有效值响应(铁电液晶除外)。

③ 是低电压、低功耗工作型,CMOS驱动也是可以的。

④ 器件特性以及液晶物理性质常数的温度系数比较大,响应速度在低温下较慢。

2. 液晶显示器件的显像原理

(1) 液晶的基本显示原理

液晶的物理特性是:当通电时导通,排列变得有序,使光线容易通过;不通电时排列混乱,阻止光线通过。让液晶如闸门般地阻隔或让光线穿透,从技术上说,液晶面板包含了两片相当精致的无钠玻璃素材,中间夹着一层液晶。当光束通过这层液晶时,液晶本身会排排站立或扭转呈不规则状,从而阻隔或使光束顺利通过。

(2) 单色液晶显示器的原理

LCD技术是把液晶灌入两个列有细槽的平面之间。这两个平面上的槽互相垂直。也就是说,若一个平面上的分子南北向排列,则另一平面上的分子东西向排列,而位于两个平面之间的分子则被强迫进入一种90° 扭转的状态。由于光线顺着分子的排列方向传播,所以光线经过液晶时也被扭转90°。但当液晶上加一个电压时,分子便会重新垂直排列,使光线能直射出去,而不发生任何扭转,如图8.14所示。

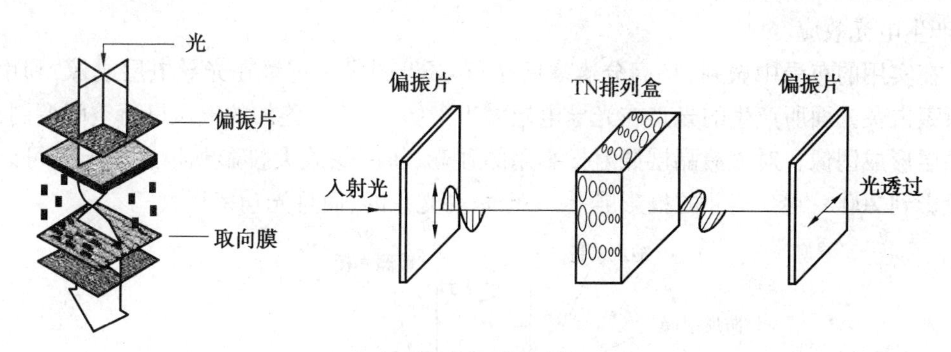

图8.14 光线穿透示意图

LCD正是由这样两个相互垂直的极化滤光器构成,所以在正常情况下应该阻断所有试图穿透的光线。但是,由于两个滤光器之间充满了扭曲液晶,所以在光线穿出第一个滤光器后,会被液晶分子扭转90°,最后从第二个滤光器中穿出。另一方面,若为液晶加一个电压,分子又会重新排列并完全平行,使光线不再扭转,所以正好被第二个滤光器挡住,如图8.15所示。总之,加电将光线阻断,不加电则使光线射出。

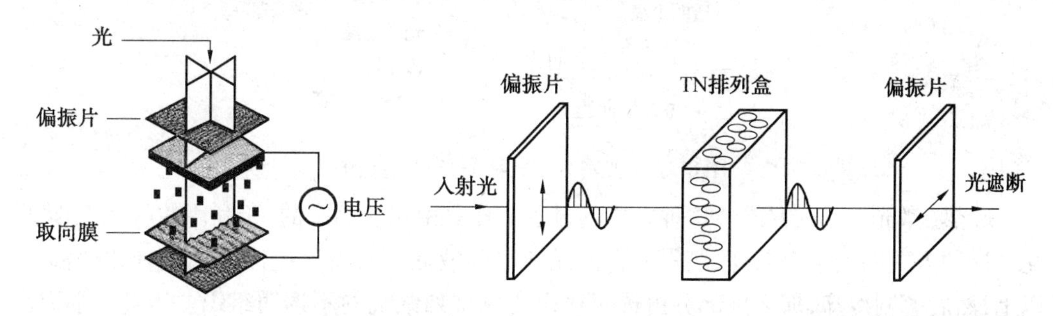

图8.15 光线阻断示意图

(3) 彩色LCD显示器工作原理

在彩色LCD面板中,每一个像素都是由三个液晶单元格构成,其中每一个单元格前面都分别有红色、绿色或蓝色的过滤器。这样,通过不同单元格的光线就可以在屏幕上显示出不同的颜色。

(4) 液晶显示器件的显示方式

LCD的显示方式可分为两种:

① 直观式显示方式。这是直接观看显示面的方式。直观式中有透射型、反射型、透射反射兼用型。

②投影式显示方式。投影式是将 LCD 上写入的光学图像放大，投影到投影屏上的方式，也称为液晶光阀（LV）。图像的放大率和亮度可以通过加大投影用光源的光强来提高。将光信息写入 LCD 的激励方式中有光写入方式、热（激光）写入方式和电写入（矩阵驱动）方式。其中，利用热写入方式还要并用电场效应。

a. 光写入方式。基本的工作部分截面如图 8.16 所示，形成液晶和光导电体双层结构，电压通过透明电极均匀施加。光照部分因光导电层的电阻下降而将电压施加到液晶层，产生电光效应。

在实用的布局中做到，将高分辨率的小型 CRT 图像用透镜在光导电层成像，利用电子束轰击荧光面所产生的光点在光导电层做出潜像，对液晶施加的电压进行空间调制，在液晶层形成图像。对该液晶层照射投影用的强光，将图像放大投影到投影屏上。可以放大投影到 200 ~ 450 英寸的投影屏上，一般是高光束的，而且光功率很大。

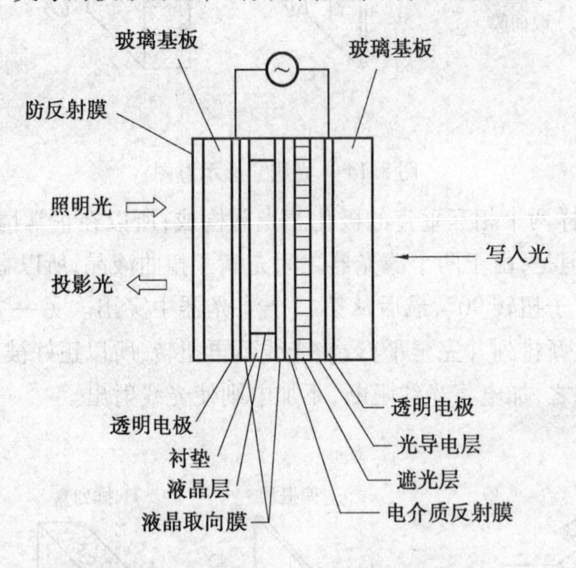

图 8.16　光写入方式液晶光阀的结构

b. 热（激光）写入方式。这种方式的显示工作是由相变而来的，所利用的就是光学变化。这种方式的例子有向列、胆甾混合液晶和层列液晶。若将这些液晶加热到相变温度以上，然后急剧冷却，那么该部分由透明组织变成排列紊乱的不透明组织。因此，利用红外激光束的偏转，在 LCD 面板上进行扫描，就可在 LCD 上写入高分辨率的图像。写入的图像可用照射光源和光学系统进行放大投影，这种方式一般都有存储功能。

在层列液晶中有两种常温下的层列相用于显示，即透明以及各向同性相紊乱排列的不透明组织。写入所用的是数毫瓦到 500 mW 的半导体激光器，擦除是通过对液晶层施加高电场（数十千伏 / 厘米）或在向列相温度以上的冷却中施加低电场而进行。

c. 电写入（矩阵驱动）方式。电写入方式中有简单矩阵型和有源矩阵型。前者有 STN 模式、胆甾类液晶的相变模式等被开发。实际应用的是后者，其中有非晶硅薄膜晶体管（a－Si TFT）驱动 LCD、多晶硅薄膜晶体管（P－Si TFT）驱动 LCD、单晶硅 MOS 晶体管（LCOS）驱动 LCD。液晶主要采用 TN 模式，也有试用高分子分散型液晶的实例。

d. TFT－LCD型。在直观式LCD中实现大型化很困难，因此实现40英寸以上的大型画面最适当的方式是在投影屏上投影的显示方式。娱乐方面的电视显示、办公自动化（OA）或会议室、会场的计算机图像显示都使用显示性能优异的TFT－LCD有源矩阵型。TFT－LCD的尺寸为0.8～5英寸（画面对角线长），其尺寸取决于光学系统、分辨率、热设计、成本等。投影显示装置与金属卤化物灯等的光源亮度也有关，但投影屏尺寸已达200英寸左右，重要的是显示的高亮度和低功耗。

利用TFT－LCD的彩色投影显示有以下几种方式：一是使用一个彩色LCD的单板式；二是将一个黑白型LCD和三原色双色镜组合起来的单板式；三是将3个黑白型LCD和双色滤光片或棱镜式三基色分离光学系统组合起来的三板式，如图8.17所示。投影方式中有从屏前面投影的前面投影方式和从屏后面投影的背面投影方式。背面投影方式在屏前的侧表面上做了减轻外光反射的处理，因此即使在比较亮的场所使用也对对比度影响不大。

为了在某视角范围内提高显示图像的亮度，一般对投影屏进行精加工以获得2～3倍的增益。视角虽变窄，但亮度得到了提高，并从结构上加以改进，以防止外光反射与对比度的下降。

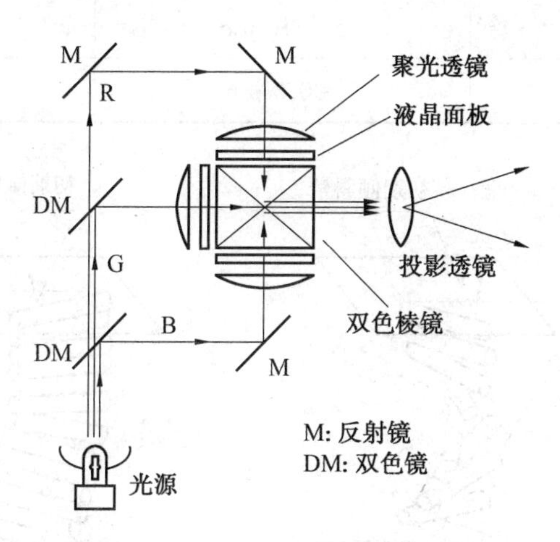

图8.17　TFT－LCD投影装置的结构

8.3.3　液晶显示器的分类

根据液晶驱动方式分类，可将LCD产品分为扭曲向列（TN）型、超扭曲向列（STN）型及薄膜晶体管（TFT）型3大类。

（1）扭曲向列型（TN型）

扭曲向列（TN）型液晶显示器的基本构造为上下两片导电玻璃基板，其间注入向列型的液晶，上下基板外侧各加上一片偏光板，另外在导电膜上涂布一层、摩擦后具有极细沟纹的配向膜。由于液晶分子拥有液体的流动特性，很容易顺着沟纹方向排列，当液晶填入上下基板沟纹方向，以90°垂直配置的内部，接近基板沟纹的束缚力较大，液晶分子会沿着上下基板沟纹方向排列，中间部分的液晶分子束缚力较小，会形成扭转排列，因为使用的液晶是向列型的液晶，且液晶分子扭转90°，故称为TN型。若不施加电压，则进入液晶组件的光会随着液晶分子扭转方向前进,因上下两片偏光板和配向膜同向,故光可通过形成亮的状态;相反地,若施加电压时,液晶分子朝施加电场方式排列,垂直于配向膜配列,则光无法通过第二片偏光板,形成暗的状态,以此种亮暗交替的方式可作为显示用途。

(2) 超扭曲向列型(STN 型)

STN 显示组件,其基本工作原理和 TN 型大致相同,不同的是液晶分子的配向处理和扭曲角度。STN 显示组件必须预做配向处理,使液晶分子与基板表面的初期倾斜角增加,此外,STN 显示组件所使用的液晶中加入微量胆石醇液晶使向列型液晶可以旋转角度为 80° ~ 270°,为 TN 的 2 ~ 3 倍,故称为 STN 型,TN 与 STN 的比较见表 8.3 及图 8.18。

表 8.3　N 与 STN 型组件的比较

分区 项目	TN	STN
扭曲角	90°	180° ~ 270°
倾斜角	1° ~ 2°	4° ~ 7°
厚　度	5 ~ 10 μm	3 ~ 8 μm
间隙误差	±0.5 μm	±0.1 μm

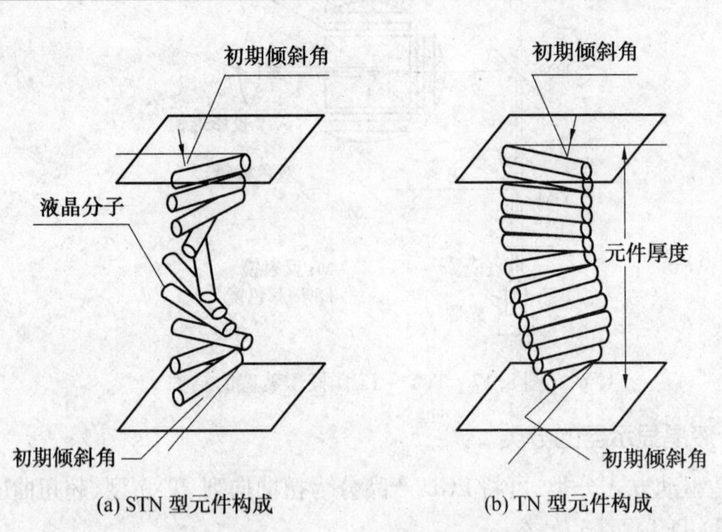

图 8.18　STN 与 TN 型液晶分子的扭曲状态

(3) 薄膜晶体管型

薄膜晶体管(TFT) 型液晶显示器采用了两夹层间填充液晶分子的设计。只不过是把左边夹层的电极改为了场效应晶体管,而右边夹层的电极改为了共通电极。在光源设计上,TFT 的显示采用"背透式" 照射方式。光源照射时先通过右偏振片向左透出,借助液晶分子来传导光线。由于左右夹层的电极改成 FET 电极和共通电极,在 FET 电极导通时,液晶分子的表现如 TN 液晶的排列状态一样会发生改变,也通过遮光和透光来达到显示的目的。但不同的是,由于 FET 晶体管具有电容效应,能够保持电位状态,先前透光的液晶分子会一直保持这种状态,直到 FET 电极下一次再加电改变其排列方式为止。相对而言,TN 就没有这个特性,液晶分子一旦没有被施压,立刻就返回原始状态,这是 TFT 液晶和 TN 液晶显示原理的最大不同。表 8.4 为三种主要类型 LCD 产品的比较。

表 8.4　三种主要类型 LCD 产品的比较

项　目	TN	STN	TFT
驱动方式	单纯矩阵驱动的扭曲向列型	单纯矩阵驱动的超扭曲向列型	主动矩阵驱动
视角大小（可观赏角度）	小（视角 +30°/ 观赏角度 60°）	中等（视角 +40°）	大（视角 +70°）
画面对比	最小（画面对比在 20：1）	中等	最大（画面对比在 150：1）
反应速度	最慢（无法显示动画）	中等(150 ms)	最快(40 ms)
显示品质	最差（无法显示较多像素，分辨率较差）	中等	最佳
颜色	单色或黑色	单色及彩色	彩色
价格	最便宜	中等	最贵(约 STN3 倍)
适合产品	电子表、电子计算机、各种汽车、电器产品的数字显示器	移动电话、PDA、电子辞典、掌上型电脑、低档显示器	笔记本 / 掌上型电脑、PC 显示器、背投电视、汽车导航系统

8.3.4　液晶显示器件的驱动

LCD 驱动方式有静态、动态(多路或简单矩阵)、有源矩阵方式以及光束扫描四种方式。

(1) 静态驱动

门电路的输出随着施加于门电路另一侧输入端的控制信号而变化,如图 8.18 所示。施加于液晶的电压在导通期间为 $\pm(V_{DD}-V_{SS})$ 的交流电压,而断开期间则为 0 V。由于一般响应于电压的有效值,在导通期间 LCD 的脉冲占空比为 1,即在导通期间液晶处于正常激励状态,这就是静态驱动。相对于这种静态驱动,还有在导通期间以间歇式(时分多路等) 施加电压的简单矩阵驱动或有源矩阵驱动,在有源矩阵驱动中,虽然外部施加电压为间歇式的,但液晶则被正常激励。

(2) 简单矩阵驱动

简单矩阵驱动方式如图 8.19 所示,是由 $m+n$ 个至少一侧为透明的条状行电极和列电极组成,将 $m\times n$ 个交点构成的像素以 $m+n$ 个电路实施驱动。因为在一个电极上有多个像素相连接,所以施加电压就成为时间分割脉冲,即各像素承受一定周期的间歇式电压激励。一般以 30 Hz 以上的帧频对行电极进行逐行扫描(一次一行),对列电极同步施加亮和不亮的信号,将这种驱动方式叫做多路(时间分割) 驱动,也叫做无源矩阵驱动。

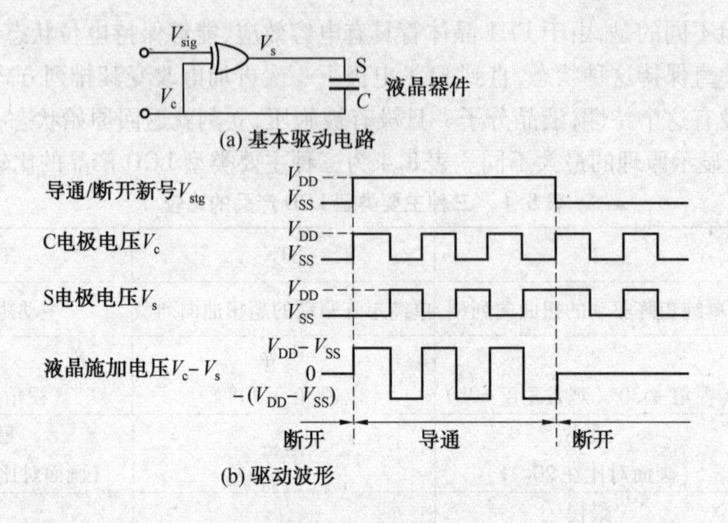

图 8.18　LCD 的驱动

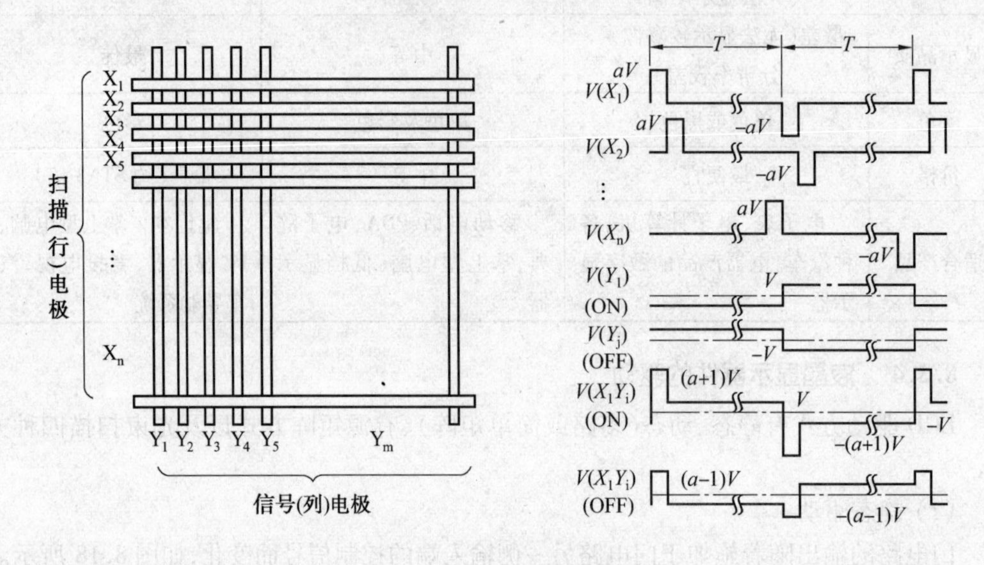

图 8.19　简单矩阵驱动

(3) 有源矩阵驱动

有源矩阵驱动也叫做开关矩阵驱动,是一种在显示面板的各像素设置开关组件和信号存储电容,以实现驱动的方式,其目的是提高显示性能。这种方式能够获得优异的显示性能,因而,作为直观式或投影式,广泛用于个人计算机等 OA 设备及电视等视频机。有源矩阵型 LCD 的结构,以 TFT 阵列方式为例。a - Si TFT 阵列是精密加工技术成形的,即利用甲硅烷的辉光放电分解法在玻璃基板上形成 a - Si 半导体有源层;利用绝缘膜以及金属层进行和半导体集成电路一样的光刻。图 8.20 为以 TFT 为开关组件时的工作原理。利用一次一行方式依次扫描栅极,将一个栅极线上所有 TFT 同时处于导通状态,从取样保持电路,通过漏极总线将信号提供给各信号存储电容,各像素的液晶被存储的信号激励至下一个帧扫描时为止。

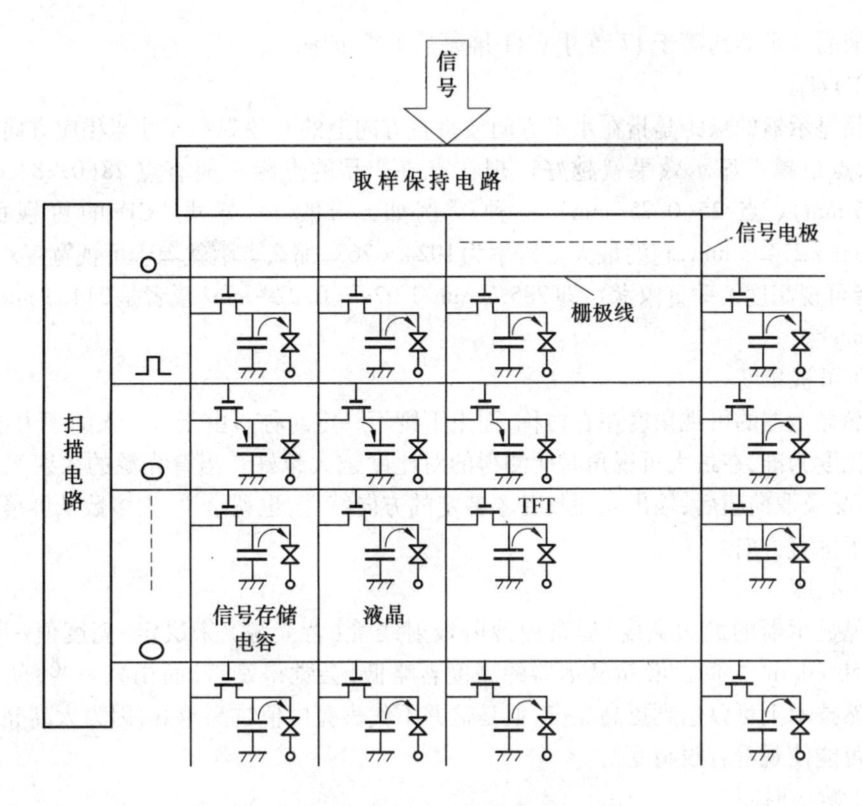

图 8.20　TFT LCD 的等效电路与工作

TFT - LCD 有以下特点：

① 从原理上没有像简单矩阵那样的扫描电极数的限制，可以实现多像素化。

② 可以控制交调失真，对比度高。

③ 由于液晶激励时间可以很长，亮度高，响应时间也很快。

④ 由于在透明玻璃基板上利用溅射、化学气相沉积（chemical vapor deposition, CVD）等方法成膜，可以实现大型化和彩色化。

⑤ 可以同时在显示区域外部形成驱动电路，由于接口数骤减，有利于实现高可靠性和低成本。

（4）光束扫描驱动

在投影式显示方式中提到的光写入方式、热（激光）写入方式就是光束扫描驱动方式。这种工作方式的特点是，在面板上并没有被分割的像素电极，光束点相当于一个像素，通过光束的扫描以形成像素。

8.3.5　液晶显示器的技术参数、特点

1. 液晶显示器的技术参数

技术参数是衡量显示器性能高低的重要标准，由于各种显示方式的原理不同，液晶显示器的技术参数也大不一样。

（1）可视面积

液晶显示器所标示的可视面积尺寸就是实际可以使用的屏幕对角线尺寸。一个15.1

英寸的液晶显示器约等于17英寸CRT屏幕的可视范围。

(2) 点距

液晶显示器的点距是指在水平方向或垂直方向上的有效观察尺寸与相应方向上的像素之比,点距越小显示效果就越好。现在市售产品的点距一般有点28(0.28 mm)、点26(0.26 mm)、点25(0.25 mm)三种。例如,一般14英寸LCD的可视面积为285.7 mm ×214.3 mm,它的最大分辨率为1024 × 768,那么点距就等于可视宽度/水平像素(或者可视高度/垂直像素),即285.7 mm/1 024 = 0.279 mm(或者是214.3 mm/768 = 0.279 mm)。

(3) 可视角度

液晶显示器的可视角度左右对称,而上下则不一定对称。由于每个人的视力不同,因此以对比度为准,在最大可视角时所测得的对比度越大越好。当背光源的入射光通过偏光板、液晶及取向膜后,输出光便具备了特定的方向特性,也就是说,大多数从屏幕射出的光具备了垂直方向。

(4) 亮度

液晶显示器的最大亮度,通常由冷阴极射线管(背光源)来决定,亮度值一般都在200 ~250 cd/m^2之间。液晶显示器的亮度若略低,会觉得发暗,而稍亮一些,就会好很多。虽然技术上可以达到更高亮度,但是这并不代表亮度值越高越好,因为太高亮度的显示器有可能使观看者眼睛受伤。

(5) 响应时间

响应时间是指液晶显示器各像素点对输入信号反应的速度,即像素由暗转亮或亮转暗的速度,此值越小越好。如果响应时间太长,就有可能使液晶显示器在显示动态图像时有尾影拖曳的感觉。这是液晶显示器的弱项之一,但随着技术的发展而有所改善。一般将反应速率分为两个部分,即上升沿时间和下降沿时间,表示时以两者之和为准,一般以20 ms左右为佳。

(6) 色彩度

色彩度是LCD的重要指标。LCD面板上是由1024 × 768个像素点组成显像的,每个独立的像素色彩是由红、绿、蓝(R、G、B)3种基本色来控制。大部分厂商生产出来的液晶显示器,每个基本色(R、G、B)达到6位,即64种表现度,那么每个独立的像素就有64 × 64 ×64 = 262 144种色彩。也有不少厂商使用了所谓的帧率控制(Frame Rate Control, FRC)技术以仿真的方式来表现出全彩的画面,也就是每个基本色(R、G、B)能达到8位,即256种表现度,那么每个独立的像素就有高达256 × 256 × 256 = 16 777 216种色彩。

(7) 对比度

对比度是最大亮度值(全白)与最小亮度值(全黑)的比值。CRT显示器的对比度通常高达500∶1,以致在CRT显示器上呈现真正全黑的画面是很容易的。但对LCD来说就不是很容易了,由冷阴极射线管所构成的背光源是很难去做快速的开关动作,因此背光源始终处于点亮的状态。为了要得到全黑画面,液晶模块必须完全把来自背光源的光完全阻挡,但在物理特性上,这些组件无法完全达到这样的要求,总是会有一些漏光发生。一般来说,人眼可以接受的对比值约为250∶1。

（8）分辨率

TFT 液晶显示器分辨率通常用一个乘积来表示，例如 800 × 600、1024 × 768、1280 × 1024 等，它们分别表示水平方向的像素点数与垂直方向的像素点数，而像素是组成图像的基本单位，也就是说，像素越高，图像就越细腻、越精美。

（9）外观

液晶显示器具有纤巧的机身，显示板的厚度通常在 6.5 ~ 8 cm 之间。充满时代感的造型，配以黑色或者标准的纯白色，让人看起来相当舒适。现在一些液晶显示器还可以挂在墙上，充分显示了其轻便性。

2. 液晶显示器的特点

① 低压微功耗；② 平板型结构；③ 被动显示型；④ 显示信息量大；⑤ 易于彩色化；⑥ 无电磁辐射；⑦ 长寿命。

8.4 发光二极管显示技术

8.4.1 发光二极管基本知识

1. 半导体光源的物理基础

LED（Light Emitting Diode）发光二极管，是一种固态的半导体器件，它可以直接把电转化为光。LED 的心脏是一个半导体的晶片，晶片的一端附在一个支架上，一端是负极，另一端连接电源的正极，使整个晶片被环氧树脂封装起来。半导体晶片由两部分组成，一部分是 p 型半导体，在它里面空穴占主导地位，另一端是 n 型半导体，电子占主导地位。但这两种半导体连接起来的时候，它们之间就形成一个 p-n 结，如图 8.21 所示。当电流通过导线作用于这个晶片的时候，电子就会被推向 p 区，在 p 区里电子跟空穴复合，然后就会以光子的形式发出能量，这就是 LED 发光的原理。而光的波长也就是光的颜色，是由形成 p-n 结的材料决定的。

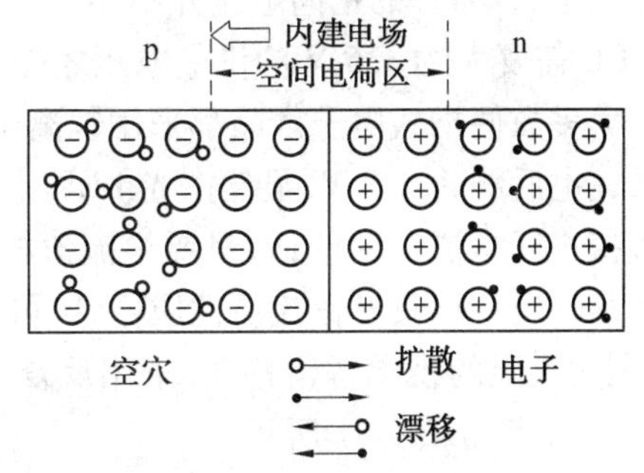

图 8.21 半导体光源的物理基础

晶片的发光颜色取决于波长，常见可见光的分类大致为：暗红色（700 nm）、深红色（640 ~ 660 nm）、桔红色（615 ~ 635 nm）、琥珀色（600 ~ 610 nm）、黄色（580 ~ 595 nm）、黄绿色（565 ~ 575 nm）、纯绿色（500 ~ 540 nm）、蓝色（435 ~ 490 nm）、紫色（380 ~ 430 nm）。白光和粉红光是一种光的混合效果。最常见的是由蓝光 + 黄色荧光粉和蓝光 + 红色荧光粉混合而成。

晶片的作用：晶片是 Lamp 的主要组成物料，是发光的半导体材料。

晶片的组成：晶片是采用磷化镓（GaP）、镓铝砷（GaAlAs）或砷化镓（GaAs）、氮化镓 GaN）等材料组成，其内部结构具有单向导电性。

品质优良的LED构造如图8.22所示，要求向外辐射的光能量大，向外发出的光尽可能多，即外部效率要高。

为了进一步提高外部出光效率可采取以下措施：

① 用折射率较高的透明材料（环氧树脂 $n = 1.55$ 并不理想）覆盖在芯片表面；

② 把芯片晶体表面加工成半球形。

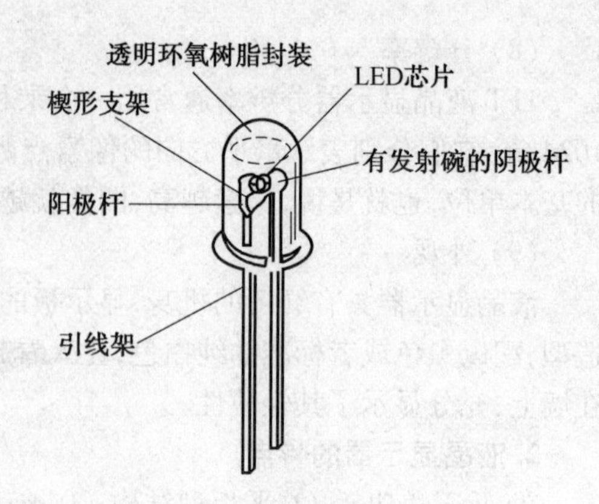

图8.22　半导体LED的构造图

2. 发光二极管的结构

发光二极管是指当在其整流方向施加电压（称为顺方向）时，有电流注入，电子与空穴复合，其一部分能量变换为光并发射出去的二极管。这种LED由半导体制成，属于固体元件，工作状态稳定、可靠性高，其连续通电时间（寿命）可达105 h以上。

LED的发光来源于电子与空穴发生复合时放出的能量。作为LED制备材料，一是要求电子与空穴的输运效率要高；二是要求电子与空穴复合时放出的能量应与所需要的发光波长相对应，一般多采用化合物半导体单晶材料。

3. 发光二极管的驱动

驱动电路是LED（发光二极管）产品的重要组成部分，其技术成熟度正随着LED市场的扩张而逐步增强。直流驱动是最简单的驱动方式。当前很多LED灯类产品都采用这种驱动方式，即采用阻、容降压，然后加上一个稳压二极管，向LED供电，如图8.23(a)所示。由于LED器件的正向特性比较陡，以及器件的分散性，使得在电压和限流电阻相同的情况下，各器件的正向电流并不相同，从而引起发光强度的差异。以白光LED为例，白光LED需要大约3.6 V的供电电压才能实现合适的亮度控制。

大多数便携式电子产品都采用锂离子电池作电源，它们在充满电之后约为4.2 V，安全放完电后约为2.8 V，显然白光LED不能由电池直接驱动。如果能够对LED的正向电流直接进行恒流驱动的话，只要恒流值相同，各LED的发光强度就比较相近。考虑到晶体管的输出特性具有恒流的性质，所以可以用晶体管来驱动LED，如图8.23(b)所示。此外，利用人眼的视觉暂留特性，采用反复通断电的方式使LED器件点燃的方法就是脉冲驱动法，如图8.23(c)所示。

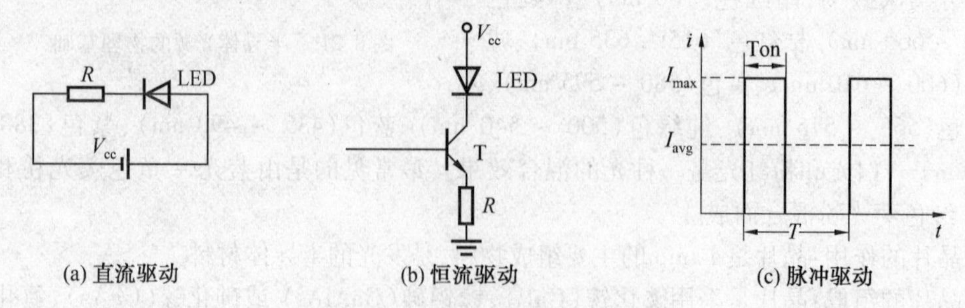

图8.23　LED三种不同驱动方式

8.4.2　发光二极管显示器件

1. LED 显示器件的显示原理

LED显示屏是通过一定的控制方式,用于显示文字、文本、图像、图形和行情等各种信息以及电视、录像信号并由 LED 器件阵列组成的显示屏幕。LED 显示屏按使用环境分为室内屏和室外屏,室内屏基本发光点按采用的 LED 单点直径有 3、3.75、5、8 和 10 等几种规格,室外屏按采用的像素直径有 19、22、26 等规格。LED 显示屏按显色分为单基色屏;按灰度级又可分为 16、32、64、128、256 级灰度屏等。LED 显示屏按显示性能分为文本屏、图文屏、计算机视频屏、电视视频 LED 显示屏和行情 LED 显示屏等,行情 LED 显示屏一般包括证券、利率、期货等用途的 LED 显示屏。典型的 LED 显示系统一般由信号控制系统、扫描和驱动电路以及 LED 阵列组成,如图8.24 所示。信号控制系统可以是嵌入式LED显示屏的单片机系统、独立的微机系统、传呼接收与控制系统等。其任务是生成或接收LED显示所需要的数字信号,并控制整个 LED 显示系统的各个不同部件按一定的分工和时序协调工作。

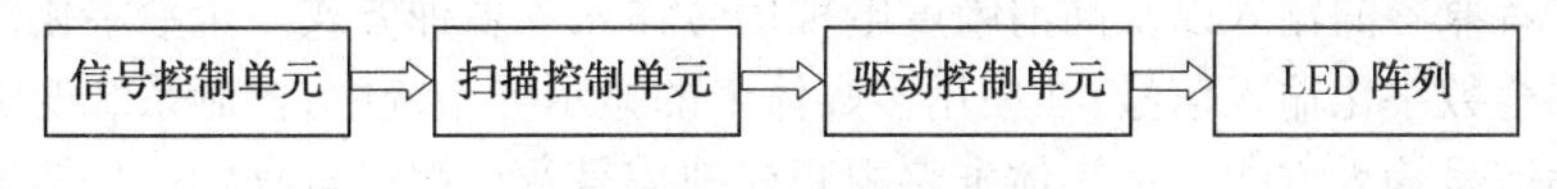

图 8.24　LED 显示系统原理图

行扫描电路主要由译码器组成,用于循环选通 LED 阵列行。列驱动电路多分为三级管阵列,给LED 提供大电流。移位寄存器/锁存器由传入并传出寄存器和锁存器(或带所存功能的移位寄存器) 构成。待显示数据就绪后,控制系统首先将第一行数据打入移位寄存器并锁存,然后由行扫描电路选通 LED 阵列的第一行,持续一定时间后,再用同样方法显示后续行,直至完成一帧显示,如此循环往复。根据人眼视觉暂留时间,屏幕刷新速率每秒25 帧以上就没有闪烁感。当 LED 显示屏面积很大时以提高视觉效果,可以分区并行显示。在高速动态显示时,LED 的发光亮度与扫描周期内的发光时间成正比,所以,通过调制 LED 的发光时间与扫描周期的比值(几占空比) 可实现灰度显示,不同基色 LED 灰度组合后便调配出多种色彩。

2. LED 显示器件的扫描驱动电路

LED 显示器件扫描驱动电路实现对显示屏所要显示的信息内容的接收、转换及处理功能。一般地说,显示屏的控制系统包括了输入接口电路、信号的控制、转换和数字化处理电路、输出接口电路等,涉及的具体技术很多。

(1) 串行传输与并行传输

LED 显示屏上数据的传输方式主要有串行和并行两种,目前广为采用的主要为串行控制技术。这种控制方式的显示屏的每一个单元内部的不同驱动电路、各级联单元之间每个时钟仅传送一个位(具体实现时每种颜色各一位) 的数据。采用这种方式,可采用的驱动 IC 种类较多,不同显示单元之间的连线较少,可减少显示单元上的数据传输驱动元件,从而提高整个系统的可靠性和具体工程实现的容易程度。

(2) 动态扫描与静态锁存

从系统控制实现显示信息的刷新原理有动态扫描技术和静态锁存技术,一般室内显示屏多采用动态扫描技术,若干行发光二极管共用一行驱动寄存器,根据共用一行驱动寄存器的发光二极管像素数目,具体有1/4、1/16 扫描等。室外显示屏基本上采用的是静态锁存技术,即每一个发光二极管都对应有一个驱动寄存器。相对于扫描而言,静态锁存控制的驱动寄存器无需时分工作,从而保证了每一个发光二极管的亮度占空比为100%。

(3)Y 校正技术(GAMMA CORRECTION)

由于LED显示屏本身不具有CRT的T特性,因此,在全彩色显示屏的控制技术上,通常对输入的视频信号进行Y校正处理。所谓Y校正就是对色度曲线的选择,色度曲线的不同对图像颜色、亮度、对比及色度有极大影响。在不同情况下适度调整色度曲线可以达到最佳质量画面。Y校正一般有模拟校正和数字校正两种处理方法。目前有些厂家在全彩屏的每一控制板内都嵌入了Y校正功能,可以灵活选择所要的色度,其曲线数值在控制板上存储,且对红、绿、蓝每色的曲线数值分别单独存储。

(4) 输入接口技术

目前在信号输入接口上可以满足全数字化信号输入、模拟信号输入、全数字化信号和模拟信号二者兼容的输入以及高清晰度电视信号输入等多种方式。全数字化信号输入方式接受外部全数字化输入信号,在使用多媒体卡的显示屏系统中,控制系统的输入接口即为全数字化信号输入方式。多媒体卡将视频模拟信号及计算机自身的信号转换成符合控制系统输入要求的数字信号,这种形式显示计算机信息时效果很好。在显示视频图像时,如果由于计算机本身及软件的性能不好,容易出现图像模糊以及马赛克等现象。模拟信号输入方式只能接受外部模拟输入信号。这种输入方式的显示屏增加了模数转换电路,将视频信号或来自计算机显卡的模拟信号转换为全数字信号后进行处理。在显示视频图像时效果很好,但显示计算机信息有时会出现局部拖尾。全数字化信号和模拟信号二者兼容的输入方式是优势二种输入方式的有机结合,能接受模拟输入信号以及全数字化输入信号,在显示视频图像和计算机信息时均能达到理想的显示效果。在此基础上,增加部分转换电路,将高清晰度电视信号还原成红、绿、蓝三基色数字信号以及外同步信号,可显示高清晰度电视(HDTV) 的图像。

(5) 自动检测、远程控制技术

LED 显示屏构成复杂,特别是室外显示屏,供电、环境亮度、环境温度条件等对显示屏的正常运行都直接影响,在LED显示屏的控制系统中可根据需要对温度、亮度、电源等进行自动检测控制。也可根据需要远程实现对显示屏的亮度调节、色度调节、图像水平和垂直位置的调节、工作方式的转换等等。继灰阶响应时间,动态对比度之后,2008 年液晶显示器的焦点技术将转移到色域上,这一点已经是所有业内人士的共识。但是目前市场上可以购买到的广色域产品还非常少,价格也相对较高一些,普通的消费者对于色域还不甚了解。下面介绍各种控制机制:

① 单片机控制。单片机控制是LED显示屏控制中的简单的一种方式。待显示信息固化在ROM里或来自传感器等,由单片机读取并控制LED显示。多用于简单固定文字或监控数据显示的条形屏等。这种控制方式简单,灵活,成本低。但是,内容和显示方式的编辑、更改较麻烦,使用不方便。

② 微机控制。微机控制LED显示屏一般都需要专用的接口电路如LED专用显示卡、

LED 专用多媒体卡等。此类控制中较多的是 VGA 同步技术。LED 显示屏的 VGA 同步控制技术是指 LED 显示屏能够实现跟踪微机 CRT 窗口上的显示信息，是 LED 显示屏成为微机的大型显示终端。一般是对显示卡的 RGB 信号输出进行采样，或直接从 VGA 卡上的特征插座上取得 RGB 的数字信号，处理后用于驱动 LED 显示屏电路。这种控制方式充分发挥了丰富强大的微机软件功能，而且具有较强的编辑功能，内容和显示方式的更改、增删简单方法，便于显示数据的保存、管理和打印输出；但是成本较高，每个显示屏都要附带微机系统，对于一些室外、远距离、分散的应用场合，工程施工和日常维护都有诸多不便。

③ 主从控制。采用微机（上位机）和单片机（下位机）分布管理和控制 LED 的显示。上位机负责显示数据处理与显示任务分配，有时还要与其他系统进行通信；下位机作为控制器件，接收并执行来自上位机的任务，指挥控制 LED 显示屏上各部件协调工作。上位机与下位机一般通过 RS232 或 RS422 通信，一台上位机可以管理、控制多个下位机同时显示。

④ 红外遥控。在 LED 显示屏控制板（一般为单片机系统）前端加入红外遥控接收器编解码电路，解码电路先将红外接收探头解调后分离出的 16 位 PCM 串行码值进行校验，提取有效的 8 位数据码值，提供给控制板驱动 LED 显示屏。采用红外遥控可以实现开关屏幕及文字编辑，无需专用计算机或其他外设配置，遥控距离可达十几米。这种控制方式常与其他方式结合使用。

⑤ 通信传输和网络控制。根据对信息传输显示的实时性，LED 显示屏的传输控制有通信传输和视频传输。通信传输采用标准的 RS－232 或 RS－485 计算机数据串行通信方式，通过串口按一定的通信协议接收来自计算机串口或其他设备串口的信号，经过处理后按一定的规律传送到显示屏上显示。这种控制方式的显示屏的功能比较单一，适用于简单文字、图形显示，主要是单色及双基色显示屏控制使用，一般情况下直接传输距离可达千米。视频传输方式则是把 LED 显示屏与多媒体技术结合起来，实现了在 LED 显示屏上实时显示计算机监视器上的内容，也可播放录像及电视节目，一般用于播放实时信息的显示屏都采用视频控制方式，具体传输是采用成对的专用长线传输接口电路。

⑥GPRS/GSM 无线控制。利用遍布全国的 GPRS/GSM 基站，通过 GPRS/ 接收模块远程接收信号并通过单片机处理对各类远端显示屏实施控制。此类技术在城市群显、银行 IC 卡收费、系统挂失、卡号广播、机动车辆防盗定位报警等方便已有应用。

8.4.3 有机发光二极管显示技术

1. 有机发光二极管显示简介

有机发光二极管或有机发光显示器（Organic Light Emitting Diode，OLED）本质上属于电致发光（EL）显示器件。电致发光是在半导体、荧光粉为主体的材料上施加电而发光的一种现象。电致发光可分为本征型电致发光和电荷注入型电致发光两大类。本征型电致发光是把 ZnS 等类型的荧光粉混入纤维素之类的电介质中，直接或间接地夹在两电极之间，施加电压后使之发光；注入型电致发光的典型器件是发光二极管，在外加电场作用下使 P－N 结产生电荷注入而发光。有机发光二极管是基于有机材料的一种电流型半导体发光器件，是自 20 世纪中期发展起来的一种新型显示器技术，其原理是通过正负载流子注入有机半导体薄膜后复合产生发光。与液晶显示器件相比，OLED 具有全固态、主动发光、高亮度、高对比度、超薄、低成本、低功耗、快速响应、宽视角、工作温度范围宽、易于柔性显示等诸多优点。

OLED 器件的结构如图 8.25 所示，在纳米铟锡金属氧化物（Indium Tin Oxides，ITO）玻璃上制作一层几十纳米厚的有机发光材料作发光层，发光层上方有一层金属电极。OLED 属于载流子双注入型发光器件，其发光机理为：在外界电压的驱动下，由电极注入的电子与空穴在有机材料中复合而释放出能量，并将能量传递给有机发光物质的分子，后者受到激发，从基态跃迁到激发态，当受激分子从激发态回到基态时辐射跃迁而产生发光现象。为增强电子和空穴的注入和传输能力，通常又在 ITO 和发光层间增加一层有机空穴传输材料或在发光层与金属电极之间增加一层电子传输层，以提高发光效率。

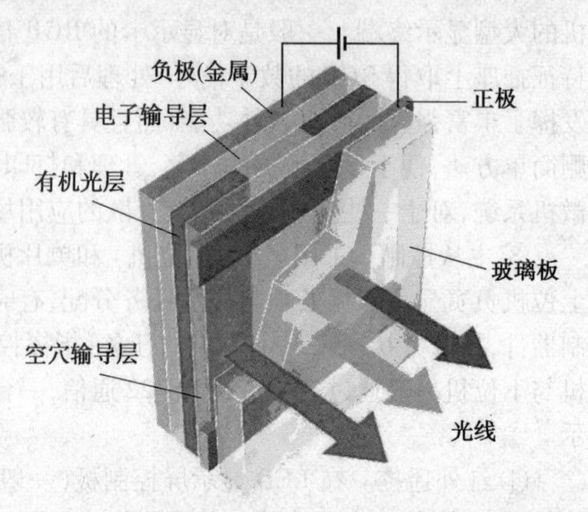

图 8.25　OLED 器件的结构

发光过程通常由以下五个阶段完成：

(1) 在外加电场的作用下载流子的注入：电子和空穴分别从阴极和阳极向夹在电极之间的有机功能薄膜注入。

(2) 载流子的迁移：注入的电子和空穴分别从电子输送层和空穴输送层向发光层迁移。

(3) 载流子的复合：电子和空穴复合产生激子。

(4) 激子的迁移：激子在电场作用下迁移，能量传递给发光分子，并激发电子从基态跃迁到激发态。

(5) 电致发光：激发态能量通过辐射跃迁，产生光子，释放出能量。

每个 OLED 的显示单元都能受控制地产生三种不同颜色的光。OLED 与 LCD 一样，也有主动式和被动式之分，被动方式下由行列地址选中的单元被点亮。主动方式下，OLED 单元后有一个薄膜晶体管（TFT），发光单元在 TFT 驱动下点亮；主动式的 OLED 比较省电，但被动式的 OLED 显示性能更佳。与 LCD 比较，会发现 OLED 优点不少，OLED 可以自身发光，而 LCD 则不发光，所以 OLED 比 LCD 亮得多，对比度大，色彩效果好；OLED 也没有视角范围的限制，视角一般可达到 160°，这样从侧面也不会失真；LCD 需要背景灯光点亮，OLED 只需要点亮的单元才加电，并且电压较低，所以更加省电；OLED 的重量还比 LCD 轻得多；OLED 所需材料很少，制造工艺简单，大量生产时的成本要比 LCD 节省 20%。

2. 有机发光显示器件的分类及特点

按照组件所使用的载流子传输层和发光层有机薄膜材料的不同，OLED 可分为两种不同的技术类型：一是以有机染料和颜料等为发光材料的小分子基 OLED，典型的小分子发光材料为 Alq(8 - 羟基喹啉铝)；另一种是以共轭高分子为发光材料的高分子基 OLED，简称为PLED，典型的高分子发光材料为PPV（聚苯撑乙烯及其衍生物）。有机小分子OLED的原理是：从阴极注入电子，从阳极注入空穴，被注入的电子和空穴在有机层内传输。第一层的作用是传输空穴和阻挡电子，使得没有与空穴复合的电子不能进入正电极；第二层是电致发光层，被注入的电子和空穴在有机层内传输，并在发光层内复合，从而激发发光层中的分子产生单重态激子，单重态激子辐射跃迁而发光。对于聚合物电致发光过程则解释为：在电场的作用下，将空穴和电子分别注入到共轭高分子的最高占有轨道（HOMO）和最低空轨道（LUMO），于是就会产生正、负极子，极子在聚合物链段上转移，最后复合形成单重态激子，单重态激子辐射跃迁而发光。高分子聚合物OLED可以使用旋转涂覆、光照蚀刻，以及最终的喷墨沉积技术来制造。一旦喷墨沉积和塑料衬底技术得以成熟，PLED显示器件将可以被任意定制来满足各种尺寸的需求。

小分子聚合物OLED器件可以使用真空蒸镀技术制造。小的有机分子被装在ITO玻璃衬底上的若干层内。与基于PLED技术的器件相比，SMOLED不仅制造工艺成本更低，可以提供全部262 000种颜色的显示能力，而且有很长的工作寿命。小分子聚合物OLED器件与聚合物相比，小分子具有两方面的突出优点：一是分子结构确定，易于合成和纯化；二是小分子化合物大多采用真空蒸镀成膜，易于形成致密而纯净的薄膜。小分子材料可以通过重结晶、色谱柱分离、分区升华等传统手段来进行提纯操作，从而得到高纯的材料。

8.5 新型光电显示技术

8.5.1 电致变色显示技术

1. 电致变色现象

电致变色（eletro chromism，EC），从显示的角度看则是专门指施加电压后物质发生氧化还原反应使颜色发生可逆性的变色现象。

电致变色主要有三种形式：

① 离子通过电解液进入材料引起变色。

② 金属薄膜电沉积在观察电极上。

③ 彩色不溶性有机物析出在观察电极上。

电致变色显示有以下突出的优点：

① 显示鲜明、清晰，优于液晶显示板。

② 视角大，无论从什么角度看都有较好的对比度。

③ 具有存储性能，如电压去掉且电路断开后，显示信号仍可保持几小时到几天，甚至一个月以上，存储功能不影响寿命。

④ 在存储状态下不消耗功率。

⑤ 工作电压低，仅为0.5 ~ 20 V，可与集成电路匹配。

⑥ 器件可做成全固体化。

电致变色显示也有一些不容忽视的缺点，如响应慢，响应速度（约500 ms）接近秒的数量级,对频繁改变的显示,功耗大致是液晶功耗的数百倍;往复显示的寿命不高(只有 $10^6 \sim 10^7$ 次)。

2. 电致变色显示器件

电致变色器件是一种典型的光学薄膜和电子学薄膜相结合的光电子薄膜器件,能够在外加低压驱动的作用下实现可逆的色彩变化,可以应用在被动显示、灵巧变色窗等领域。

电致变色显示器件结构:一般由五层结构组成,包括两层透明导电层、电致变色层、离子导电层、离子存储层的夹层结构如图 8.26(a) 所示,其显示原理如图 8.26(b) 所示。

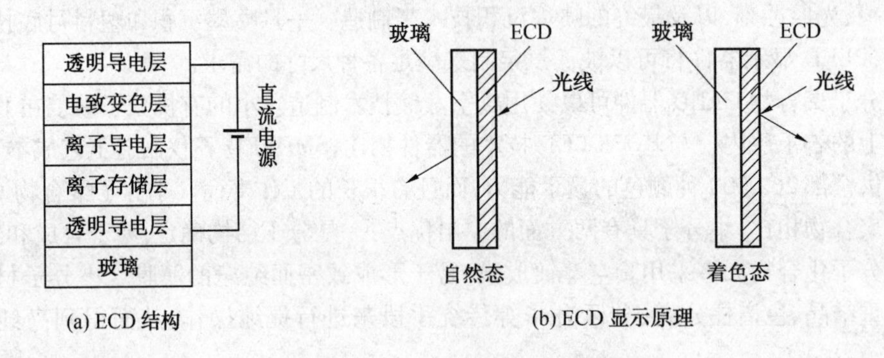

图 8.26　ECD 结构及显示原理

根据电致变色层材料的不同,ECD 又可分为以下两种类型。

(1) 全固态塑料电致变色器件

全固态塑料电致变色器件采用低压反应离子镀工艺在,ITO 塑料衬底上制备 WO_3 和 NiO 电致变色薄膜,采用 MPEO - $LiClO_4$ 高分子聚合物作电解质,制备透射型全固态塑料电致变色器件,变色调制范围达到 30% 左右。

(2) 混合氧化物电致变色器件

混合氧化物可以改善单一氧化物电致变色的性能。TiO_2 具有适宜的离子输运的微观结构、高的力学性能和化学稳定性,它与 WO_3 混合制作电致变色器件,加快了响应时间及延长了器件的寿命。

8.5.2　场致发射显示技术

1. 场致发射显示器件的构成及工作原理

(1) 场致发射显示技术

场致发射显示(Field Emission Display,FED) 与真空荧光显示(VFD) 和 CRT 有许多相似之处,它们都以高能电子轰击荧光粉。与 VFD 不同的是,它用冷阴极微尖阵列场发射代替了热阴极的电子源,用光刻的栅极代替了金属栅网,这种新型的自发光型平板显示器件实际是 CRT 的平板化,兼有 CRT 和固体平板显示器件的优点,不需要传统偏转系统,可平板化,无 X 射线,工作电压低,比 TFT - LCD 更节能,可靠性高。

(2) 场致发射显示器件的构成

场致发射显示器件,即场致发射阵列平板显示器,或称为真空微尖平板显示器(Mini

Flat Panel,MFP),是一种新型的自发光平板显示器件,它实际上是一种很薄的 CRT 显示器,其单元结构是一个微型真空三极管如图 8.27 所示。包括一个作为阴极的金属发射尖锥,孔状的金属栅极以及有透明导电层形成的阳极,阳极表面涂有荧光粉。由于栅极和阳极间距离很小,但在栅极和阴极间加上不高的电压(小于 100 V)时,在阴极的尖端会产生很强的电场,当电场强度大于 5×10^7 V/cm 时,电子由于隧道效应从金属内部穿出进入真空中,并受阳极正电压加速,轰击荧光粉层实现发光显示。

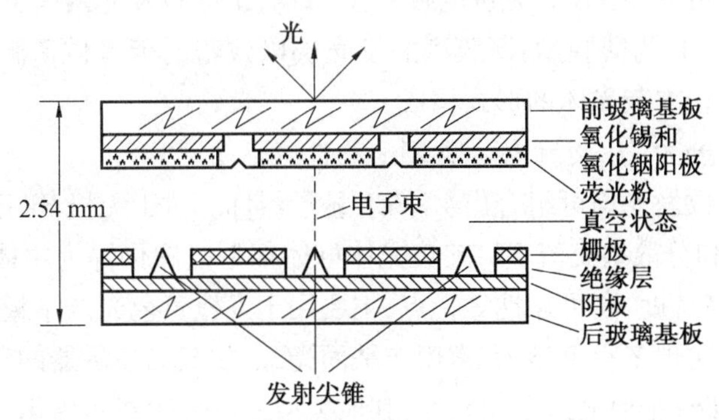

图 8.27　微型真空三极管结构

FED 的制造过程与 LCD 很类似,采用的玻璃平板相同,薄膜沉积和光刻技术也很相似。制作阵列状的微尖锥结构时,采用两步光刻工艺,首先对微孔阵列光刻,这一步有很高的光刻精度(小于 1.5 μm),可用紫外光步进曝光来实现,然后用蒸发和刻蚀制造微尖。用上述方法制造的阴极必须满足三点要求:

① 在整个表面上具有均匀的电子发射。

② 提供充分的电流,以便在低电压下获得高亮度。

③ 在微尖和栅极之间没有短路。

为了满足以上要求,采用了下面两项技术:

① 在导通的阴极和选通的微尖之间利用一个电阻层来控制电流,使每一选通的像素含有大量的微尖,可保证发射的均匀性。

② 高发射密度(104 微尖/mm^2)和小尺寸(直径小于 1.5 μm),使得在 100 V 激励电压下获得 1 mA/mm^2 的电流密度,从而实现高亮度。

2. FED 发展状况

FED 本质上是由许多微型 CRT 组成的平板显示器,其具备下列优点:

① 冷阴极发射。

② 低工作电压。

③ 自发光和高亮度。

④ 宽视角和高速响应。

⑤ 很宽的环境温度变化范围。

FED 是 20 世纪 80 年代末问世的真空微电子学的产物,兼有有源矩阵液晶显示器(AM-LCD)和传统 CRT 的主要优点,显示出强大的市场潜力。其工作方式与 CRT 类似,但厚度仅为几毫米,亮度、灰度、色彩、分辨率和响应速度可与 CRT 相媲美;且工作电压低、功耗小、无 X 射线辐射,成为 CRT 的理想替代品。另外,FED 不需背光、视角大、工作温度范围宽等优点也对目前平板显示器的主流产品 AM - LCD 提出了严峻的挑战。

8.5.3 电致发光显示技术

1. 电致发光显示器件(ELD)的分类及其特征

按发光层材料可分为:① 有无机电致发光;② 有机电致发光两大类。

按结构可分为:① 为薄膜型:薄膜型的发光层以致密的荧光体薄膜构成;② 分散型:分散型的发光层以粉末荧光体的形式构成。

按驱动方式可分为:① 交流驱动型 EL;② 直流驱动型 EL。

无机和有机电致发光均可组合出 4 种 EL 显示器件。对于无机 EL 已经达到实用化的有薄膜型交流 EL 和分散型交流 EL,其荧光体母体都是以硫化锌为主体的无机材料。薄膜型交流 EL 具有高辉度、高可靠性等特点,主要用于发橙黄色光的平板显示器;分散型交流 EL 价格低,容易实现多彩色显示,常用作平面光源,如液晶显示器的背光源。对于有机 EL 主要是薄膜型交流驱动电致发光元件,其他类型还没有达到实用化。

电致发光显示器与其他电子显示器件相比突出的特点:

① 图像显示质量高;

② 受温度变化的影响小;

③EL 是目前所知唯一的全固体显示元件,耐振动冲击的特性极好,适合坦克、装甲车等军事应用;

④ 具有小功耗、薄型、质量轻等特征;

⑤ 快速显示响应时间小于 1 ms;

⑥ 低电磁泄漏(Electro Magnetic Interference,EMI)。

2. ELD 的基本结构及工作原理

(1) 分散型交流电致发光结构原理

分散型交流 EL 元件的基本结构包括以下几个部分。基板为玻璃或柔性塑料板,透明电极采用 ITO 膜,发光层由荧光体粉末分散在有机黏接剂中做成。荧光体粉末的母体材料是 ZnS,其中添加了作为发光中心的活化剂和 Cu、Cl、I 及 Mn 原子等,由此可得到不同的发光颜色。黏接剂采用介电常数较高的有机物,如氰乙基纤维素等。发光层与背电极间设有介电体层以防止绝缘层被破坏,背电极用 Al 膜做成。

分散型交流 EL 元件的发光机理(如图 8.28 所示)简述如下:ZnS 荧光体粉末的粒径为5 ~ 30 μm,通常在一个 ZnS 颗粒中会存在点缺陷及线缺陷。电场在 ZnS 颗粒内会呈非均匀分布,造成发光状态变化。在 ZnS 颗粒内沿线缺陷会有 Cu 析出,形成电导率较大的 Cu_xS,Cu_xS 与 ZnS 形成异质结。可以认为,这样就形成了导电率非常高的 P 型或金属电导状态。当施加电压时,在上述 Cu_xS/ZnS 界面上会产生高于平均电场的电场强度(10^5 ~ 10^6 V/cm)。在这种高场强作用下,位于界面能级的电子会通过隧道效应向 ZnS 内注入,同时与发光中心捕获的空穴发生复合产生发光。当发光中心为 Mn 时,如上所述发生的电子与这些发光中心碰撞使其激发，引起发光。

由图 8.29 可见，在工作电压为 300 V、频率为 400 Hz 时，可获得约 100 cd/m² 的辉度。辉度与频率有关，在低于 100 kHz 的范围内，辉度与频率成正比变化。发光效率随电压的增加，先是增加后是减小，其最大值一般可以从辉度出现饱和趋势的电压区域得到。发光效率正在不断地得到改善，目前可以达到 1 ~ 5 lm/W。分散型交流 EL 元件的最大问题是稳定性差，即寿命短。稳定性与使用环境和驱动条件都有关系，对于环境来说，这种元件的耐湿性很弱，需要钝化保护；对于驱动条件来说，当电压一定时，随工作时间加长，发光亮度下降，尤其是驱动频率较高时，在高辉度下工作会更快地劣化。可定义亮度降到初期值一半的时间为寿命，或称为半衰期，第一代 EL 的开发初期最长寿命仅 100 h。随着荧光体粉末材料处理条件的改善，防湿材料树脂膜注入以及改良驱动条件等，在驱动参数为 200 V、400 Hz 的条件下，其寿命已能达到 2 500 h。

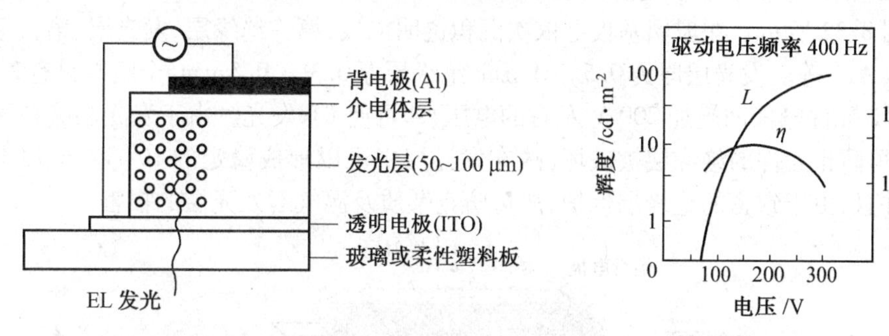

图 8.28　分散型交流 EL 元件的基本原理　　图 8.29　分散型交流 EL 元件辉度 - 电压(L - V) 和发光效率 - 电压(η - V) 特性

(2) 分散型直流电致发光结构原理

分散型直流 EL 元件的基本结构如 8.30 所示。在玻璃基板上形成透明电极，将 ZnS：Cu、M 荧光体粉末与少量黏接剂的混合物均匀涂布于上，厚度为 30 ~ 50 μm。由于是直流驱动，应选择具有导电性的荧光体层，为此选用粒径为 0.5 ~ 1 μm 的较细的荧光粉末。将 ZnS 荧光体浸在 Cu_2SO_4 溶液中进行热处理，使其表面产生具有导电性的 Cu_xS 层，这种工艺叫做包铜处理。最后再蒸镀 Al，形成背电极，从而得到 EL 元件。

分散型直流 EL 元件制成之后，先不让它马上发光，而是在透明电极一侧接电源正极，Al 背电极一侧接电源负极，在一定的电压下经长时间放置后，再让其正式发光。在这个定形化(forming) 处理过程中，Cu^{2+} 离子会从透明电极附近的荧光体粒子向 Al 电极一侧迁移，结果在透明电极一侧会出现没有 Cu_xS 包覆的、电阻率高的 ZnS 层(脱铜层)。这样，外加电压的大部分会作用在脱铜层上，使该层中形成 10^6 V/cm 的强电场，在此电场的作用下，会使电子注入到 ZnS 层中，经加速成为发光中心。

在 100 V 左右的电压下可获得大约 500 cd/m² 的辉度。即使采用占空比为1% 左右的脉冲波形来驱动，也能得到与交流驱动相同程度的辉度，如图 8.31 所示。此时元件发光效率一般在 0.5 ~ 1 lm/W 的范围内，且经严格防湿处理后可延长其寿命。直流驱动的寿命大约为 1 000 h，脉冲驱动可达 5 000 h。

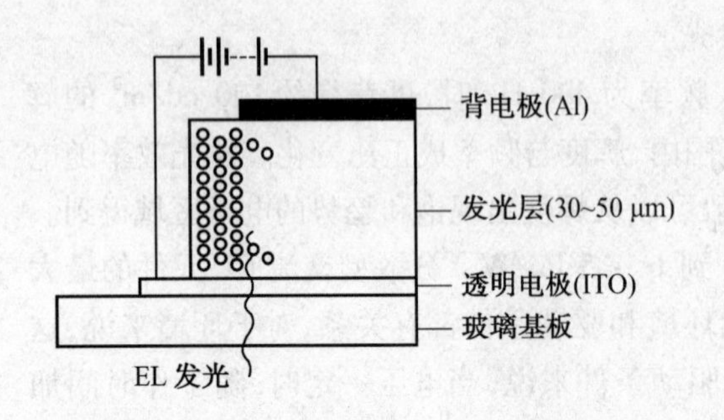

图 8.30　分散型直流 EL 元件的基本结构

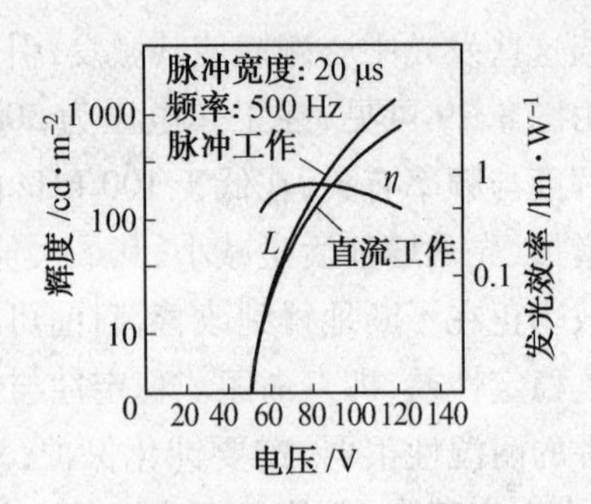

图 8.31　分散型直流 EL 元件辉度 - 电压($L-V$) 和发光效率 - 电压($\eta-V$) 特性

(3) 薄膜型交流电致发光

薄膜型交流EL元件是将发光层薄膜夹于两层绝缘膜之间组成三明治结构形式,其基本结构如图 8.32 所示。在玻璃基板上依次沉积透明电极、第一绝缘层、发光层、第二绝缘层、背电极(A1)等。发光层厚为0.5 ~ 1 μm,绝缘层厚0.3 ~ 0.5 μm,全膜厚只有2 μm左右。在 EL 元件电极间施加 200 V 左右的电压,即可使 EL 发光。由于发光层夹在两绝缘层之间,可防止元件的绝缘层被破坏,故在发光层中可以形成稳定的 10^6 V/cm 以上的强电场。并且,由于致密的绝缘层保护,故可防止杂质及湿气对发光层的损害。

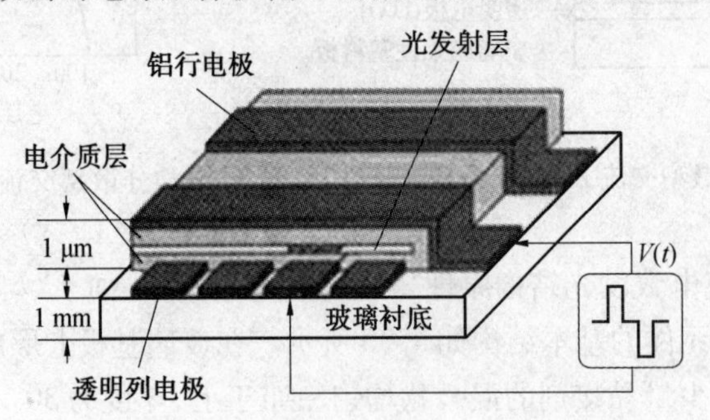

图 8.32　二层绝缘膜结构薄膜型交流 EL 元件

从发光机制来说,可用 ZnS∶Mn 系荧光体的碰撞激发来解释。即当施加的电压大于阈值电压 V_{th} 时,由于隧道效应,从绝缘层与发光层间的界面能级飞出的电子被 10^6 V/cm 的强电场加速,使其热电子化,并碰撞激发 Mn 等发光中心。被激发的内壳层电子从激发能级向原始能级返回时,产生EL发光,激发发光中心的热电子,在发光层与绝缘层的界面上停止移动,即产生极化作用。这种极化电场与外加电场相重叠,在交流驱动施加反极性脉冲电压时,会使发光层中的电场强度加强。

辉度在 V_{th} 处急速上升如图 8.33 所示,此后出现饱和倾向,发光效率在辉度急速上升的电压范围内达到最大值。EL 发光的上升沿约数微秒,下降沿约数毫秒量级,辉度在千赫兹范围内与电压频率成正比增加。两层绝缘膜结构的 ZnS∶Mn 在制成之后开始工作的一段时间内,辉度 - 电压特性会发生变化,然后渐渐达到稳定状态。这是制作时导入的各种变形、不稳定因素及电荷分布不均匀性等逐渐趋于稳定的过程,该过程就是老化,并非元件性能的恶化。老化充分的元件,其性能极为稳定,工作 20 000 h 以上,辉度不会明显降低。

(4) 薄膜型直流电致发光

这种电致发光元件结构简单,在薄膜发光层的两侧直接形成电极即可。迄今为止已试做过各种各样的元件,由于没有绝缘膜保护,很难维持稳定的强电场,故至今未能达到实用化。

(5) 有机薄膜电致发光

上述EL元件的发光层都是由无机材料做成的,另外还有一种有机薄膜发光层及空穴输送层的注入型薄膜EL元件(结构如图8.34)。目前有机EL的研究重点是:研制高稳定性的R、G、B3基色和白色器件已向实用化迈进,并在此基础上研究用于动态显示的矩阵屏及实现高质量动态显示的驱动电路。

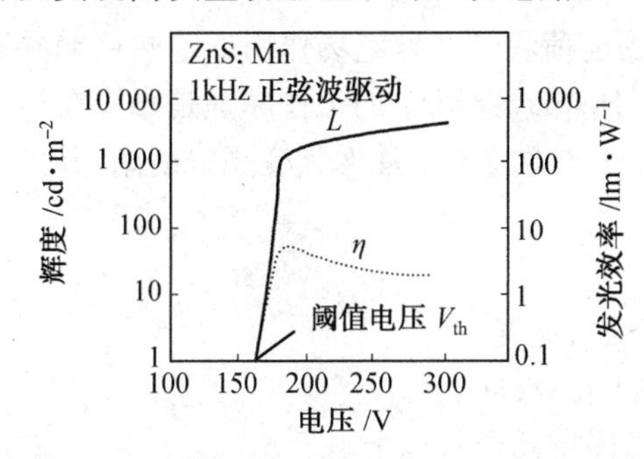

图 8.33 ZnS:Mn薄膜型交流EL元件辉度-电压($L-V$)和发光效率-电压($\eta-V$)特性

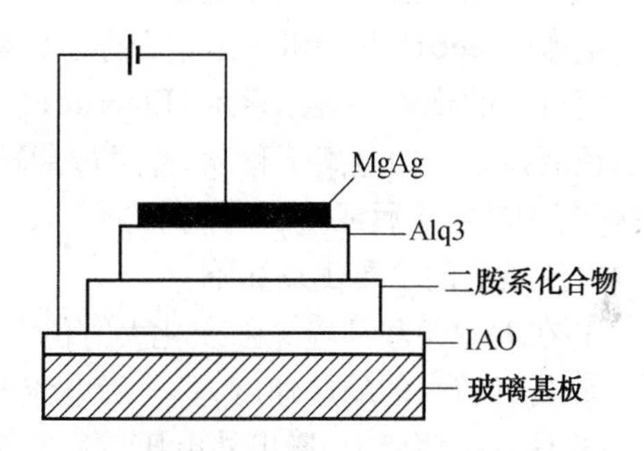

图 8.34 OEL元件的结构

OLED能提供真正像纸一样薄的显示器,它又薄(总厚度不到1 μm)又轻,具有低功耗(驱动电压5 ~ 10 V),广视角,响应速度快(亚微秒级),工作稳定范围宽,成本低,易实现全彩色大面积显示等一系列优点,见表8.4。

表8.4 有机EL和无机EL比较

性能特点	有机EL	无机EL
电极	低逸出功材料	Al,Mn,ITO膜
制造方法	低温真空沉积	高温真空沉积
效率	高	低
对比度	低	高
电压	低(DC)	高(AC)
电流	大	小
稳定性		很好
显示面积	小	大

有机EL比无机EL易于彩色化,主要是有机EL比较容易解决蓝色发光问题,从而更容易实现全彩色显示。实现全彩色显示的方式主要有以下几种:

① 红、绿、蓝3色各点分别采用3色发光材料独立发光。

② 将蓝色显示作为色变换层,使其一部分转变为红色和绿色,从而形成红、绿、蓝三基色。

③ 使用白色有机EL为背光,采用类似LCD所用的彩色滤光片来达到全彩色的效果。

④ 使用特殊材料,在不同的驱动电压下显示不同的颜色。

⑤ 激光共振方式。

⑥ 将红、绿、蓝3色发光膜重叠起来构成彩色像素。

8.5.4 电泳显示技术和铁电陶瓷显示技术

1. 电泳显示技术和电泳显示器件

电泳(electro phoretic)是指悬浮于液体中的电荷粒子在外电场作用下定向移动并附着在电极上的现象。电泳显示(Electro Phoretic Display,EPD)的工作原理是靠浸在透明或彩色液体之中的电离子移动,即通过翻转或流动的微粒子来使像素变亮或变暗,并可以被制作在玻璃、金属或塑料衬底上。

电泳显示的主要优点如下:

① 在大视角和环境光强变化大时仍有较高的对比度。

② 具有较高的响应速度,且显示电流低(约1 $\mu A/cm^2$)。

③ 具有存储能力,撤出外电压后仍能使图像保持几个月以上。

④ 工作寿命长,在电源被关闭之后,仍能在显示器上将图像保留几天或几个月。

⑤ 采用控制技术可实现矩阵选址,可与集成电路配合。

⑥ 价格低,工艺简单。

电泳显示的基本原理:

在两块玻璃间夹一层厚约50 μm的胶质悬浮体,两块玻璃上都涂有透明导电层,胶质悬浮体由悬浮液、悬浮色素微粒及稳定剂或电荷控制剂组成。其中色素微粒由于吸附液体中杂质离子而带同号电荷,当加上外电场,微粒便移向一个电极,该电极就呈色素粒子颜色;一旦电场反向,微粒也反向移动,该电极又变成悬浮液的颜色。悬浮颜色相当于背景颜色,微粒颜色就是欲显示的字符颜色,两者之间应有较大的反差,将透明电极制成需要的电极形状就可以显示出较复杂的图形。

2. 铁电陶瓷显示技术

(1) 铁电陶瓷

铁电陶瓷(ferroelectric ceramics)指主晶相为铁电体的陶瓷材料,它的主要特性如下:

① 在一定温度范围内存在自发极化,当高于某一居里温度时,自发极化消失,铁电相变为顺电相。

② 存在电畴。

③ 发生极化状态改变时,其介电常数-温度特性发生显著变化,出现峰值,并服从Curie-Weiss定律。

④ 极化强度随外加电场强度而变化,形成电滞回线。

⑤ 介电常数随外加电场呈非线性变化。

⑥ 在电场作用下产生电致伸缩或电致应变。

铁电陶瓷电性能如下：

① 高抗电压强度和介电常数。

② 低老化率。

③ 在一定温度范围内（－55 ～＋85 ℃）介电常数变化率较小。介电常数或介质的电容量随交流电场或直流电场的变化率小。

常见的铁电陶瓷多属钙钛矿型结构，如钛酸钡陶瓷（$BaTiO_3$）及其固溶体，也有钨青铜型、含铋层状化合物和烧绿石型等结构。

(2) 铁电陶瓷显示技术

铁电陶瓷平板显示技术即利用一些铁电陶瓷材料所拥有的铁电发射性能制成电子发射阴极，代替场致发射平板显示器中的微尖阵列，较好地解决了 FED 技术中的阴极制作工艺复杂的问题，同时，在许多性能上也有所改善。

铁电陶瓷平板显示技术与其他一些平板显示技术相比，具有许多优点。

① 铁电陶瓷板和铁电薄膜制备工艺较为简单，成本较低，可有效降低平板显示器的制造成本。同时可以根据需要制作出各种尺寸和形状的陶瓷板或薄膜，易于制作大尺寸的平板显示器。

② 现代陶瓷制备技术和薄膜制备技术可以保证制造出高度均匀的铁电陶瓷板和铁电薄膜，使得其在铁电发射时能均匀地发射电子，保证显示器亮度的均匀性。

③ 铁电陶瓷在变化的诱导电场下可以产生显著的脉冲发射电流，足以使荧光粉发光并保证足够的亮度，脉冲发射电流的大小可以通过外加电场方便而迅速地加以控制。

④ 铁电陶瓷具有陶瓷材料所特有的高稳定性、良好的耐久性、无衰变等特点，保证了显示器的长时间正常使用。

⑤ 铁电发射是一个自发射过程。从理论上讲，低于 5 V 的电压就可改变铁电材料的极化状态，在铁电薄膜上施加很小的脉冲电压就可获得高达 100 A/cm^2 的发射电流密度，因此应用在一些手持显示设备中只需要几到几十伏脉冲电压就可显像，大大降低了能耗。

⑥ 场致发射平板显示器等传统的平板显示技术需要一个较高的真空环境，微尖场发射阵列需要 1.3×10^{-3} Pa 以下的高真空度，有时需要达到 1.3×10^{-6} ～ 1.3×10^{-7} Pa 的真空环境下才能发射电子。而铁电发射只需在一个低真空环境（0.13 ～ 13 Pa），利用 PZT 陶瓷薄膜在 1.3 ～ 13 Pa 的低真空环境下即可获得高达 100 A/cm^2 的铁电发射，使得制造平板显示器更为容易。

(3) 铁电陶瓷在其他显示技术中的应用

铁电陶瓷材料还可用在液晶显示技术上。液晶在一定的电场作用下可改变其透明度，利用这种光阀作用控制背光的透过而显示各种图像。在显示过程中，作用在液晶上的电荷因漏电等各种原因而迅速衰减，导致图像对比度的下降。如果液晶显示器中增加一种铁电功能梯度材料（FGM）薄膜，利用铁电陶瓷的残余极化性能，将由此产生的电场施加在液晶显示单元上，就可获得高清晰度、高对比度的图像。此外，一些铁电陶瓷材料还具有良好的电光效应。PLZT 陶瓷的双折射率随外加电场而发生变化,利用这种现象可以做成 PLZT 光阀。通过电场变化改变不同陶瓷薄膜位置的透光率,可以制成高质量的彩色投影显示器,具有响应时间短、对比度高、亮度高等优点,获得较传统投影电视更为优越的性能。因此,PLZT 铁电陶瓷薄膜电光效应在彩色投影技术上也有着广泛的应用前景。

习　题

1. 简述液晶的种类与特点。用什么方法判断液晶的纯度?
2. 液晶材料的物理性质与显示技术之间存在何种关系?
3. 什么是液晶的热光效应?简述液晶热像显示原理。
4. 液晶显示器有哪些驱动方法?
5. 简述发光二极管的结构。发光二极管的驱动有几种方式?
6. 典型 LED 显示系统有哪几个单元组成?说明各单元作用。
7. LED 显示器件有哪些控制模式?
8. 电致发光有几种类型?有机发光显示器件有几种类型?
9. 电致变色有几种形式?分别说明这几种形式。
10. 什么是电泳?电泳显示的主要优点有哪些?
11. 简述电泳显示的基本原理。
12. 什么是铁电陶瓷显示技术?

参考文献

[1] 孙凤久. 应用光电子技术基础[M]. 沈阳:东北大学出版社,2005.
[2] 高明. 光电仪器设计[M]. 西安:西北工业大学出版社,2005.
[3] 石顺祥. 光电子技术及应用[M]. 成都:电子科技大学出版社,2000.
[4] 李文峰. 光电显示技术[M]. 北京:清华大学出版社,2010.
[5] 江月松. 光电信息技术基础[M]. 北京:北京航空航天大学出版社,2005.

第9章　太赫兹波技术与应用

9.1　太赫兹波

太赫兹(THz)波(也称为THz辐射、T-射线、亚毫米波或远红外)通常是指频率为$10^{11}\sim3\times10^{13}$ Hz(波长为3 mm ~ 10 μm)的电磁波,也可以扩展到10^{14} Hz,如图9.1所示。它的位置在电磁波谱中处于发展相对较完善的远红外线与微波之间,其短波段与红外线重合,长波段与毫米波重合。因此太赫兹波处于电子学和光学的交界处,从而既不能完全用电子学理论处理,也不能完全用光子学理论处理。因而此波段的研究工作进展缓慢。由于没有合适的THz信号源与探测器,科学家对该波段电磁辐射性质了解的非常有限,以至于该波段成为电子学与光子学中间的一个空白。除了用作频率单位之外,1 THz也可以表示成如下不同形式:

· 角频率　$\omega=2\pi\nu=6.28$ THz

· 周　期　$\tau=1/\nu=1$ ps

· 波　长　$\lambda=c/\nu=300$ μm

· 波　数　$\bar{\nu}=1/\lambda=33.3\ \text{cm}^{-1}$

· 能　量　$h\nu=\omega=4.14$ meV

· 温　度　$T=h\nu/k_B=48$ K

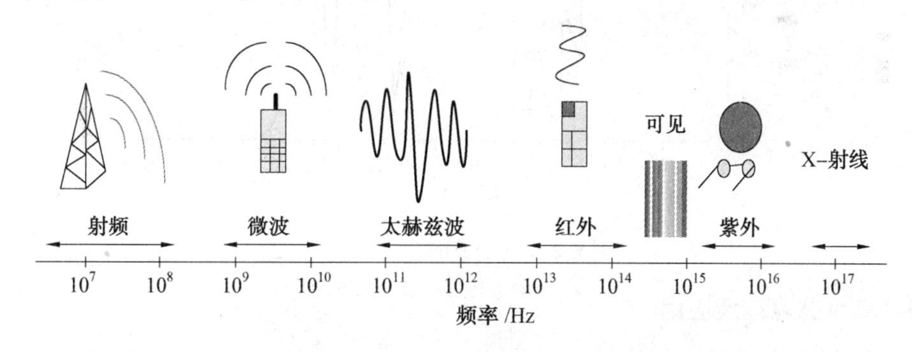

图9.1　THz波段在电磁波谱中的位置

近年来由于超快技术和量子级联激光器的发展,促进了THz波产生与探测技术以及相关应用技术的蓬勃发展。THz波的独特性质决定了它具有广泛的应用领域,它在THz成像与波谱学、THz医学与生物化学诊断、安全与反恐、宽带移动通信、等离子聚变、尤其是在卫星通信和军用雷达等方面具有重大的科学价值和广阔的应用前景。而且国际科技界公认,THz科学技术是一个非常重要的交叉前沿领域,THz技术曾被美国出版的《科技评论》列为改变未来世界的十大技术之一,THz技术可能引发科学技术的革命性发展。

9.1.1 太赫兹波特点

(1) 穿透性。对于碳板、纸箱、陶瓷、墙壁、塑料、布料等非极性材料,THz 波具有很强的穿透力,使得其能在某些特殊领域,如质量检测或安全检查等方面发挥作用;

(2) 低能性。用于医疗、安检的 X 射线光子能量在 keV 量级,而 THz 波的光子能量只有 meV,因此 THz 波适合于 DNA、酶等生物组织的检查,而不会产生有害的电离;

(3) 瞬态性。THz 脉冲的周期在皮秒量级,不但可以方便地对各种材料(包括液体、半导体、超导体、生物样品等)进行时间分辨的研究,而且能够有效地抑制背景辐射噪声的干扰,其信噪比可以达到 10^4;

(4) 宽带性。在频宽方面,由于单脉冲太赫兹波覆盖 GHz 到几十 THz,具有很宽的频带,所以有望在无线电通信方面弥补微波通信的不足(即频带窄的特点);

(5) 低散性。与光波相比,THz 辐射波长较长,在非均匀物质中有较少的散射;

(6) 相干性。THz 辐射的时间和空间相干性主要源于其产生机制。通过 THz 波的相干测量技术能够从测量结果中方便地提取材料的折射率、吸收系数等光学参数。

除此之外,相对于无线电波和红外辐射,由于水分子的吸收 THz 波在大气中是不透明的,如图 9.2 所示,而且水分子对 THz 辐射有较强的吸收,因此,可以通过这种特性分析物质所含水分的多少并检测大部分食物的新鲜程度。同时,许多固体中的晶格振动、有机化合物大幅度的振动、极性大分子的转动、振动和平动能级、超导体的带隙以及半导体中的带间跃迁正好处于 THz 频段,因此 THz 光谱技术在这些材料中有广阔的应用前景。

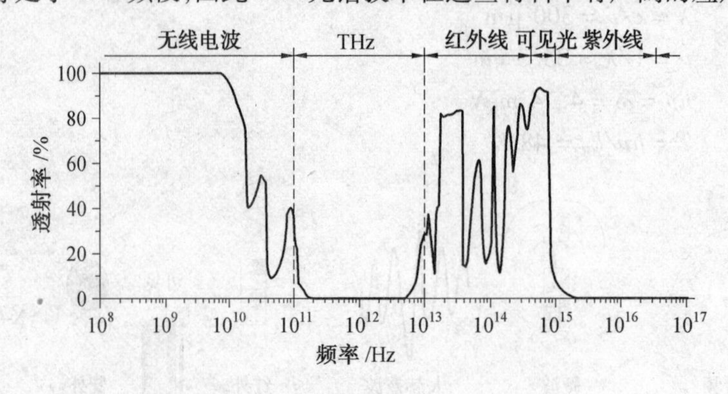

图 9.2 电磁波的大气透射谱

9.1.2 太赫兹波应用

1. THz 电磁波成像

20 世纪 90 年代初,美国 Bell 实验室的 B. B. Hu 和 M. Nuss 等人建立了国际上第一套基于电光 THz 时域光谱技术的成像装置,并于 1998 年授权给 Picometrix 公司。之后许多科学家相继开展如电光取样成像、近场成像、层析成像等研究。THz 电磁波可以穿透非极性和非金属材料如纸张、塑料、织物、木头、陶瓷、生物体组织以及大部分包装材料。利用 THz 电磁波可以检查机场通关的旅客行李,如图 9.3 所示。检查恐怖分子所携带的手枪、刀具或炸弹以及邮件中是否藏有违禁物品。图 9.4 为 THz 波穿过衣服探测携带在身体上的工具。它的非接触性和非破坏性对密封包装的检测以及研究珍贵艺术作品和古生物化石等样品极有价值。另外,THz 时域谱成像在检查集成电路中金属引线断裂、陶瓷工艺品中的裂缝以及高聚物内部的气泡等方面有广泛的应用。一个最典型的例子是 2003 年哥伦比亚号航天飞机返回地球在即将着陆时发生爆炸,美国纽约伦塞勤工学院的 THz 技术研究组受命参与事故分析,利用THz成像技术对航天飞机的隔热泡沫材料进行无损检查,结果发现其中有大量缺陷存在,这是目前其他方法做不到的。

图9.3　密封纸箱中金属盒塑料物体的 THz 成像

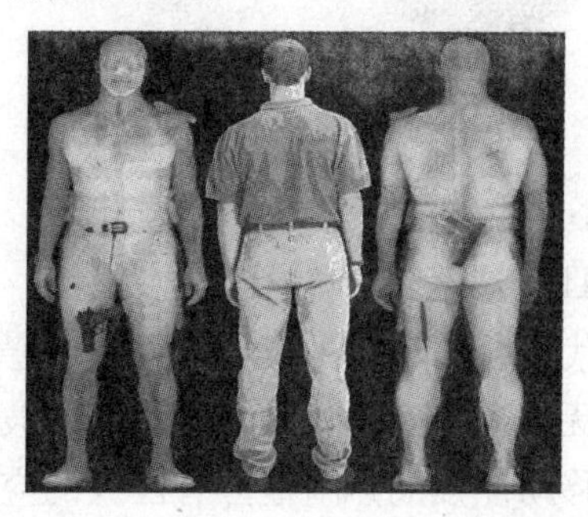

图 9.4　THz 波探测被隐藏的手枪和刀具

2. THz 波医疗诊断

太赫兹医疗诊断与 X - Ray、MRI - 核磁共振以及超声检测相比,具有明显的优势,即空间分辨率高,不会产生电离辐射。X - Ray 成像的空间分辨率高,但有很强的辐射损伤;MRI 成像不会产生电离损伤,但是需要超导体,设备体积大,价格昂贵;超声检测价格便宜,但是分辨率很低,信噪比很低。

由于 THz 辐射对水分子很敏感,所以通过探测水含量的变化可以区别生物体的健康组织和病态组织,图 9.5 为分析树叶中的水含量。另外,由于很多生物组织分子振动和转动能级多处于THz 波段,其THz 光谱包含有丰富的信息,所以 THz 辐射可用于生物体的探测和疾病诊断,图 9.6 为利用 THz 成像系统拍摄的病变图像。BCC(一种表层皮肤癌)产生于皮肤表层的最深处,通常的诊断是采用活检方法,最有效的方法是 Mohs 手术,但是康复率只有 1%。在手术过程中,需要不断割取皮肤表层在显微镜下观察癌细胞,直到检查不到癌细胞为止,这个过程患者要承受极大的痛苦,而利用THz 脉冲成像技术可以在手术前评估癌细胞入侵组织的深度和范围,从而提高手术效率。此外,在基因工程中,通过分析 DNA 可以识别多核苷酸碱基序列,普通的荧光标记方法存在精度低、价格高以及用时长等缺陷,而利用 THz 光谱技术直接检测不同类型的 DNA 分子,可以实现在基因芯片技术中 DNA 的无标记工作方式。

3. 天文学应用

星际间的尘埃和云的光谱在 100 μm ~ 1 mm,这使得天文学家将目光集中在 THz 探测技术上。这些尘埃辐射的谱线大多数是不可见的,仅仅有一部分是可以识别的。而通过绘制高分辨率太赫兹谱线可以消除大气吸收和其他谱线的影响。通过观察星系中的谱线能量,发现自大爆炸以来,约有一半的发光度和 98% 的光子辐射落在亚毫米波和远红外区域。而太赫兹波探测器可以探测出早期宇宙中星际的形成区域以及所存在其他丰富的物质分子。毫无疑问,人类探测行星中适合外星系生命体存在所需的温度、压力和组分是通过亚毫米波遥感测量和太赫兹光谱技术实现的。

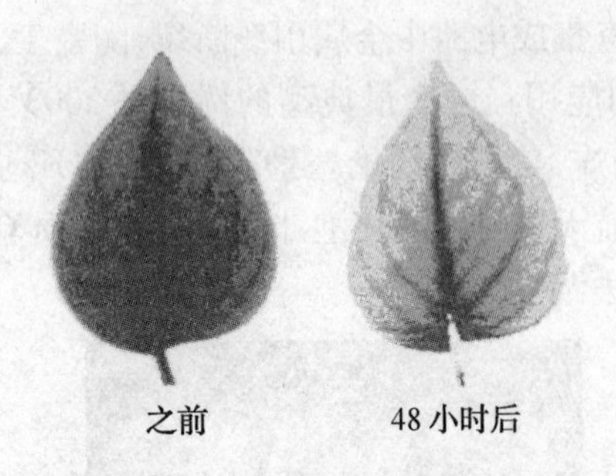

图 9.5　树叶水分含量的 THz 波成像

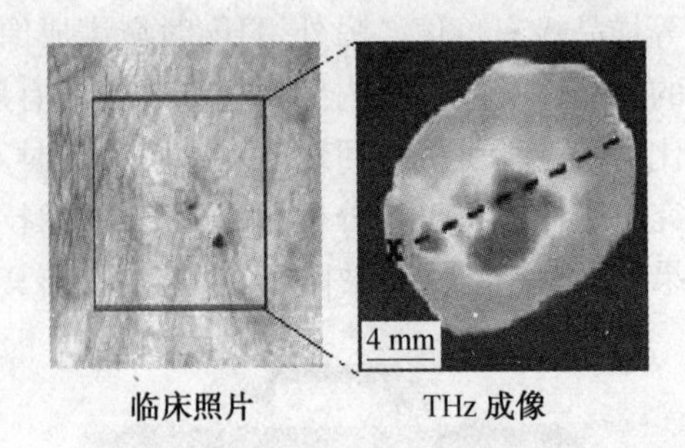

图 9.6　组织病变 THz 图像

4. THz 波通信

现代社会信息流迅速增加，要求信号的载频不断提高。光纤通信的数据传输率达到 Tbit/s，无线通信远远比这个低。THz 波通信在农村地区、发生灾难区域、医疗视频传输领域以及移动性强的热闹地区有巨大的应用潜力。它的天线尺寸非常小，具有较强的云雾穿透能力，更有利于安全通信。国际通信联盟已指定 200 GHz 的频段为下一步卫星间通信之用。目前带宽为 120 GHz 毫米波无线通信线路已经建成，已实现的太赫兹通信容量能达到 10 Gbps 以上。

太赫兹波作为无线通信，具有较高的宽带特性，更有利于宽带卫星移动通信，THz 卫星太空成像和通信技术可能是今后各大国关注的重要领域。

产生 THz 辐射主要是通过非线性光学介质以及使电子加速运动实现的。其中利用光电导天线与光整流产生 THz 辐射是最常用的方法。但是光电导天线辐射 THz 波的频率较低，而且需要较高的偏置电场，这对半导体材料的抗击穿能力有很高的要求，而光整流产生的 THz 辐射，其能量较小，需要解决相位匹配的关键问题。除此之外，量子级联激光的出现成为科学家研究产生 THz 辐射的一个热点。很多国外的科研单位将大量的人力、物力投入到这个方向中。在目前还没有真正意义的 THz 辐射源情况下，量子级联激光器将成为具有潜力的研究项目。

由此看来，探索研究 THz 辐射源对未来实现 THz 技术在各个领域的实际应用具有前所未有的重要意义。由于 THz 辐射源没有得到很好的解决，THz 科学技术的发展受到极大限制，从而使 THz 技术应用潜能无法充分地发挥出来。也正是因为这样，国际科技界一直致力 THz 辐射源的研究，使之成为 THz 科学技术中最为核心的关键技术，也吸引更多的科研人员从事开发 THz 源的创新工作。

9.2　太赫兹波的产生

利用超短激光脉冲对不同材料，如 $LiTaO_3$、$LiNbO_3$，半导体材料 ZnSe、ZnTe、CdTe，有机物 DAST，金属包括空气在内的各种气体等激发，可以产生宽频带的太赫兹脉冲辐射，其中基于光电导原理和光整流效应的脉冲太赫兹波产生技术较为成熟、应用较为广泛。经实验可用作光电导开关的光电导材料及其参数见表 9.1。

表 9.1　光电导材料特性

光电导材料名称	载流子寿命 /ps	迁移率 /($cm^2\cdot(V\cdot s)^{-1}$)	电阻率 /Ω·cm	禁带宽度 /eV
掺 Cr 半绝缘 GaAs	50 ~ 100	1 000	10^7	1.43
低温 GaAs	0.3	150 ~ 200	10^6	1.43
半绝缘 InP	50 ~ 100	1 000	4×10^7	1.34
离子注入 InP	2 ~ 4	200	$>10^6$	1.34
蓝宝石衬底上的辐射损伤 Si	0.6	30	—	1.1
多晶 Si	0.8 ~ 20	1	10^7	1.1
MOCVD CdTe	0.5	180	—	1.49
低温 $In_{0.52}Al_{0.48}As$	0.4	5	—	1.45
离子注入 Ge	0.6	100	-	0.66

在表中所有材料中,广泛应用的主要是蓝宝石衬底上的辐射损伤硅(RD - SOS)和低温 GaAs(LT - GaAs)。RD - SOS 是在0.32 mm厚的蓝宝石衬底上制备1 μm厚、电阻率为50 Ω·cm的Si,再通过注入Ar、Si或O离子形成。通过注入离子形成位错缺陷,从而可以缩短载流子的寿命,RD - SOS 的载流子寿命强烈依赖于注入离子的数量。

自从 LT - GaAs 出现以来,引起了广泛的关注,由于它们拥有亚皮秒载流子寿命,较高的载流子迁移率以及高的击穿场强使得它们在超快光电子学中有广泛的应用。LT - GaAs 的特性取决于分子束外延(MBE)过程中的工艺条件和生长后的退火处理,特别是生长过程中,过量的 As 会导致高密度的点缺陷,这种缺陷会形成非辐射的复合中心从而降低载流子寿命;如果生长温度过低也会导致载流子寿命的减少。在 180 ~ 240 ℃ 的 LT - GaAs 具有亚皮秒的载流子寿命,在 200 ℃ 时载流子寿命最短,可达到 0.2 ps。LT - GaAs 中,空穴的迁移率比电子迁移率低一个数量级,所以太赫兹波段的载流子输运电子起主要作用。为了增加样品的电阻率,必须进行退火处理。在室温下,LT - GaAs 的电阻率为 10 Ω·cm,而在 600 ℃ 以上退火后的电阻率为 10^7 Ω·cm。表 9.2 为产生太赫兹波辐射的技术比较。

表 9.2　产生太赫兹波辐射的技术比较

	光泵太赫兹激光器	时域光谱仪	后向波振荡器	直接倍频源	混频器
平均功率	100 mW	~ 1 μm	10 mW	mW - μm	几十 nW
频率范围	0.3 ~ 10 THz	0.1 ~ 2 THz	0.1 ~ 1.5 THz	0.1 ~ 1 THz	0.3 ~ 10 THz
可调谐性	离散线条	不可调	200 GHz	中心频率的 10% ~ 15%	连续可调
连续波 / 脉冲	连续或脉冲	脉冲	连续	连续	连续

9.2.1 利用光电导天线产生 THz

20 世纪 80 年代末提出了飞秒激光激发加偏压的光电导天线产生太赫兹脉冲的方法，图 9.7 为常用的光电导天线太赫兹辐射源的结构图。

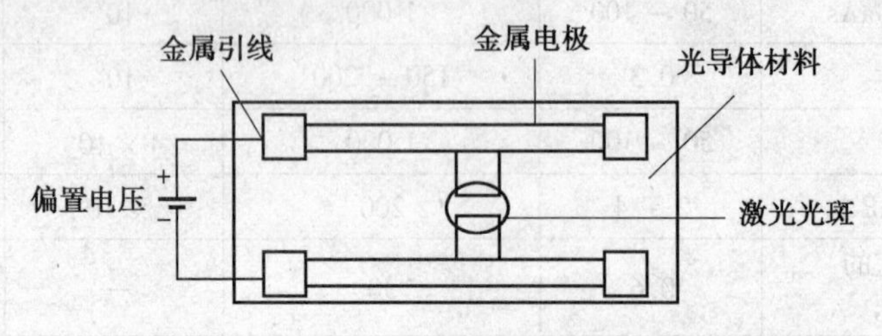

图 9.7　光电导天线太赫兹辐射源的结构图

光电导方法就是在光电导半导体材料表面淀积金属制成偶极天线电极结构，用光子能量大于半导体禁带宽度的超短脉冲激光照射半导体材料，使半导体材料中产生电子-空穴对，在外加偏置电场中产生载流子的瞬态输运，这种随时间变化的瞬态光电流的变化，便会发射太赫兹电磁辐射，其原理如图 9.8 所示。由于辐射的能量主要来自天线上所加的偏置电场，可以通过调节外加电场的强弱获得能量较高的太赫兹波。而制作大孔径的光电导天线可以提高太赫兹波辐射的效率。

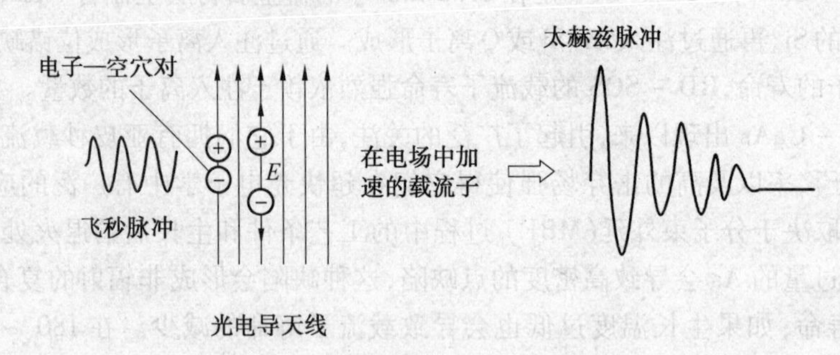

图 9.8　光电导天线太赫兹辐射图

THz 电磁辐射发射系统的性能主要决定于三个因素：光导体、天线几何结构和泵浦激光脉冲宽度。光导体是产生 THz 场的关键部件，性能良好的光导体应具有尽可能短的载流子寿命、高的载流子迁移率和介质耐击穿强度。应用最多的是 Si 和低温生长的 GaAs。天线一般采用基本偶极子天线、共振偶极子天线、锥形天线、传输线以及大孔径光电导天线等，由于偶极子天线的结构相对简单，所以大部分实验中都采用这种结构天线。此外为了增大 THz 信号功率，可采用天线阵列。

对于一个自由空间中的基本偶极子天线，在一定距离 r 和一定时间 t 辐射的电场为

$$E(r,t)=\frac{l_e}{4\pi\varepsilon_0 c^2 r}\frac{\partial J(t)}{\partial t}\sin\theta\propto\frac{\partial J(t)}{\partial t}$$

式中，$J(t)$ 是偶极子的电流密度；l_e 是偶极子等效长度；θ 偏离偶极子方向角。上式表明，辐射电场幅度正比于瞬态光生电流对时间的偏导数和偶极子的等效长度。光电流密度为

$$j(t)\propto I(t)\otimes[n(t)ev(t)] \tag{9.1}$$

式中，$\otimes$ 为卷积；$I(t)$ 为光强；$n(t)$ 和 $v(t)$ 分别为光生载流子密度和速率。

在半导体中，光生自由载流子的动力学也可用经典的 Drude 模型描述，根据这个模型，自由载流子的平均速率满足微分方程

$$\frac{\mathrm{d}v(t)}{\mathrm{d}t}=-\frac{v(t)}{\tau}+\frac{e}{m}E(t) \tag{9.2}$$

式中，τ 为驰豫时间；m 为载流子等效质量。

电流密度 $n(t)ev(t)$ 代表光电导天线的冲击响应。图 9.9 为光电导天线中的光电流密度和远场 THz 波辐射以及瞬态脉冲。

在图9.7的结构中，THz 脉冲是从衬底一侧发射，这是基于天线理论，介质表面的偶极子天线的辐射功率在介质中比在空气中的高 $\frac{\varepsilon^{3/2}}{2}$ 倍，ε 是衬底材料的相对介电常数。

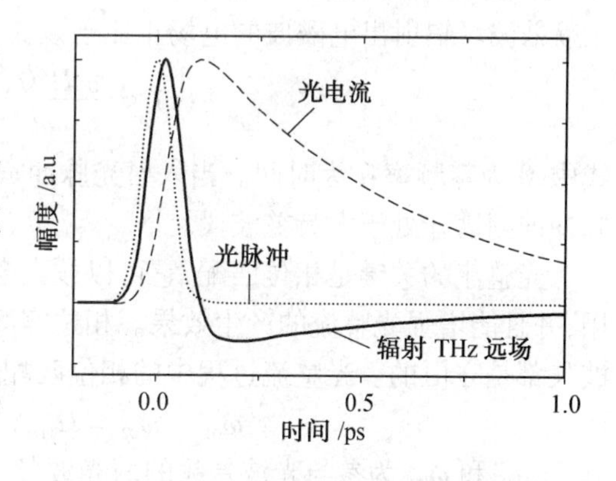

图 9.9　光电流密度与远场 THz 波辐射

9.2.2　光整流

光整流是产生太赫兹辐射脉冲的另一种方法，两光束在线性介质中可以独立传播，且不改变各自的振荡频率。然而在非线性介质中，它们将发生混合，从而产生和频振荡与差频振荡现象。出射光中，除了和入射光相同的频率的光波外还有新的频率（如差频）的光波。而且当一束高强度的单色光在非线性介质中传播时，它会在介质内部通过差频振荡效应激发出一个恒定的电极化场。恒定的电极化场不辐射电磁波，但在介质内部建立一个直流电场。这种现象叫做光整流效应。

超短激光脉冲技术的发展为光整流效应的应用开辟了新途径。根据傅里叶变换理论可知，当一束超短激光脉冲入射到非线性介质中时，激光脉冲可以分解成一系列单色光束的叠加，这些单色光将会在非线性介质中发生混合和频振荡将会产生频率接近于二次谐波的光波，而差频振荡效应会产生一个低频的时变电极化场。这个电极化场就可以辐射出太赫兹波。

光整流过程是一个二阶非线性过程，是电光效应的逆过程，如图 9.10 所示。

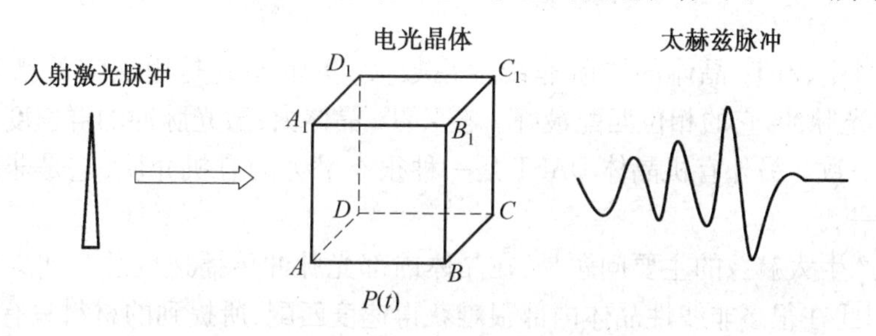

图 9.10　光整流原理图

当光场与具有二阶非线性性质的介质相互作用时，由具有同样频率的两个光子差频得到一个与光强度成正比的直流电场。该过程可以描述为

$$P(0)=\chi^{2}(\omega,-\omega,0)E(\omega)E^{*}(-\omega) \tag{9.3}$$

式中，P 为电极化强度；χ^{2} 为二阶非线性极化率；ω 为基频。

如果实现光整流过程的场是以脉冲形式存在的,光整流过程所产生的“直流”电场就是一个与光脉冲的包络有关的时间函数。这将在介质中产生一个交变的电场,从而发射太赫兹波。辐射出电磁波的电场正比于该交变电场的时间二阶微分

$$E(t) \propto \frac{\partial^2 P(0,t)}{\partial t^2} = \chi^{(2)} \frac{\partial^2 I(t)}{\partial t^2} \tag{9.4}$$

式中,0 为零频率;t 为时间。当入射光脉冲宽度在皮秒或亚皮秒尺度时,辐射出的电磁波脉冲的频谱即处于太赫兹波段。

光整流的关键是相位匹配,它可以放大激光和太赫兹脉冲在非线性介质中的相互作用,并且能增强光整流的产生效果。相位匹配要求参与非线性过程的各个光波的频率和波矢都是守恒的。光整流过程中的相位匹配条件为

$$\omega_{01} - \omega_{02} = \Omega_{\mathrm{THz}}, \quad K_{01} - K_{02} = K_{\mathrm{THz}} \tag{9.5}$$

其中 ω_{01} 和 ω_{02} 为参与光波差频的两光波频率,K_{01} 和 K_{02} 为相应的波矢。将以上两式相除,并且注意到 $\Omega_{\mathrm{THz}} \ll \omega_0$ 和 $K_{\mathrm{THz}} \ll K_0$,得到

$$\frac{\partial \omega_0}{\partial K_0} = \frac{\Omega_{\mathrm{THz}}}{K_{\mathrm{THz}}} \tag{9.6}$$

亦即

$$v_{g,0} = v_{\mathrm{ph,THz}} \tag{9.7}$$

即当光脉冲的群速度等于太赫兹波的相速度时,光整流过程满足相位匹配条件。

光整流产生的太赫兹脉冲宽度与入射脉冲宽度相当,可以获得连续的太赫兹波,产生的太赫兹脉冲具有较高的时间分辨率、较宽的波谱范围,波形可以合成,而且实验调整简单,但很难获得相位匹配,产生的太赫兹脉冲的能量直接来自泵浦激光脉冲的能量,所以需要飞秒激光器,太赫兹脉冲的最大功率受飞秒激光脉冲影响又受到介质损伤阈值的制约。光整流的转换效率主要受材料的非线性系数和相位匹配条件等因素的影响。

光整流效应中常用的电光晶体有 $LiTaO_3$、$LiNbO_3$,半导体材料有 ZnSe、ZnTe、InP、CdTe、GaAs 和有机晶体 DAST 等。选择使用的非线性晶体应具有以下几个特点:在所使用波段范围内具有较高的透过率、具有高的损伤阈值、具有大的非线性系数及强的相位匹配能力。

常用材料中,ZnTe 晶体的二阶非线性系数大,更重要的是用钛宝石激光器能产生 800 nm 的激光脉冲,它的相位匹配最好。在 ZnTe 晶体内,激光脉冲的群速度与太赫兹脉冲的相速度一致。另外有机晶体 DAST 是一种很有潜力的有机介质,它是非线性效应最强的物质之一。

光整流产生太赫兹的主要问题是:在晶体内部光脉冲传播速度总是比太赫兹脉冲传播速度快,因此在很多非线性晶体内部很难获得速度匹配,所提到的材料只有对特定的泵浦光频率和特定的太赫兹频率可以获得速度匹配,在太赫兹这个宽频段做到相位匹配是十分困难的。

9.2.3 半导体表面场效应

一些半导体的表面存在表面态,表面态的费米能级与半导体内部的费米能级不同,因此这些半导体的能带在表面附近发生弯曲,并产生表面电场。由于表面电场的存在,在表

面电场区域中的电子密度比半导体内低，叫做耗尽层，如图 9.11 所示。

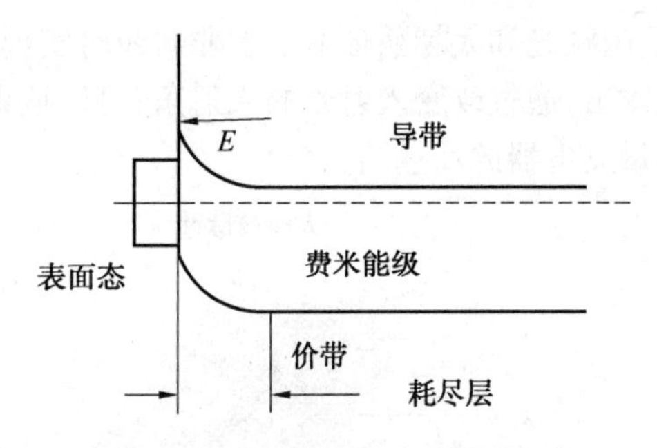

图 9.11　半导体表面弯曲和表面场

在没有泵浦光的情况下，耗尽层内部的电子、空穴漂移形成动态平衡，不表现出宏观的电荷运动，当一束光子能量大于半导体带隙的超短激光照射到半导体表面时，半导体受激产生光生自由载流子就会破坏半导体中载流子的动态平衡，如图 9.12。光生电子、空穴的电性相反，在表面电场分离，并产生偶极子振荡，进而辐射出太赫兹波，如图 9.13 所示。

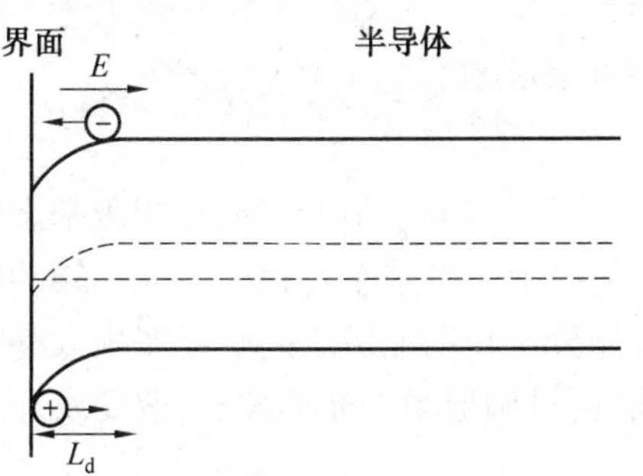

图 9.12　半导体表面受激产生载流子

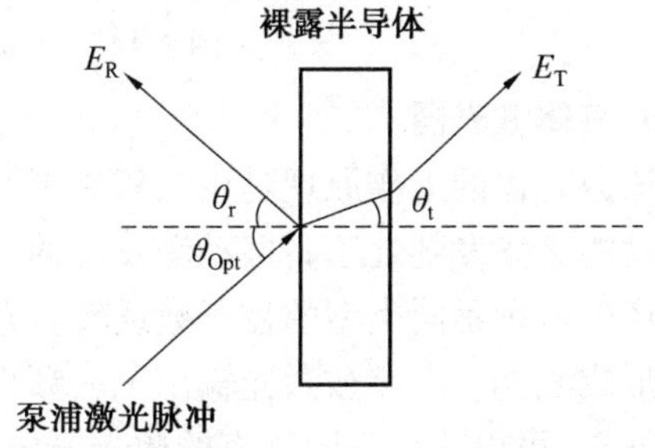

裸露半导体
E_R
E_T
θ_r
θ_t
θ_{Opt}
泵浦激光脉冲

图 9.13　半导体表面发射 THz 脉冲示意图

这一太赫兹发射具有方向性

$$E_R(t) = Z_s J_s(t) \sin \theta_r / (\cos \theta_r + n_s \cos \theta_t) \tag{9.8}$$

$$E_T(t) = \frac{T(\theta_t)}{n} E_R(t) \tag{9.9}$$

式中，Z_s 为半导体的特征阻抗；n_s 为发射材料的折射率；θ_r 为太赫兹辐射的反射角；$T(\theta_t)$ 为半导体与空气界面的透射系数；$E_R(t)$、$E_T(t)$ 为太赫兹辐射的反射和透射方向的电场；$J_s(t)$ 为耗尽区的电流密度。

一些宽带的半导体利用这种原理获得太赫兹辐射，常用的材料有 InP、GaAs、GaSb、CdSb、CdTe、CdSe 和 Ge 等。

9.2.4　基于光学技术的太赫兹发射器

1. 空气产生太赫兹

将超短激光脉冲聚焦在周围的空气中直接产生太赫兹技术。当高能量的超短激光脉冲聚焦在空气中时，焦点处的空气就会发生电离现象形成等离子体。由此形成的有质动力会使离子电荷和电子电荷之间形成很大的密度差。这种电荷分离过程会导致强有力的电磁瞬变现象发生，从而辐射出太赫兹波。

2. 太赫兹参量发射器

这种装置所使用的是调 Q 的纳秒激光，利用非线性晶体使两束具有一定频率差的激光频率下转换，产生太赫兹波。基于频率下转换的太赫兹发射可以分为共线相位匹配和非共线相位匹配两种模式。在 $LiNbO_3$ 晶体通过频率下转换产生太赫兹波的过程在泵浦光、闲频光和太赫兹辐射三者非共线时实现的相位匹配。在这种装置中太赫兹从晶体侧面输出，通过改变入射光的入射角，可以调谐输出太赫兹的频率。图 9.14 为一台太赫兹参量发生器的示意图。

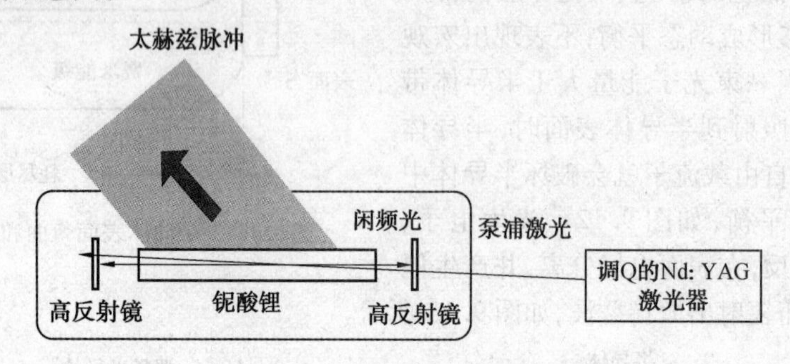

图 9.14　太赫兹参量发生器示意图

3. 气体激光器

该激光器的工作原理是用二氧化碳激光的光子将气体分子由处于振动能级基态的一个转动能级激发到处于高振动激发态的一个转动能级上。在这个过程中可能在转动能级之间产生两种不同类型的粒子数反转。电子在气体分子转动能级之间跃迁产生太赫兹辐射并形成激光。太赫兹激光输出单一频率的谱线，通过调谐激发光的波长，改变媒介气体以及气压，可以获得不同频率的激光输出。

9.3　电子学的太赫兹发射源

9.3.1　返波管

返波管发射太赫兹的基本原理是，在返波管的一段是阴极电子枪，电子枪发射的电子在高压电场中加速向另一端运动。在阴极和阳极之间存在一个周期分布的电极组成的电子减速系统。当电子通过该减速系统时，高速电子被该电磁场减速，从而将其携带的能量转化为电磁场能量。电磁场沿电子运动方向相反的方向传播并得到放大，最后由靠近阴极的波导将其耦合出去。因此被称为返波管，如图 9.15 所示。其所发出的电磁波的频率由减速系统的周期和电子速度决定。

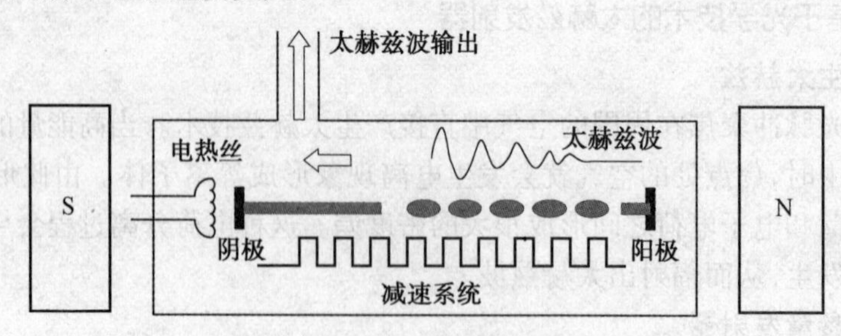

图 9.15　返波管结构示意图

9.3.2 自由电子激光器

自由电子激光器是相对论性自由电子进入摇摆器磁场的自发辐射和有光学谐振腔情况下的受激辐射。在自由电子激光器中,一束高速自由电子在真空中传输并通过具有空间变化的强磁场,在这个磁场和纵向导引磁场的作用下使得电子束振荡并发射光子,反射镜用来把光子限制在电子束内,作为激光的增益介质,图 9.16 为其原理图。可以产生连续或脉冲式的太赫兹辐射,其辐射出的太赫兹辐射比光电导天线方法所产生的功率高出六个数量级。自由电子激光器的信噪比很高。

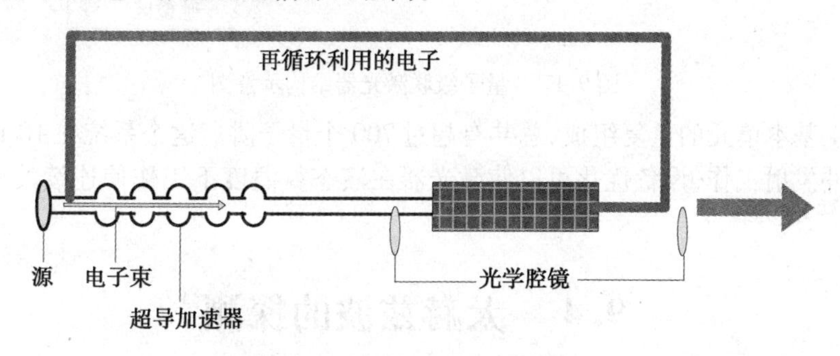

图 9.16　自由电子激光器示意图

9.3.3 量子级联激光器

基于半导体全固态 THz 量子级联激光器(Quantum Cascade Lasers,QCL)由于其转换率高、体积小、轻便和易集成等优点成为 THz 发射源领域研究的热点。

太赫兹量子级联激光器和中红外量子级联激光器工作原理是一样的。与传统的激光器相比 QCL 有两个主要的特点,首先,它是一种子带间的单极器件,是利用了电子在不同子带间的跃迁来辐射光子,而不考虑空穴的输运;其次,它是一个级联的结构,即有几十甚至一百多个重复单元周期组成,电子在每个周期内重复释放光子,这样就提高了器件的输出功率。QCL 的每个单元都包含注入区、激活区和弛豫区三部分,如图 9.17 所示。注入区把电子从上一个周期注入到下一个周期,电子在激活区内存在着粒子反转,电子会辐射出一个光子,同时电子从高能区跃迁到低能区,最后电子在弛豫区中被抽取并注入到下一个周期中,由注入区耦合,电子将处于下一个激活区的高能级。重复以上过程,一个电子就可以辐射出多个光子。注入区是由几个宽度相近的量子阱组成,电子的波函数一般会遍布整个注入区,形成一个微带。注入区后面由一个较宽的势垒隔开的是激活区,它由三个量子阱组成。电子首先通过共振隧穿注入到子带 3 上。另外,在这三个量子阱中还存在两个能量低于子带3的能级2和1。释放光子的电子由子带3跃迁到子带2,电子会迅速从子带 2 跃迁到子带 1,从而维持子带 3 与 2 之间的粒子数反转的状态。电子到达子带 1 后,可以进一步注入到下一个周期。

量子级联激光器已经在红外光谱段被实现,但是一些重要的问题仍制约太赫兹量子级联激光器的实现,主要原因是太赫兹辐射的长波长。这样的结果是一个大的光学模式造成小增益介质与光场之间很弱的耦合。由于材料中自由电子的存在造成大的光学损耗。Kohler 等人创新设计了一个运行在 4.4 THz 的量子级联激光器考虑了这些问题。激

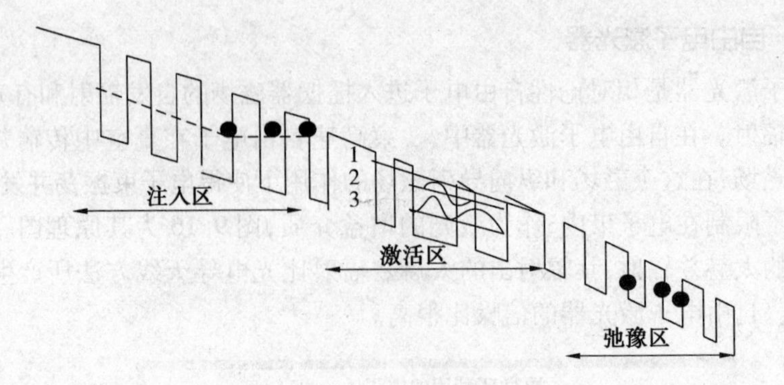

图 9.17　量子级联激光器结构示意图

光器由 104 基本单元的重复组成，总共有超过 700 个量子阱。这个系统在 10 K 的温度下可实现脉冲发射工作，设备优化可以使激光器在液态氮温度下工作使连续波模式变为可能。

9.4　太赫兹波的探测

9.4.1　光电导取样

光电导取样探测是基于光电导产生太赫兹辐射的逆过程，其装置与光电导产生太赫兹的装置相似，如图 9.18 所示。用一束探测脉冲打到光导天线两个电极之间的电介质上，这时介质受激产生电子 - 空穴对（自由载流子）。当没有 THz 脉冲入射时，光电导天线中不存在光电流，此时探测到的信号为零；当 THz 脉冲入射到光电导天线上时，相当于在天线两极之间加了一个偏置电压，以此来加速光生载流子形成电流，电流的大小与 THz 瞬时电场是成正比的。探测脉冲的持续时间要远短于太赫兹脉冲的持续时间，通过调节探测脉冲和 THz 脉冲之间的时间延迟对 THz 脉冲进行取样。

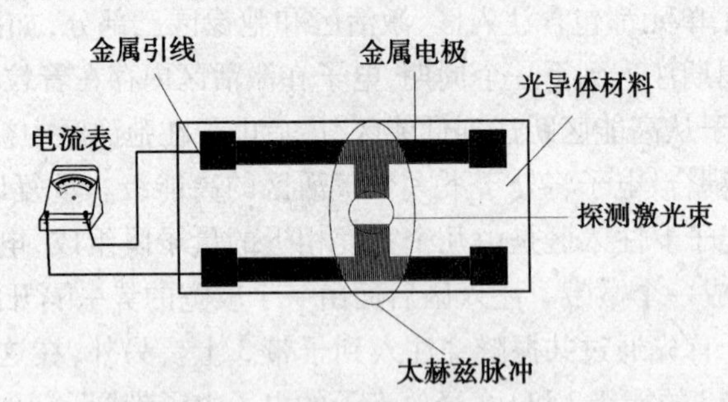

图 9.18　光电到取样装置图

光生电流大小与所加的偏置 THz 电场的场强大小成线性关系

$$E_{\mathrm{THz}} \propto J_{\mathrm{opt}} \tag{9.10}$$

产生在光电导天线终端的光生电流 $q(t)$ 为

$$q(t)=\int u(t)g(t-\tau)\,\mathrm{d}(t) \tag{9.11}$$

$u(t)$ 为光电导天线两极之间的电势差,计算公式为

$$u(t)=\int H(\omega)E(\omega)\exp(\mathrm{i}\omega t)\mathrm{d}\omega \tag{9.12}$$

$E(\omega)$ 由入射 THz 脉冲 $E_{\mathrm{THz}}(t)$ 的傅立叶变换得到。$H(\omega)$ 为天线的传输函数,即光电导天线两极之间的电压和入射的调整脉冲电场强度的比值,$g(t)$ 是光电导天线两电极之间的传导系数,表示为

$$g(t)=\int I(t')\{1-\exp[1-\exp(t-t')/\tau_{rel}]\}\exp[(t-t')/\tau]\mathrm{d}t' \tag{9.13}$$

式中,τ_{rel} 为光电导的动量弛豫时间;τ 为载流子的寿命时间。

从式(9.13)中可以看出,光电导取样的输出信号是由入射的太赫兹电场、光电导的动量弛豫时间和载流子寿命决定的。使用这种方法探测时,为了提高对空间中太赫兹辐射的耦合效率,经常使用一块超半球透镜。这种方法多采用低温生长的 GaAs、Si、半绝缘的 InP 等作为基底介质。光电导取样的采样天线的谐振特性和光生载流子的寿命制约了光电导取样的响应速度。用一个宽度比太赫脉冲宽度大很多的光电流对脉冲宽度仅有皮秒量级的太赫兹辐射脉冲进行采样,获得的结果是整个太赫兹脉冲的平均值,因此光生载流子的影响比较大。为了减少载流子的寿命,一种方法是在半导体中引入适当的缺陷,形成复合中心加速载流子的复合。还有一种方法可以减少载流子寿命,那就是减少载流子的输运时间,输运时间受偏置电压的大小、迁移率的高低和电极之间距离限制,所以可以通过改变这几个参数来改变载流子的输运时间。

9.4.2 自由空间电光取样

自由空间电光取样技术基于线性电光效应,电光采样基本原理如图 9.19 所示。飞秒激光通过光整流产生太赫兹脉冲,当太赫兹脉冲和探测脉冲共线入射电光晶体上时,晶体在太赫兹脉冲电场的影响下,会发生瞬态双折射,使其折射率椭球发生变化。这样与太赫兹脉冲共线入射到晶体中的探测脉冲就会被影响,使其偏振态由线性偏振变为椭圆偏振,其相位也被调制。通过晶体的探测光经过四分之一波片后经过沃拉斯顿棱镜分为偏正态互相垂直的两束光,这两束光的光强差就会与所加的太赫兹电场强度成正比,将两束光射入差分检测器中,将光强差变为电流差。利用锁相放大器读数可以探测到太赫兹电场,通过调节时间延迟线调节探测脉冲和太赫兹脉冲的时间延迟,扫描整个太赫兹电场就可以得到整个太赫兹的时域波形。

太赫兹电场在这里起到的作用就是外加偏置电场,即有

$$\Delta n\propto E_{\mathrm{THz}}(t) \tag{9.14}$$

在通过晶体时探测光的相位变化为

$$\Delta\varphi=\frac{2\pi l}{\lambda}\Delta n \tag{9.15}$$

式中,l 即为晶体的厚度;λ 为探测光在空气中的波长;Δn 是太赫兹电场引起晶体折射率椭球的变化。则被渥拉斯顿棱镜分为偏振态互相垂直的两束光的光强差为

$$\Delta I\propto I_0\sin\Delta\varphi \tag{9.16}$$

即锁相放大器读出的电流差与太赫兹电场的关系为

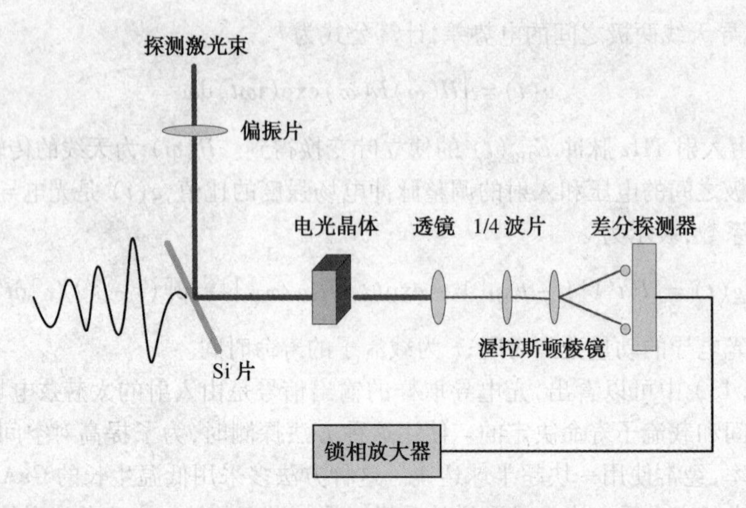

图 9.19　电光取样基本原理

$$\Delta I \propto I_0 \sin \Delta\varphi \propto E_{\mathrm{THz}} \tag{9.17}$$

常用的电光晶体有 ZnTe、ZnSe、CdTe、$LITaO_3$、$LiNbO_3$、GaP 等,其中 ZnTe 是一种具有良好相位匹配特性和较好电光性质的晶体,成为最常用的产生和探测 THz 辐射的电光晶体。该晶体对电场响应时间比探测脉冲宽度还小的多,并且在远红外和近红外频段中的折射率相当,从而能够进行有效的 THz 探测。

自由空间电光取样相比于光电导取样具有更高的灵敏度,更快的响应速度,更高的分辨率,更宽的探测频谱宽度,更小的噪声。

9.4.3　连续太赫兹信号的探测

对于连续太赫兹波的检测,最常用的是热效应探测器,其原理是基于热吸收的宽波段直接探测。不过需要冷却来降低热背景,这类装置有液氦冷却的 Si、Ge、InP 测辐射热计。如果需要更高的频率分辨率时,则需采用另外的窄带探测方法,这类太赫兹波探测有电子探测器、半导体探测器等。其中热效应探测器大都是基于热吸收效应,它们吸收方便,但只能做非相干探测,不能获取相干太赫兹波的相位信息。电子探测器是基于电子学的变频技术,特点是成本较低,结构紧凑。

1. 测辐射热计

测辐射热计是一种非相干探测器,只记录所探测的辐射功率大小。其原理是用一个电阻将温度为 T_0 的热源和吸收体连接起来,然后对吸收体施加偏置功率为 P_{bias} 的偏置电场,则这时如果吸收体接收到辐射功率为 P_{signal} 的太赫兹辐射信号,吸收体的温度会高于热源温度。如果保持偏置功率 P_{bias} 不变,当 P_{signal} 发生变化时,电阻温度会相应地发生改变,由此可以通过电阻来测量辐射功率。

测辐射热计的工作温度一般为 1.6 K 左右,但它的工作物质是半导体材料 Si,其工作频率为 0.1 ~ 100 THz,噪声等效功率约为 4.53×10^{-15} W/Hz$^{1/2}$,响应率约为 8.143×10^6 V/W,以及对应的调幅为 10 ~ 200 Hz。

2. 高莱探测器

当太赫兹辐射通过接收窗口照射到吸收薄膜上时,吸收薄膜将能量传递给与之相连的气室，使气体温度和气压升高，以此驱动与气室相连的反射镜膨胀偏转，通过光学方法检测反射镜的移动量，就能间接地测量太赫兹辐射，这种探测器的优点是对波长不进行选择，响应波段宽，且能够在室温条件下工作，使用方便，但由于其反应时间长，灵敏度低，一般只用于辐射变化缓慢的场合。

高莱探测器的最大输入功率为 10 μW，工作频率为 0.1 ~ 100 THz，其噪声等效功率约为 10^{-10} W/Hz$^{1/2}$，响应率约为 1.53×10^5 V/W，但调幅只有 20 Hz。

3. 热释电探测器

热释电探测器是利用热释电材料的自发极化强度随温度而变化的效应制成的一种热敏型红外探测器。典型热释电材料是硫酸三甘酞(TGS) 和 $LiTaO_3$。热释电材料是一种具有自发极化的电介质，其自发极化强度随温度变化，可用热释电系数 p 来描述$p = dP/dT$，其中P为极化强度，T为温度。在恒定温度下，材料的自发极化被体内的电荷和表面吸附电荷所中和。如果把热释电材料做成表面垂直于极化方向的平行薄片，当红外辐射到薄片表面时，薄片因吸收辐射而发生温度变化，引起极化强度的变化。而中和电荷由于材料的电阻率高跟不上这一变化，其结果是薄片的两表面之间出现瞬态电压。若有电阻跨接在两表面之间，电荷就通过外电路形成电流。电流的大小除与热释电系数成正比外，还与薄片的温度变化率成正比，可用来测量入射辐射的强弱。

4. 肖特基二极管

肖特基二极管也称肖特基势垒二极管，是一种低功耗超高速半导体器件，其反向恢复时间短(可以小到几纳秒)，正向导通电压仅为 0.4 V 左右，而整流电流可达到几千安培，它们的这些特性是快恢复二极管所无法比拟的。它对太赫兹的探测是一种外差式探测，待测信号与该本征太赫兹信号混合，对信号频率进行下转换，然后再对转换后的低频信号进行放大测量。

肖特基二极管的工作频率为 0.6 THz 以上，带宽约为 50 GHz，噪声等效功率约为 10^{-8} W/Hz$^{1/2}$，响应率为 100 ~ 3 000 V/W，调幅达到 kHz。

5. 场效应晶体管

场效应晶体管通过一层绝缘体或宽带隙半导体把整流栅和信道隔开，那层绝缘体或半导体作为二维电子气来用。其中可用流体动力学方程分析选通二维电子气中的等离子体波，而选通二维电子气中的等离子体波的色散与共振频率满足线性关系

$$\omega_0 = \frac{\pi(1 + 2n)}{2L}\sqrt{\frac{4\pi e^2 nd}{m\varepsilon}}$$

式中，L 为栅的宽度；d 为栅的厚度。

在 FET 晶体管的操作过程中，DC 光栅和电源之间的电压决定了信号中的电子密度，因此等离子体波的信号速度远高于电子的漂移速度，如果再加上一个稳定的电源电压以及漏极电流的话，可以导致共振频率下的边界条件不对称。而太赫兹波能够导致交流电压的产生，通过这个交流电压又可以激发出等离子体波。根据二阶非线性和不对称的边界条件，晶体管中可以产生一个直流电压，而它正比于辐射线的功率。

9.5 太赫兹时域光谱系统

由于太赫兹波段处于光子学与电子学的过渡范围,从而在实验中很难产生和探测太赫兹波。随着超快激光的进展,这个频段的电磁波逐渐被人们所认识。特别是太赫兹时域光谱系统(THz - TDS)的诞生,使其成为凝聚态物质中探测电子输运的强有力工具。

THz - TDS是20世纪80年代由AT&T,Bell实验室和IBM公司的Wastson研究中心发展起来。该系统利用THz脉冲透射样品或在样品表面发生反射,测量由此产生的THz电场随时间的变化,利用傅立叶变换获得THz脉冲在频域上的振幅及相位的变化量,从而提取出样品的信息。THz - TDS系统可以有效地探测多种材料,如电介质材料、半导体材料、气体分子、生物大分子以及超导材料在THz波段的色散及吸收信息。根据样品吸收谱中的吸收峰频率可以判断样品的能级差,分析其化学组成及结构,通过非接触的方法可以确定材料的复电导率。THz - TDS技术主要用于研究材料在太赫兹波段的性质和物理现象,也可用于太赫兹波成像。

9.5.1 太赫兹时域光谱系统构成

根据太赫兹波透过被测样品或从被测样品表面反射,可以将太赫兹时域光谱系统分为透射式和反射式两种。透射式太赫兹时域光谱系统就是使产生的太赫兹辐射透过被测样品,这样穿过样品的太赫兹辐射就携带了样品的信息。图9.20为透射式THz - TDS系统。透射式的光路调节起来比较方便,能够获得较高的信噪比,因此透射式的太赫兹时域光谱技术使用比较广泛。但这种方法适合对太赫兹吸收或反射较小的样品,对于吸收比较强的材料,就需要用到反射式的太赫兹时域光谱技术,通过测量样品表面反射的太赫兹辐射来获得被测样品的信息。这种方法在实验技术上的要求比较高,需要被测样品的位置和参考反射镜的位置严格相同,加大了样品及反射镜的制作难度,对光路的要求比透射式太赫兹时域光谱技术高得多,实现起来比较困难。

系统主要由飞秒激光器、太赫兹发射晶体、太赫兹检测晶体、自动时间延迟线和差分探测器组成,图9.20中R_1、R_2是宽带介质高反射镜(45°入射,波长650 ~ 1 000 nm),M_1、M_2是自动延迟线上的反射镜。

系统中产生太赫兹波常用的飞秒激光器是钛宝石锁模激光器,它的中心波长位于800 nm。由飞秒激光器产生的超快激光通过分束镜将光分成相互垂直的两束光,透射光作为激发GaAs晶体发射太赫兹波的泵浦光,反射光作为探测光,来探测太赫兹波。泵浦光经过反射镜R_2、R_3、R_4、R_5、R_6,这些反射镜的作用是调节泵浦激光脉冲与探测激光脉冲光程,使其相等。激光脉冲经过斩波器,通过透镜L_1聚焦到GaAs晶体上,使晶体发生光整流效应产生太赫兹波,之后用滤光片滤掉多余的泵浦光,太赫兹波通过抛物面镜PM_1准直和PM_2聚集,透过Si片,同时探测光经过时间延迟线M_1反射镜,反射到M_2上,出射光经过反射镜R_7并由Si片反射,与太赫兹波共线入射到探测晶体ZnTe上,探测晶体ZnTe会发生瞬态双折射,它的折射率椭球会发生改变,当探测脉冲在晶体内与太赫兹波共线传输时,它的相位会被调制。由于电光晶体的折射率会被太赫兹脉冲电场调制,所以探测光经过电光晶体时,其偏振状态将会由线偏振转变为椭圆偏振,经过调制的太赫兹脉冲经过四

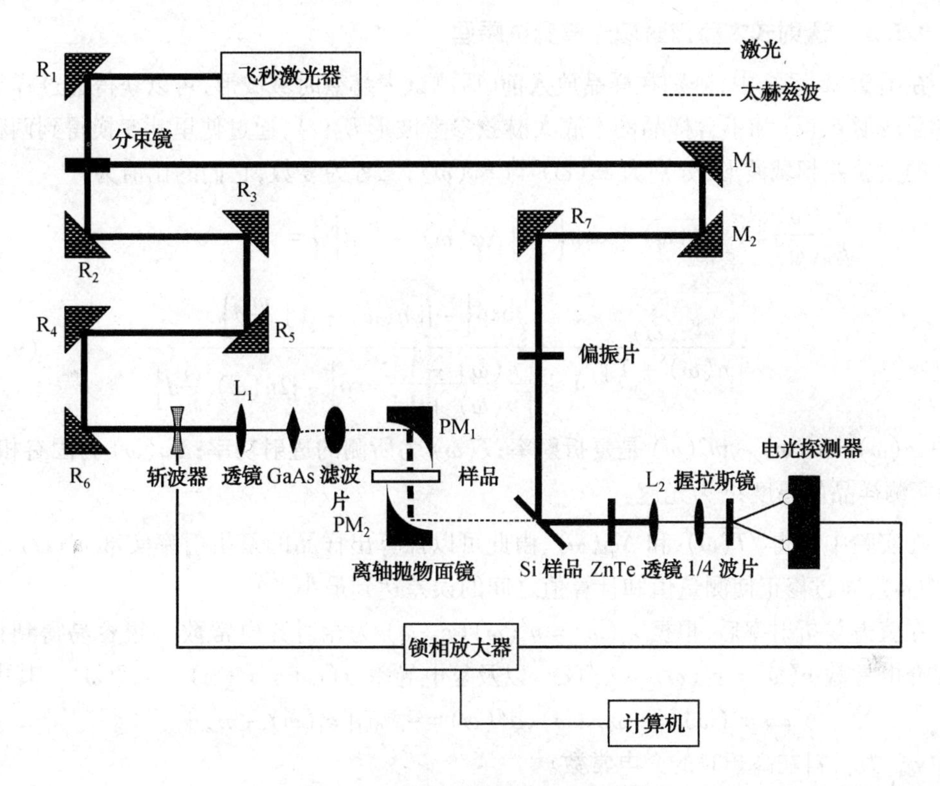

图 9.20　典型透射式时域光谱系统

分之一波片，再由握拉斯顿棱镜分成 s 和 p 偏振的两束光，这两束光的光强差正比于太赫兹电场，将这两束光由差分检测器探测，将差分检测器的信号输出端接到锁相放大器的信号输入端，并将斩波器的频率作为参考信号输入到锁相放大器的参考信号端。通过锁相放大器就可以读出太赫兹的振幅和相位值。利用自动时间延迟线改变太赫兹脉冲和探测脉冲的延迟时间，对太赫兹进行脉冲取样，最终探测出太赫兹脉冲的整个时域波形。图 9.21 是典型的太赫兹时域和频域图。

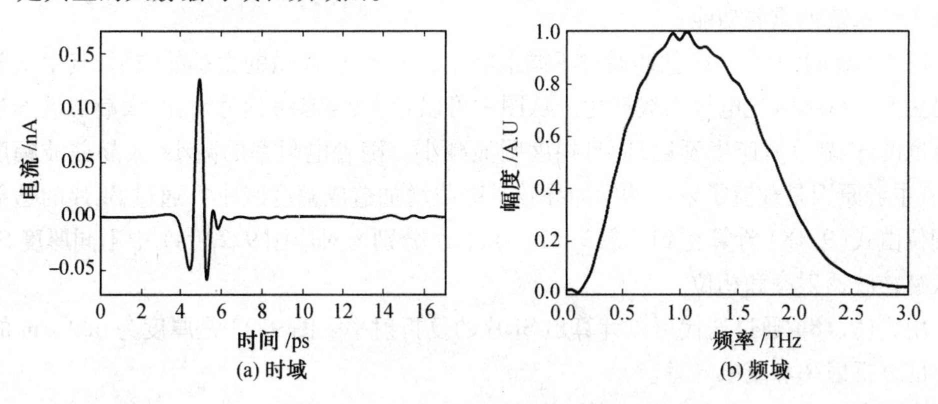

图 9.21　典型太赫兹时域和频域谱

9.5.2 透射式太赫兹时域光谱测试原理

在图9.20系统中，分别在样品放入前、后测试太赫兹时域波形，可以获得通过样品的太赫兹波形 $E_S(t)$ 和不含样品的本底太赫兹参考波形 $E_R(t)$，通过傅里叶变换得到两种情况下的太赫兹频域波形，分别为 $E_S(\omega)$ 与 $E_R(\omega)$，二者为复数，它们的比值为

$$\frac{E_S(\omega)}{E_R(\omega)} = |\sqrt{T(\omega)}| \exp\left\{-j\left[\Delta\varphi(\omega) - \frac{\omega}{c}d\right]\right\} = \frac{4n(\omega)}{[n(\omega)+1]^2} \frac{\exp\left\{-j[n(\omega)-1]\frac{\omega}{c}d\right\}}{1 - \frac{[n(\omega)-1]^2}{[n(\omega)+1]^2}\exp\left\{-j2n(\omega)\frac{\omega}{c}d\right\}} \tag{9.18}$$

式中，$n(\omega) = n'(\omega) - jn''(\omega)$ 是复折射率；$T(\omega)$ 为所测的透射功率；$\Delta\varphi(\omega)$ 为固有相移；d 为所测样品的厚度；c 为光速。

在实验中测得 $\sqrt{T(\omega)}$ 和 $\Delta\phi(\omega)$，由此可以计算出样品的复折射率实部 $n'(\omega)$ 和虚部 $n''(\omega)$，通过修正使测量值和计算值之间的误差达到最小。

在获得复折射率后，根据 $\varepsilon_r(\omega) = n^2(\omega)$（$\varepsilon_r(\omega)$ 为相对介电常数），很容易得到材料的复介电常数 $\varepsilon(\omega) = \varepsilon'(\omega) - j\varepsilon''(\omega)$ 以及复电导率 $\sigma(\omega) = \sigma'(\omega) - j\sigma''(\omega)$。其中

$$\sigma'(\omega) = \varepsilon_0\omega\varepsilon_2(\omega), \sigma''(\omega) = -\varepsilon_0\omega[\varepsilon_1(\omega) - \varepsilon_\infty]$$

其中 ε_∞ 为材料在高频时的介电常数。

太赫兹辐射也可以通过干涉测量法来获得，但是这种方法的缺点是只能测出振幅信息，而相位信息不能获得，所以利用这种方法很难得到复折射率。

9.5.3 透射式太赫兹时域光谱在半导体 Si 材料中的应用

THz – TSD 在研究半导体材料太赫兹波段的介电特性有广泛的应用。在半导体中，太赫兹波段的光学常数受到载流子浓度和掺杂载流子散射的影响，因此，在技术上实现太赫兹波段光学常数的测量是非常重要的。本节以 500 μm 厚的掺杂 Si 为例，说明 THz – TDS 光谱系统的重要功能。

图9.22(a) 为太赫兹脉冲通过不同电阻率的 n 型 Si 样品的太赫兹波形，其中太赫兹波是由 LT – GaAs 光电导天线产生。从图中可以看出，与参考信号对比，太赫兹波通过不同厚度的 Si 晶片后产生延迟，而且幅度明显减小。随着电阻率的减小，太赫兹波幅度减小，其主要原因是载流子浓度的增加导致其吸收增加造成幅度减小。通过 Si 片的透射率和相位由式(9.18) 计算得到。图9.22(b)、(c) 分别为对应图9.22(a) 中不同厚度 Si 片的太赫兹波透射率和相位。

由式(9.18) 通过迭代可以计算出 Si 片的复折射率。图9.23 是厚度为 629 μm 的 Si 材料的复折射率和复电导率。

在掺杂 Si 中，由于自由载流子的存在，其复电导率表示为

$$\varepsilon_r(\omega) = \varepsilon_{Si} - j\sigma(\omega)/\omega\varepsilon_0 = n^2(\omega) \tag{9.19}$$

这里，$\varepsilon_{Si} = 11.6$ 是未掺杂 Si 的相对介电常数。图9.23(b) 中“ * ”表示 Si 材料的直流电

导率，这与零频时 THz - TDS 实验的测试值相吻合。

THz - TDS 技术作为一种较新的太赫兹技术，由于其独特的优势，使其在近 10 年间得到了快速的发展及广泛的应用。但是，该技术的光谱分辨率与窄波技术相比还很粗糙，其测量的频谱范围也比傅里叶红外光谱技术小，因此提高光谱分辨率和扩大测量频谱范围将是未来该技术发展的主要方向。

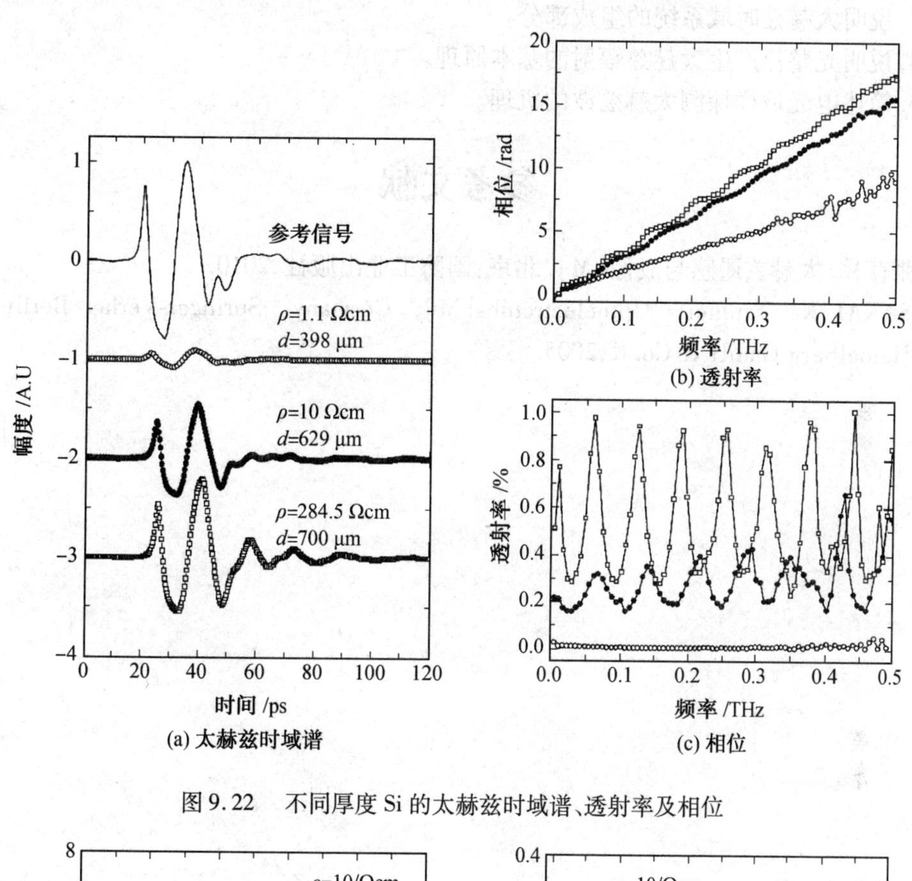

图 9.22　不同厚度 Si 的太赫兹时域谱、透射率及相位

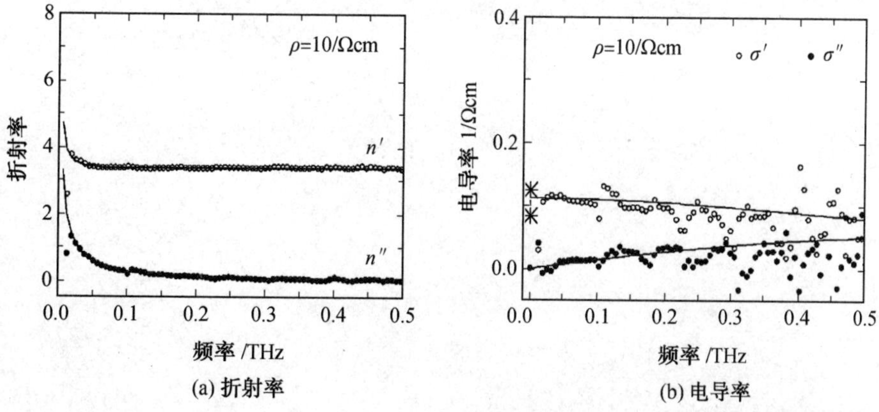

(a) 折射率

(b) 电导率

图 9.23　不同厚度 Si 的折射率及电导率

习　题

1. 简述太赫兹波的主要特点和应用领域。
2. 试说明产生和探测太赫兹波的主要方法。
3. 说明太赫兹时域系统的组成部分。
4. 说明光整流产生太赫兹辐射的基本原理。
5. 简述电光取样探测太赫兹波的机理。

参考文献

[1] 张存林. 太赫兹遥感与成像[M]. 北京:国防工业出版社,2010.

[2] SAKAI K. Terahertz Optoelectronics[M]. Germany: Springer-Verlag Berlin and Heidelberg GmbH & Co. K,2005.

第 10 章　超常媒质光电材料与应用

10.1　左手材料的基本概况

近年来,新的合成原理和微米、纳米制造技术的发展使构造自然界不存在的具有超常物理特性媒质的结构或复合人工媒质成为可能,这种新型材料称为“Metamaterials”,即超常媒质。目前,国内外对于这种材料的术语还没有一个严格的、权威的定义。国际上普遍认为超常媒质指一类人工电磁材料,即一种具有天然媒质所不具备的超常物理性质的人工复合结构或复合媒质,称为超常媒质,它是通过在传统媒质材料中嵌入某种几何结构单元,构造出自然媒质不具有的新型电磁特性的人工材料。

近 20 年来,超常媒质迅速成为国际上的一个研究热点,狭义上往往指被称为“左手材料”的媒质。左手材料在应用电磁学、固体物理、材料科学和光学领域内得到越来越多的关注,是一种在一定频段下同时具有负介电常数 ε 及负磁导率 μ 的人工周期结构材料,因其中传播的电磁波电场矢量、磁场矢量以及波的传播方向满足左手定则而得名。左手材料的显著特点是其介电常数和磁导率都是负数,所以也称为双负介质(材料)或负折射系数材料(负材料)。又因为在左手材料中传播电磁波的群速度与相速度方向相反,所以左手材料又被称为回波介质、后向传播波媒质及双负媒质等。这种材料 2000 年在实验室实现之后,引起了广泛关注。因为左手介质具有负折射率,且在其中传播电磁波的群速度与相速度方向相反,从而呈现出许多反常的物理光学现象,如负折射效应、反常多普勒效应、反 Snell 定律、完美透镜效应、反常切伦柯夫辐射等,在谐振器、滤波器、功率耦合器、天线等微波器件、光子器件、隐身等领域具有广泛的应用前景。例如,左手材料可用于制造高指向性的天线、激光、聚焦微波波束、实现“完美透镜”、用于电磁波隐身等,它还有可能在新型波导和光纤中得到应用。

10.1.1　左手材料的基本概念

介电常数 ε 和磁导率 μ 是描述均匀媒质中电磁场性质的最基本的两个物理量。ε 和 μ 随频率的变化关系分别称为介电色散和磁导率色散。当立体角 $\Omega\to 0$ 时,$\varepsilon(\Omega)$ 和 $\mu(\Omega)$ 趋近于一正值;当 $\Omega\to\infty$ 时,由于极化来不及对外场响应而使 $\varepsilon(\Omega)$ 和 $\mu(\Omega)$ 趋近于 1。则当频率非常高或为零时,$\varepsilon(\Omega)$ 和 $\mu(\Omega)$ 均为正值。但在频率介于 0 和 ∞ 之间时,ε 和 μ 的实部可能为正值或负值。如金属在低于等离子体谐振频率时介电常数为负,铁氧体在其铁磁谐振频率附近磁导率为负。传统的电动力学研究了 $\varepsilon(\Omega)$ 和 $\mu(\Omega)$ 同时为正值或其中一个为负值时的情况。1967 年苏联理论物理学家 Veselago 在理论上研究了 $\varepsilon(\Omega)$ 和 $\mu(\Omega)$ 同时为负的材料的电磁响应行为。

根据 ε 和 μ 的符号,理论上材料可分为四类,如图 10.1 所示。在第 Ⅰ 象限中,$\varepsilon>0$ 且 $\mu>0$,自然界中的绝大部分材料均处于这一象限。有少部分材料在某些状态下会处于第Ⅱ象限($\varepsilon < 0, \mu > 0$),如等离子体及位于特定频段的部分金属。当$\varepsilon < 0$,$\mu > 0$时,折射率$n = \sqrt{\varepsilon}\sqrt{\mu}$为虚数,意味着在这种材料中电磁波只能是倏逝波,因为电磁波只能在折射率为实数的材料中传播,所以此时的电磁波为倏逝波。如果一个电磁波入射到位于第Ⅱ象限中的材料表面上,由于这种材料中电磁波是倏逝波,电磁波将会全部被反射,如果材料足够厚,就不会有透射波。处于第Ⅳ象限中的材料,其$\varepsilon > 0, \mu < 0$,因而折射率也为虚数。电磁波入射到处于第Ⅳ象限中的材料时,其行为与入射到第Ⅱ象限中材料的行为相似,材料的ε和μ同时小于零,其乘积为正且折射率为实数,如同象限Ⅰ内的材料一样电磁波能在其中传播但会表现出奇异的物理光学行为。

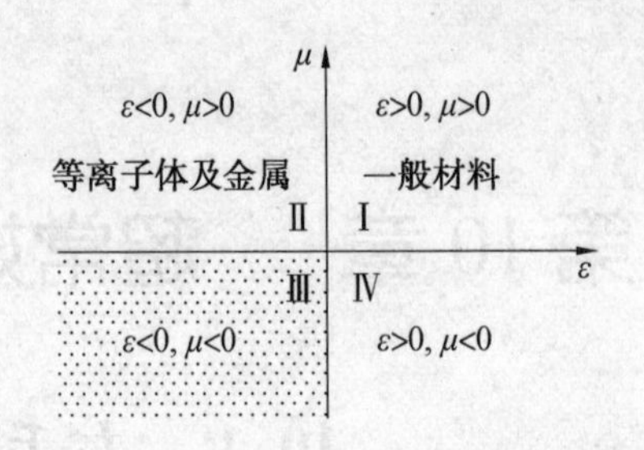

图10.1　物质介电常数ε及磁导率μ象限图

第Ⅲ象限中的材料,其$\varepsilon < 0, \mu < 0$,因而折射率n也为实数。虽然第Ⅰ、第Ⅲ象限材料的折射率均为实数,但第Ⅲ象限中材料的电磁波传播性质却很奇特,与第Ⅰ象限中材料的电磁波传播性质完全不同。在第Ⅲ象限的材料中,电磁波的波矢和能流方向是反平行的,即电磁波的群速和相速是反平行的。在$\varepsilon < 0, \mu < 0$时,麦克斯韦方程仍允许电磁波在材料中传播,但此时材料的折射率却必须取负值。

总之,电磁波只能在折射率为实数的材料中传播。若ε和μ中只有一个为负值,则折射率为虚数,电磁波在材料中将由于只存在倏逝波而不能传播。若材料的ε和μ均小于零时,电磁波在材料中是可以传播的,但材料的折射率必须取负值,且电磁波的群速和相速反平行。

平面单色电磁波在各向同性无源介质中传播时满足麦克斯韦方程组

$$\nabla \times \boldsymbol{E} = -\frac{\partial \boldsymbol{B}}{\partial t}, \quad \nabla \times \boldsymbol{H} = -\frac{\partial \boldsymbol{D}}{\partial t} \tag{10.1}$$

又满足介质方程

$$\boldsymbol{B} = \mu\mu_0\boldsymbol{H}, \quad \boldsymbol{D} = \varepsilon\varepsilon_0\boldsymbol{E} \tag{10.2}$$

式中,$\boldsymbol{E}$和$\boldsymbol{D}$为电场强度矢量和电位移矢量;$\boldsymbol{B}$和$\boldsymbol{H}$为磁感应强度矢量和磁场强度矢量;ε_0和ε为真空介电常数和介电常数;μ_0和μ为真空磁导率和磁导率;将电场强度$E = E_0 e^{i(kr-\omega t)}$和磁场强度$H = H_0 e^{i(kr-\omega t)}$代入麦克斯韦方程组(10.1)和介质方程(10.2),可以得到

$$\boldsymbol{k} \times \boldsymbol{E} = \omega\mu_0\mu\boldsymbol{H}, \quad \boldsymbol{k} \times \boldsymbol{H} = -\omega\varepsilon_0\varepsilon\boldsymbol{E} \tag{10.3}$$

则由此可见,对于一般的电介质,ε和μ都是非负的常数。即当ε和μ同时为正值时,电场$\boldsymbol{E}$、磁场$\boldsymbol{H}$和波矢$\boldsymbol{k}$三者构成右手关系,如图10.2(a)所示,这样的物质称为右手介质(RHMs)。由麦克斯韦方程组可得$n^2 = \varepsilon_r\mu_r$,ε_r μ_r分别为相对介电常数和相对磁导率,因此,右手介质的折射率是正值。而当ε和μ同时小于零时,电场$\boldsymbol{E}$、磁场$\boldsymbol{H}$和波矢$\boldsymbol{k}$三矢量构成左手螺旋正交关系,如图10.2(a)所示,同时$n = -\sqrt{\varepsilon_r\mu_r} < 0$,这种材料称为左手材料(LHMs)。

电磁波能量的传播，即群速的方向由坡印廷矢量 $\boldsymbol{S}=\boldsymbol{E}\times\boldsymbol{H}$ 决定。由此可知，在普通材料中，$\boldsymbol{k}$ 和 $\boldsymbol{S}$ 总是同方向，$\boldsymbol{k}$ 表征电磁波相速，$\boldsymbol{S}$ 表征群速，即相速和群速方向一致，为前向波；但在左手材料中，这两个方向却正好相反，因此左手材料是一种相速度和群速度方向相反的物质，为后向波，此时波的能量向正向传播，而波的方向则向负向传播。根据 Durde-Loerntz 模型，材料中的原子和分子可以看作以某一固有频率 ω_0 谐振的束缚电子谐振子。在外电场作用下，当外电场的频率 $\omega\ll\omega_0$ 时，电子相对于原子核发生一个位移并且在外电场方向上诱导一个极化，即极化方向同外电场方向一致，此时 ε 为正。当 $\omega\to\omega_0$ 时，谐振子同外电场发生谐振，外场诱导的极化很大，表明相对于外电场在谐振子内积累了很大的能量。从而当外电场的方向发生变化时对谐振子的极化几乎没有影响。即当频率接近于谐振频率 ω_0 时，谐振子的极化由于外电场的同相位变化为同外电场反向，从而出现了负效应。如由于表面等离子体激元的存在，金属对入射场的响应有 90° 的位相延迟，因此其 ε 为负值。

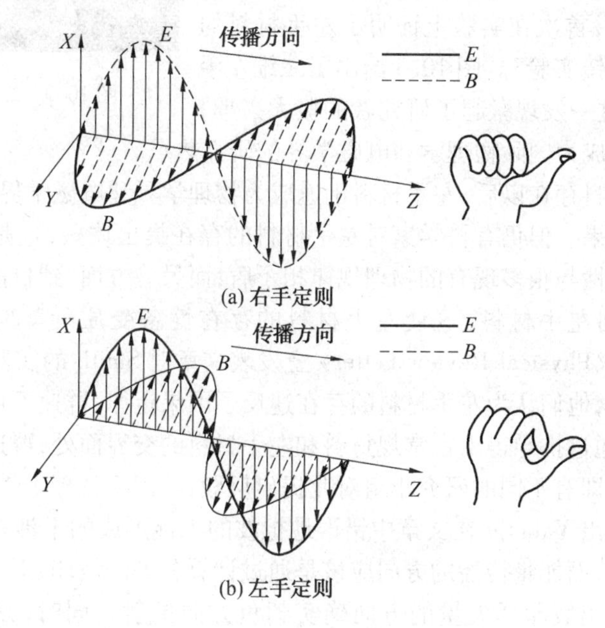

图 10.2　电磁场的传播方向示意图

10.1.2　左手材料的发展概况

1. 左手材料的出现及存在性验证

通过对左手材料的研究发现，ε 和 μ 都为负值的物质的电磁学性质，与常规材料（右手材料，RHMs）不同：当 ε 和 μ 都是负值时，$\boldsymbol{E}$、$\boldsymbol{B}$ 和 $\boldsymbol{k}$ 之间构成左手关系，这种假想的物质为左手介质，并预言了这种材料可能具有一些奇异的电磁特性，如反常多普勒效应、反常切伦柯夫辐射、负折射效应、完美透镜效应等。虽然该研究引起了一系列的轰动，但由于自然界中未发现 ε 与 μ 同时为负值的物质，因此研究只停留在理论上，人们对这种材料的研究兴趣很快沉寂下来，在其后近 30 年左手材料的发展几乎处于停滞状态。

随着人工周期性材料的发展，受到光子晶体研究的启发，1996 年英国皇家学院的院士 Pendry 教授提出了分别实现负介电常数和负磁导率介质的理论模型，重新开启了该领域的研究。Pendry 等研究发现周期性排列的导电金属线对电磁波的响应与等离子体对电磁波的响应行为极为相似,可通过此种方法获得 ε 为负的材料;此后不久,Pendry 又进一步研究表明按不同方式排列的导电开口谐振环(SRRs) 的电磁响应行为与磁性材料相似,尤其是该结构的 μ 在某一特定频率范围为负。2001 年,依据 Pendry 的设计思想,美国加州大学 Diego 分校的 Smith 等将 SRRs 和金属线按照一定的图案周期性排列制造出世界上第一块在微波波段具有负介电常数和负磁导率的人工结构材料(其频率为4.2 ~ 4.6 GHz),即左手材料,并对其微波电磁响应进行了实验研究,首次证实了负折射现象的存在。2001 年,David. Smith 等又成功地制作出 X 频段 ε 和 μ 同时为负值的左手材料,并通过实验证明了当电磁波从普通材料斜入射到左手材料上时,折射波束并没有向法线另一侧偏折,而是向着与入射波束同一侧的方向偏折,即出现了负的折射角,首次在实验上证明了左手材料的存在,即著名的"棱镜实验"。图 10.3 给出了二维左手材料的实物照片,这一发现激起了研究者的极大兴趣,自此左手材料一直成为国际物理学和电磁学界的研究热点。

图 10.3　二维左手材料

在证明左手材料存在以后,左手材料迅速成为物理学界和电磁学界研究的热点,并取得许多新的研究成果。但仍有科学家对左手材料的存在提出质疑,这是因为一方面左手材料的异常电磁特性与很多现有的物理规律相矛盾;而另一方面,到目前为止人们一直无法在自然界中找到左手材料,这使左手材料的存在性备受质疑。2002 年,Valanju 和 Garcia 等人分别在《Physical Review Letter》上发表文章对 Smith 的实验结果即左手材料的存在性提出异议,他们认为左手材料的存在违反了因果定律、群速不可超过光速条件以及能量守恒原理,通过推导得出在常规材料和左手材料的交界面处,群速度的方向只可能朝正方向折射。随即有不同的研究小组对此提出反驳,美国麻省理工学院 Kong 教授的研究小组从理论上指出 Valanju 在文章中错误地把波的干涉形成的干涉条纹前进方向当成是能量传播的方向,而能量传播的方向应该是通过计算各处的坡印廷矢量的方向来决定,并通过理论推导得出坡印廷矢量的方向确实朝负方向折射。同时,爱德华州立大学的 Foteinopoulou 也发表了左手材料的理论仿真结果,他利用光子晶体为材料,在计算中发现电磁波波前遇到左手材料时折射并不会立刻发生,而是在接口辅入射波前一段时间之后才出现的折射波。认为这个延迟现象说明了波前的一端并不需要无限大的光速传递才能从一般材料到左手材料,因此左手材料并不违反光速上限与因果定律等基本原理。Pendry 和 Smith 等也从群速的原始定义出发,得出群速是沿负方向折射的结论。Ziplkowski 通过时域仿真的结果发现电磁波在左手材料中的传播特性符合因果定律,电磁波束入射到常规介质 / 左手材料的交界面时将经历很长的延时才向折射角为负的方向折射。2004 年,复旦大学的资剑教授带领的研究小组经过两年的研究与设计,利用水的表面波散射成功实现了左手介质超平面成像实验,此项结果引起学术界的高度关注,被推荐为《Nature》杂志焦点新闻之一。到目前为止,各种理论研究和实验都充分表明左手材料的存在并未违反因果定律和群速不可快过光速这两个定律,而左手材料的存在已经得到世界公认，不再被质疑。

2. 左手材料的电磁特性的研究进展

由于左手材料是一种新颖的反常物质，迄今为止，大部分工作集中在对其制备、奇异的物理特性以及理论上的合理性研究。2000 年，Pendry 等人认为普通透镜对电磁波聚焦能力受限的原因在于“倏逝波”的存在，同时指出由左手材料构成的“完美透镜”可以通过恢复“倏逝波”的方式得到更加清晰的“像”。同年，Smith 等人分析确定了左手材料负折射率的解析结构，给出左手材料负折射率随材料 ε 和 μ 的变化关系。2001 年，Shamonina 提出将普通材料和左手材料相互穿插，形成一种多层结构，这种结构显示出更好的电磁波聚焦特性，同时通过调节结构尺寸，发现甚至可以得到一个变窄的高斯脉冲“像”。Lagarkow 等人根据左手材料的特性，预测了当电磁波射入一个具有左手材料涂层的金属圆柱体时会出现二次聚焦效应，并证实了上述预测的正确性。2002 年，Smith 等人通过对调制波从普通材料入射到左手材料的研究，指出虽然调制波的群速度呈负折射，但其波前仍然沿着正折射角的方向传播，其传输速度的大小等于群速度在这个方向上的分量，完善了左手材料的负折射理论，为左手材料的聚焦特性研究奠定了基础。2003 年，Luo 等人研究了由光子晶体构成的左手材料对电磁波的聚焦作用，发现倏逝波被放大，得到了放置在左手材料附近一个点源的清晰的像。

2005 年，Artigas 指出基于光子晶体左手材料的双折射特性，可通过利用其各向异性满足 Dyakonov 表面波存在条件，并最终产生无损耗的 Dyakonov 表面波，该研究使 Dyakonov 表面波的实验观测成为可能，也为基于 Dyakonov 表面波的传感器件的出现打开大门。2006 年，Xu 等人研究了 SRR 阵列有效本构参数张量的提取技术，指出在本构参数张量提取过程中采用等效电路方法可以清晰地描述其物理本质。Hirtenfelder 等人利用时域法对光子晶体进行了分析，开展了光子晶体功能参数的计算，对光子晶体的光子遂穿效应、负折射现象、亚波长成像、激光器、三维光聚焦、透镜、高阻表面、带隙结构等相关问题的研究。

3. 左手材料的应用研究

随着左手材料性能的提高，左手材料的应用也成为研究热点。其在天线通信、雷达、生物分子指纹识别、遥感、微型谐振腔、微波聚焦、电磁波隐形、卫星通信等领域有着广泛的应用前景，深入研究左手材料必将给现代科技带来更大的进步。

2001 年，Lagarkov 通过对表面布置了左手材料的金属圆柱体的电磁特性进行分析，指出上述结构完全可以用来制造反射面天线的反射器部分，从而改变了传统的只有凹面能作为反射器的情况，凸面也能作为反射器。2002 年，美国加州大学 Itoh. T 教授和加拿大多伦多大学 Eleftheriades 教授带领的研究小组几乎同时提出一种基于周期性 LC 网络实现左手材料的新方法，并将其命名为左手传输线，它是继 Smith 等人用金属细杆和开口谐振环实现左手特性以后的第二种方法。它将 Rod 和 SRR 构成的介质对应到传输线电路中的电感、电容和电阻构成的模型中，并采用加载电容和电感阵列的方法，构造了二维传输结构及具有异向特性的电路。这样不仅便于分析左手介质的特性，而且便于制造左手介质。这种传输线的优点不仅频带宽，损耗低，而且易与其他电路器件相结合使用。因此在微波领域得到广泛应用，如谐振器、天线、耦合器等方面的应用。2002 年底，麻省理工学院的孔金瓯教授从理论上证明了左手材料存在的合理性,并称这种人工介质可用来实现高指向性天线、聚焦微波波束、"完美透镜",也可用于电磁波隐身等方面。从此,左手材料的前景开始引发学术界、产业界尤其是军方的无限遐想。2003 年,基于科学家们的多项研究,左手材料的发现被美国《Science》杂志评为世界十大科技突破之一。2004 年,Pendry 等人通过对左手材料中 SRR 和金属细杆结构的改进,在《Science》杂志上公布了 THz 频率范围关于谐振环响应的相关研究工作,使负磁导率首次在红外波段得到实现。

2006 年,Bonache 等人利用SRR 的互补结构设计了一种小型滤波器,与普通的微带线耦合滤波器相比,其长度降低了 50%。2006 年,我国东南大学的崔铁军教授带领的研究小组提出了一种能使磁导率为负的双螺旋共振结构,并指出将 SRR 和螺旋结合在一起可以降低共振频率。2009 年初,美国杜克大学和中国东南大学合作,在崔铁军教授的带领下,成功研制出微波段新型"隐形衣",这一研究成果发表在《Science》杂志上。随着科学技术的进一步发展,左手材料将会被越来越多的人关注,其特性将会越来越多地展现在人们的面前,深入生活的各个领域。

最近,已有实验报道了磁性纳米结构的复合物在中红外波段其磁导率呈现负值,将这样的材料与介电常数为负值的材料复合可以获得在中红外波段的"左手材料"。所谓的"瑞士卷"结构可以在 MHz 频率范围内实现磁导率为负值。如果人们能将产生负折射系数的微波频段拓展到可见光领域,则可能带来更多的光学应用前景。利用左手介质的独特性质,有望做出具有超高分辨率的扁平光学透镜,分辨率比常规光学透镜高几百倍;左手介质也有望解决高密度近场储蓄遇到的光学分辨率极限问题,可能制造出存储容量比现有的 DVD 高几个数量级的新型光学存储系统和价格便宜且性能好的磁共振成像设备。

左手介质还可应用在通信领域,左手材料可以制造漏波天线,进行向前、向后的扫描,突破了传统天线在波束扫描上的缺陷,实现了天线波束汇聚;还能制造后向波天线;另外研究者正在探索如何借助左手材料提高微波设备、无线通信设备、微电子设备和光学设备。总之,左手介质将推动光电子集成、光通信、微波通信、声学以及国防等领域的发展、高新技术突破和新兴产业的诞生。左手材料的研究刚起步,其产品研究还只在实验室中进行,其性能距实用需要还有很大差距,但随着科学技术的发展,特别是纳米技术的完善,左手材料必将得到广泛发展。

10.2 左手材料的电学特性

10.2.1 负有效介电常数

用Drude模型表示金属的导电机理,如图10.4,直径为d,间距为a的金属细杆排列成周期阵列,自由电子在外场作用下的运动被看成与气体分子的运动相似,称为自由电子气。

自由电子在时谐电磁场中运动,设γ为自由电子间碰撞引起的阻尼系数,e、m分别为电子的电量和质量,n_0为电荷的密度。电流密度$\boldsymbol{J}=-n_0e\boldsymbol{v}$,$w_p$为电子等离子体的频率,$w_p^2=\dfrac{e^2n_0}{m}$,$w_p$与金属丝二维阵列的几何参数有关,可以通过改变金属丝二维阵列的几何参

数改变自由电子密度 n_0，取合适的 w_p，金属的等效相对介电常数为

$$\varepsilon_r = 1 - \frac{w_p^{\ 2}}{(w + j\gamma)w} \tag{10.4}$$

式中，γ 为“自由电子间的碰撞”引起的阻尼系数。当不考虑碰撞引起的损失时 $\gamma = 0$，则有

$$\varepsilon_r = 1 - \frac{w_p^{\ 2}}{w^2} \tag{10.5}$$

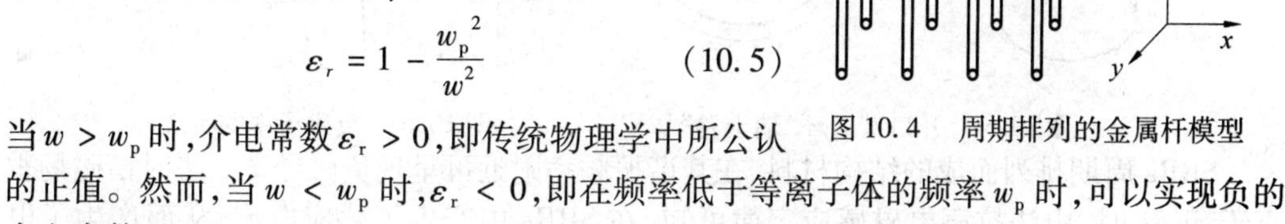

图 10.4　周期排列的金属杆模型

当 $w > w_p$ 时，介电常数 $\varepsilon_r > 0$，即传统物理学中所公认的正值。然而，当 $w < w_p$ 时，$\varepsilon_r < 0$，即在频率低于等离子体的频率 w_p 时，可以实现负的介电常数。

10.2.2　负有效磁导率

类比等离子体，磁等离子体的磁导率

$$\mu \approx \mu_0\left(1 - \sum \frac{w_{mp}^2}{w^2}\right) \tag{10.6}$$

要研究负磁导率，首先从经典物理学中的正磁导率开始讨论，以金属圆柱阵列为例，在金属圆柱阵列中设两圆柱体之间的距离为 a，圆柱体的半径为 r，$a \gg 0$，外加磁场 H_0 的方向沿轴线方向。H_0 诱导出圆周形的表面电流，j 为圆柱体单位长度的诱导电流，这个电流可以形成一个反向的磁极化。则圆柱体内部的磁场为

$$H = H_0 + j - \frac{\pi r^2}{a^2} j \tag{10.7}$$

式中，第二项是由电流直接产生的；第三项是退极化场。当细圆柱达到无限长时该磁场趋于均匀稳定。在细圆柱体阵列中有效磁导率为

$$\mu_{\text{eff}} = 1 - \frac{\pi r^2}{a^2}\left[1 + \mathrm{i}\,\frac{2\sigma}{wr\mu_0}\right]^{-1}$$

式中，σ 是圆柱体单位面积的表面电阻；μ_{eff} 是一个大于零小于 1 的数，即正磁导数。

1999 年，Pendry 提出了可以实现负磁导率的开口谐振环（*SRR*）模型，其结构是由图 10.4 延伸而来的，不同的是在细圆柱上开了两个孔，其横截面由两个同心的开口金属环构成，也称为瑞士卷，其结构如图 10.5 所示。这种铜质裂环振荡器当有电磁波穿过时等效一个 LC 振荡电路，这种情况下有效磁导率为

$$\mu_{\text{eff}} = 1 + \frac{Fw^2}{w_0^2 - w^2 - \mathrm{i}\Gamma w} \tag{10.9}$$

$$w_0 = \sqrt{\frac{3dc_0^2}{\pi^2 r^3}},\quad f = \frac{\pi r^2}{a^2},\quad \Gamma = \frac{2\sigma}{r\mu_0} \tag{10.10}$$

由此可知，只要 $w_0 < w$，就可以实现 $\mu_{\text{eff}} < 0$。而 w_{mp} 为磁等离子体频率

$$w_{\text{mp}} = \sqrt{\frac{3dc_0^2}{\pi^2 r^3\left(1 - \frac{\pi r^2}{a^2}\right)}} \tag{10.11}$$

因此，只要 $w_0 < w < w_{mp}$，$\varepsilon < 0$ 和 $\mu < 0$ 可同时成立，如图 10.6 所示。

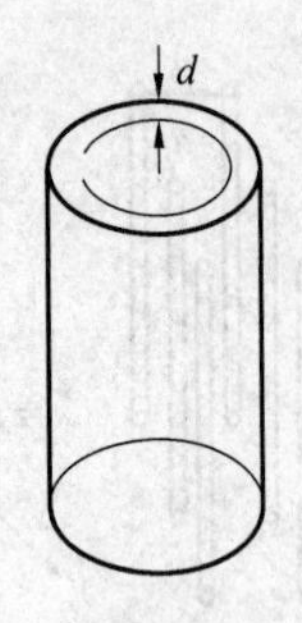

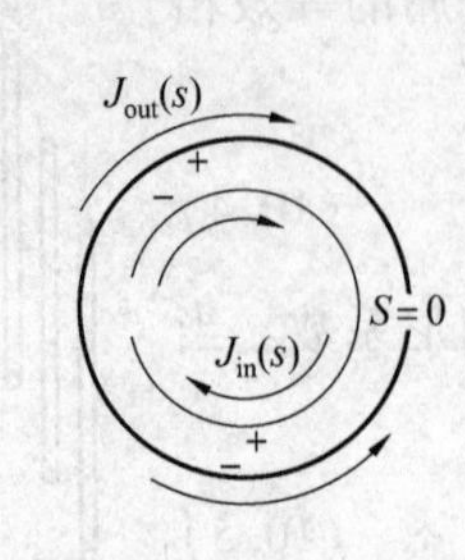

图 10.5　开口谐振环“瑞士卷”

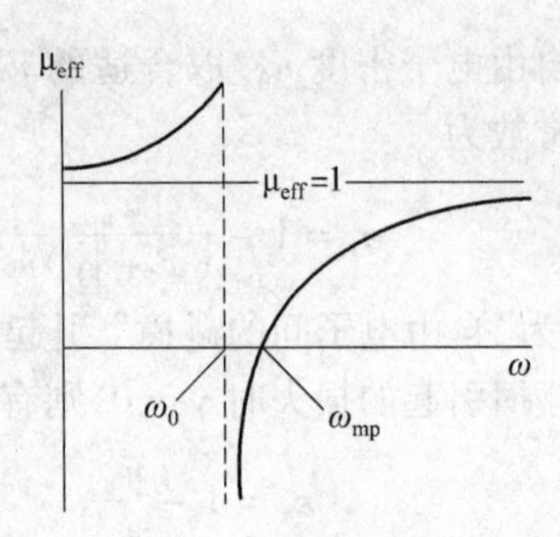

图 10.6　负磁导率的实现

SRRs 周期排列而成的结构材料，在其谐振频率附近可呈现负磁导率。当时谐磁场垂直于 SRRs 时，由法拉第电磁感应定律可知，在 SRRs 内产生了感应电流，从而产生了电感。同时由于内外环之间存在间隙导致电容的产生，即产生了和 SRRs 的几何尺寸及形状相关的 LC 谐振。由于内外环的开口方向相反，因此增加了 SRRs 的电容，从而降低其谐振频率。由此可见，通过改变 SRRs 的环尺寸、开口大小、内外环间距等几何参数，实现调节 SRRs 的电磁谐振行为，从而达到所需的负磁导率。

实验上，David Smith 等人于 2000 年和 2001 年分别制造出第一块左手材料（频率为 4.2 ~4.6 GHz）和微波段的左手材料。两个实验所用的人造介质的尺寸都比较小，上述实验都是在波导中进行的。

负折射率的研究不仅突破了传统电磁理论中的一些重要概念，而且一些深入研究的成果可能在许多领域中有重大应用。

10.3　左手材料的光学特性

电磁波在材料中传输的行为由 ε 和 μ 决定，在各向同性的均匀材料中，单一频率波的相位常数 k 和角频率 w 的关系为 $k^2=\dfrac{w^2}{c^2}n^2$。当材料无损耗时，即 n、ε 和 μ 均为正实数时，可发现在 ε 和 μ 同时变号的条件下，k 和 n 无任何改变。1968 年，Veselago 在理论上研究了 ε 和 μ 同时为负值时物质将呈现出一系列特别的电磁特性，开创了左手材料的理论。ε 和 μ 为负值的特点，给左手材料带来的直接结果是 $\boldsymbol{E}$、$\boldsymbol{H}$、$\boldsymbol{k}$ 三者的方向成左手螺旋关系。同时，描述电磁波能量传播的物理量 —— 能流密度 $\boldsymbol{S}=\boldsymbol{E}\times\boldsymbol{H}$，$\boldsymbol{S}$ 和电场 $\boldsymbol{E}$、磁场 $\boldsymbol{H}$ 的方向关系与 ε 和 μ 无关，即无论什么材料中 $\boldsymbol{S}$、$\boldsymbol{E}$、$\boldsymbol{H}$ 都成右手螺旋关系，因此在左手材料中，$\boldsymbol{k}$ 的方向与代表能量传播的能流密度 $\boldsymbol{S}$ 的方向相反，直接造成当电磁波在左手材料中传播时，会出现很多奇异的现象和效应，这些现象和效应是正常材料中看不到的，甚至是不可想象的。本节列举几种电磁波在左手材料中传播时会发生的现象或特殊效应，并作详细讨论。

10.3.1　负折射现象

电磁波入射到右手材料和左手材料的界面处会发生负折射现象，负折射现象是左手材料最典型的电磁特性。在自然物质中，折射光线与入射光线总是分居法线两侧，如右手材料，然而近几年的研究证实，某些奇异的材料能够使光线向相反的方向折射，这种奇异的材料即为“负折射率材料(左手材料)”。所谓负折射现象是指折射波与入射波同在法线一侧,如图 10.7(b) 所示,一束单色平面波入射到两介质交界面时发生反射和折射现象,若介质1 和2 都为正常材料,光线从介质1 入射到与介质2 的交界面,反射角和入射角分居法线的两侧,且入射角等于反射角;当发生折射时,入射光线和折射光线将分居法线两侧,且折射角为正值,其折射现象满足折射定律,即 $n_1\sin\varphi = n_2\sin\psi$,$n_1$ 和 n_2 分别为材料1 和材料2 的折射率,φ 和 ψ 分别为入射角和折射角。若介质1 为正常材料,介质2 为左手材料时,由麦克斯韦方程组可得到电磁场在介质界面上的连续性条件,即电场强度和磁场强度在切向连续,而对各向同性介质,电位移矢量 $\boldsymbol{D} = \varepsilon\boldsymbol{E}$,磁场强度 $\boldsymbol{B} = \mu\boldsymbol{H}$,二者在界面法向方向连续,设 t 代表平行于界面的切向分量,n 代表垂直于界面的法向分量,则有

$$\boldsymbol{E}_{t1} = \boldsymbol{E}_{t2},\quad \boldsymbol{H}_{t1} = \boldsymbol{H}_{t2},\quad \varepsilon_1\boldsymbol{E}_{n1} = \varepsilon_2\boldsymbol{E}_{n2},\quad \mu_1\boldsymbol{H}_{n1} = \mu_2\boldsymbol{H}_{n2} \tag{10.12}$$

对于折射而言,当 ε 和 μ 符号改变时,电场和磁场的切向分量不受影响依然保持原来的方向,而其法向分量则改变,即当 $\varepsilon < 0$, $\mu < 0$ 时,电场和磁场的 x、y 分量保持不变,而 z 分量将改变符号。因此,当电磁波从一种材料入射到另外一种材料时,虽然电磁场的切向分量不发生任何变化,但是电磁场的法向分量的强度和方向均会受到 ε 和 μ 大小及符号的改变影响而发生改变,从而使电磁波的传播方向发生改变,如图 10.7 所示,波矢 k 与 S 方向相反,因而发生了反常折射。折射光线和入射光线位于法线的同侧,即折射角为负值,这就实现了负的折射率。因此,左手材料又被称为“负折射率材料”。

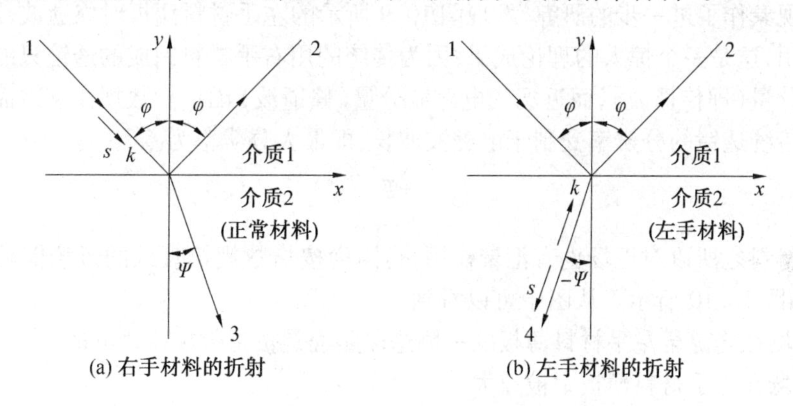

图 10.7　左右手材料的折射现象

当介质1 和介质2 有相同的正向性时,无论是普通材料还是左手材料都只能发生正折射效应,即折射线和入射线分居法线两侧,符合普通的折射定律,而当发生两种材料具有相反的正向性时,电磁波无论是从左手材料入射到普通材料,还是从普通材料入射到左手材料,都会发生负折射效应。普通透镜也会因为材料的正向性的影响而产生不同的物理现象。光纤沿着平行于光轴的方向入射到左手材料制成的透镜上时,负折射使得以左手材料制成的透镜对光线的作用完全相反于常规介质构成的透镜对光线的作用,如图 10.8 所示,凸透镜的汇聚作用会相反产生发散现象,

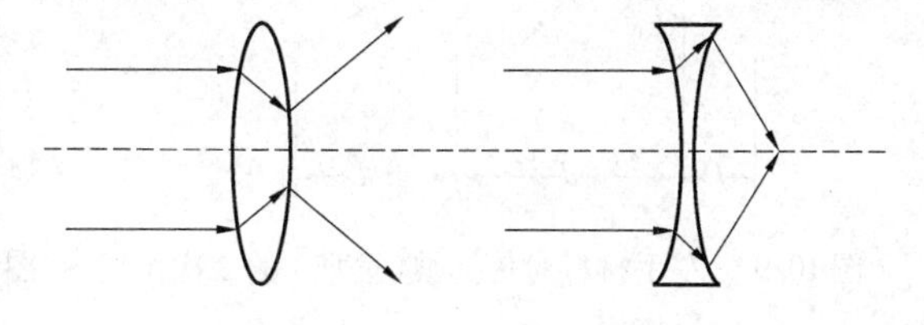

图 10.8　左手材料透镜光路示意图

而凹透镜的发散作用则会产生汇聚现象。

光学中,透镜的聚焦孔径为 $f = R/(|n-1|)$,R 为透镜的曲率半径。因此,左手材料透镜代替常规介质制成的透镜有以下优点:

(1) 在 R 相等的情况下,折射率 $n=-1$ 与 $n=+3$ 的聚焦孔径相同,因此在折射率的幅值相等时,左手材料透镜比常规介质制成的透镜的聚焦孔径小,更紧凑;

(2) 折射率 $n=+1$ 的常规介质制成的透镜由于 $f=\infty$ 不能聚焦电磁波,但 $n=-1$ 的左手材料透镜却有 $f=R/2$。

左手材料中折射率 n 与磁导率 μ、介电常数 ε 的关系为 $n=-\sqrt{\varepsilon_r\mu_r}$,任意媒质中折射率 n 与 μ、ε 的关系为 $n=s_i\sqrt{\varepsilon_r\mu_r}$,$s_i$ 为媒质的"手性"符号函数,则有:若媒质为右手介质,则 $S=+1$;若媒质为左手介质,则 $S=-1$,这里的术语"手性"与手性介质不同。

10.3.2 左手材料的二次汇聚作用

Veselago 的理论研究表明:理想的、无损耗的、介电常数 $\varepsilon=-1$、磁导率 $\mu=-1$ 的左手材料薄板对传播波(远场)具有二次汇聚作用,即左手材料对光源具有二次汇聚作用,如图 10.9 所示。一个点光源,若放置在左手材料薄板前,该点光源在左手材料内会汇聚成像一次,在左手材料薄板的另一侧,该点光源也会汇聚成像一次。图 10.9 是传播波,即远场而言的。这样的现象在左手材料研究领域被称为"完美透镜"。Pendry 对左手材料的二次汇聚现象作了进一步的研究,发现图 10.9 所示的左手材料薄板对倏逝波,即近场,也有汇聚作用,这是一个惊人的理论成果,因为传统的用右手材料制成的透镜只能汇聚远场的电磁波分量(即传播波),而近场的电磁波分量(倏逝波)因按指数规律衰减而不能参与成像。故传统透镜的分辨率受制于电磁波波长,即最大分辨率为

$$\Delta = \frac{2\pi}{k_{\max}} = \lambda \tag{10.13}$$

左手材料之所以对近场也有汇聚作用,是因为按指数规律衰减的近场能够被左手材料放大,如图 10.10 所示。从图中可以看到:

① 近场在光源至左手材料薄板的一侧这段路程是按指数规律衰减的;

② 近场在左手材料薄板中被放大;

③ 在左手材料薄板的另一侧至成像点这段路程,近场又是按指数规律衰减的。

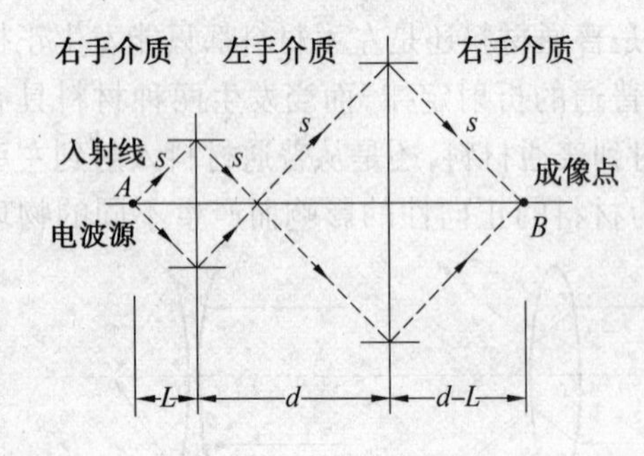

图 10.9 左手材料对传播波(远场)的二次汇聚作用

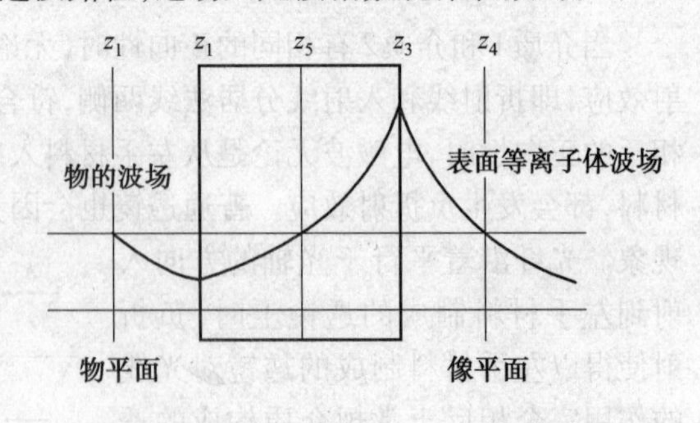

图 10.10 完美透镜对倏逝波(近场)的汇聚作用

左手材料对近场的放大作用是靠其表面等离子极化波。因此，用左手材料制成的透镜其分辨率不受制于电磁波波长，Pendry 称其为完美透镜。

10.3.3　完美透镜效应

1. 右手材料的最大分辨率

传统右手材料制成的普通透镜是将物体散发的光线进行反射，最终在透镜的另一侧形成会聚。传统的右手材料透镜成像如图 10.11 所示，其最大分辨率受制于电磁波波长。

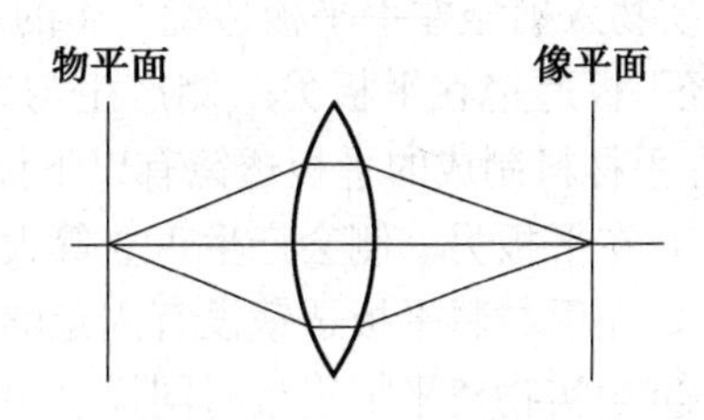

图 10.11　传统的右手材料透镜成像示意图

长期以来，反射角由 n 决定，从而被认为是正值。然而，光源散发的光波中有一部分倏逝波是很难被捕捉到的。倏逝波在光学中被定义为：当电磁波由光密介质进入光疏介质时，在介质界面处可能会发生全反射，光波沿 z 方向指数衰减，导致光波场仅存在于光疏介质中靠近界面附近很薄的介质层内，这样的光波折射率会衰减，根本达不到光谱平面。倏逝波又称为隐失波或表面波。

2. Pendry 的完美透镜理论

2000 年，Pendry 首次提出左手材料薄板可用来制作完美透镜，当 $\varepsilon=-1,\mu=-1$ 时，左手介质平板透镜不仅能够捕获光场的传播波成分，而且能够捕获倏逝波成分，从而使光波都无损地参与了成像，构成了完美透镜。图 10.8 为的平板左手材料透镜，根据折射定律，所有点波源发散的波都会重新聚到左手材料介质的另一点，以至相位不会有部分遗失，从而突破了透镜成像的极限。

3. 完美透镜理论遭遇的质疑

Garcia 等人对 Pendry 的上述完美透镜理论提出了质疑，Garcia 的主要观点是：① 左手材料薄板对倏逝波的确有放大作用，但这是有条件的，即左手材料薄板的厚度是有一定限制的；② 左手材料的吸收会严重损害其对倏逝波的放大作用。

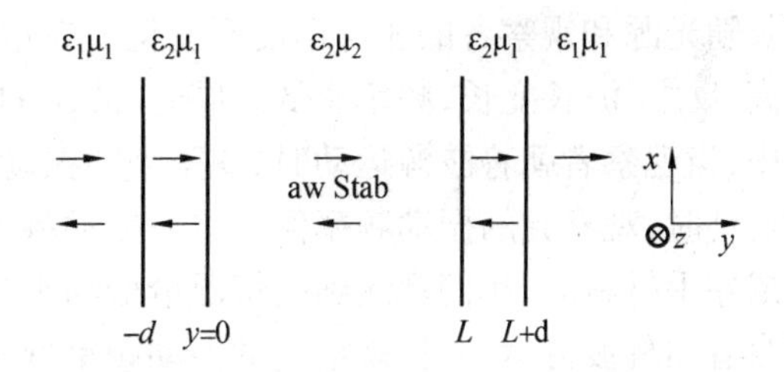

图 10.12　完美透镜两端添加一个过渡层的模型

此外，Feise 等人利用图 10.12 的模型研究了表面波对完美透镜的性能影响得到如下结论：

(1) 当过渡层的厚度远小于真空中的波长时，过渡层会在左手材料的频率段产生一个表面模，该表面模对完美透镜的成像有一定的影响，即对成像的最小横向波长施加了限制；

(2) 表面模对传播波的影响没有对倏逝波的影响那么明显；

(3) 远小于真空中的波长的过渡层模型表明：使用宏观的 ε,μ 描述左、右手材料界面或许不那么恰当。

Pendry 的完美透镜理论引发了科研人员对其背后物理机制的探讨，并对此作了较详细的研究。表明左手材料薄板之所以对倏逝波有放大作用,是因为倏逝波与表面等离子极化波的相互作用。

4. 左手材料制成的完美透镜的优点

右手介质在进行光学成像时需要对其进行外形处理,制成凸透镜或凹透镜,同时透镜光轴与焦点由磨制形状决定,成像物体与焦点的距离对所成像的性质和大小有本质性的影响,并且若成像物体距透镜距离小于一倍焦距则不会在透镜另一侧成实像,而使用左手材料进行平板成像则会产生与实物等大的实像,这种效果是普通自然介质无法达到的。

实物入射至左手平板透镜产生的成像,由于介质 n 为负值,折射波与入射波居法线同侧,经平板透镜在平板另一侧产生与实物等大的实像。因此,与普通介质制成的透镜相比,左手材料制成的平板透镜有以下优点:

① 在平板另一侧会产生正立等大的实像,即放大率为 1;

② 左手材料平板透镜没有固定的光轴,不受光轴条件的限制;

③ 当实物离平板很近时同样会出现实像,同时,左手材料不仅能够捕获光场的传播部分,而且能够捕获倏逝波成分,光场所有的成分都无损地参与了成像,突破了衍射极限,因此可以呈现出其更加与众不同的特性 —— 完美透镜。

右手介质对电磁波的透射仅仅是对其中的传播波进行透射,而电磁波中携带精细成像信息的倏逝波被衰减掉,由左手材料制成的平板透镜可以对波源中倏逝波进行恢复,使其同时参与成像,由于左手材料与右手材料的波矢方向相反,因此波在右手材料中为衰减场,在左手材料中则为增强场,左手材料透镜对倏逝场起到放大作用,保证了成像信息的完整性与精细度,达到了"完美透镜"的目的。

10.3.4 逆多普勒效应

逆多普勒(Doppler)效应是左手材料的另一个重要特性。由波动理论知,物体辐射的波长随光源和观察者的相对运动而变化。在运动的波源前面,波被压缩,波长变短,频率变高;反之,波长变长,频率变低。同时,波源的速度越高,产生的效应越大。即在常规媒质中,当观察者朝着波源运动时,观察到的振动频率高于波源振动频率;当观察者背向波源运动时,观察到的振动频率低于波源振动频率,即著名的多普勒效应。但当把常规材料换成左手材料时,我们观测到的情况恰恰与上述的多普勒效应相反,即在左手材料中,当观察者朝着波源运动时,观察到的振动频率低于波源振动频率;当观察者背向波源运动时,观察到的振动频率高于波源振动频率,即所谓的逆多普勒效应。

传统右手材料 ε 和 μ 为正值,而左手材料 ε 和 μ 为负数,即电磁波在左手材料中传播,波矢量和在传统右手材料中传播方向相反,为一负数,且 $\boldsymbol{E}$、$\boldsymbol{H}$ 和 $\boldsymbol{k}$ 是满足左手螺旋规则的。当电磁波在左手材料中传播时,沿着电磁波的传播方向,波矢量总是往后传播的,如图 10.13(a) 和图 10.13(b) 所示。

设辐射源相对于接收源的相对速度为 v_s,如图 10.13 所示,辐射源辐射出的电磁波以速度 v_p 向右运动,辐射源的角频率为 ω_0,则所观测到的多普勒频率为

$$\omega = \omega_0\left(1 - s\frac{v_s}{v_\mathrm{p}}\right) \tag{10.14}$$

式中，s 为“手性“符号函数。右手材料中，$s=+1$，因此多普勒频率 ω 比辐射源频率 ω_0 大，左手材料中则相反。同样也可以解释为电磁波在右手材料中传播能量的方向与波矢的方向相同，而在左手材料中能量的方向与波矢方向相反。

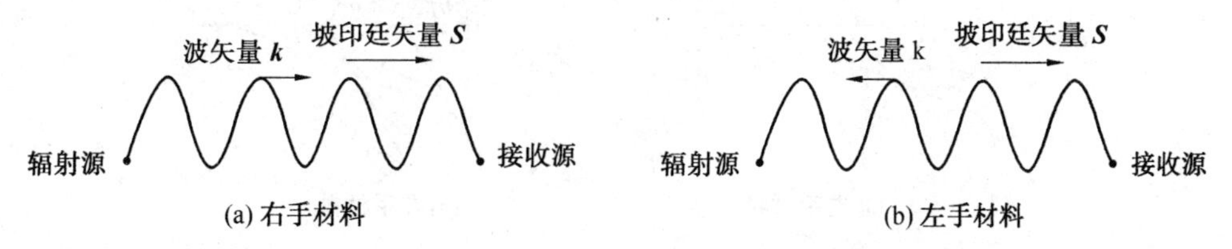

图 10.13　多普勒效应与逆多普勒效应

逆多普勒效应的实现有着广泛的应用前景，如可应用于制备体积小，成本低，频段宽的 GHz 高频电磁脉冲发生装置。传统的 GHz 高频电磁脉冲发生装置不仅笨重，而且成本昂贵，产生的频带较窄，左手材料中的逆多普勒效应有望对这一领域产生革命性的影响。

10.3.5　逆 Cherenkov 辐射效应

逆 Cherenkov 辐射效应是左手材料的重要特性之一。Cherenkov 辐射是 1934 年由苏联物理学家 Cherenkov 发现的，通过试验发现所有的液体和固体物质在高速电子流的轰击下都能激发出可见光辐射。Cherenkov 辐射效应的发现标志着宏观电磁理论的重大突破，后被命名为 Cherenkov 辐射。

由电动力学知识可知，在真空状态中，匀速运动的带电粒子不会向外辐射电磁波。而当带电粒子在非真空状态下的介质中匀速运动时会在其附近引发诱导电流，从而带电粒子会在其前进路径上形成一系列的次波源，这些波源又发出次波。当粒子的速度高于介质中光速时，这些次波又形成相互干涉，从而向外辐射电磁波，这种现象称为“Cherenkov 辐射效应”。在传统的右手材料中，经过干涉后形成的波前，即等相位面是一个锥面。电磁波的能量沿着该锥面的法线方向辐射，是向前辐射的，形成一个向后的锥角，该能量辐射的方向与带电粒子运动方向有一个夹角 θ，且满足 $\cos\theta=\frac{c}{nv}$，v 是带电粒子的运动速度，c 是真空中的光速。

在右手材料中，电磁波激发的辐射以锐角向前散射，然而在左手材料中，因为群速度为负，能量的传播方向与相速度相反，因而辐射的方向将背对粒子的运动方向，导致辐射方向形成一个向前的锥角，即以钝角向后散射，图 10.14 为两种情况下的 Cherenkov 辐射情形。

10.3.6　逆 Goos-Hanchen 位移效应

在两种介质的分界面处，若入射光束被界面全反射时，反射光束在界面上相对于几何光学预言的位置有一个很小的横向位移，且该位移沿光波传播的方向，此位移称为 Goos-Hanchen 位移。

Goos-Hanchen 位移是由于在低折射率区的倏逝波把入射光束能量沿着反射界面传输引起的。位移的大小仅与两种介质的相对折射率及入射光束的方向有关。如果光束是由右手介质入射到右手介质发生全反射，能量将沿右边传输，因此横向位移是向右的；但

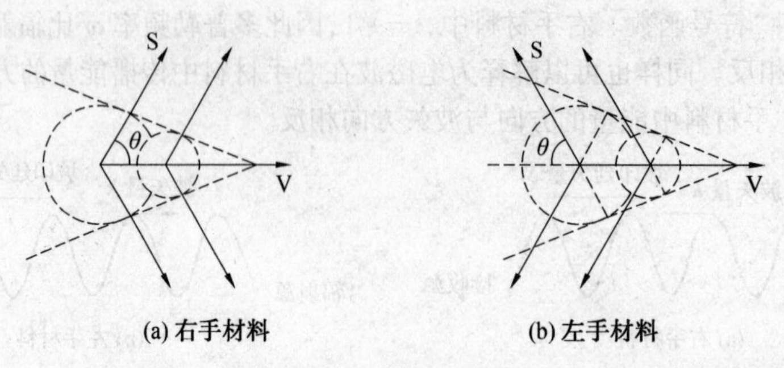

图 10.14　两种“手性“材料中的 Cherenkov 辐射图

是，假如光束是由右手介质入射到左手介质发生全反射，由于左手介质中能流与波矢传播方向相反，导致横向位移向左，如图 10.15 所示。

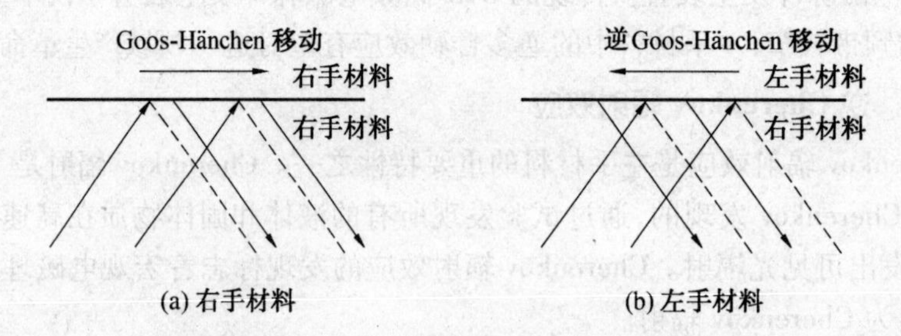

图 10.15　右手材料的 Goos-Hanchen 位移和左手材料的逆 Goos-Hanchen 位移效应

10.4　左手介质的偏振特性

10.4.1　常规材料界面处的反射波和折射波的偏振现象

自然光入射到两种常规材料的界面上会发生反射和折射，由于电场的偏振方向垂直于入射面和平行于入射面的电磁波的反射和折射行为不同，反射波和折射波都是部分偏振光，当以布儒斯特角入射时，反射光则变为完全偏振光。图 10.16 为右手材料界面处发生完全偏振现象的示意图。

当电磁波入射到两种右手材料（$n>0, \varepsilon>0, \mu>0$）的界面处（通常右手材料的磁导率为 μ_0），设入射角为 θ，折射角为 θ''，由麦克斯韦方程组根据电场和磁场的边界关系可以求出入射波、反射波和折射波之间的振幅比值关系。由于对每一个波矢 k 都有两个独立的偏振波，所以需分别讨论电场 E 垂直于入射面和平行于入射面的两种情况。垂直于入射面偏振的电磁波与平行于入射面偏振的波的反射和折射行为不同。自然光是两种偏振光的等量混合，经过反射和折射后，由于两个偏振分量的反射和折射波强度不同，因而反射波和折射波都变为部分偏振光。

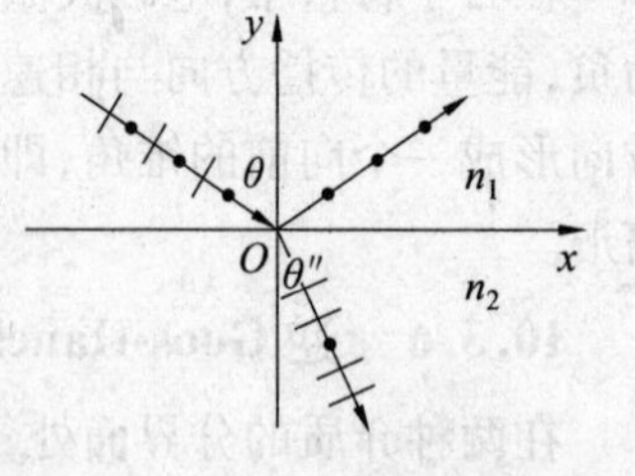

图 10.16　右手材料界面处完全偏振现象示意图

当入射角为 θ 和折射角为 θ''，满足 $\theta+\theta''=90°$ 时，反射光中没有平行于入射面的分量，是完全偏振光，此时入射角满足 $\tan\theta=\frac{n_2}{n_1}$，即布儒斯特角。这里，无论在任何情况下，反射光中垂直于入射面的分量都不会消失，即折射波没有相位跃变。但对于反射波而言，在电场垂直于入射面的条件下存在半波损失；在电场平行于入射面的条件下，当电磁波以小于布儒斯特角入射时，反射波没有相位跃变，当电磁波以大于布儒斯特角入射时，反射波存在半波损失。

下面详细的分析右手材料和左手材料（$n_1>0, n_2<0$）分界面处入射、反射和折射波之间的振幅关系。为简单起见，统一假设由右手材料（$n_1>0$）入射左手材料（$n_2<0$），入射波在 xoy 平面内，且 $y=0$ 的平面为入射面，如图 10.17 所示，由于自然光可以看成两种完全偏振光的等量混合，分别对两种完全偏振光入射介质界面的情况详细讨论，最后再综合得出自然光入射左右手系介质界面时，反射光、折射光的偏振情况及其与入射角、介质参数的关系。

电磁波在左手材料表面处的传播行为主要分为两种情况：① 电磁波由真空入射到各向同性左手材料；② 电磁波由各向同性左手材料入射到真空。

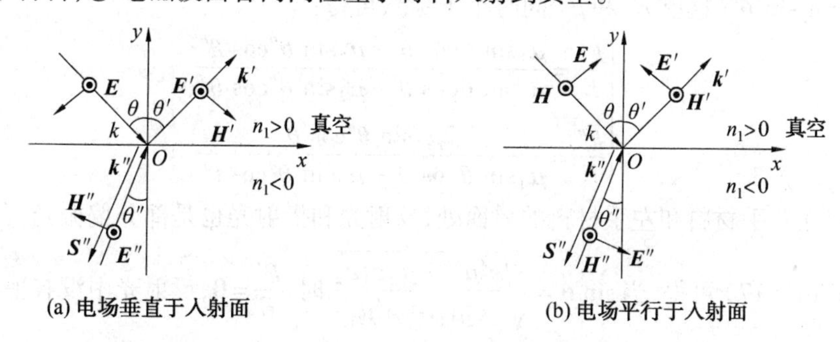

图 10.17　电磁波在左手材料表面上的反射和折射（真空到左手材料）

10.4.2　电磁波由真空入射到左手材料界面处反射波和折射波的偏振特性

电磁波在左手材料中的传播行为和在右手材料中的传播行为不同，同时在左手材料和真空构成的界面上，电磁波的反射和折射也将表现出不同的传播特性。当电磁波从真空投射到左手材料表面上时，由于对每一个波矢 $\boldsymbol{k}$ 都有两个独立的偏振波，所以分别讨论电场 $\boldsymbol{E}$ 垂直于入射面和平行于入射面的两种情况。图 10.17 给出了两种情况下电磁波的反射和折射示意图。

1. 电场 $\boldsymbol{E}$ 垂直于入射面时左手材料界面处的偏振特性

如图 10.17(a) 所示，单独考虑 $\boldsymbol{E}$ 垂直于纸面向外的偏振光入射左右手系介质界面的情况。采用高斯单位制，真空的磁导率和电容率都是 1，以 ε,μ 表示左手材料的介电常数和磁导率。对于电磁波从真空投射到左手材料表面，反射光中没有垂直分量，在两种正常材料界面处发生反射和折射时，是不会出现这种完全偏振的。要出现这种没有垂直分量的完全偏振，对两种介质的介电常数和磁导率是有要求的，显然必须满足

$$0<\frac{\mu_2^2\varepsilon_1-\mu_2\mu_1\varepsilon_2}{\mu_2^2\varepsilon_1-\mu_1^2\varepsilon_1}<1$$

当两种介质参数满足下列条件时，可以得到两种结论

$$\begin{cases} |\mu_2| > \mu_1 \\ \mu_2\varepsilon_1 < \mu_1\varepsilon_2 \\ \mu_2\varepsilon_2 < \mu_1\varepsilon_1 \end{cases} \quad 或 \quad \begin{cases} |\mu_2| < \mu_1 \\ \mu_2\varepsilon_1 < \mu_1\varepsilon_2 \\ \mu_2\varepsilon_2 < \mu_1\varepsilon_1 \end{cases} \tag{10.15}$$

若入射光以布儒斯特角入射,则反射光为没有垂直分量的完全偏振光。与从真空入射到右手材料类似,电磁波从真空入射到左手材料时,由于电场垂直于入射面和平行于入射面的电磁波的反射和折射行为不同,其反射波和折射波都将变为部分偏振电磁波。

2. 电场 E 平行于入射面时左手材料界面处的偏振特性

现在单独考虑电场 E 平行于入射面,磁场 H 垂直于纸面向外的情况,如图 10.17(b)所示,由麦克斯韦方程组的边界条件用电场表示为

$$\begin{cases} E\cos\theta - E'\cos\theta' = E''\cos\theta'' \\ \sqrt{\dfrac{\varepsilon_1}{\mu_1}}(E + E') = \sqrt{\dfrac{\varepsilon_2}{\mu_2}}E'' \end{cases} \tag{10.16}$$

采用高斯制,对于电磁波从真空射到左手材料表面,由式(10.16),并利用折射定律 $n_1\sin\theta = n_2\sin\theta''$(这里 ε_2 和 μ_2 同时小于零),可得:

$$\begin{cases} \dfrac{E'}{E} = \dfrac{\mu_1\sin\theta\cos\theta - \mu_2\sin\theta''\cos\theta''}{\mu_1\sin\theta\cos\theta + \mu_2\sin\theta''\cos\theta''} \\ \dfrac{E''}{E} = \dfrac{2\mu_2\sin\theta''\cos\theta}{\mu_1\sin\theta\cos\theta + \mu_2\sin\theta''\cos\theta''} \end{cases} \tag{10.17}$$

所以在右手材料和左手材料的界面处,反射光和折射光也是部分偏振光。

由式(10.17)可得,当 $\sin\theta = \sqrt{\dfrac{\varepsilon_2^2\mu_1 - \mu_2\varepsilon_1\varepsilon_2}{\varepsilon_2^2\mu_1 - \varepsilon_1^2\mu_1}}$ 时,$\dfrac{E'}{E} = 0$,反射光中没有平行分量,为完全偏振光。

要出现这种没有平行分量的完全偏振,对两种介质也是有要求的,其 ε 和 μ 必须满足

$$0 < \frac{\varepsilon_2^2\mu_1 - \mu_2\varepsilon_1\varepsilon_2}{\varepsilon_2^2\mu_1 - \varepsilon_1^2\mu_1} < 1 \tag{10.18}$$

整理后所得结论,当两种介质的参数满足式(10.15)时,布儒斯特角为

$$\theta = \arcsin\left(\sqrt{\frac{\varepsilon_2^2\mu_1 - \mu_2\varepsilon_1\varepsilon_2}{\varepsilon_2^2\mu_1 - \varepsilon_1^2\mu_1}}\right) \tag{10.19}$$

当光线以布儒斯特角入射时,反射光为没有平行分量的完全偏振光。

10.4.3 电磁波由左手材料入射到真空界面处反射波和折射波的偏振特性

与电磁波由真空入射到左手材料一样,每一个波矢 k 有两个独立的偏振波,电磁波由左手材料入射到真空的传播行为,可分为电场垂直入射面和电场平行入射面两种情况来讨论,如图 10.18 所示,电磁波由左手材料入射到真空时,根据麦克斯韦方程组和边界条件得出:

当 $\sin\theta = \sqrt{\dfrac{\varepsilon - \mu}{\varepsilon - \mu^2\varepsilon}}$ 时,$\dfrac{E'}{E} = 0$,反射光波中没有垂直分量,为完全偏振光;

当 $\sin\theta = \sqrt{\dfrac{\mu-\varepsilon}{\mu-\mu\varepsilon^2}}$ 时，$\dfrac{E'}{E}=0$，反射光波中没有平行分量，为完全偏振光。

所以左手材料入射到真空时也应当存在两个布儒斯特角，若要这两个角能真实存在必须满足以下条件：$0<\dfrac{\varepsilon-\mu}{\varepsilon-\mu^2\varepsilon}<1$ 和 $0<\dfrac{\mu-\varepsilon}{\mu-\mu\varepsilon^2}<1$，则：

(a) 当满足 $\varepsilon<-1$ 且 $\mu<\varepsilon$ 或 $\dfrac{1}{\varepsilon}<\mu<0$，或当满足 $-1<\varepsilon<0$ 且 $\mu<\dfrac{1}{\varepsilon}$ 或 $\mu>\varepsilon$ 时，布儒斯特角 θ_c 为：$\sin\theta_c=\sqrt{\dfrac{\varepsilon-\mu}{\varepsilon-\mu^2\varepsilon}}$，以布儒斯特角 θ_c 入射时，反射波为没有垂直分量的完全偏振波。

(b) 当满足 $\varepsilon<-1$ 且 $\varepsilon<\mu<\dfrac{1}{\varepsilon}$，或当满足 $-1<\varepsilon<0$ 且 $\dfrac{1}{\varepsilon}<\mu<\varepsilon$ 时，布儒斯特角 θ_c 为：$\sin\theta_c=\sqrt{\dfrac{\mu-\varepsilon}{\mu-\mu\varepsilon^2}}$，以该角度入射，反射波为完全偏振光，没有平行分量。

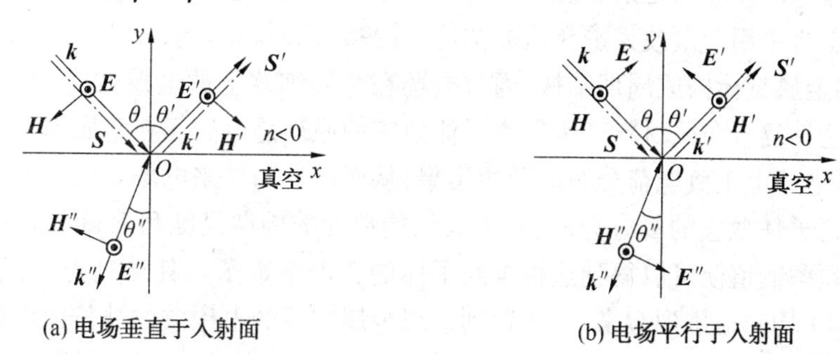

图 10.18　电磁波在左手材料表面上的反射和折射（左手材料到真空）

10.4.4　两类左手材料的偏振特性

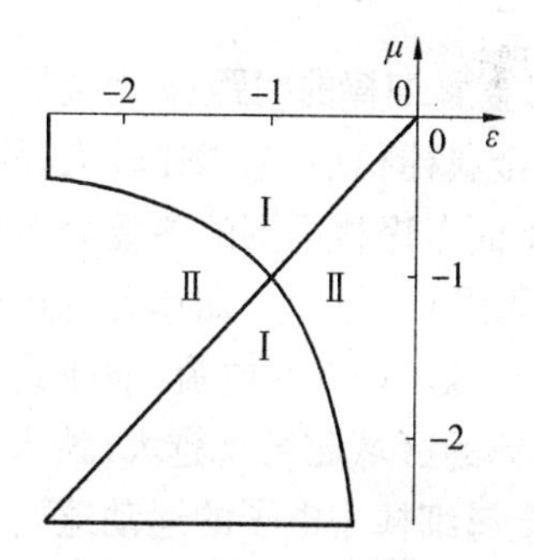

图 10.19　两类左手材料对应的电容率和磁导率的取值范围

上述研究表明，无论是电磁波从真空射到左手材料，还是从左手材料投射到真空时，都有两个布儒斯特角存在，依赖于左手材料的电容率和磁导率的取值，分别满足式(10.15)和式(10.19)。对于某种特定的左手材料而言，它们不可能同时成立，因此，根据电容率和磁导率的取值，可以将左手材料分成两类，这两类左手材料和它们对应的电容率和磁导率的取值范围如图 10.19 所示，对于第 1 类左手材料，布儒斯特角满足式(10.15)，反射波没有电场垂直于入射面的分量；对于第 2 类左手材料，布儒斯特角满足式(10.19)，反射波没有电场平行于入射面的分量。

10.4.5　反射波和折射波的相位

当电磁波投射到左手材料表面上时，无论是电场垂直于入射面的情形还是电场平行于入射面的情形，折射波均没有相位突变，但是反射波可能出现相位突变。左手材料的磁导率和介电常数分别为，$\mu^2 = 1 - \frac{1-n^2}{\cos^2\theta_c}$，$\varepsilon^2 = 1 - \frac{1-n^2}{\cos^2\theta_c}$。当电磁波由真空投射到左手材料表面上时，无论是电场垂直于入射面还是电场平行于入射面，当$\mu\varepsilon > 1$时，如果入射角大于布儒斯特角，则反射电磁波没有相位突变；当$\mu\varepsilon < 1$时，情形正好相反，入射角大于布儒斯特角，反射电磁波有相位突变，当入射角小于布儒斯特角，反射电磁波存在半波损失。

10.5 左手材料的构造

10.5.1 左手材料的金属结构模型

1. 产生负等效介电常数的金属结构模型

细金属棒(Rod)阵列是最早发现具有负介电常数的人造结构，早在1953年，Rod阵列就被嵌入到媒质中用于微波人造介质的构造。1996年，Pendry等人提出了一种复合介质结构，即利用金属细棒构成周期结构，通过电场在金属细棒上的电感效应，可以实现人工等离子体。这种复合介质材料产生等离子体效应的原理是电磁场在金属细棒上产生感应电流，使金属细棒上正负电荷分布向两边聚集，从而产生与外来电场反向的电动势。对于这种体现等离子体效应的复合介质，根据其结构单元的周期尺度和Rod的直径如果能够得到等离子频率的值便可以得到这种等离子体的介电常数了。其结构为：将很细的金属细棒(图10.4)均匀地排列起来，当入射到这组金属细棒的电磁波的波长比金属细棒的直径及它们的间距大得多时，可把这组金属细棒结构当成一个整体，其电子密度为

$$n_{\text{eff}} = n\pi \mathrm{d}^2/4a^2 \tag{10.20}$$

式中，a为金属细棒的间距；d为金属细棒的直径；n为金属棒内实际的电子密度。

由于金属棒很细，电感比较大，故细金属棒内的电流不易受到影响。为了进一步说明这一点，下面考虑棒周围的磁场分布情况，由于细金属棒在y方向上(金属细棒的轴向方向相同)无限长，每个周期单元的电通量可视为均匀分布，但是电流的分布却很不均匀，在细金属棒区域内存在电流，而在其他部分却不存在电流，导致磁场的分布很不均匀，越靠近金属棒的区域磁场就越大，设入射电磁波的电场方向(y方向)与金属细棒的轴向方向相同，金属细棒中电子的运动还要受到金属细棒自感的影响，这是等效的电子质量可以通过下列计算得到。

如图10.4所示，周期结构的周期边长为a，每一个周期的覆盖面积为a^2，将其等效为半径为R_c的一个圆面积，即

$$\pi R_c^2 = a^2, \quad m_{\text{eff}} = \frac{\mu_0 d^2 \mathrm{e}^2 n}{8}\ln\left(\frac{2a}{d}\right) \tag{10.21}$$

式中，μ_0为真空磁导率。固体细金属棒阵列结构的等离子体频率为$\omega_{\mathrm{p}}^2 = \frac{n\mathrm{e}^2}{m_{\text{eff}}\varepsilon_0}$，其等效等离子体频率近似为

$$\omega_p = \sqrt{\frac{n_{eff}e^2}{m_{eff}\varepsilon_0}} = \sqrt{\frac{2\pi}{a^2\ln(2a/d)\varepsilon_0\mu_0}} \tag{10.22}$$

例 10.1 对于 $d = 2\ \mu m, a = 5\ mm, n = 1.806 \times 10^{29}/m^3$ 的铝丝，其等效质量为

$$m_{eff} = 2.480\ 8 \times 10^{-26}\ kg = 2.7233 \times 10^4 m_e = 14.83 m_p$$

其等离子体频率为

$$\omega_p = \sqrt{\frac{nq^2}{m\varepsilon_0}} \approx 8.2\ GHz \tag{10.23}$$

可见这种金属细棒结构将金属材料的等离子体频率由紫外线频段降到微波频段。这种结构的复合介质由于金属结构都为平行的细线，可通过调整金属细棒周期尺度和线的粗细来得到负介电常数。由于磁场作用在金属细杆上的效应很微弱，基本可以忽略，其磁导率可近似看作常数。

总之，通过周期性细金属棒阵列结构产生等离子体效应的原理是电磁场在金属细棒上产生感应电流，使细金属棒上正负电荷分别向两边聚集，从而产生与外加电场反向的电动势。

（1）产生负等效磁导率的金属结构模型

负磁导率现象最早由 Thompson 在金属波导管中发现，Marques 等也在实验中得到了类似结构。电等离子体在其谐振频率以下能够获得负介电常数的特性，因而能够构造出具有相似频率响应曲线的磁等离子体，就可以产生负磁导率。如果磁荷像电荷一样存在，则等效负磁导率的产生非常简单，但到目前为止，还没有磁荷存在的有力证据，虽然如此，由法拉第定律可知，环状电流可以产生一个类似磁极子的场分布，可以用电流环来代替磁荷。早在 1950 年，一些研究人员发现不同形状的环或类似环形的结构在某个频段且呈现出负磁导率的现象，并将其用于构造微波频段的手性材料。1999 年，Pendry 等人提出了一种可以产生负等效磁导率的金属结构，如图 10.20 所示，即两侧开口的金属谐振环（SRR），设 c 为内外环的宽度，d 为内外环的间距，r 为内环的内半径，如果 $r \gg c$，且 $r \gg d$，假设 SRR 为纵向尺度无穷大的柱体，在横向周期排列，周期尺度为 b。对于这样的金属环，假设环上的感应电流 j 在环外产生的磁场强度为 H_{out}，环内磁场强度为 H_{in}，垂直穿过电流环的均匀外部磁场为 H_0，由于穿过环内外的磁通量是相等的，则可得

$$\mu H_{in}\pi r^2 = -\mu H_{out}(b^2 - \pi r^2) \tag{10.24}$$

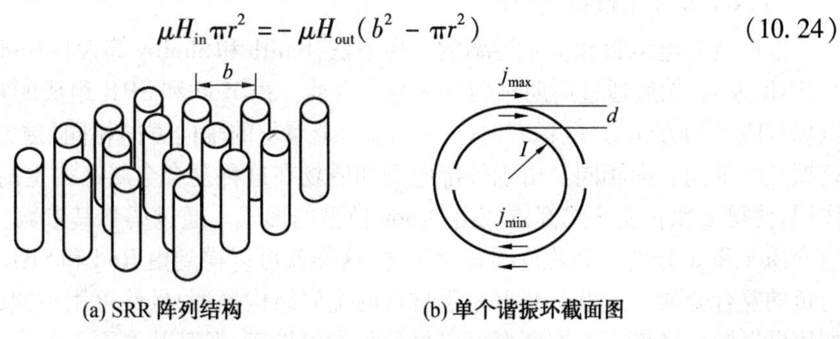

图 10.20 周期排列的 SRR 阵列结构示意图

环上的电流 j 为内外环磁场的差。由金属环构成的周期结构在磁场作用下产生的效

应是环外部区域的磁场所决定的，等效磁导率μ_{eff}有一个类似等离子体的谐振形式的表达式，SRR 构造的复合介质的磁导率和等离子体的介电常数的表达形式类似，表现出 Drude 模型的特点。SRR 的谐振频率点为ω_0，磁等离子频率为ω_{mp}，则等效磁导率的 Drude 模型表达式为

$$\mu_{eff} = 1 - \frac{\omega_{mp}^2 - \omega_0^2}{\omega^2 - \omega_0^2 + i\Gamma} \tag{10.25}$$

式中，Γ表示其损耗特性。当$\omega_0 < \omega < \omega_{mp}$时，可得到负磁导率。

但实际上，SRR结构在纵向尺度上为无限长柱体不容易实现，而且实际磁场进入柱体内部的情况难度也很大，所以可通过一种更为简单的方法来构造 SRR 结构。图 10.21 为谐振环排列示意图，假设 SRR 单元厚度很小，由一定宽度的薄金属环，这样不仅容易实现，而且可以通过空间上二维、三维的排列来实现各向同性的磁等离子体，其结构如图 10.22 所示，假定圆环的半径为r，内外环间距为d，环的宽度为c，环的纵向间距为l，$r \gg c$，且$r \gg d$，$\ln(c/d) \gg \pi(l < r)$，令

$$\omega_{mp} = \frac{\omega_{mo}}{\sqrt{1 - F}} > \omega_{mo} \tag{10.26}$$

则

$$\mu_{eff} \approx \frac{\omega^2 - \omega_{mp}^2}{\omega^2 - \omega_{mo}^2} \tag{10.27}$$

因此，当满足$\omega_{mo} < \omega < \omega_{mp}$时，$\mu_{eff} < 0$，即等效磁导率为负数。

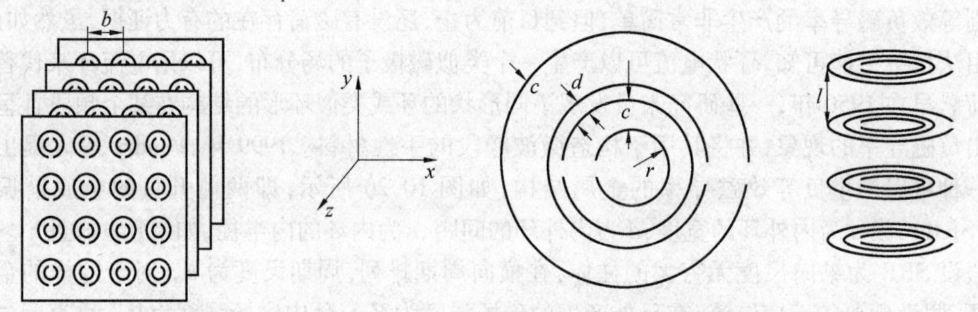

图 10.21　谐振环排列示意图

图 10.22　平面 SRR 结构示意图

(2)Smith 左手材料的构成

根据负介电常数和负磁导率的产生方法，Smith 和 Shelby 等人将 Rod 以很近距离安放在 SRR 旁边，然后通过周期排列构成复合介质。由 Rod 和 SRR 组成的复合介质中，外部电场和磁场的方向为：电场方向（y方向）与金属丝的轴向方向相同；磁场方向（z方向）与谐振环的轴向方向相同。由于外部电场和磁场在这种复合金属结构上的感应电流同时起作用，使得 ε 和 μ 表达式都体现出 Drude 模型的形式。通过调整其参数，使 Rod 和 SRR 复合介质 ε 和 μ 分别为负的范围有所重合，这样就可以得到由 Rod 和 SRR 组成 ε 和 μ 同时为负的复合介质。这就是获得左手材料的金属结构模型，虽然可用不同的结构来获得，比如用谐振圆环和谐振方形环都可以得到负的磁导率，但其基本原理都是一样的。

10.5.2　左手材料的传输线模型

Smith 将 Rod 和 SRR 结构相结合，构造出一维左手材料，即 Smith 结构材料，这里的一

维表示仅有一个方向的电场和磁场起作用,即波矢只能朝着一个方向。同时,为了设计和实验的方便,将 SRR 的圆环结构改为方形环状结构,Smith 等人还进一步设计了著名的棱角折射实验,首次验证了负折射特性的存在。Rod 和 SRR 结构并不是获得左手介质的唯一结构,事实上,利用传输线理论,周期性加载串联电容和并联电感的二维传输线网络也能获得左手介质。下面利用传输线理论,对在传输线中加载 L - C 元件构造左手材料的方法进行理论分析。

1. 常规材料的传输线模型

根据传输线理论,普通微带线的等效电路是一个低通结构,如图 10.23 所示,这种结构单位长度的阻抗 $Z = R + \mathrm{i}\omega L$,单位长度导纳 $Y = G + \mathrm{i}\omega C$,根据传输线方程,在自由空间的无损耗传输线情况下,电容 C,电感 L 均为正的实数

$$L = \mu = \mu_0(H/m), \quad C = \varepsilon = \varepsilon_0(F/m) \tag{10.28}$$

$$Z = \mathrm{i}\omega\mu_0 = \mathrm{i}\omega L, \quad Y = \mathrm{i}\omega\varepsilon_0 = \mathrm{i}\omega c \tag{10.29}$$

对应的相速和群速相互平行,折射率为

$$n = \frac{c}{v_\phi} = \frac{\sqrt{LC}}{\sqrt{\mu_0\varepsilon_0}} \tag{10.30}$$

这种结构的折射率为正值,为一般的右手材料。

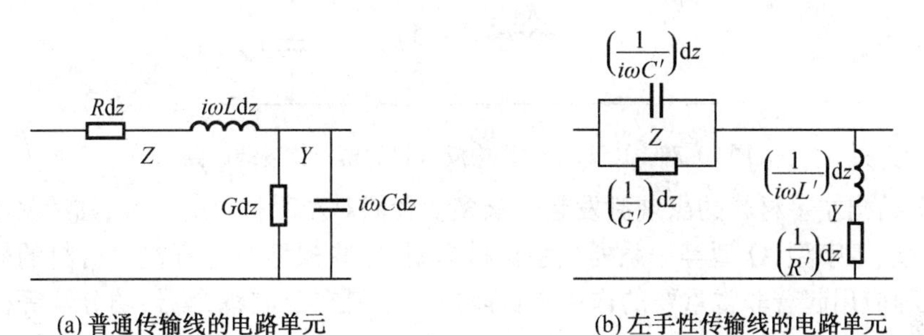

图 10.23　常规材料的传输线模型

2. 左手材料的传输线模型

Eleftheriades 等人对 Smith 结构左手材料进行分析,得出左手材料的传输线模型,如图 10.24 所示,根据传输线理论,如果将普通传输线的 L 和 C 施与负值本质上等价于交换电容和电感角色,因此,原本的串联电感和并联电容分别变换成串联电容和并联电感,分布式串联电容 $C'(F \cdot m)$ 和并联电感 $L'(H \cdot m)$,根据麦克斯韦方程和传输线方程,可以求出这种结构的基本参数 $\mu(\omega)$ 和 $\varepsilon(\omega)$。

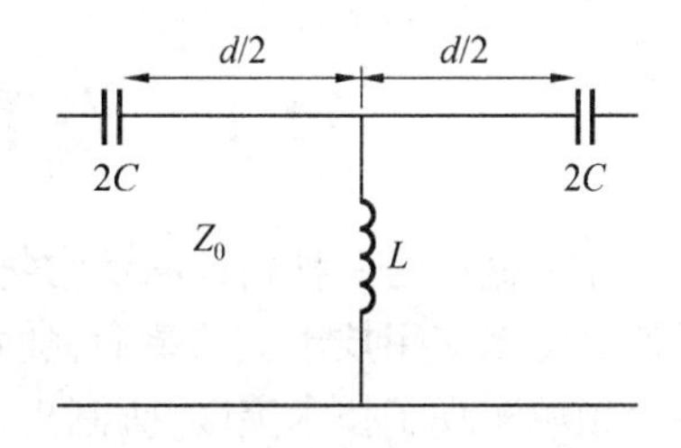

图 10.24　基本单元的等效电路

根据 Pendry 的模型,Smith 将 Rod 和 SRR 结构相结合,通过两种结构的同时作用来实现两个负值区域的重合,于2000 年制造出了世界上第一种左手材料模型,即 Smith 结构材料,同时通过实验验证了模型不同寻常的负折射特性。

Eleftheriades 等人通过对此结构的分析, 发现这种结构也可以用传输线电路来解释。具体的分析如下:

Rod 和 SRR 构成材料的 ε 和 μ 都表现出等离子特性的 Drude 模型。对应 Drude 模型的电路模型就是电容和电感串并联的谐振电路。此电路模型如图 10.25 所示，图中 L_{sh} 和 C_{sh} 表示的是电等离子谐振部分的电路模型，它决定了媒质的介电常数；L_{sh} 表示 Rod 的电感值；C_{sh} 表示 Rod 的电容值。L_{sh} 和 C_{sh} 的并联谐振决定了其等离子频率点。图中 L_s、C_r、L_r 以及 R_r 表示磁等离子谐振部分的电路模型，它决定了介质的磁导率；L_s 表示 SRR 整体所体现的电感值；C_r 表示 SRR 两金属环间的电容值；L_r 表示 SRR 两金属环各自的电感值；R_r 表示 SRR 的损耗特性。这里 C_r 和 L_r 的谐振决定了 SRR 的谐振频率点，L_s、L_r、C_r 间的谐振决定了 SRR 的磁等离子频率点。从这个模型也可以看到，如果得到了 Rod 和 SRR 的 ε 和 μ 的公式，将公式中的参数映射成等效电路模型中的器件参数，就可用电路的方式来更加简便地研究左手介质，也可直接在电路中设置器件参数，使它体现出异向特性。Smith 结构左手材料的传输线模型将 ε 和 μ 公式中的参数映射场等效电路模型中的器件参数，并直接在电路中设置器件参数并使其具有左手材料的特性，为研究和设计左手材料提供了一种简单有效的工具和手段。

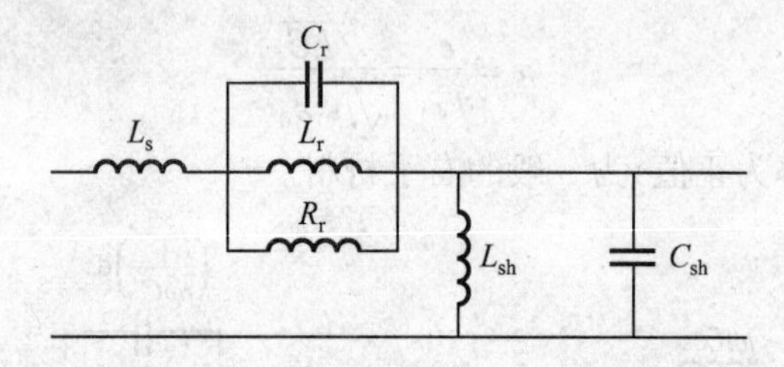

图 10.28　Rod 和 SRR 构成材料的模拟传输线电路

Smith 结构左手材料的出现激发起了众多学者们对左手材料的兴趣，陆续又有学者设计出了 S 型、工字型、Ω 型等一系列左手材料构型，这些构型对拓宽左手材料的研究和满足实际工程应用起着非常重要的作用。目前左手材料在定向耦合器、功分器等微波器件应用方面的研究非常热门，同时左手材料在电磁隐身与天线等方面也具有广阔的应用前景。

10.6　左手材料的应用和发展前景

左手材料是一种新颖的反常物质，它具有许多奇异的电磁学特性。新型材料的出现，必然会带来应用技术上的革命，随着研究的深入和相关理论的完善，左手材料的应用已在多个领域实现了技术突破，研制出了很多新型微波元器件。同时，各国装备工程技术人员也加紧了左手材料在武器装备系统中的应用研究，期望现有的武器装备系统有较大的技术升级，以及利用左手材料的奇异电磁特性研制出新式的武器装备。

10.6.1　超级透镜

显微镜是用来观察细微物体的，但传统的光学镜头有个局限，它不能将光线聚焦到小于光线波长的尺寸。采用左手材料制作的“超级透镜”便不同了。一方面，它可以实现平板聚焦，无需制成曲面；另一方面，它没有传统透镜的局限，可以将光线聚焦到光线波长以下，甚至可以检测单个物质分子，而且还能放大倏逝波，将二维像点的所有傅里叶分量全部聚焦,实现“理想成像”。这是采用常规光学技术不可能做到的。

10.6.2 左手材料在无线通信领域的应用

根据左手材料不同凡响的特性,科学家已预言将之应用于通信系统以及资料储存媒介的设计上,用来制造更小的移动电话或者是容量更大的储存媒体,拓宽频带,改善器件的性能。

微波段的电磁波可以由毫米级的结构来操纵。左手材料在微波波段的成功加速实现了其在无线通信领域、天线和探测器领域的应用,可用于延迟线、耦合器、天线收发转换开关、固态天线、滤波器、光导航、微波聚焦器等。微波左手材料还可广泛应用于微波器件,如微波平板聚焦透镜、带通滤波器、调制器、卫星反向天线、基于传输线左手材料的前向波方向耦合器、宽带相移器等。

将左手材料加载在传统天线上,可以优化天线的性能,主要表现在以下几个方面:

① 用左手材料对电磁波的反常折射,可实现左手材料平板透镜,对电磁波波束汇聚,改善天线在远场区的辐射波束宽度,使远场区波束更加尖锐,从而大幅改善天线的方向性,并提高天线辐射增益;

② 提高天线的带宽,改善其阻抗匹配特性;

③ 提高天线的效率,利用左手材料对表面波的抑制来减少边缘散射,可提高天线的辐射效率。将负电导率的材料制成半球形罩加载在通用的天线上,大大提高天线的效率,使其效率接近于1;

④ 可降低谐振频率,减小天线尺寸。由于微波波段的左手材料可通过电路板印制的方式实现,有利于天线共面、集成一体化;

⑤SRR 可以直接作为天线辐射单元,具有较好的阻抗和辐射特性,同时具有尺寸小、重量轻、成本低等优点,可有效地降低天线的制作成本。

左手材料定向作用还为制造新一代手机天线创造了条件。第四代、第五代移动通信技术对于智能化天线提出了极高要求,但现有手机天线无法实现定向寻找等智能化作用。基于左手材料的天线,可实现高方向性或者波束扫描,轻松达到定向目的,还能大大降低能耗。

左手材料在天线应用方面的技术越来越成熟,将大幅度提高在武器装备系统方面的应用。随着对通信的定向性和隐蔽性要求的提高,以及对新型探测器的需求,高方向性天线将具有广阔的应用前景。

10.6.3 左手材料在电磁波隐身技术方面的应用

左手材料用于电磁波隐身是目前国际该领域研究的热点。利用左手材料的“负折射”效应,通过合理设计能够使光折射率可人为控制,达到隐身的效果。2006 年,Pendry 和 Smith 提出利用坐标系统对麦克斯韦方程进行变换,可以得到特定分布的折射率,实现对折射率的人为控制,使电磁波按人们的意愿进行传播。随后,Smith 等基于这种思想成功验证了微波频段的电磁隐身现象。Cummer 等人发现柱状结构的隐身“外衣”对介电常数和磁导率的微小变化不是很敏感,只是随着电磁波损耗的增大,电磁隐身效果变差。他们还提出了一种实现电磁隐身的简单方法,利用 8 层均匀、连续的柱状筒壳作隐身“外衣”。Leonhardt 等研究发现对二维亥姆霍兹方程进行适当的变换同样能实现电磁隐身。令各国军事部门倍感兴趣的是,左手材料有可能用于电磁波隐身。目前各国的隐身技术,主要是使用各种吸波、透波材料,实现对雷达的隐形;采用红外遮挡和衰减装置、涂敷红外掩饰涂料等,以降低红外辐射强度,实现对红外探测器的隐身;在可见光隐形上,只是靠涂抹迷彩或歪曲兵器的外形等初级的方法。不发光物质之所以可见,就是因为它反射和散射的光线。左手材料制造的兵器可能将光线或雷达波反向散射出去,使得从正面接收不到反射的光线或微波,从而实现隐身。目前,各国都加紧了对于左手材料电磁隐身的研究,一旦左手材料的电磁隐身技术得到突破,对于航天器、潜艇、雷达、武器装备等军事设备将会起到变革性的作用。

10.6.4 左手材料在其他方面的应用

左手材料还有可能在新型波导和光纤中得到应用。如果使产生负反折射系数的频段扩展到可见光,则必然会出现更多更广阔的光学效应。左手材料独特的电磁特性已广泛应用于各种元器件,如小型化天线、谐振器、偶合器、滤波器、平板透镜等,这些器件广泛应用于各种武器装备中,极大地提高了武器的性能。如利用左手材料的后向波特性可以使波导的尺寸不再受半波长的限制,实现小型化左手材料波导,甚至是亚波长波导。

迄今为止,大多左手材料的应用研究主要是集中在微波频段。随着研究的不断深入,将会朝更高频段进行,如太赫兹频段、红外频段、可见光频段等。太赫兹频段是一种穿透能力强,又不会伤害人身体的频段,如医疗上的医学成像、反恐领域的远距离武器探测、军事上的雷达和导航等,其应用价值不可估量。到目前为止并没有研制出来可以使该频段的电磁波有效进行折射、反射、聚焦和成像的电子设备,而利用左手材料有可能突破这一技术难题,使太赫兹频段得到更好的应用。另外在红外和可见光频段的左手材料也相继开始了研究,并取得了一些进展,左手材料的研制还处在起始阶段,随着研究的深入,新的突破的出现必将开创一个新的纪元。

习　题

1. 什么是左手介质材料？左手材料和右手材料的区别是什么？并分别举出几个典型的材料。

2. 写出金属的等效相对介电常数的表达式,材料在什么情况下可以实现负的介电常数?

3. 什么是负折射现象？解释左手材料的负折射现象和常规材料(右手材料）的折射现象之间的区别。

4. 解释一下左手材料的逆多普勒效应。

5. 什么是左手材料的逆 Cherenkov 辐射效应?

6. 左手材料的偏振特性是什么？和常规材料界面处的反射波和折射波的偏振现象相比有什么区别?

7. 举例说明左手材料典型的金属结构模型。

参考文献

[1] 张高明. 左手材料光学性能研究[D]. 长沙:湖南大学材料科学与工程学院,2006.
[2] 王永华. 左手介质及左手介质波导传输特性[D]. 成都:四川师范大学物理与电子工程学院,2006.
[3] 张克潜,李德杰. 微波与光电子学的电磁理论[M]. 北京:电子工业出版社,2001.
[4] 楼仁海,符果行,袁敬闳. 电磁理论[M]. 成都:电子科技大学出版社,1996.
[5] 崔万照,马伟,邱乐德,等. 电磁超介质及其应用[M]. 北京:国防工业出版社,2008.
[6] 吴群,孟繁义,傅佳辉,等. 左手材料理论及其应用[M]. 北京:国防工业出版社,2010.
[7] 岑洁萍. 左手材料偏振特性研究[D]. 扬州:扬州大学物理科学与技术学院,2009.
[8] 石刚. 左手材料电磁特性的研究[D]. 扬州:扬州大学物理科学与技术学院,2008.
[9] 廖延彪. 偏振光学[M]. 北京:科学出版社,2003.
[10] 刘福平. 左手材料基本特性及其在小型化天线中的应用研究[D]. 哈尔滨:哈尔滨工程大学信息与通信工程学院,2010.